电力应急指挥信息系统研究、设计与建设

徐希源 等/著

中国纺织出版社有限公司

图书在版编目（CIP）数据

电力应急指挥信息系统研究、设计与建设 / 徐希源等著．--北京：中国纺织出版社有限公司，2022.12

ISBN 978-7-5229-0010-0

Ⅰ.①电… Ⅱ.①徐… Ⅲ.①电力工业－突发事件－应急系统－指挥系统－研究 Ⅳ.①TM08

中国版本图书馆CIP数据核字（2022）第206286号

责任编辑：郭　婷　　责任校对：楼旭红　　责任印制：储志伟

中国纺织出版社有限公司出版发行
地址：北京市朝阳区百子湾东里A407号楼　邮政编码：100124
销售电话：010—67004422　传真：010—87155801
http://www.c-textilep.com
中国纺织出版社天猫旗舰店
官方微博 http://weibo.com/2119887771
三河市延风印装有限公司印刷　各地新华书店经销
2022年12月第1版第1次印刷
开本：787×1092　1/16　印张：22.75
字数：385千字　定价：78.00元

编著人员

徐希源　郭雨松　冯　杰　于　振

房殿阁　关　城　唐诗洋　张泽浩

刘泽宇　严屹然　张业欣　米昕禾

常　宏　王辛端　曹俊喜　李境时

王民娟　孙邦志　安　青

前言

电力是国家的重要基础设施，各类自然灾害、事故灾难等重大灾害对电力系统的稳定运行造成威胁，发生电站（厂）停运、倒杆断线、大面积停电等事件，严重影响社会正常的生产生活秩序。面对电力系统突发紧急情况，为最大程度减少财产损失和人员伤亡，提高电力系统的快速恢复能力已然成为各电力企业必须承担的社会责任。

随着大数据、移动互联网等信息通信技术的快速发展以及应急管理理论的不断深化研究应用，建设开发智能化的电力应急指挥信息系统，辅助应急指挥人员正确、快速应对各类突发紧急事件，成为电力企业履行社会责任的必然选择。

电力应急指挥信息系统要做到时间响应快、覆盖对象多，提供事件现场音视频信息、气象情况、电网实时运行情况、应急辅助决策信息，为应急指挥人员进行电力调度、协调应急队伍、调用各类资源，高效开展应急处置；还要支撑应急预案、应急培训、应急演练、应急资源、重大活动保电等日常管理工作，以“平战结合”的形式辅助开展应急相关业务，全面提升电力企业应急指挥效率和应急处置能力。

本书各位编写人员在电力企业应急管理业务领域具有丰富的工作经验，参与了电力企业新型应急指挥信息系统的研发与建设，对系统的建设过程进行理论层面和实践层面的深入总结，形成了本书。

本书对电力应急工作的重要意义进行了深入分析，阐述了应急管理的基本理论和电力企业应急指挥体系的构成，提炼出近年来在电力灾害事件特别是大面积停电事件应急处置方面最新的关键技术，设计了电力应急指挥信息系统的架构方案，对应急准备、监测预警、应急处置、后期恢复各阶段业务特点及其对应的系统功能进行了详细说明，并对辅助系统运行的移动应用和基础支撑技术做了详细介绍，最后提出了系统的建设实施方案。系统的建设和应用可支撑电力企业科学高效地应对各类突发事件。本书详细介绍了电力应急领域最新的科研进展，并结合不断发展的信息技术、通信技术，融入电力应急指挥信息系统，可更加高效地发挥对电力应急业务的支撑作用。电力应急指挥信息系统的建设适用于发电企业、电网企业、电力建设企业等各类电力企业。

本书可供电力企业从事安全生产和应急管理工作，以及从事相关科研工作、信息系统研发工作的人员学习参考，可用于指导各类、各级电力企业建设灵活、适用的应急指挥信息系统，也可为其他行业建设应急指挥系统提供参考。

著者

2022 年 8 月

目录

1 电力应急管理理论研究

1.1 应急管理基本情况

1.1.1 国家层面

近年来，我国自然灾害与突发事件频发，对国民经济和社会稳定带来严重威胁。党的十八大以来，以习近平总书记为核心的党中央审时度势，不断丰富和发展应急管理体系，形成应急管理新思维、新思想、新做法。应急管理是政府及其他公共机构，在突发事件的事前预防、事发应对、事中处置和善后管理过程中，通过建立必要的应对机制，采取一系列必要措施，应用科学、技术、规划与管理等手段，保障公众生命、健康和财产安全，促进社会和谐健康发展的有关活动。应急管理包含4个阶段，分别是预防与应急准备、监测与预警、应急处置与救援、事后恢复与重建。

1.1.1.1 “一案三制”体系

“一案三制”体系是具有中国特色的应急管理体系。“一案”为国家突发公共事件应急预案体系。根据已发生和可能发生的突发事件，事先研究制订应对计划和方案。应急预案包括各级政府总体预案、专项预案和部门预案，以及基层单位的预案和大型活动的单项预案。建立完善应急预案是应急管理工作的基础，是应急体系建设的重要内容。建立“纵向到底，横向到边”的预案体系，所谓“纵”，就是按照垂直管理的要求，从上到下各级和基层都要制订应急预案，不可断层；所谓“横”，就是所有种类的突发事件都要有归口部门管理，要制订专项预案和部门预案。相关预案之间要确保互相衔接，逐级细化。预案的层级越低，各项规定就要越明确、越具体，避免出现“上下一般粗”的现象，防止照搬硬套。

“三制”为应急管理体制、运行机制和法制。建立健全和完善应急体制，主要是建立健全集中统一、坚强有力的组织指挥机构，发挥我们国家的政治优势和组织优势，充分调动社会各界应急支援力量，形成强大的社会动员体系；建立健全和完善应急机制，主要是要建立健全监测预警机制、信息报送机制、应急决策和指挥协调机制、分级负责机制、应急响应机制、资源调配机制、协调联动机制、奖惩机制和评估机制等；建立健全和完善应急法制，主要是加强应急管理的法制化建设，把整个应急管理工作建设纳入法制和制度的轨道，按照有关的法律法规来建立健全预案，依法实施应急处置工作，将法治精神贯穿于应急管理工作的全过程。

应急管理的内涵包括三个方面。第一，应急管理的对象是各种突发事件，不管是自然、人为还是技术因素所导致的突发事件；第二，应急管理包括突发事件的预防、准备、响应与恢复行为；第三，应急管理的本质是协调与整合。美国应急管理署（FEMA，1995）认为："应急管理就是有组织的分析、规划、决策与调配可利用的资源，针对所有危险的影响而进行的减缓、准备、响应与恢复"；威廉·沃（2000）认为："用最简单的话来说，应急管理就是风险管理，其目的是使社会能够承受环境、技术风险以及应对环境、技术风险所导致的灾害"；联合国国际减灾战略在《术语：灾害风险削减的基本词汇》中提出，应急管理是"组织与管理应对紧急事务的资源与责任，特别是准备、响应与恢复。应急管理包括各种计划、组织与安排，它们确立的目的是将政府、志愿者与私人机构的正常工作以综合协调的方式整合起来，满足各种各样的紧急需求，包括预防、响应与恢复"。应急管理直面的问题是安全问题，安全问题是在人类基本实践中由于各种关系不和谐造成的，应急管理工作应该运用系统思维和唯物辩证的方法，在总体安全观的指引下，从源头抓起，形成一种螺旋上升的应急管理水平与能力的提升模式。应急管理是指应急主体立足于自身（国家、组织和个人）的安全需求，在主导者的组织、带领下，针对人类实践中潜在或出现的不安全因素，依据法律法规，借助于应急文化，做出协调、化解、平息、躲避、评估、学习等行为的一种人类实践形式。从国家的角度，应急管理是指应急主体在党委政府的主导、组织、带领下，依据法律法规，借助应急文化，处理潜在的不安全因素，化解、平息或躲避已出现的不安全因素的实践。从组织、个人的角度看，应急管理是指组织或个人为了自身的安全，依法依规，凭借自身能力或借助外力和应急文化，处理潜在的不安全因素，化解、平息或规避已出现的不安全因素的行为。

我国的应急管理工作始于一些专项领域，特别是自然领域，比如地震、洪涝等，应急管理工作也只是立足于本领域来做，在实践中，重事后应急轻事前预防。对应急管理的研究也主要集中在一些突发事件较频繁的领域，从单一领域认识研究应急管理。自2003年之后，在学习借鉴的基础上，对应急管理的研究虽然有所突破，但由于指导应急管理的理论的缺失，目前我国应急管理的研究与实践主要着眼于突发事件，围绕着突发事件来开展应急管理的研究和应对工作，还没有真正形成合力，应急管理的短板依然清晰可见。在实施应急管理的过程中缺乏系统考虑，没有统筹规划，就突发事件谈应急管理，只要能把突发事件平息就行，其他的以后再说，然后也就不了了之，这为下一次突发事件的发生种下了因，同时也造成了在这个地方发生的安全问题又发生在了其他地方，导致安全问题频繁出现，给国家和人民的安全带来了严峻的挑战。

1.1.1.2 突发公共事件

《中华人民共和国突发事件应对法》规定，突发公共事件是指：突然发生，造成或者可能造成重大人员伤亡、财产损失、生态环境破坏和严重社会危害，危及公共安全的紧急事件。针对电网企业，突发事件是指：突然发生，造成或者可能造成严重社会

危害，需要电网企业采取应急处置措施予以应对，或者参与应急救援的自然灾害、事故灾难、公共卫生事件和社会安全事件。

根据突发公共事件的发生过程、性质和机理，突发公共事件主要分为以下四类：

①自然灾害，是指地球上的自然变异，包括人类活动诱发的自然变异。自然灾害主要包括水旱灾害、气象灾害、地震灾害、地质灾害、海洋灾害、生物灾害和森林草原火灾等。

②事故灾难，是具有灾难性后果的事件。事故灾难是在人们生产、生活过程中发生的，直接由人的生产或生活活动引发、违反人们意志、迫使活动暂时或永久停止，并且造成大量的人员伤亡、经济损失或环境污染的意外事件。事故灾难主要包括工矿商贸等企业的各类安全事故、交通运输事故、公共设施和设备事故、环境污染和生态破坏事件等。

③公共卫生事件，是指突然发生，造成或者可能造成社会公众健康严重损害的重大传染病疫情、群体性不明原因疾病、重大食物和职业中毒以及其他严重影响公众健康的事件。公共卫生事件主要包括传染病疫情、群体性不明原因疾病、食品安全和职业危害，动物疫情，以及其他严重影响公众健康和生命安全的事件。

④社会安全事件，是指对政府管理、企业经营、社会秩序造成影响，甚至使社会在一定范围内陷入一定强度对峙状态的群体性事件。社会安全事件主要包括恐怖袭击事件、经济安全事件和涉外突发事件等。

突发事件虽然类型众多，且各类突发事件均有自身的特性，但同时，各类突发事件也具有很多共性特征，具体包括以下六种：

①社会性和公共性。突发事件发生，会对社会公众造成巨大冲击、严重损失及不良影响。随着新闻媒介的发展和信息传播的快速及广泛，突发事件往往立即成为社会和舆论关注的焦点，甚至成为国际社会和公众谈论的热点话题。

②突发性和紧迫性。突发事件发生，往往突如其来，出乎人们意料。有些突发事件往往在瞬间爆发，出其不意，使人们措手不及，严重危及人民生命财产安全。

③潜在性和隐秘性。突发事件具有潜在性和隐秘性特征，爆发的征兆不甚明显，即使有一些蛛丝马迹，也没有引起人们的警觉，使社会或企业不能有效预知，或虽然预知，也因应急预案的不完善或准备不足而不能有效应对。

④危害性和破坏性。突发事件的发生，对生命财产、社会秩序、公共安全构成严重危害和破坏，可能造成巨大的生命、财产损失或社会秩序的严重动荡。

⑤关联性和蔓延性。一个突发事件可能会引起其他事件。开始可能是一个不大的事情，后来却变成大事情。如果对突发事件初期处置不力、控制不当，又会辐射、传导，引发其他危机，造成多米诺骨牌效应。

⑥不确定性和复杂性。突发事件的突出表现是爆发时间的不确定性、状态的不确定性、影响的不确定性和后果的不确定性。一切都在瞬息万变，人们无法用常规进行判断，也无相同的事件可供借鉴，突发事件的产生、发展及其影响往往背离人们的主

观愿望，其后果和影响难以在短期内消除。

各类突发公共事件按照其性质、严重程度、可控性和影响范围等因素，一般分为四级：Ⅰ级（特别重大）、Ⅱ级（重大）、Ⅲ级（较大）和Ⅳ级（一般）。各类突发事件的分级标准由国务院或者国务院确定的部门制定。突发事件分级的目的是为了落实责任，分级处置，节省资源。突发事件应对遵循分级负责、属地为主，分类应对、协调联动的原则。发生特别重大、重大突发事件，一般由省人民政府负责应对。跨省级行政区域的或超出事发省应对能力的特别重大或重大突发事件，必要时由省人民政府提请国务院应对。较大突发事件由设区市人民政府负责应对。一般突发事件由县级人民政府负责应对。涉及跨设区市和县级行政区域的，由有关行政区域共同的上一级人民政府负责应对。

突发事件应对工作实行预防为主、预防与应急相结合的原则，主要包括以下六个方面：

①以人为本，减少危害。切实履行政府的社会管理和公共服务职能，把保障公众健康和生命财产安全作为首要任务，最大程度地减少突发公共事件的发生及其造成的人员伤亡和危害。

②居安思危，预防为主。高度重视公共安全工作，常抓不懈，防患于未然。增强忧患意识，坚持预防与应急相结合，常态与非常态相结合，做好应对突发公共事件的各项准备工作。

③统一领导，分级负责。在党中央、国务院的统一领导下，建立健全分类管理、分级负责，条块结合、属地管理为主的应急管理体制，在各级党委领导下，实行行政领导责任制，充分发挥专业应急指挥机构的作用。

④依法规范，加强管理。依据有关法律和行政法规，加强应急管理，维护公众的合法权益，使应对突发公共事件的工作规范化、制度化、法制化。

⑤快速反应，协同应对。加强以属地管理为主的应急处置队伍建设，建立联动协调制度，充分动员和发挥乡镇、社区、企事业单位、社会团体和志愿者队伍的作用，依靠公众力量，形成统一指挥、反应灵敏、功能齐全、协调有序、运转高效的应急管理机制。

⑥依靠科技，提高素质。加强公共安全科学研究和技术开发，采用先进的监测、预测、预警、预防和应急处置技术及设施，充分发挥专家队伍和专业人员的作用，提高应对突发公共事件的科技水平和指挥能力，避免发生次生、衍生事件；加强宣传和培训教育工作，提高公众自救、互救和应对各类突发公共事件的综合素质。

1.1.1.3 应急预案

依据《突发事件应急预案管理办法》，应急预案是指各级人民政府及其部门、基层组织、企事业单位、社会团体等为依法、迅速、科学、有序应对突发事件，最大程度减少突发事件及其造成的损害而预先制订的工作方案。

突发事件应急预案在应急管理和应急处置过程中起着关键作用，它明确了在突发

事件发生之前、发生过程中以及刚结束之后，谁负责、做什么、何时做，以及相应的策略和资源准备等。它是针对可能发生的突发事件及其影响和后果的严重程度，为应急准备和应急响应的各个方面所预先做出的详细安排，是及时、有序和有效开展应急救援工作的行动指南。

具体来说，应急预案在应急处置中有以下六个重要作用：

①应急预案是应急处置行动的指南性文件，是应急救援成功的根本保障。

②应急预案明确了应急处置的范围和体系，使应急准备和应急救援不再是无据可依、无章可循。

③应急预案有利于做出及时的应急响应，降低突发事件产生的不良后果。

④当发生超过应急能力的重大事故时，便于与上级应急部门的协调。

⑤应急预案有利于提高风险防范意识，预防突发事件的发生。

⑥应急预案有利于应急培训和应急演练工作的开展。依赖于应急预案，应急培训可以让应急响应人员熟悉自己的任务，具备完成指定任务所需要的相应技能；应急演练可以检验应急预案和行动程序，并评估应急人员技能和整体协调性。

应急预案应当根据《中华人民共和国突发事件应对法》和其他有关法律、法规的规定，针对突发事件的性质、特点和可能造成的社会危害，具体规定突发事件应急管理工作的组织指挥体系与职责和突发事件的预防与预警机制、处置程序、应急保障措施以及事后恢复与重建措施等内容。《国家突发公共事件总体应急预案》在2006年1月8日发布并实施。总体预案是全国应急预案体系的总纲，明确了各类突发公共事件分级分类和预案框架体系，规定了国务院应对特别重大突发公共事件的组织体系、工作机制等内容，是指导预防和处置各类突发公共事件的规范性文件。

1.1.2　电力行业

1.1.2.1　面临重特大风险

电力是关系国计民生的重要基础设施，遍及城乡各地，延伸至家家户户。电力服务范围广、服务对象多、服务时间长，客观上决定了电力系统发生突发事件的概率高。电力在支撑经济发展和方便人民群众生活中发挥着越来越重要的作用，社会生产生活对电力安全可靠供应的要求越来越高。在发生大面积停电或影响安全可靠供电事件的情况下，若不能采取及时有效的应急措施，将给社会经济发展和人民群众生活带来巨大损失，给电力企业造成严重的负面影响。

近年来，在全球气候变化背景下，局部地区频繁出现极端气候事件，且其强度和频率也在不断增加，全球自然灾害的发展也展示出新的特征，雨雪冰冻、暴雨洪水、泥石流等灾害不断，对各地电网安全带来不利影响，也对人类自然灾害的管理及采取措施减轻自然灾害损失提出了严峻的挑战。如2019年第9号超强台风“利奇马”造成我国浙江、江苏、山东等地10kV及以上线路停运4823条、35kV以上变电站停运72座，停运配电台区12.67万个，用户停电722.23万户；部分地区还发生了泥石流、洪涝等次生衍生灾害，多灾害耦合叠加导致部分区域设备受损停电，影响正常生产生活。电力受灾越来越多呈现多灾种耦合特点，应急处置难度越来越大。

通过对电力突发事件研究分析可看出，电力企业面临的重特大风险主要有以下几种：

①自然灾害。主要包括：大范围严重冰灾；超强台风灾害；特大破坏性地震；流域性大洪水；重特大森林草原火灾；特大地质灾害。

②事故灾难。主要包括：特高压换流变（变压器）火灾；重要城市核心区大面积停电；城市地下变电站火灾；城市地下电力隧道、电缆沟重大火灾；大型水电站大坝垮塌；输电线路跨越（大江大河、高铁）重大故障；网络信息安全和监控系统重大安全事件。

③公共卫生事件。主要包括：新冠肺炎等重大传染病疫情；群体性不明原因疾病暴发。

④社会安全事件。主要包括：严重恐怖袭击事件；大规模群体性事件。

1.1.2.2 应急管理体系建设

近年来，各电力企业深入贯彻习近平总书记关于应急体系和能力现代化的重要指示精神，落实国家部委应急工作部署，结合电力行业特点，坚持“统一指挥、结构合理、功能齐全、反应灵敏、运转高效、资源共享、保障有力”的原则，积极开展应急体系建设，不断提升应急能力。

应急体系建设内容包括：持续完善应急组织体系、应急制度体系、应急预案体系、应急培训演练体系、应急科技支撑体系，不断提高电力企业应急队伍处置救援能力、综合保障能力、舆情应对能力、恢复重建能力，建设预防预测和监控预警系统、应急信息与指挥系统。

(1) 应急组织体系

按照“综合协调、分类管理、分级负责、属地管理为主”原则，组建覆盖各层级的应急指挥和管理机构；按照“平战结合、一专多能、装备精良、训练有素、快速反应、战斗力强”要求，组建应急救援基干分队、应急抢修队伍和应急专家队伍。制定颁发《应急管理工作规定》《应急指挥中心管理办法》《应急救援基干分队管理规定》等一系列规章制度，以及《电力应急指挥中心建设规范和技术导则》《大面积停电事件应急演练导则》等应急技术标准。电力企业建立由各级应急领导小组及其办事机构组成的自上而下的应急领导体系，由各职能部门分工负责的应急管理体系，根据突发事件类别，成立专项事件应急处置领导机构，形成领导小组统一领导、专项事件应急处置领导小组分工负责、办事机构牵头组织、有关部门分工落实、党政工团协助配合、企业上下全员参与的应急组织体系，实现应急管理工作的常态化。

(2) 应急制度体系

应急制度体系是组织应急工作过程和进行应急工作管理的规则与制度的总和，是电力企业规章制度的重要组成部分，包括应急技术标准，以及其他应急方面规章性文

件。应急管理规章制度体系要求“框架明晰、层次分明、上下衔接、简洁有效、系统全面”，要涵盖管理、技术和运行标准，实现电力企业应急管理责任界面清晰、工作流程明确。电力企业应急管理制度一般涉及应急工作管理、应急预案管理、应急队伍管理、应急物资管理、应急装备管理、应急指挥中心管理等方面；应急技术标准一般包括通用性标准、管理工作标准、装备技术标准、评估考核标准等方面。

(3) 应急预案体系

按照“结构完整、层次清晰、上下统一、内外衔接、覆盖全面、集团化管理”的要求，制定《应急预案管理办法》，建立涵盖自然灾害、事故灾难、公共卫生和社会安全四大类的应急预案体系，由总体预案、专项预案和现场处置方案构成，做到“横向到边、纵向到底、上下对应、内外衔接”。电力企业总部、省级电力企业以及直属单位设总体应急预案、专项应急预案，视情况制定现场处置方案，明确关键岗位应对特定突发事件的处置工作；市级电力企业、县级供电企业设总体应急预案、专项应急预案、现场处置方案；职能部门、生产车间，根据工作实际设现场处置方案；建立应急救援协调联动机制的单位，应联合编制应对区域性或重要输变电设施突发事件的应急预案。

(4) 应急培训演练体系

应急培训演练体系包括专业应急培训演练基地及设施、应急培训师资队伍、应急培训大纲及教材、应急演练方式方法以及应急培训演练机制。加强应急培训基地建设，加强培训师资队伍的建设与管理，组织编制有针对性的培训教材；加强对培训工作的管理与考核，建立全员应急培训和演练制度，加强应急骨干人员的专业救援技能培训；根据“实用、实效”原则，组织开展多种形式的应急演练。建立健全应急培训演练管理制度，编制应急培训大纲，制订培训计划，加强与社会专业应急培训机构协作、交流学习。加强应急演练管理，建立合理的培训演练考评制度，促进应急演练规范、安全、节约、有序地开展。完善培训基地、学校、培训中心教学功能，增设应急培训课程、增设应急演练功能，满足应急培训所需。如国家电网有限公司（以下简称“国网”）建成山东、四川两个国网公司基地，四川基地被国家能源局评为国家级电力应急培训演练基地。应急演练方面，结合电网运行、防汛、防台风、防地震地质灾害等，按照《大面积停电事件应急演练导则》，规范演练组织与实施，每年定期开展各级各类应急演练，做到检验预案、锻炼队伍、磨合机制。

(5) 监测预警体系

预防预测和监控预警系统是指通过整合电力企业内部风险分析、隐患排查等管理手段，各种在线与离线电网、设备监测监控、带电检测等技术手段，以及与政府相关专业部门建立信息沟通机制获得的自然灾害等突发事件预测预警信息，该系统依托智能电网建设和信息技术发展成果，形成覆盖电力企业各专业的监测预警技术系统。如国家电网有限公司在国网湖南电力设立防灾减灾中心，在国网智能电网研究院有限公司建立应急技术中心，与政府相关部门建立沟通联系机制，及时获取灾害预警信息，整合现有输变电设备覆冰、山火监测等灾害监测系统，以及气象、交通等外部专业机构信息，积极开展雨雪冰冻、山火、台风、地质等灾害监测、预警、防治技术研究，初步建立了灾情监测预警体系。

(6) 应急保障体系

在应急物资方面，建设覆盖各大区域、省、地市的应急物资库，通过实物储备、协议储备、动态周转等方式，保障应急物资储备和快速供应。在应急通信方面，建成由卫星通信车、便携式卫星站、卫星电话组成的应急通信系统，保证指挥中心与现场之间及时联系。在应急调度方面，为保障重特大灾害情况下电网调度业务连续性，按照异地互备或共备原则，建成国家、区域、省、市四级电网备用调度系统。在应急电源方面，构建由应急发电车和小型发电机组成的应急电源系统。在空中应急方面，与航空公司合力，充分运用空中力量开展电网运行检修和应急救援作业项目。

(7) 应急救援能力

应急队伍由应急救援基干分队、应急抢修队伍和应急专家队伍组成。应急救援基干分队负责快速响应实施突发事件应急救援；应急抢修队伍承担电网设施大范围损毁修复等任务；应急专家队伍为应急管理和突发事件处置提供技术支持和决策咨询。采取各种形式建设国、省、地三级电网备用调度系统。建设覆盖电力企业各级应急指挥中心直至应急处置现场的应急通信系统。建设分散管理、统一调配、容量充足、快速机动的应急电源系统，满足各类应急救援和重要保电需要。整合现有资源，完善制度机制，建设为应急抢修救援队伍提供现场生活医疗服务的后勤保障体系。加强应急资金保障，研究设立专项应急资金管理使用制度。

(8) 应急科技支撑体系

应急科技支撑体系包括为电力企业应急管理、突发事件处置提供技术支持和决策咨询，并承担应急理论、应急技术与装备研发任务的电力企业内外应急专家及科研院所应急技术力量，以及相关应急技术支撑和科技开发机制。电力企业通过加强应急信息与指挥系统建设，构建较为完善的突发事件信息网络；全面完成电力企业总部、省、地市、县供电企业应急指挥中心建设，实现快速、及时、准确地收集突发事件的信息，电力企业各级指挥员与突发事件现场的高效沟通及命令的快速准确上传下达，规范突发事件信息的报送及统计分析，为应急指挥决策提供丰富的信息支撑和有效的辅助手段，在日常工作中实现应急预案、应急信息、应急工作计划、日常信息统计报送的信息化管理。

(9) 舆情应对能力

舆情应对能力是指按照电力企业品牌建设规划推进和国家应急信息披露各项要求，规范信息发布工作，建立舆情监测、分析、应对、引导常态机制，主动宣传和维护电力企业品牌形象的能力。规范信息披露工作标准，重视主流媒体作用，建立与主流媒体的合作机制，建立常态信息披露机制，逐级推进新闻发言人制度，畅通信息披露渠道。与媒体保持良好合作关系，建立媒体资源数据库，信息披露渠道畅通。建立电力企业舆情监视制度，建立“覆盖全面、反应快速、高效互动、趋利避害”的舆情分析监

控体系，构建舆情应对引导、新闻预警工作常态机制。

以“国网”电力应急体系为例，已成功应对了多次严重雨雪冰冻、超强台风、地震地质灾害影响，积极参加社会突发事件的应急救援，第一时间启动应急响应，快速开展抢修，有力保障了电力安全和电力供应，圆满完成了北京APEC峰会、中国人民抗日战争胜利70周年大阅兵、G20杭州峰会、党的十九大召开、国际进口博览会、庆祝新中国成立70周年、中国共产党成立100周年、北京冬奥会等一系列重大活动保电任务。

1.1.2.3 电力应急预案

(1) 应急预案的分类

应急预案可按突发事件性质、应急预案的功能与目标、应急预案的行政区域、应急预案的性质、责任主体来划分，具体分类如图1-1所示。

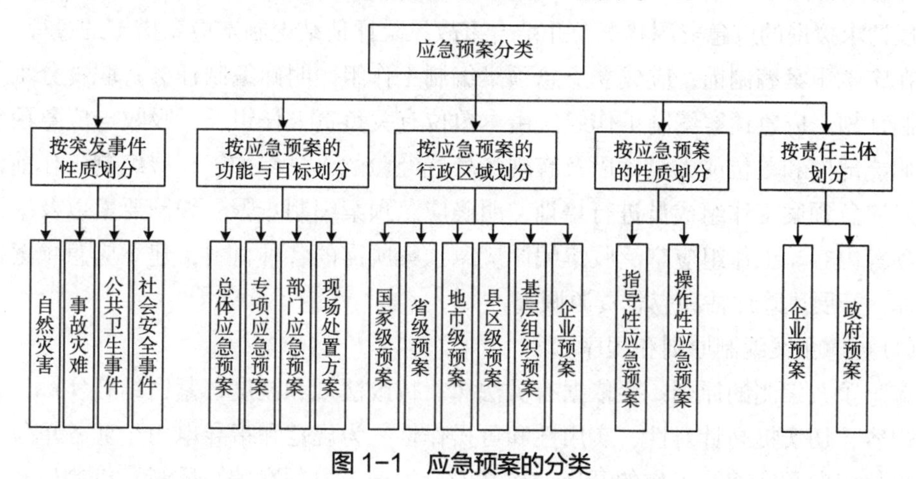

图1-1 应急预案的分类

(2) 应急预案的体系

电力企业各级单位应按照“横向到边、纵向到底、上下对应、内外衔接”的要求建立应急预案体系。电力企业应急预案体系由总体应急预案、专项应急预案、部门应急预案和现场处置方案构成。

总体应急预案是电力企业为应对各种突发事件而制定的综合性工作方案，是电力企业应对突发事件的总体工作程序、措施和应急预案体系的总纲，应包括应急预案体系、危险源分析、组织机构及职责、预防与预警、应急响应、信息报告与发布、后期处置、应急保障等内容。

专项应急预案是电力企业为应对某一种或者多种类型突发事件(突发事件分为自然灾害类、事故灾难类、公共卫生类、社会安全类四类)，或者针对重要设施设备、重大危险源而制定的专项性工作方案，应包括事件类型和危害程度分析、应急指挥机构及职责、信息报告、应急响应程序和处置措施等内容。

部门应急预案是电力企业有关部门根据总体应急预案、专项应急预案和部门职责，为应对本部门突发事件，或者针对重要目标物保护、重大活动保障、应急资源保障等涉及部门工作而预先制定的工作方案，应包括信息报告、响应分级、指挥权移交等内容。

现场处置方案是电力企业各班组针对特定的场所、设备设施、岗位，针对典型的突发事件，制定的处置措施和主要流程，应包括应急组织及职责、应急处置和注意事项等内容。

(3) 风险评估与应急资源调查

风险评估是指针对不同事故种类及特点，识别存在的危险危害因素，分析事故可能产生的直接后果以及次生、衍生后果，评估各种后果的危害程度和影响范围，提出防范和控制事故风险措施的过程。

应急资源调查是指全面调查本单位第一时间可以调用的应急资源状况和合作区域内可以请求援助的应急资源状况，并结合事故风险评估结论制定应急措施的过程。

在应急预案编制前，应成立应急预案编制工作组，明确编制任务、职责分工，制订编制计划。应急预案编制工作组应由本单位有关负责人任组长，吸收与应急预案有关的职能部门和单位的人员，以及有现场处置经验的人员参加。开展编制工作前，应组织对应急预案工作组成员进行培训，明确应急预案编制步骤、编制要素以及编制注意事项等内容。工作组应广泛收集编制应急预案所需的各种材料，建立应急预案档案资源库，开展风险评估和应急资源调查。

(4) 应急预案编制原则和程序

应急预案编制的原则：要依据有关法律、行政法规和制度，紧密结合实际，合理确定内容，切实提高针对性、实用性和可操作性。为规范和指导电力企业各单位安全生产事故应急预案编写工作的开展，提高安全生产应急预案编写质量，编制应急预案的基本要求如下：

①符合有关法律、法规、规章和标准的规定。

②符合本单位的安全生产实际情况。

③适应本单位的危险性分析情况。

④明确应急组织和人员的职责分工，并有具体的落实措施。

⑤有明确、具体的应急程序和处置措施，并与其应急能力相适应。

⑥明确应急保障措施，满足本单位的应急工作需要。

⑦遵循电力企业的应急预案编制规范和格式要求，要素齐全、完整，预案附件信息准确。

⑧相关应急预案之间以及与所涉及的其他单位或政府有关部门的应急预案在内容上相互衔接。

应急预案的编制程序可分为以下六个步骤，应急预案的编制流程如图 1-2 所示。

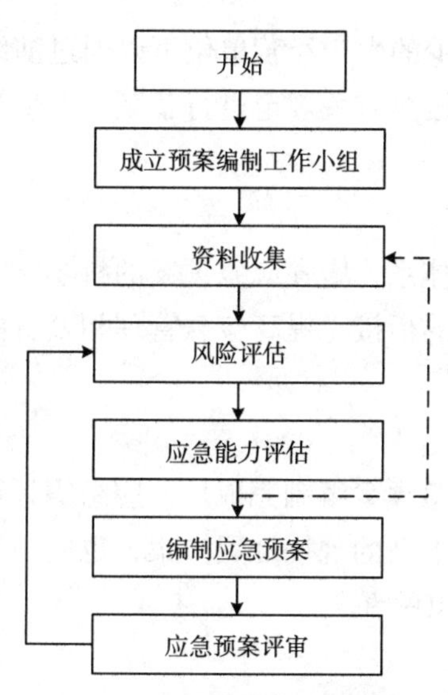

图 1-2 应急预案编制流程

①成立预案编制工作小组。

结合本单位部门分工和职能，成立以单位主要负责人（或分管应急工作的领导）为组长，相关部门人员参加的应急预案编制工作组，明确编制任务、职责分工，制订工作计划，组织开展预案编制工作。

②资料收集。

收集包括相关法律法规、技术标准、应急预案、国内外同行业企业事故资料、本单位安全生产相关技术资料、企业周边环境影响、应急资源等有关资料。

③风险评估。

风险评估主要内容包括：分析本单位存在的危险因素，确定事故危险源；分析可能发生的事故类型及事故的危害程度和影响范围；针对事故危险源和可能发生的事故，制定相应的防范措施。

④应急能力评估。

对本单位应急装备、应急队伍等应急能力进行评估，并结合本单位实际，加强应急能力建设。

⑤编制应急预案。

依据风险评估结果，针对可能发生的事故，组织编制应急预案。应急预案编制应注重预案的系统性和可操作性，做到与上级主管部门、地方政府及相关部门预案相衔接。

⑥应急预案评审。

应急预案编制完成后，应进行评审或论证。评审分为内部评审和外部评审，内部评审或论证由本单位主要负责人组织有关部门和人员进行。外部评审由本单位组织有关专家或技术人员进行，上级主管部门或地方政府负责安全生产管理的部门派人员参加。生产规模小、危险因素少的生产经营单位可以通过演练对应急预案进行论证。应急预案评审或论证合格后，按照有关规定进行备案，由生产经营单位主要负责人签发实施。

(5) 应急预案的评审工作

为了不断完善应急预案体系，增强应急预案的科学性、针对性、时效性和可操作性，实现相关应急预案之间的衔接，提高应急管理和处置能力，需要对电力企业突发事件应急预案进行评审。

①评审范围。

总体应急预案、专项应急预案编制完成后，应组织评审；涉及多个部门、单位职责、处置程序复杂、技术要求高的现场处置方案，也应组织进行评审。应急预案修订后，视修订情况决定是否组织评审。

②评审牵头部门。

总体应急预案的评审由本单位应急管理归口部门负责组织；专项应急预案的评审由该预案编制责任部门负责组织；部门应急预案的评审由本部门负责组织；需评审的现场应急处置方案由该方案的业务主管部门自行组织评审。

③评审形式。

应急预案评审通常采取会议评审形式。

④评审专家组。

专家组构成：应包括应急管理归口部门人员、安全生产及应急管理等方面的专家；涉及网厂协调和社会联动的应急预案，应邀请政府有关部门、能源监管机构和相关单位人员参加评审；上级单位应指导、监督下级单位的应急预案评审工作，参加下级单位总体应急预案的评审。

专家组成员资质条件：熟悉并掌握有关应急管理的法律法规、国家或行业标准，以及国家相关应急预案；熟悉并掌握电力企业有关应急管理制度、规程标准和应急预案；熟悉应急管理工作，总体、专项应急预案评审一般应具有高级专业技术职称；参加现场处置方案评审一般应具有中级及以上专业技术职称；责任心强，工作认真。

⑤评审依据。

国家有关方针政策、法律、法规、规章、标准、应急预案；电力企业有关规章制度、规程标准、应急预案；本单位有关规章制度、规程标准、应急预案；本单位有关风险评估、应急资源调查、应急管理实际情况；预案涉及的其他单位相关情况。

⑥评审要点。

应急预案评审应坚持实事求是的工作原则，紧密结合实际，从以下八个方面进行评审：

a. 合法性。符合国家有关法律、法规、规章、标准和规范性文件要求；符合电力企业规章制度的要求。

b. 合规性。符合电力企业相关规章制度的要求。

c. 完整性。具备中华人民共和国应急管理部令第2号《生产安全事故应急预案管理办法》、国家能源局《电力企业应急预案管理办法》《电力企业应急预案评审与备案细则》所规定的各项要素。

d. 针对性。紧密结合本单位危险源辨识与风险评估，针对突发事件的性质、特点和可能造成的危害。

e. 实用性。切合本单位实际及电网安全生产特点，满足应急工作要求。

f. 科学性。组织体系与职责、信息报送和处置方案等内容科学合理。

g. 操作性。应急程序和保障措施具体明确，切实可行。

h. 衔接性。总体应急预案、专项应急预案和现场处置方案形成体系，并与政府有关部门、上下级单位相关应急预案衔接一致。

⑦评审方法。

应急预案评审采取形式评审和要素评审两种方法。

形式评审是依据有关规定和要求，对应急预案的层次结构、内容格式、语言文字、附件项目和编制程序等内容进行审查，重点审查应急预案的规范性和编制程序。形式评审主要用于应急预案备案时的评审。

要素评审是依据有关规定和标准，对应急预案的合法性、完整性、针对性、实用性、科学性、操作性和衔接性等方面对应急预案进行评审。应急预案要素分为关键要素和一般要素。关键要素是指应急预案构成要素中必须规范的内容。这些要素涉及单位日常应急管理及应急救援的关键环节，具体包括应急预案体系、适用范围、危险源辨识与风险分析、突发事件分级、组织机构及职责、信息报告与处置、应急响应程序、保障措施、培训与演练等要素。关键要素必须符合单位实际和有关规定要求。一般要素是指应急预案构成要素中可简写或省略的内容。这些要素不涉及单位日常应急管理及应急救援的关键环节，具体包括应急预案中的编制目的、编制依据、工作原则、单位概况、预防与预警、后期处置等要素。要素评审用于生产经营单位组织的应急预案评审工作。

⑧评审判定。

评审时，将应急预案的内容与表中的评审内容及要求进行对照，判断是否符合表中要求，采用“符合”“基本符合”“不符合”三种意见进行判定。对于“基本符合”和“不符合”的项目，应给出具体修改意见或建议。

(6) 应急预案的发布工作

应急预案经评审或者论证，符合要求后，由本单位主要负责人签署，向本单位从业人员公布，并及时发放到本单位有关部门、岗位和相关应急救援队伍。事故风险可能影响周边其他单位、人员的，生产经营单位应当将有关事故风险的性质、影响范围和应急防范措施告知周边的其他单位和人员。

电力企业的施工单位以及宾馆等人员密集场所经营单位，应当在应急预案公布之日起20个工作日内，按照分级属地原则，向县级以上人民政府应急管理部门和其他负有安全生产监督管理职责的部门进行备案，并依法向社会公布。

(7) 应急预案培训演练

应急预案培训的目的：电力企业要采取不同方式开展安全生产应急知识和应急预案的宣传教育和培训工作，确保所有从业人员具备基本的应急技能，熟悉本单位应急预案，掌握本岗位防范措施和应急处置方法；帮助应急预案涉及的相关职能部门及人员提高安全意识和应急能力，明确应急工作程序，提高应急处置和协调能力，如若涉及场外应急（事故影响范围超出厂界的应急），则生产经营单位还应采取各种宣传教育形式，使可能受到单位安全生产事故影响的社会公众了解到本单位可能出现的事故状况和应急预案的有关内容，熟悉相关的事故应急措施、自救、互救等应急知识。

应急预案培训要求：电力企业应制订年度应急培训计划，并将其列入单位、部门年度培训计划。总体应急预案的培训每三年至少组织一次，专项应急预案的培训每半年至少组织一次，且三年内各专项应急预案至少培训一次；现场处置方案培训每半年至少组织一次，且三年内各现场处置方案至少培训一次。

应急预案培训的实施：应急预案培训者应按照制订的应急预案培训计划认真组织、精心安排，合理安排时间，充分利用不同方式开展安全生产应急预案培训工作，使参与应急预案培训的人员能够在良好的培训氛围中学习和掌握有关应急知识。在培训过程中，一定要做好培训记录，并按单位有关规定妥善保存。

应急预案演练的目的：电力企业应结合自身安全生产和应急管理工作情况组织应急预案演练，以不断检验和完善应急预案，提高应急管理水平和应急处置能力。应急预案的演练是应急准备的一个重要环节。目前，我国应急管理中普遍存在的一个问题是缺乏必要的应急演练，如果预案只停留在文本文件上，而没有进行有针对性的实际演练，这种预案的效果很难保证，即使预案策划十分周密、细致，也只能是纸上谈兵。因此，应急演练不但是应急预案中必不可少的组成部分，也是应急管理体系中最重要的活动之一。主要包括如下几点：

①检验预案。通过开展应急演练，查找应急预案中存在的问题，进而完善应急预案，提高应急预案的实用性和可操作性。

②完善准备。通过开展应急演练，检查应对突发事件所需应急队伍、物资、装备、技术等方面的准备情况，发现不足及时予以调整补充，做好应急准备工作。

③锻炼队伍。通过开展应急演练，增强演练组织单位、参与单位和人员等对应急预案的熟悉程度，提高其应急处置能力。

④磨合机制。通过开展应急演练，进一步明确相关单位和人员的职责任务，理顺工作关系，完善应急机制。

⑤科普宣教。通过开展应急演练，普及应急知识，提高公众风险防范意识和自救互救等灾害应对能力。

(8) 应急演练的分类

①按组织形式分类。

a. 桌面演练。桌面演练是指参演人员利用地图、沙盘、流程图、计算机模拟、视频会议等辅助手段，针对事先假定的演练情景，讨论和推演应急决策及现场处置的过程，从而促进相关人员掌握应急预案中所规定的职责和程序，提高指挥决策和协同配合能力。桌面演练通常在室内完成。

b. 实战演练。实战演练是指参演人员利用应急处置涉及的设备和物资，针对事先设置的突发事件情景及其后续的发展情景，通过实际决策、行动和操作，完成真实应急响应的过程，从而检验和提高相关人员的临场组织指挥、队伍调动、应急处置技能和后勤保障等应急能力。实战演练通常要在特定场所完成。

②按内容分类。

a. 单项演练。单项演练是指只涉及应急预案中特定应急响应功能或现场处置方案中一系列应急响应功能的演练活动。注重针对一个或少数几个参与单位（岗位）的特定环节和功能进行检验。

b. 综合演练。综合演练是指涉及应急预案中多项或全部应急响应功能的演练活动。注重对多个环节和功能进行检验，特别是对不同单位之间应急机制和联合应对能力的检验。

③按目的与作用分类。

a. 检验性演练。检验性演练是指为检验应急预案的可行性、应急准备的充分性、应急机制的协调性及相关人员的应急处置能力而组织的演练。

b. 示范性演练。示范性演练是指为向观摩人员展示应急能力或提供示范教学，严格按照应急预案规定开展的表演性演练。

c. 研究性演练。研究性演练是指为研究和解决突发事件应急处置的重点、难点问题，试验新方案、新技术、新装备而组织的演练。

不同类型的演练相互组合，可以形成单项桌面演练、综合桌面演练、单项实战演练、综合实战演练、示范性单项演练、示范性综合演练等。

1.2 应急管理基本理论

1.2.1 管理科学理论

从广义上来说，管理科学是指以科学方法应用为基础的各种管理决策理论和方法的统称，以系统论、信息论、控制论为其理论基础，包括戴明管理模型、SMART 原则、5W1H 分析法和平衡计分卡等。

戴明管理模型是管理科学中的经典模型，揭示一切管理活动都要经过计划（Plan）、执行（Do）、检查（Check/Study）、处理（Act）四个步骤的往复循环（图 1-3）。

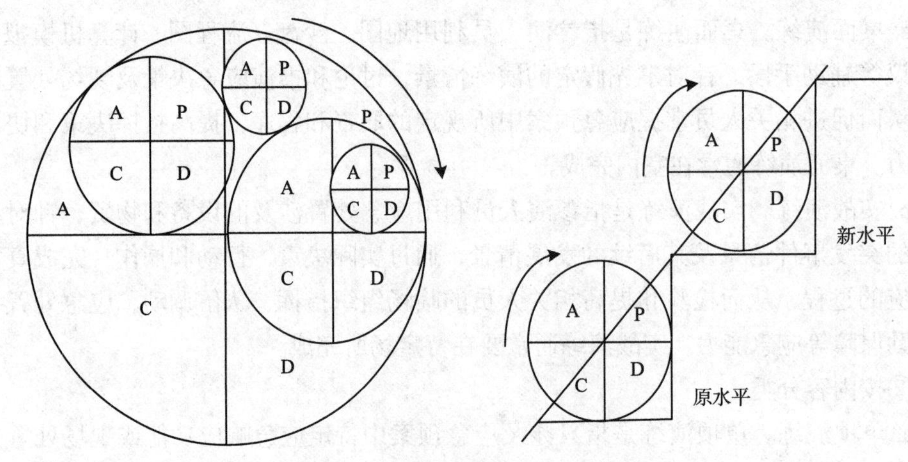

图 1-3　戴明管理模型（PDCA）

① P（Plan）——计划，包括方针和目标的确定，以及活动规划的制定。

② D（Do）——执行，根据已知的信息，设计具体的方法、方案和计划布局；再根据设计和布局，进行具体运作，实现计划中的内容。

③ C（Check）——检查，总结执行计划的结果，分清哪些对了，哪些错了，明确效果，找出问题。

④ A（Act）——处理，对总结检查的结果进行处理，对成功的经验加以肯定，并予以标准化；对于失败的教训也要总结，引起重视。对于没有解决的问题，应提交给下一个 PDCA 循环中去解决。

以上四个过程不是运行一次就结束，而是周而复始地进行。一个循环完了，解决一些问题，未解决的问题进入下一个循环，这样阶梯式上升。PDCA 循环是全面质量管理所应遵循的科学程序。全面质量管理活动的全部过程，即质量计划的制订和组织实现的过程，这个过程按照 PDCA 循环，不停顿且周而复始地运转。

1.2.2　战略科学理论

战略科学本是指研究带全局性的战争指导规律的学科。现代战略研究已扩展到整个社会领域，泛指从全局和整体出发研究社会、经济、科学和技术协调发展的指导规律。

“战略—系统”方法。战略思维是指立足于战略高度，从战略管理的需要出发，观察问题、分析问题和解决问题的高级心理活动形式。系统思想，可以界定为基于系统理念、系统科学和系统工程的理论与方法，思考问题、认识问题和解决问题的高级心理活动形式。综合运用于管理中，“战略—系统”方法是以战略、战略管理、系统、系统科学和系统工程概念框架和理论模型为基础，基于对战略思维的使命感、全局性、竞争性和规划性四个维度，以及系统思想的整体性、关联性、结构化和动态化四个维度的思维方式和分析方法。“战略—系统”方法包含五项基本原则，即战略导向、整体推进、纵向联动、横向协作和竞争发展（图 1-4）。

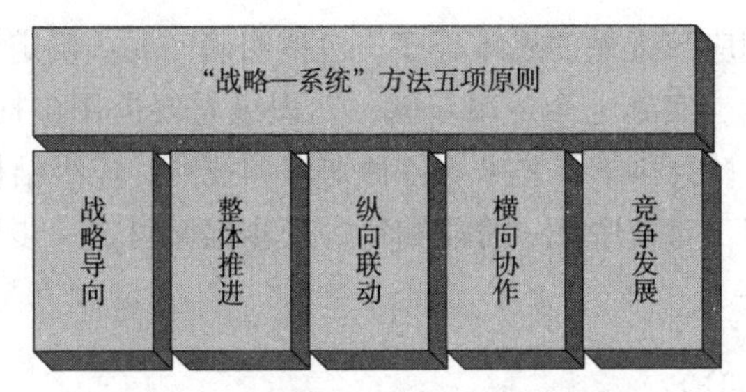

图 1-4 "战略—系统"方法五项原则

1.2.3 系统科学理论

系统科学是研究系统的结构与功能关系、演化和调控规律的科学，以不同领域的复杂系统为研究对象，从系统和整体的角度，探讨复杂系统的性质和演化规律，目的是揭示各种系统的共性以及演化过程中所遵循的共同规律，发展优化和调控系统的方法，并进而为系统科学在其他领域的应用提供理论依据。

霍尔模型，又称霍尔三维结构或霍尔的系统工程，后人将之与软系统方法论对比，称其为硬系统方法论（Hard System Methodology，HSM），是美国系统工程专家霍尔（A. D. Hall）于1969年提出的一种系统工程方法论。霍尔的三维结构模式的出现，为解决大型复杂系统的规划、组织、管理问题提供了一种统一的思想方法，因而在世界各国得到了广泛应用。霍尔三维结构是将系统工程整个活动过程分为前后紧密衔接的七个阶段和七个步骤，同时还考虑了为完成这些阶段和步骤所需要的各种专业知识和技能。这样，就形成了由时间维、逻辑维和知识维所组成的三维空间结构。其中，时间维表示系统工程活动从开始到结束按时间顺序排列的全过程，分为规划、拟订方案、研制、生产、安装、运行、更新七个时间阶段；逻辑维是指时间维的每一个阶段内所

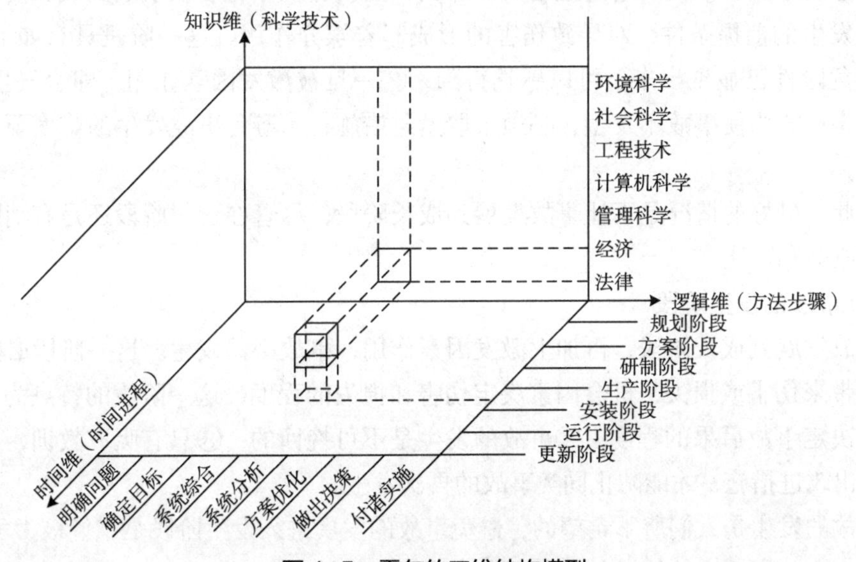

图 1-5 霍尔的三维结构模型

要进行的工作内容和应该遵循的思维程序，包括明确问题、确定目标、系统综合、系统分析、优化、决策、实施七个逻辑步骤；知识维需要运用包括工程、医学、建筑、商业、法律、管理、社会科学、艺术等各种知识和技能。三维结构体系形象地描述了系统工程研究的框架，对其中任一阶段和每一个步骤又可进一步展开，形成了分层次的树状体系。见图 1-5。

1.2.4 应急科学理论

1.2.4.1 事故生命周期理论

一般事故的发展可归纳为四个阶段：孕育阶段、成长阶段、发生阶段和应急阶段。

(1) 事故的孕育阶段

孕育阶段是事故发生的最初阶段，是由事故的基础原因所致的，如前述的社会历史原因、技术教育原因等。在某一时期由于一切规章制度、安全技术措施等管理手段遭到了破坏，使物的危险因素得不到控制，加上机械设备由于设计、制造过程中的各种不可靠性和不安全性，使其先天地潜伏着危险性，这些都蕴藏着事故发生的可能，都是导致事故发生的条件。事故孕育阶段具有如下特点：①事故危险性还看不见，处于潜伏和静止状态中；②最终事故是否发生还处于或然和概率的领域；③没有诱发因素，危险不会发展和显现。

根据以上特点，要根除事故隐患，防止事故发生，这一阶段是很好的时机。因此，从防止事故发生的基础原因入手，将事故隐患消灭在萌芽状态之中，是安全工作的重要方面。

(2) 事故的成长阶段

如果由于人的不安全行为或物的不安全状态，再加上管理上的失误或缺陷，促使事故隐患的增长、系统的危险性增大，那么事故就会从孕育阶段发展到成长阶段，它是事故发生的前提条件，对导致伤害的形成起着媒介作用。这一阶段具有如下特点：①事故危险性已显现出来，可以感觉得到；②一旦被激发因素作用，即会发生事故，形成伤害；③为使事故不发生，必须采取紧急措施；④避免事故发生的难度要比前一阶段大。

因此，最好的情况是不让事故发展到成长阶段，尽管在这一阶段还是有消除事故发生的机会和可能。

(3) 事故的发生阶段

事故发展到成长阶段，再加上激发因素作用，事故必然发生。这一阶段必然会给人或物带来伤害或损失，机会因素决定伤害和损失的程度，这一阶段的特点为：①机会因素决定事故后果的程度；②事故的发生是不可挽回的；③只有吸取教训，总结经验，提出改进措施，才能防止同类事故的再次发生。

事故的发生是人们所不希望的，避免事故的发展进入发生阶段是我们极力争取的，也是安全工作所追求的目标和安全工作者的职责及任务。

(4) 事故的应急阶段

事故应急阶段主要包括紧急处置和善后恢复两个阶段。紧急处置是在事故发生后立即采取的应急与救援行动，包括事故的报警与通报、人员的紧急疏散、急救与医疗、消防和工程抢险措施、信息收集与应急决策和外部求援等；善后恢复应在事故发生后首先使事故影响区域恢复到相对安全的基本状态，然后逐步恢复到正常状态。应急目标是尽可能地抢救受害人员，保护可能受威胁的人群，尽可能控制并消除事故，尽快恢复到正常状态，减少损失。这一阶段的特点为：①应急预案是前提；②现场指挥很关键；③紧急处置越快事故损失越小；④善后恢复越快，综合影响越小。

1.2.4.2 应急管理生命周期理论

根据危机的发展周期，突发事件应急管理生命周期可以分为以下几个阶段：危机预警及准备阶段、识别危机阶段、隔离危机阶段、管理危机阶段和善后处理阶段。

(1) 应急管理各阶段的主要任务

应急管理各阶段的主要任务如图 1–6 所示，共分 5 个阶段：①预警及准备阶段的目的在于有效预防和避免危机的发生；②识别危机阶段，监测系统或信息监测处理系统是否能够辨识出危机潜伏期的各种症状是识别危机的关键；③隔离危机阶段，要求应急管理组织有效控制突发事态的蔓延，防止事态进一步升级；④管理危机阶段，要求采取适当的决策模式并进行有效的媒体沟通，稳定事态，防止紧急状态再次升级；⑤善后处理阶段，要求在危机管理阶段结束后，从危机处理过程中总结分析经验教训，提出改进意见。

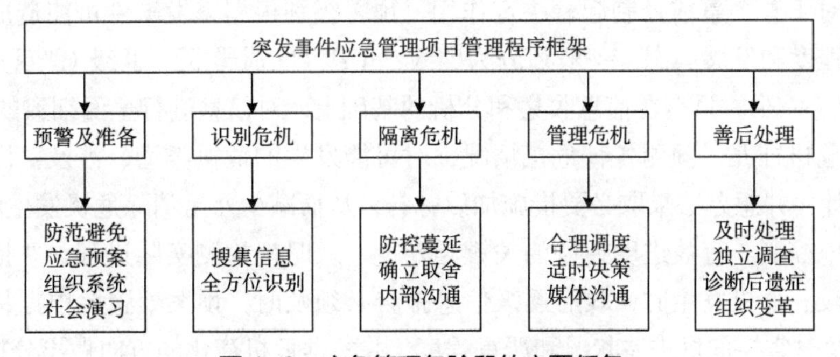

图 1–6 应急管理各阶段的主要任务

(2) 突发事件应急管理实施控制

对突发事件应急管理体系进行控制，关键是制定完善的突发事件应急预案，在建立健全突发事件管理机制上下功夫。该预案的工作过程大致包括以下几个步骤：①清晰定义突发事件应急管理项目目标，此目标必须尽可能与我国经济社会发展和社会平稳进步的目标相符；②通过工作分解结构（WBS），明确组织分工和责任人，使看似复杂的过程变得易于操作，有效克服应急工作的盲目性（见图 1–7）；③为了实现应急管理的目标，必须界定每项具体工作内容；④根据每项任务所需要的资源类型及数量，明确辨认不同阶段相互交织、循环往复的危机事件应急管理特定生命周期，采取不同

的应急措施。

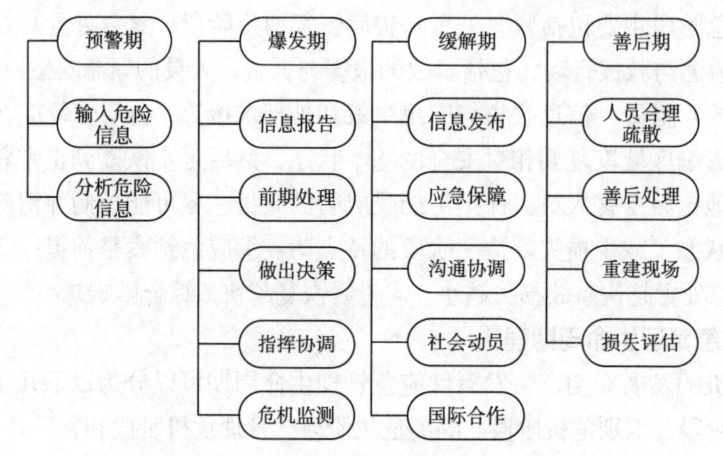

图 1-7　突发事件应急管理工作分解结构

(3) 突发事件应急管理进度控制

进度控制的主要目标是通过完善以事前控制为主的进度控制体系来实现项目的工期或进度目标。通过不断的总结，进行归纳分析，找出偏差，及时纠偏，使实际进度接近计划进度。进度控制包括事前控制、事中控制和事后控制。

①事前控制。突发事件应急管理要想从事后救火管理向事前监测管理转变，由被动应对向主动防范转变，就必须建立完善的突发事件预警机制。因此，控制点任务的按时完成对于整个事前控制起着决定作用。预警级别根据突发事件可能造成的危害程度、紧急程度和发展势态，一般划分为四级：Ⅰ级 (特别严重)、Ⅱ级 (严重)、Ⅲ级 (较重) 和Ⅳ级 (一般)。只有在信息收集和分析的基础上，对信息进行全面细致的分类鉴别，才能发现危机征兆，预测各种危机情况，对可能发生的危机类型、涉及范围和危害程度做出估计，并想办法采取必要措施加以弥补，从而减少乃至消除危机发生的诱因。

②事中控制。有效进度控制的关键是定期、及时地检测实际进程，并把它和计划进程相比较。危机发生时，政府逐级信息报告必须及时，预案处置要根据特殊情况适时调整，及时掌控危机进展状况和严重程度，并根据危机演化的方向做出分析判断，妥善处理危机。在情况不明、信息不畅的情况下，要积极发挥媒体管理的作用，及时向公众公开危机处理进展情况，保障群众的知情权，减少主观猜测和谣言传播的负面影响。

③事后控制。事后控制的重点是认真分析影响突发事件应急管理进度关键点的原因，并及时加以解决。通过有效的资源调度和社会合作，对突发事件应急管理预案的执行情况和实施效果进行评估。在调查分析和评估总结的基础上，详尽地列出危机管理中存在的问题，提出突发事件应急管理改进的方案和整改措施。

1.2.4.3　事故应急中利用“战略—系统”模型

从战略的角度讲，公共安全重大事故灾害应急体系是我国公共安全体系的重要组成，其使命是通过在公共安全的各领域中建立良性有序的公共安全事故灾害应急体系，

最大限度地预控事故灾害风险和遏制伤亡损失的科学战略。公共安全应急体系构建既是国家对公共安全的宏观管理方法，也是社会系统各方主体及其人、物、环境等要素一切行为活动和运行状态的科学战略与战术，既需要综合公共安全广泛性，也需要注重应急能力的关键性。因此，对于具有战略属性的公共安全事故灾害应急体系规划及其落实方法既是应急管理的核心，也是公共安全重大事故灾害应急的重要内涵。

以战略思维、系统思想、科学原理、法律规范、历史经验为基础，应用战略理论和模型原理，可以设计出事故灾害应急的“战略—系统”综合模型，其基本结构内容包括：一项方针、四大使命、六个维度、十大关键元素。通过构建“战略—系统”模型，建立战略思维和应用系统思想、完善公共安全事故灾害应急体系、强化体系运行功效，从而提升应急体系的管理质量，全面提高社会或企业的事故灾害应急能力。

事故灾害应急“战略—系统”模型内容包括：

①方针：一项方针——常备不懈、及时有效、科学应对；

②使命：四大使命——生命第一、健康至上、环保优先、财产保护；

③维度：六个维度——领导与执行、规划与策略、运行与系统、资源与技术、结构与流程、文化与培训（见图 1-8）。

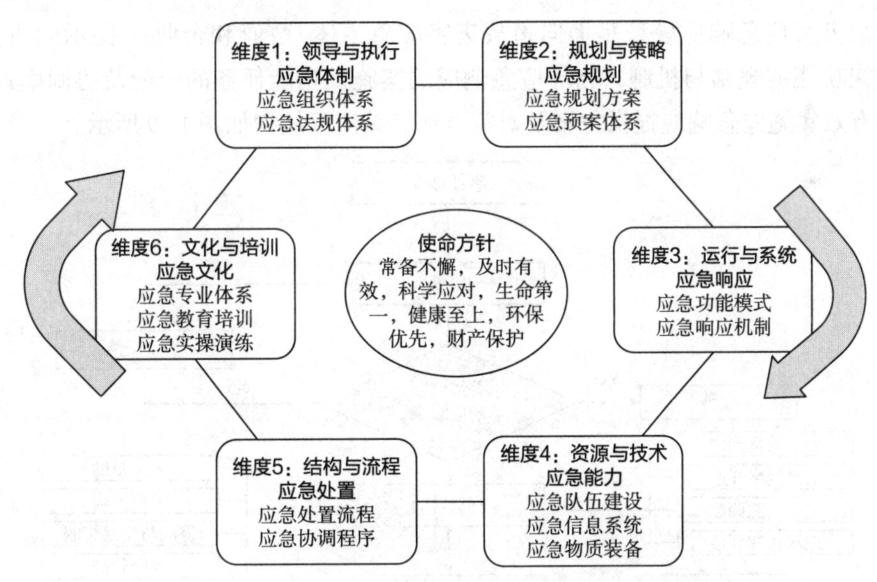

图 1-8　公共安全事故灾害应急“战略—系统”模型

基于上述公共安全事故灾害应急“战略—系统”模型，可设计出事故灾害应急建设体系。根据六大战略维度，可提出六大应急能力建设目标和二十大应急体系建设：一是应急决策能力，包括应急组织体系、应急管制体系、应急信息体系；二是应急规制能力，包括应急法规体系、应急标准体系、应急评估体系；三是应急响应能力，包括应急报告体系、应急预案体系、应急演练体系；四是应急保障能力，包括应急队伍体系、应急物质体系、应急装备体系、应急保险体系；五是应急处置能力，包括应急指挥体系、应急救援体系、应急医疗体系、应急救助体系；六是应急发展能力，包括应急科研体系、应急教培体系、应急交流体系（见表 1-1）。

表 1-1　公共安全事故灾害应急“战略—系统”维度及能力体系要素

序号	战略维度	应急能力	应急体系要素
1	领导与执行	应急决策能力	应急组织体系、应急管制体系、应急信息体系
2	规划与策略	应急规制能力	应急法规体系、应急标准体系、应急评估体系
3	运行与系统	应急响应能力	应急报告体系、应急预案体系、应急演练体系
4	资源与技术	应急保障能力	应急队伍体系、应急物质体系、应急装备体系、应急保险体系
5	结构与流程	应急处置能力	应急指挥体系、应急救援体系、应急医疗体系、应急救助体系
6	文化与培训	应急发展能力	应急科研体系、应急教培体系、应急交流体系

1.2.4.4　事故灾害应急响应模型

事故灾害应急响应模型是面向事故灾害应急主体（政府和企业），揭示应急流程、应急组织功能的规制与机制，指导应急响应的实施及功能任务的分配及协调模式，为落实和有效实施应急响应提供方案及对策方法。其流程结构如图 1-9 所示。

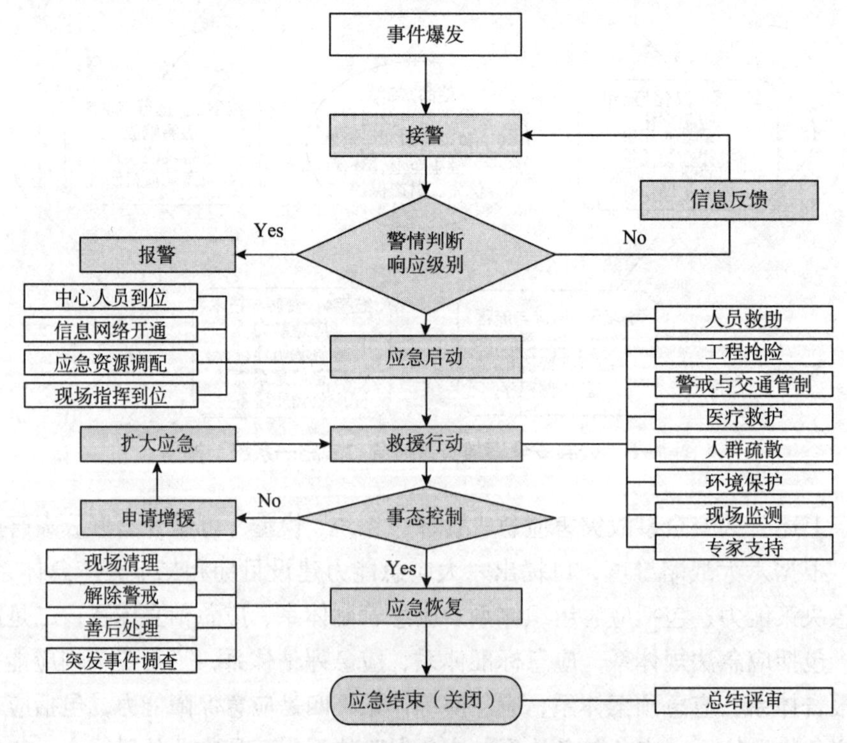

图 1-9　事故灾害应急响应处置流程结构图

事故灾害应急响应模型将接警、响应、救援、恢复和应急结束等过程规律系统化，对应急指挥、控制、警报、通信、人群疏散与安置、医疗、现场管制等任务协调化，有助于合理、科学地设置应急响应功能和实施运行应急响应程序，对保障应急效能，提高应急效果具有重要的应用价值。

事故灾害应急响应模型包括“事故灾害应急响应流程”和“事故灾害应急响应功能设计”两大体系。前者揭示应急响应流程，是纵向的层次逻辑；后者揭示应急响应的功能设置，是横向的任务逻辑。

事故灾害应急救援响应程序主要包括警情与响应级别的确定、应急启动、救援行动、应急恢复和应急结束五大步骤，其中涉及诸多技术环节和要素。

实施应急响应需要多部门、多专业的参与，如何组织好各部门有效地配合实施应急响应，完成响应流程的目标，是最终决定应急成败的关键因素之一。因此，应急响应模型要解决应急响应任务的设置和安排。一般应用应急响应预案中包含的应急功能的数量和类型，主要取决于所针对的潜在重大事故灾害危险的类型，以及应急的组织方式和运行机制等具体情况。表 1-2 中描述了应急功能及其相关应急部门或机构的功能关系，其中 R 代表应急功能的牵头部门或机构，S 代表相应的协作部门或机构。见表 1-2。

表 1-2 突发事件应急响应功能矩阵表

应急功能	应急机构		
	消防部门	公安部门	医疗部门
警报	S	S	
疏散	S	R	S
消防与抢险	R	S	

(1) 单位事故灾害应急响应流程设计

根据事故灾害应急响应流程模型，企业或单位组织可根据自身的需要，设计事故灾害应急响应流程图 (图 1-10)。

(2) 政府和企业事故灾害应急响应任务功能矩阵表

各级政府根据应急响应功能矩阵图原理，结合政府组织体制，设计符合自身需要的应急响应任务功能矩阵表 (表 1-3)。针对不同类型的突发事件与事故灾害，政府与应急直接相关的管理部门应充分发挥其统筹、领导、指挥、协调功能，如政府应急中心 (管理办公室)、安全生产监督管理部门、公安部门、卫生部门、环保部门、民政部门等，在突发事件应急救援过程中所必要的不同环节中具有指挥功能与作用，而与应急间接相关的部门应充分协助相关指挥领导部门开展相应救援环节工作，以保证应急目标合理、高效地实现。

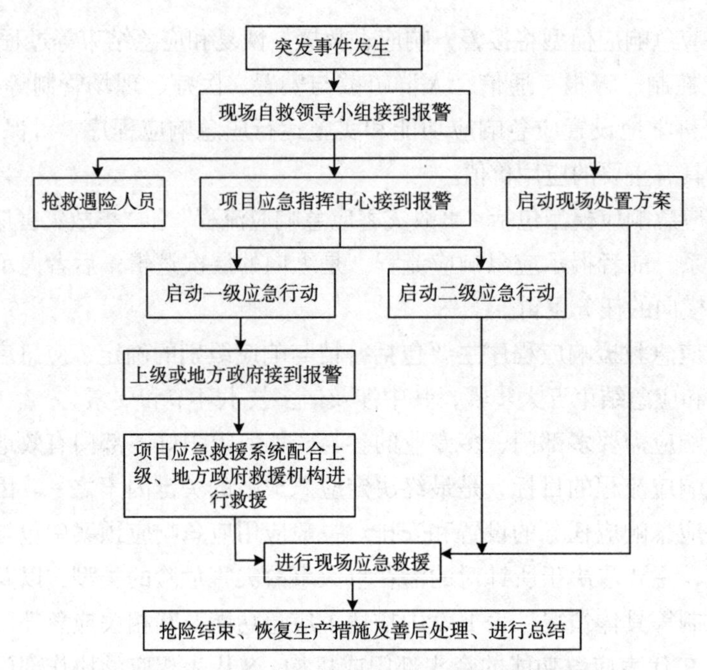

图 1-10 某企业事故灾害应急响应处置流程图

表 1-3 政府重大安全事故灾害应急响应部门功能矩阵表

机构	功能													
	接警与通知	指挥与控制	警报和紧急公告	通信	事态监测与评估	警戒与管制	人群疏散	人群安置	医疗与卫生	公共关系	应急人员安全	消防和抢险	泄漏物控制	现场恢复
应急中心	R	S	R	R	S					S				
安监		R			S					R	R		S	S
公安	S	S	S	S	S	R	R	S	S	S	S	R	R	S
卫生	S		S		S			S	R		S			
环保	S		S		R				S		S		S	R
民政								R	S				S	
广电			S	S			S	S	S	S				S
交通	S						S	S				S	S	
铁路	S						S	S					S	
教育							S	S		S				
建设	S				S			S				S	S	S

续表

机构	功能												
	接警与通知	指挥与控制	警报和紧急公告	通信	事态监测与评估	警戒与管制	人群疏散	人群安置	医疗与卫生	公共关系	应急人员安全	消防和抢险	泄漏物控制	现场恢复
财政					S		S	S	S		S	S	S	S
科技					S				S		S	S		S
气象			S		S									
电监	S		S		S			S				S		S
军队			S	S	S	S	S	S			S	S		
红十字会							S	S	S		S			

注：R—指挥功能；S—协作功能。

1.2.5 复杂网络基本理论

1.2.5.1 复杂网络的定义与特征

复杂网络作为一种大规模网络，相对于传统的小型网络或者简单网络，往往呈现不同的统计特性，如自组织、自相似、吸引子、小世界、无标度等。简单来讲，复杂网络往往具有数量特别多的节点以及复杂的拓扑关系，即拥有复杂拓扑结构的网络称为复杂网络。这两种定义一种是从复杂网络的统计属性来讲，另一种是从复杂网络的物理属性来讲，但往往我们认为第一种定义方法比较严谨，因为规模巨大的网络不一定是复杂网络，也可能是人工制造的随机网络，并没有太高的研究价值。

(1) 复杂网络的属性定义

自组织是物理学名词，即指在混沌系统内部中，存在的一种结构使得整个系统趋向有序结构或者正在转为有序结构的形成过程，往往一个系统的自组织功能越强，其抗毁能力也就越强。

自相似即认为复杂网络中的某一小部分网络其网络拓扑结构与整体网络拓扑结构相似，类似数学中的分形学。衍生出寻找网络群组结构这一方向。

吸引子是指复杂系统往往朝着某个趋于稳定状态发展，这一稳定状态就叫作吸引子，通常复杂网络在经过多次迭代更新之后，其网络结构会趋于某一稳定的状态。

小世界是指复杂网络虽然节点数量多，但各节点之间的最短路径长度比较小，即最为经典的“六度分离”问题。

无标度是指复杂网络中的节点度分布具有幂指数分布规律。在双对数坐标下，节点度分布呈现的是一条直线，与系统特征长度无关，即节点度分布规律与网络结构无关。这一特性是指大部分复杂网络中常常具有少量节点度很高，而大部分其余节点度很小的这一特性，并衍生出寻找复杂网络关键节点这一方向。

(2) 常用复杂网络统计指标

通过统计分析，复杂网络一般会呈现出随机和确定的两大特征。其中确定性的特征便称之为复杂网络的特征，这种统计特征描述往往在分析复杂网络时起到特别关键的作用。关于复杂网络的特征，往往分为节点特征和边特征。

①节点的度与度分布。

节点的度定义为某节点连接的边数。网络中所有节点的度的平均值称为网络的平均度。

度分布是指节点度分布情况，即度值相同的节点的个数与度值的函数。一般来讲，完全随机网络的度分布一般服从泊松分布，而真实世界的复杂网络的度分布一般服从幂分布，呈现出无标度性。

②网络直径与平均路径长度。

网络中任意两个节点距离的最大值称为网络的直径。

网络的平均长度即各节点对距离的平均值，对于大规模复杂网络，即使网络节点数量很多，其平均路径长度也很小，具有小世界性。

③网络的聚类系数。

网络的聚类系数是反映网络中各节点的聚集情况，指节点与其临近节点实际存在的边数的总和与这些临近节点之间最多可出现的边数之比。

网络的聚集系数是所有节点聚集系数的平均值。由于本书中应用复杂网络特征较少，其余复杂网络的特征如网络效率、紧密中心性、介数等在此不再赘述。

1.2.5.2 基于复杂网络理论的网络关键节点识别方法

自然界或者现实中，几乎所有的复杂系统往往都有一个或者几个主导因素，它们在该系统中占据着非常重要的位置。如果去掉这些关键点，复杂系统会在短时间内迅速分裂甚至消失。抽象成网络之后，就是复杂网络中的关键节点。在各式各样的复杂网络中，给出所有节点的重要程度排序或者找出最关键的那几个点的方法，就被称作复杂网络关键节点识别方法，其主要思想即是通过计算各统计指标的方法为节点的重要程度进行排序，获得某个节点相对于其他节点的重要程度。复杂网络理论通常将节点的重要程度指标称为中心度，因此，复杂网络理论中，往往将关键节点识别方法取名为各中心度算法，按照不同的指标，中心度算法可以分为基于连接的、基于最短路径的、基于流的、基于随机行走的和基于反馈的中心度算法五类。

1.2.5.3 复杂网络的群组结构

随着复杂网络的研究深入，人们逐渐发现大部分实际网络都具有一个共同性质——群组结构，群组结构的研究是希望研究大规模的复杂网络如何由相对独立又交错的子网络构成的。大部分非合作信息网络实质上是通过几条链路将由几个高密度的子通信组连接形成的，识别非合作信息网络的群组结构，能够有助于进一步分析非合

作信息网络的薄弱点。要分析大规模网络，根据复杂网络的自组织性将网络分解成子网络是很有必要的，这一问题即是复杂网络的群组识别。传统图论主要描述为图形分割问题，将网络分割成大小均匀且独立的部分，传统图论提出了许多近似算法，其中基于拉普拉斯（Laplace）图特征的谱平均法是最常见的，并广泛应用在图像分割领域。该方法的核心思想是通过对网络的拉普拉斯矩阵的特征向量进行聚类，从而达到对网络进行分割的效果。

1.2.6 危机管理 4R 理论

美国危机管理专家罗伯特·希斯在其著作《危机管理》中提出了著名的危机管理 4R 理论。他把组织的危机管理分为四个内容：缩减（Reduction）、预备（Readiness）、反应（Response）、恢复（Recovery）。组织管理者应该主动把危机管理的工作按照 4R 理论进行合理的划分，以减少危机事件的攻击力和影响力，使组织时刻做好应对危机的准备，竭尽全力处理已经发生的危机，并做好从危机中恢复的工作（见表 1-4）。

表 1-4 4R 理论要素分析

4R	要素
缩减（Reduction）	风险评估
	风险管理
	组织素质
预备（Readiness）	危机管理团队
	危机预警系统
	危机管理计划
	培训和演习
反应（Response）	确认危机
	隔离危机
	处理危机
	消除危机
恢复（Recovery）	危机影响分析
	危机恢复计划
	危机恢复行动
	化危机为机遇

1.2.6.1 缩减（Reduction）

危机缩减是指减少危机风险发生的可能性和危害性，降低风险，可以避免时间和资源的浪费。危机缩减是危机管理的基础，是任何有效的危机管理必不可少的一个环节。它主要涉及四个方面：环境、结构、系统和人员。

①环境方面：组织要清楚地了解所处的危机环境，时刻处在准备就绪的状态，提前做好危机应对的预备工作，建立与危机环境相适应的预警信号，以便及时察觉危机的发生，同时重视对相关环境的管理。

②结构方面：保证组织机构内职责分明，各司其职，分工明确，保证危机管理工作的每个部分都有具备相应能力的人去负责，有明确的组织条例规章制度，确保危机发生时有章可循。

③系统方面：保证组织系统处在一个常态运行的范围内，当危机发生时，组织管理者可以预见并确认哪些防险系统可能失灵，并及时做出相应的修正和强化。

④人员方面：当组织内的人员具有很强的反应能力和处理危机的能力时，危机局面就能得到有效的控制，这时候人员就成为降低危机发生率及较少危机冲击的关键因素。组织人员的这些能力可以通过相关的培训和规范的演习中得到，也可以通过参加有关危机管理的学术报告学习到。

1.2.6.2 预备（Readiness）

危机预备主要是危机的防范工作。由于危机具有突发性和不确定性，因此组织必须提前做好应对预案和准备工作，以便危机发生时能够快速反应，尽力保障生命、财产的安全，及时激活危机反应系统。科学完备的危机预警机制可以准确直观地评估出危机事件造成的危害，以警示危机管理者迅速做出应对。对于危机预警的接受情况是因人而异的，由于个体自身素质和经验等方面的因素而存在差异，这个时候就要对组织内人员的相关能力有一定的要求，对于人员危机应对能力的训练也是前面所提到的危机缩减中的一部分。组织可以请教或者挑选相关方面的技术人员和专家，组成危机管理团队，制订相应的危机管理计划。

1.2.6.3 反应（Response）

危机反应即是强调在危机发生后，组织要采取相应的措施加以应对，解决危机。危机反应要求危机管理主体要解决危机管理过程中出现的各种问题，包括控制风险、制定决策、与利益相关者沟通协调等方面。危机管理组织有效的反应体现在对风险的准确判断和控制以及成功的应对。从危机反应的角度，首先组织应该解决如何在有限的时间内快速处理危机的问题，其次是如何更多更快地获得真实全面的危机信息，最后是降低损失，减少危机危害。

1.2.6.4 恢复（Recovery）

危机恢复是在危机得到有效的控制之后，要尽快恢复组织的正常秩序，并进行危机事后的学习与总结。危机管理组织要对危机产生的影响和后果进行详细的分析，并制订相对应的恢复计划，使组织或者受危机影响的社会公众尽快从危机中走出来，回到正常的生产生活轨道上。同时，对危机的反馈总结也是必不可少的一个环节，通过对危机的反省，找出组织自身的不足，吸取经验与教训，提高组织的管理能力。

1.2.7 利益相关者理论

1984年，爱德华·弗里曼提出了利益相关者管理理论。他认为在快速变化的商业环境中，优秀经理人们并没有能够做好组织管理工作。因此，他提出了利益相关者理论，希望该理论能够使经理人系统地认识环境，积极主动地进行管理。他将与企业相关的人群分为两大部分：内部相关者和外部相关者。内部利益相关者指所有者、供应商、员工、顾客；外部的利益相关者指竞争者、环保主义者、政府、非营利组织、消费者利益鼓吹者、媒体等。通过对相关者们的分析，弗里曼依据经典的利益相关者图谱，提出了利益相关者视角的企业战略管理问题：组织方向和使命是什么？完成路径和战略是什么？战略配置的资源或预算是什么？如何确保战略在控制中？之后弗里曼提出了管理战略：一是特定利益相关者战略，二是股东至上战略，三是功利主义战略，四是罗尔斯战略，五是社会协调战略。

沃尔特·米歇尔则研究了不同利益相关者之间地位和作用的差异，建立合法性、权力性和紧急性三个维度。合法性指在法律和道义上，是否被赋予对于企业的索取权；权力性体现在企业决策过程中是否有影响力；紧急性即群体诉求能否立即引起企业高管的重视。米歇尔分析到，能够被认定是企业利益的相关者，要符合上述三条中的一条属性。根据对三个维度的评分，利益相关者被分为三类：利益确定型的利益相关者、利益预期型的相关者和利益潜在型的相关者。利益相关者理论起初应用于私人部门，通过研究各利益相关者的需求进而全盘分析企业内外部生存环境，提供战略性的决策建议。一些学者将其引入公共领域，用于分析公共行政过程中参与者的利益协调问题。随着经济社会的不断发展，该理论也逐渐在政治学、社会学和管理学等领域被广泛运用，特别是在当前社会矛盾多发、社会利益多元的形势下，该理论成为研究公共管理问题的重要分析工具。

在应急领域，樊博等重新定义了应急响应协同研究语境下的权力性、合法性与紧急性。权力性是指掌握应急资源的类型，虽然全盘掌控、协调各方利益相关者对资源的吸纳整合配置的权力才是决定性的，但各个利益相关者持有的不同的权力类型都不可或缺；利益相关者合法性是指该利益相关者在其社会网络中得到认可的程度，对于应急响应而言，就是各利益相关者进行应急处置时，他们的行为在制度上以及实际运作中被其他利益相关者认可的程度；利益相关者紧急性表现为其需求能迅速引起组织决策的高度关注，对应急响应而言，则表现为利益相关者对响应速度的敏感性，以及应急处置成功对利益相关者的重要性。邵昳灵将突发事件应急响应利益相关者确定为政府、政府职能部门、受害者、诱发者、媒体和旁观者六个方面，阐述了如何平衡应急响应策略中利益相关者的博弈关系。

1.2.8 协同治理理论

作为一门新兴的理论，协同治理理论还没有清晰的理论框架，还不能将其视作一种完善的理论体系，是协同学与治理理论的交叉理论，常用的协同治理模型有跨部门协同模型、六维协同模型、公私协力运作模式、SFIC模型、多中心协同治理模型、协同治理系统动力学模型等。李汉卿等通过文献综述的形式，阐述了协同学与治理理论的理论范式，认为协同治理理论具备如下几个特征。

(1) 治理主体的多元化

协同治理的前提就是治理主体的多元化。这些治理主体不仅指的是政府组织，而且民间组织、企业、家庭以及公民个人在内的社会组织和行为体都可以参与社会公共事务治理。由于这些组织和行为体具有不同的价值判断和利益需求，也拥有不同的社会资源，在社会系统中，他们之间保持着竞争和合作两种关系。同时，随之而来的是治理权威的多元化，协同治理需要权威，但是打破了以政府为核心的权威，其他社会主体在一定范围内都可以在社会公共事务治理中发挥和体现其权威性。

(2) 各子系统的协同性

在现代社会系统中，由于知识和资源被不同组织掌握，采取集体行动的组织必须要依靠其他组织，而且这些组织之间存在着谈判协商和资源交换，这种谈判和交换是否能够顺利进行，除了各个参与者的资源外，还取决于参与者之间共同遵守的规则以及交换的环境。因此，在协同治理过程中，强调各主题之间的自愿平等与协作。在协同治理关系中，有的组织可能在某一个特定的交换过程中处于主导地位，但是这种主导并不是以单方面的发号施令的形式。所以说，协同治理就是强调政府不再仅仅依靠强制力，而更多的是通过政府与民间组织、企业等社会组织之间的协商对话、相互合作等方式建立伙伴关系来管理社会公共事务。社会系统的复杂性、动态性和多样性，要求各个子系统的协同性。

(3) 自组织组织间的协同

自组织组织是协同治理过程中的重要行为体。由于政府能力受到了诸多的限制，其中既有缺乏合法性、政策过程的复杂，也有相关制度的多样性和复杂性等诸多因素。政府成为影响社会系统中事情进程的行动者之一，在某种程度上说，它缺乏足够的能力将自己的意志加诸在其他行动者身上。而其他社会组织则试图摆脱政府的金字塔式的控制，这不仅意味着自由，也意味着为自己负责，同时这也是自组织组织的重要特征，这样的自主的体系就有更大程度上自我治理的自由。自组织体系的建立也就要求削弱政府管制、减少控制甚至在某些社会领域的政府撤出。这样一来，社会系统功能的发挥就需要自组织组织间的协同。

虽然如此，政府的作用并不是无足轻重的，相反，政府的作用会越来越重要。因为在协同治理过程中，强调的是各个组织之间的协同，政府作为嵌入社会的重要行为体，它在集体行动的规则、目标的制定方面起着不可替代的作用。也就是说，协同治理过程是权利和资源的互动过程，自组织组织间的协同离不开政府组织。

(4) 共同规则的制定

协同治理是一种集体行为，在某种程度上说，协同治理过程也就是各种行为体都认可的行动规则的制定过程。在协同治理过程中，信任与合作是良好治理的基础，这种规则决定着治理成果的好坏，也影响着平衡治理结构的形成。在这一过程中，政府组织也有可能不处于主导地位，但是作为规则的最终决定者，政府组织的意向很大程度上影响着规则的制定。

协同治理理论作为一门交叉的新兴理论，是协同学和治理理论的有机结合，至少能有以下两点启发：

一是从方法论角度，要从系统的角度去看待社会的发展。要将社会看成是一个大系统，社会系统中还存在着若干的子系统，它们都是开放性的，在社会复杂系统中既存在着相互独立的运动，也存在着相互影响的整体运动。在系统内各子系统的独立运动占主导地位的时候，系统整体体现为无规则的无序运动；当各子系统之间互相协调，互相影响，能够采取集体行动的时候，系统整体就体现为规律性的有序运动。

二是从理论内容看，就是要对社会系统的复杂性、动态性和多样性要有清楚的认知。这可以从以下几个角度来理解：首先是社会系统的复杂性，社会系统的复杂性主要是由社会各个子系统之间的相互作用体现出来，各个子系统之间既有竞争又有协作，有时竞争关系占主导，有时协作关系占主导，而且它们之间结合的方式是多种多样的，因为子系统内部还有自己独特的结构。协同治理理论追求的是如何促进各个子系统之间的协作，进而发挥系统的最大功效。其次是社会系统的动态性，这种动态性不仅体现为各个子系统之间的相互竞争与协作，而且体现为系统整体的从无序到有序，或者从一种结构到另一种结构的转变。在一个系统中，总是有些力量要维护现存状态，另外一些力量则要改变现存状态。就是这种向心力和离心力的此消彼长构成了系统发展变化的动力。协同治理理论强调的就是在相互斗争的力量之间寻找分化与整合的途径，不断实现治理效果的优化。最后是社会系统的多样性，社会系统内部越来越分化、专门化和多样化，由此导致目标、计划和权利的多样性。在社会系统内部的各个行为体拥有不同的资源，也具有不同的利益需求，也就导致了各个子系统之间的目标的多元，而实现目标的手段也各种各样。协同治理理论在尊重多样性的基础上，寻求实现各个子系统之间目标和实现目标手段的协同，构建都能接受的共同规则，而遵守这种规则的结果是实现各方的共赢。

2　电力应急指挥体系研究

2.1　应急指挥管理研究现状

当前，我国电力工业正处于快速发展的阶段，电力系统运行呈现出控制难度加大的特点，电网系统由于其自身的脆弱性和所面临的风险，极易发生对社会运行和企业生产构成重大威胁的突发事件，其中大面积停电是最为严重的突发事件。它的发生具有耦合性、衍生性、快速扩散性、传导变异性等特征，是一种非常态的事件演化过程。电力行业的公用性和电力生产、使用同时性的特点，决定了电网事故影响大、速度快、后果严重，不仅会给电力企业造成重大经济损失，还会带来巨大的政治、经济影响，甚至引起社会混乱。电网安全关系到公共安全与社会稳定，因此，要不断提升电网应急管理水平和能力，提升处置突发事件的能力和水平，首先就要明确应急指挥管理人员能力和素质标准，这具有如下现实意义：

第一，有利于突发事件应急指挥管理人员抓住突发事件应急管理工作的重点环节、减少盲目性，对突发事件应急管理水平的增强起到推动作用；

第二，基于应急指挥流程中的各个模块，将应急指挥管理能力中的各个部分与其一一对应，确定"突发事件应急指挥人员能力和素质标准"，有利于应急体系结构的科学化、内涵的规范化，对应急体系建设的优化起到指导作用；

第三，有利于应急管理能力更好发挥，对应急管理绩效的提升起到促进作用。

2.1.1　国内外电力企业应急指挥能力分析

2.1.1.1　美国事故现场指挥体系（ICS）

(1) ICS 概述

事故现场指挥体系（ICS）可用来处理紧急或非紧急性的事故，无论事故的大小，采用 ICS 都能明显提升处理的效率。ICS 的组织架构具有相当的弹性，可扩展或缩减以满足各种不同需要，是一个经济且有效率的管理系统。ICS 可以广泛地应用于各种紧急或非紧急状况，ICS 的组织建构在下列的五项主要的管理作业中：

①指挥：制订事故处理目标及优先级，统筹处理事故应变处置。

②作业：执行应变策略并落实计划，拟定策略性的执行目标、建立组织架构、掌控所有资源运作状况。

③计划：研拟可达成目标的事故行动计划、搜集并评估信息、维护各项资源状况。

④后勤：提供各项作业的后勤需求。

⑤财务：掌控各项作业成本花费，管理会计、采购、记录时间，进行财务分析。

在处理小规模的事故时，这些主要工作可以由现场指挥官一人统筹处理；遇到大规模事故时，这些工作就必须分割成不同的组别架构以进行分工运作，如图 2-1 所示：

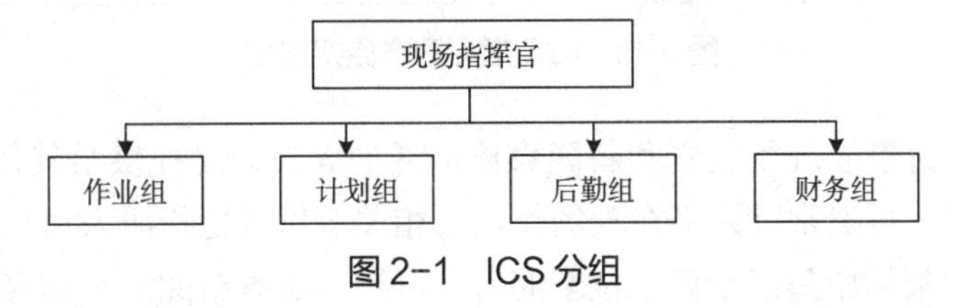

图 2-1 ICS 分组

如果现场管理作业有需要的话，ICS 中每个主要组别可以分割成更小的单位，ICS 组织应随着处理事故状况不同而扩编或缩减，以满足处理事故的需求。

ICS 的基本作业准则就是组织中位阶最高的人必须统筹负责所分配的工作，直到所分配的工作分派他人担任为止；因此，当小型事故处理参与的人不多，现场指挥官就直接执行所有现场作业。

(2) ICS 中的现场指挥官及指挥官幕僚

①现场指挥官。

现场指挥官负责统筹现场指挥管理作业，其必须具备充分能力以处理事故，若事故的规模变大或是情况变得复杂化时，事故管辖主管机关可指派另一位更能胜任的现场指挥官，而现场指挥官可配有一位或多位副指挥官，副指挥官必须能和现场指挥官一样应付所要处理的状况。

现场指挥官可以任命指挥官幕僚及一般幕僚的成员，指挥官幕僚负责整个 ICS 组织的新闻、安全及联络事项，一般幕僚负责作业组、计划组、后勤组及财务组等四个单位。

在事故初期，现场指挥官直接负责调度相关资源派遣及检视各项应变作业，若处理的事故扩大时，现场指挥官可视情况将指挥作业的功能授权分派给其他幕僚负责。

进行指挥权移转时，现任现场指挥官必须向新任现场指挥官进行完整书面或口头事故现场状况简报，同时告知各现场作业成员指挥权转移的状况。

②指挥官幕僚。

ICS 中除作业组、计划组、后勤组及财务组等四个组别之外，现场指挥官还需负责几项重要工作。这几项工作，视事故的大小及复杂程度的实际状况，指派成员负责。

负责这几项工作的成员，也就是指挥官幕僚的成员，一般被称为“新闻官”“联络官”及“安全官”，每项工作只有一位指挥官幕僚负责，一般均未另行指派副手，但是若有需要可有一位或多位副手协助。若处理事故规模庞大，则一位指挥官幕僚可有多位副手帮忙处理相关事务。指挥官幕僚架构如图 2-2 所示。

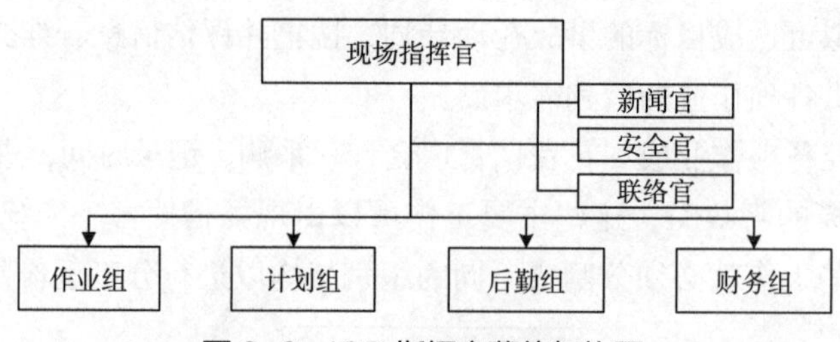

图 2-2　ICS 指挥官幕僚架构图

a. 新闻官：为事故现场负责和新闻媒体沟通的人员，是提供给其他单位寻求相关讯息的传递窗口，虽然常有许多在现场作业的相关单位可能指派人员负责和媒体接触，但是在 ICS 组织架构中只能指派一位新闻官，可统一所有新闻发布和媒体间互动工作，而其他人员则应编组变成新闻官的助理人员。

b. 安全官：负责监控事故现场安全状况以及研拟相关措施，以确保所有救灾成员的安全。

c. 联络官：在处理大规模事故时，各相关单位常会派出人员代表该机关参与事故的处理及负责联络协调，联络官负责和机关代表接洽协商。

③一般幕僚。

一般幕僚是指执行四个主要管理作业的作业组、计划组、后勤组及财务组等四个组的成员。

a. 作业组：负责所有事故处理的执行方向与协调运作，由组长全权指挥。

b. 计划组：由计划组组长统筹管理，负责搜集及评估事故中各状况资讯、准备各事故状况的报告及相关资讯、掌控各资源的状态记录、拟定事故行动计划以及汇总跟事故相关的文件，计划组组长可以任命副组长。

c. 后勤组：负责处理事故所有后勤及支持需求，包括申请及管理事故处理时需要的相关成员、设施、装备器材及物资等。

d. 财务组：负责监督处理事故的相关花费，并管理相关采买合约。

2.1.1.2　德国“应急操作指挥与控制系统的领导与指挥”规则 (DV100 条例)

德国的 DV100 条例来源于 1975 至 1980 年间的消防条例和 1982 年的前国家灾害控制条例 KatSDV100 中的“使命中的领导”，后来，根据德国公民保护政策的变化，产生了新的 DV100 条例，并用于警察、军队和非政府卫生组织，其指挥体系构架沿袭了北约军事组织的指挥体系。德国的 DV100 条例规范了应急指挥体系，共分总则、领导与指挥、事件指挥体系三章。其中，“事件指挥体系”这一章对突发事件指挥体系的原则、突发事件指挥组织机构、指挥过程和实施事件指挥的方法等四个方面进行了详细规定。

宋劲松、邓云峰在《中美德突发事件应急指挥组织结构初探》中介绍了德国突发事件应急指挥组织结构。德国的突发事件由德国内政部联邦民事保护与灾难救助局（简称 BBK）负责，但应急管理的权力在各联邦州及地方政府。BBK 主要任务在于更好地

处理潜在的危害以及处理更多范围危机的任务，具体的职能有四个方面：一是处理联邦政府有关民事保护的任务；二是支援联邦政府及各联邦州的危机管理；三是联邦政府与各州的共同通报中心；四是为行政机关、组织及民众提供专业的咨询服务。

一般情况下，德国突发事件应急指挥部由事件总指挥和S1、S2、S3、S4四个部门组成，根据需要可设额外的功能部门，特别是S5和S6；另外，还需根据事件的性质加入专家与机构代表部门（S7），如图2-3所示。

指挥部功能的实现并不一定在现场指挥所里进行，特别是S1、S4和S6可以全部或者部分地在其他地方进行，如在指挥中心、火场或者通信中心。如果事件分散在几个区域，应该成立下一级的几个指挥分所，指挥所可以是固定的，也可以在移动的场所里。

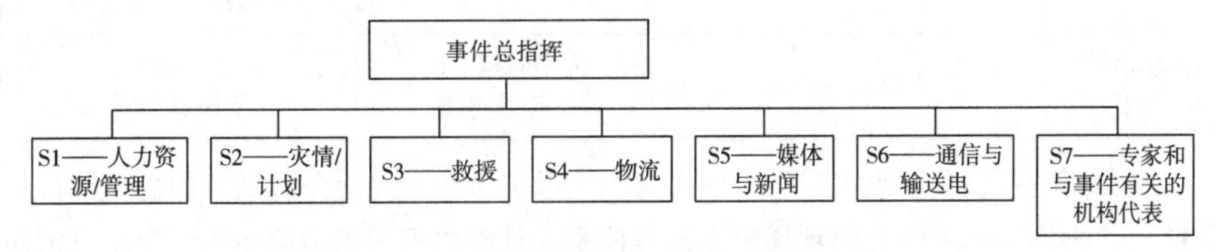

图2-3　德国突发事件应急指挥部组织结构图

2.1.1.3　日本应急指挥机构及体系

日本应急指挥体系是由行政首脑指挥，综合机构协调联络，中央会议制定对上级逐步建立危机管理体系。当灾害发生或预测到灾害有可能发生时，都道府县知事或市街村长批准设置灾害对策本部，并可根据应急需要，在灾害发生地设立现场灾害对策本部作为灾害对策本部的一部分，负责收集整理各种灾害情报，加强灾区与灾害对策本部的联系。当灾害发生或有可能发生时，如果依靠都道府县一级政府机关已经不能进行灾害应对时，首相可以在首相府设立非常灾害对策本部，由国务大臣担任本部长。特大灾害发生或有可能发生时，政府必须在首相府设立紧急灾害对策本部，由首相担任部长，亲自指挥灾害的紧急应对。日本《灾害对策基本法》对灾害对策本部、非常灾害对策本部和紧急灾害对策本部，以及灾害现场对策本部的设置、职员构成、运行规则和各种权限作了详细的规定和说明，但缺点是没有明确规定其各自内部组织结构，具体如表2-1所示。

表2-1　灾害对策本部成员构成

区分	灾害对策本部	非常灾害对策本部	紧急灾害对策本部
灾害性质	所有灾害	非常灾害	特大灾害
设置权者	都道府县知事或市街村长	内阁总理大臣	内阁总理大臣（阁议决定）
本部长	都道府县知事或市街村长	国务大臣（防灾担当）	内阁总理大臣（阁议决定）

续表

区分	灾害对策本部	非常灾害对策本部	紧急灾害对策本部
副本部长	都道府县知事或市街村长任命的本区域的机关职员	内阁官房副长官 内阁府副大臣 内阁府大臣政务官 内阁危机管理监	防灾担当大臣 内阁官房长官
本部员	所有在都道府县知事或市街村的机关职员	各省厅局长级	国务大臣 内阁危机管理监
其他本部员		事务局员 现场对策本部员等	科长级 事务局员 现地对策本部员等
现地对策本部长	灾害对策部副部长	内阁府副大臣 大臣政务官	内阁府副大臣 大臣政务官

日本消防不仅参与火灾应急，也参与大规模灾害应急、应急救助和救急，以日本消防应急指挥体系为例介绍现场应急指挥体系。日本火灾现场指挥体系依据东京消防厅警防规程可分为第一指挥体系至第四指挥体系。

①第一指挥体系。第一指挥体系按照指挥官不同可分两类情况。第一类情况是当大队长为指挥官时（图 2-4），救灾主力为所属中、小队长及机动救助队长等救灾单位，并根据灾害状况另设指挥队及机动部队长，但指挥官得自行判断是否开设指挥本部。第二类情况是副署队长根据指挥官指示担任指挥官时（图 2-5）：原担任指挥官的大队长投入救灾并负责指挥中、小队长及机动救助队长等救灾单位，并可根据灾害状况另设指挥队及机动部队长，但指挥官得自行判断是否开设指挥本部。

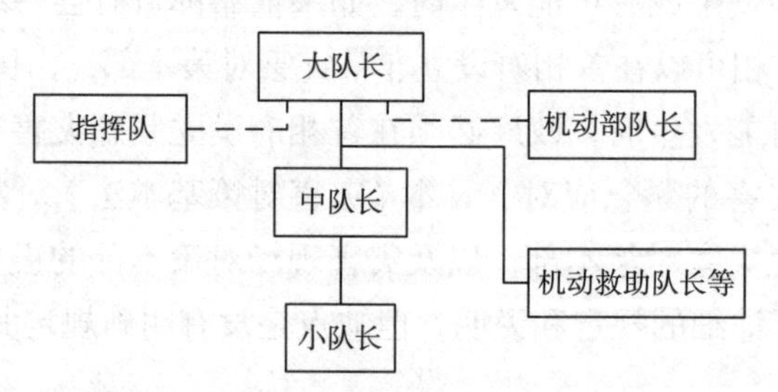

图 2-4　第一指挥体系（大队长为指挥官）

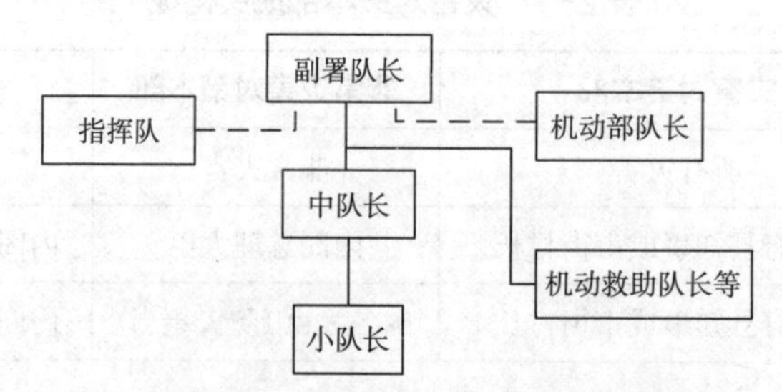

图 2-5　第一指挥体系（副署队长为指挥官）

②第二指挥体系。指挥官为署队长，救灾主力除所属大、中、小队等单位外，机动部队长也应投入救灾，相关指挥专职岗位人员工作由指挥队及管辖责任区的队部专职岗位人员担任。

③第三指挥体系。指挥官为方面队长，原担任指挥官的署队长应投入救灾，救灾主力除所属大、中、小队等单位外，方面队副队长应负责指挥机动部队长及机动救助队长进行救灾，相关指挥专职岗位人员工作由指挥队及管辖责任区的队部专职岗位人员担任。

④第四指挥体系。第四指挥体系按照指挥官不同可分为两类情况。第一类情况的指挥官为警防副本部长，原担任指挥官的方面队长应投入救灾，指挥署队长及方面队副长，相关指挥专职岗位人员工作由指挥队及管辖责任区的部专职岗位人员担任。第二类情况的指挥官为警防本部长，原担任指挥官的警防副本部长及原专职岗位人员也配合变更，由派驻的各副本部长担任指挥官的专职岗位人员。

与美国突发事件应急指挥体系类似的是，随着灾害规模或灾情的复杂与严重程度，日本的现场应急指挥体系也会变更，如从第一指挥体系到第二指挥体系或第三指挥体系以上等。变更过程中也会按任务进行编组。

2.1.1.4 我国应急指挥体系

基于应急管理实践，我国已经形成了具有特色的应急救援指挥模式，即政府主导下“多力量整合模式”，也可以形象地称之为“拳头模式”。这里的“多力量”包括党、政、军、社会团体、企事业单位、公民个人、国际援助组织和个人等，但在这多种力量中有一种主导力量，就是党、政、军构成的广义上的政府。

我国突发事件应急指挥体系是完全建立在国家行政管理体制基础上，而这与西方发达国家早期的应急救援体系是比较相似的，都是分级并分层的复杂结构。我国在长期实践中逐步形成的在国务院统一领导下分类别分部门对各类突发事件进行应急指挥管理的模式具有以下特征：

(1) 国务院统一领导

国务院是国家紧急事务管理的最高行政领导机构，统一领导各类突发事件预防和处置工作。国务院设有国务院安全生产委员会、中国国际减灾委员会等领导组织机构，负责统一领导和协调相关领域的突发事件应急管理。

(2) 分类别分部门管理

一种或几种相关重大突发事件由国务院对口主管部门为主负责预防和处置工作，其他相关政府部门参与配合。国务院各应急部门为了应对职责范围内的重大突发事件，分别建立了各自的应急指挥体系、应急救援体系和专业应急队伍，并形成了危机事件的预报预警机制、部际协调机制、应急救援机制等应急机制。

(3) 分级管理、条块结合

根据突发事件发生的规模程度和影响范围，分别由各级政府进行应急管理。

(4) 部门应急体系初具规模

负有直接处置突发事件职责的政府部门，都建有相应的应急指挥机构、信息通信系统、防火设施装备、应急救援队伍，在公安、消防、医疗卫生、气象、地震、洪水、核事故、森林火灾、海事、矿山、环境保护等领域，建立了监测预报体系，组织指挥体系和救援救助体系。

(5) 国家应急法律体系趋于完备

我国已相继颁布了有关应急管理的法律36件，行政法规36件，部门规章55件，部分应急法律法规正在起草制定中。

(6) 国务院应急预案框架体系初步形成

在以往各部门制定的应急预案的基础上，国务院办公厅组织国务院有关部门和单位进行应急预案的编制和修改工作，初步形成了国务院总体应急预案、国务院专项应急预案和部门应急预案相互配套的应急预案框架体系。

上述应急管理模式在我国突发事件实践中发挥了重要作用，但我国突发事件应急指挥体系还存在一些不足，具体表现为：应急协调机制不健全；条块职责划分有待理顺；我国应急指挥官制度不完善。

2.1.2　应急指挥管理人员能力和标准研究

2.1.2.1　美国应急指挥管理人员培养

美国应急管理的核心理念为“专业应急”，即应急管理团队中的每个角色必须具备相应的专业能力，各类岗位必须由具备专业资质的人员来担任。其中国家突发事件管理系统 NIMS 及其应急指挥体系 ICS 提供了一个类似“职业阶梯”的人员资质进阶框架，反映了从初级职位到最高领导者的职业化与专业化提升道路。NIMS 以职位核心能力及其相关行为的形式描述了职位的需求，核心能力一般包括基础条件、领导力、沟通协调能力、管理技能、任务执行力等要素，相关行为则进一步地细化了需要具备的具体能力。以初级职位为例，刚入职的应急管理人员往往在应急响应领域有从事志愿活动的经验，因此他们只需要具备大学文凭和相关专业就可以被相关应急机构聘用，尤其是在应急管理中高等教育具有很大的吸引力。而对于管理部门的初级职位者来说，他们往往处于领导圈的最底层，需要具备大学文凭、工作经验、国家应急管理体系的培训和读写能力及计算机操作技能等。以高级职位为例，包含应急指挥长、联络官、后勤负责人等在内的应急领导圈的任职能力。

Blanchard 博士等人也针对能够胜任应急管理工作的应急管理人员的基本能力和特征进行了探索和描述。2005 年卡特里娜飓风过后，诸多教授及“国际应急管理委员会”经过多次讨论，最后提炼出应急管理者的胜任能力，并作为应急高等教育计划的重要组成部分，包括理解应急管理的框架和哲理、领导能力和团队建设能力、管理、交流与协调、集成应急管理、应急管理职能、政治官僚和社会网络、技术体系和标准、降低社会脆弱性、经验等 10 项专业能力。此后，应急管理人员的胜任能力仍在不断地被

审视和更新，2007年国际应急管理协会又提到8项应急管理核心能力，包括综合、累进性、风险驱动型、协作性、整合性、协调性、灵活性、专业性。

在实际研究中，福林（Flin）和斯拉文（Slaven）探讨了现场指挥官的一套通用特征和能力，包括领导力、沟通能力、任务分配能力、团队合作能力、高压下的决策能力、形势评估能力、计划与实施能力、保持冷静与压力管理能力、危机预规划能力，并考虑如何在选拔和培训过程中识别这些特征和能力。Flin 和 Slave 还具体探讨了个人素质是如何影响应急管理水平的，实证检验了不同的个人特质在应急响应中的重要程度，其研究结论对研究应急管理人员任职所需的个人特质具有指导意义。Louise K.Comfort 和 Naim Kapucu 以“9·11”事件为背景研究了极端突发事件发生时多个组织和多个行动者之间的协同合作问题，对于应急管理人才在团队合作方面的能力培养具有一定的借鉴意义。随着防灾、备灾、减灾的应急理念转变与常态化的应急管理建设，应急管理人员的职能将涵盖应急过程中减缓、准备、响应、恢复和重建等所有阶段的管理，并在很大程度上侧重于管理及行政性质。因而，应急管理专业人才的成长也不应当是孤立的，而是知识、能力、个人特质和价值观念等多维度因素共同作用的结果，因而不能单纯依赖对能力和技能维度的评价来进行应急管理人才的培养与筛选。

2.1.2.2 我国应急指挥管理人员能力标准

在我国公共部门应急管理人才能力与素质要求方面，不同学者基于不同视角提出了不同的能力框架，主要有宏观、中观与微观三种视角。

一是以通用能力为基础的宏观视角。《中国领导干部应急管理素养蓝皮书》基于应急管理组织现状与实施背景，吸收国外应急管理成果与经验，对新时代领导干部的应急综合素质提出六项能力要求，即研判力、决策力、掌控力、协调力、引导力和成长力。张建等从胜任特征理论的视角概括了基层党政干部应急管理必备九项能力，即认知能力、预防能力、感知能力、预判能力、控制能力、沟通能力、学习能力、恢复能力和成长能力。张振学也着重提到了领导者危机管理的能力要求，包括预见力、沉着力、判断力、应变力、组织力、鼓动力、决策力、执行力和控制力。陈群祥认为，领导干部除了应具备应对突发事件的基本能力外，还应具备其他综合性能力，如敏锐的公共危机意识、果敢的担当能力、高效的决策指挥能力、娴熟的法律政策解读适用能力以及亲和的沟通能力。宋传颖、秦启文认为，领导干部应具备良好的防范预警能力、危机决策能力、控制处理能力、沟通协调能力以及善后恢复能力。陈月则从突发事件发展周期的视角提出基层公务人员应具备九大应急能力要素，包括识别鉴别能力、预警预测能力、控制驾驭能力、科学决策能力、高效执行能力、沟通协调能力、评估分析能力、恢复重建能力及反思总结能力。

二是以应急能力为基础的中观视角。唐华茂认为应急管理人才除了要具备较强的专业能力外，还应该具备较高的风险识别能力、良好的环境适应能力、较强的执行力、较高的协作能力以及坚强的心理素质。薛澜等指出要以“培养具有战略眼光和一定专业技能的应急管理人才”为目标，从应急管理基本理论和基本技能、应急管理关键流程、专业应急技能、内外协同与公共沟通技能、公众与志愿者的教育培训等方面构建应急管理人才培训体系。时吉宏就应急管理的特点提出了应急管理人才应具备专业能力、判断能力、适应能力、执行能力、协作能力、责任意识等能力，并总结了应急管理人才培养的要求和思路。唐华茂、林原基于文献回顾和行为事件访谈初步归纳出应急管理专业人才应具备的40项胜任力特征，并采用问卷调查法对363名应急管理专业人员展开调查，构建了包含知识、能力、个人特质和价值观念四个维度的应急管理专业人员胜任力模型。

三是以某项具体的应急能力为基础的微观视角。曾珍从应急决策视角探究了政府公务人员应具备的能力，包括公共危机信息的获取和处理能力、公共危机识别和判断能力、应对公共危机时的协调和应变能力、决策者的综合素质和学习能力等。李荣志、蔡建淮从应急知识储备与预警意识、应急保障意识、应急响应意识、应急恢复意识、应急意识中的行政问责几个方面对领导干部的应急意识进行了调查与分析。徐婷婷从政府制度协调能力、政府人员协调能力、政府信息协调能力和政府资源协调能力四个方面探索了突发公共事件应对中的政府人员协调能力提升问题。关铮、佘廉等从预防准备力、预案制定力、预警识别力、危机决策力、协同控制力、危机感召力、沟通交流力、心理承受力、危机恢复力和危机学习力等十大要素探究了应急管理不同阶段的危机领导力问题。

2.1.2.3 国内外应急管理人才培养比较

(1) 从国内外应急管理人才研究进展来看

国内外应急管理人才的能力建设进程差距较大。国外已经建立了应急管理人才相关的资质评定指南，并很好地服务于国家及政府的应急管理工作。而我国人才培养与时代发展紧密相关，且往往呈现出很强的被动性，正是定位模糊、职能转变的现实需求迫使我国应急管理人才逐渐走上专业化、职业化的道路。我国现有研究成果主要体现在以下方面：一是在研究趋势方面，应急管理人才研究逐渐受到政府、学术界及实践界的广泛认同与关注，应急部门综合管理类人才队伍建设正走向专业化、规范化的道路；二是在研究内容与方法方面，既有基于理论的规范性研究，也有注重实地调研的实证性研究，并逐渐由应急管理人才培养模式的理论分析转向构建以核心能力为基础的职业资格体系的实证研究。与此同时，不难发现目前我国关于应急管理人才的研究刚起步，仍存在许多研究空间。就研究数量来说，各大数据库搜索到的文献资源极其有限，仅有一百余篇，目前研究成果相对较少。就研究内容来讲，关于应急管理人才的概念与外延尚不明晰，应急管理人才的概念时常会与其他类应急人才混淆，且其任职所需具备的能力要素在全国也没有形成较为统一的说法，应急管理人才资质认证工作尚未开展。就研究思路来说，目前关于应急管理人才的研究大多关注于人才教育和培养模式研究，较少关注到复合型应急管理人才自身的能力素质建设、任职资格与成长通道。就研究方法来说，大多数为纯理论阐述，缺少具体数据支撑，实证性研究有待增加。

(2) 从应急管理人才的核心能力来看

美国以全国应急管理培训方案 NIMS 为依托，以应急指挥体系 ICS 为载体，以制度的形式明确规定了应急管理人才资质的框架与流程。从人员资质认证流程到各岗位的任职条件都以明确的文件与体制加以规定和辅助，因而应急管理人员可以有章可循地进行专业化建设，从而提升整个国家的应急管理效率与水平。从个人资质认证流程来看，主要是依托 NIMS 全国培训方案，流程包括确定国家应急管理部门以及各相关部门的职责与能力需求，通过职责需求设定不同职位，并识别其所需的核心能力和相关行为，确定参加国家应急培训的人员，最后根据人员资质和认证流程进行。从核心能力来看，主要是依托 ICS 应急指挥体系，设计了由初级职位向高级职位进阶的人员资质认证框架，同时又规定了每一职位任职所需要达到的条件。

与国外发展对比之下，我国应急管理人员的资质认证工作稍显逊色。应急管理人才的职业发展主要还是依据现有公务员制度进行管理，尚没有独立的人员发展体系与专业领域通道。从理论研究视角与思路来看，我国关于应急管理人才的培养问题也只有十余年的历史，在队伍自身能力建设上得不到足够重视，现有研究成果也主要是基于理论分析进行探讨，少有通过科学方法进行实证调查的研究。目前来看，研究思路大致可以分为以下三类：①基于宏观角度，从通用能力视角提出综合型应急管理人才的能力要素，具有普遍性；②基于中观角度，从应急管理的全过程提出综合型应急管理人才的能力要素，具有针对性；③基于微观角度，则是对应急管理人才的某项应急能力的具体细分，较为细致。本书在国内外现有研究的文献分析基础上，总结了国内外综合型应急管理人才所需要具备的一些能力要素，如表 2-2 所示，并作为后续研究的基础。

表 2-2 国内外应急管理人才研究现状

来源	理论基础 / 研究基础	能力要素
美国	5 年 NIMS 培训方案	岗位职责 (基础条件)、领导被分派来的人员 (领导力)、有效沟通 (沟通协调能力)、确保完成指定任务以达成既定目标 (管理技能)
Blanchard 博士等	专家提炼	理解应急管理的框架和哲理、领导能力和团队建设能力、管理、交流与协调、集成应急管理、应急管理职能、政治官僚和社会网络、技术体系和标准、降低社会脆弱性、经验
国际应急管理协会	专家提炼	综合、累进性、风险驱动型、协作性、整合性、协调性、灵活性、专业性
Flin、Slaven	实证分析	领导力、沟通能力、任务分配能力、团队合作能力、高压下的决策能力、形势评估能力、计划与实施能力、保持冷静与压力管理能力、危机预规划能力、个人特质
张建	胜任特征理论	认知能力、预防能力、感受能力、判断能力、控制能力、沟通能力、学习能力、恢复能力和成长能力

续表

来源	理论基础 / 研究基础	能力要素
张振学	理论分析	预见力、沉着力、判断力、应变力、组织力、鼓动力、决策力、执行力、控制力
陈群祥	理论分析	应对突发事件的基本能力、敏锐的公共危机意识、果敢的担当能力、高效的决策指挥能力、娴熟的法律政策解读适用能力以及亲和的沟通能力
宋传颖、秦启文	理论分析	防范预警能力、危机决策能力、控制处理能力、沟通协调能力以及善后恢复能力
陈月	理论分析	识别鉴别能力、预警预测能力、控制驾驭能力、科学决策能力、高效执行能力、沟通协调能力、评估分析能力、恢复重建能力、反思总结能力
唐华茂	理论分析	专业能力、风险识别能力、良好的环境适应能力、较强的执行力、较高的协作能力以及坚强的心理素质
薛澜、王郅强、彭宗超	理论分析	应急管理基本理论和基本技能、应急管理关键流程、专业应急技能、内外协同与公共沟通技能、公众与志愿者的教育培训
时吉宏	理论分析	专业能力、判断能力、适应能力、执行能力、协作能力、责任意识
唐华茂、林原	胜任力模型 / 行为事件访谈法	知识：应急管理相关法规、专业知识、心理学知识、应急处置知识等 能力：风险识别能力、环境适应能力、团队协作能力、组织协调能力等 个人特质：沉着冷静、耐心、灵活性、思维严谨等
曾珍	应急决策能力	公共危机信息的获取和处理能力、公共危机识别和判断能力、应对公共危机时的协调和应变能力、决策者的综合素质和学习能力
李荣志、蔡建淮	应急意识	应急知识储备与预警意识、应急保障意识、应急响应意识、应急恢复意识、应急意识中的行政问责
徐婷婷	应急协调能力	政府制度协调能力、政府人员协调能力、政府信息协调能力和政府资源
关铮、余廉等	危机领导力	预防准备力、预案制定力、预警识别力、危机决策力、协同控制力、危机感召力、沟通交流力、心理承受力、危机恢复力和危机学习力

2.2 电力企业应急指挥体系现状

2.2.1 应急指挥机构

电网安全已经成为社会公共安全的核心内容之一，一旦发生大停电事件，将会给当地的居民生活和社会生产造成极大的负面影响。目前，中国区域电网应急组织体系中

包含了政府机构、电网企业、发电企业和重要用户4个大主体，其中政府机构处于主导地位，涵盖多个公共服务与权力部门。电网企业、发电企业和重要用户虽然承担着电网灾难性事件预防预警、紧急控制和应急响应等环节的具体职责，但是由于这些企业均无权调度本单位之外的社会应急资源，因此必须保证地方政府在电网应急管理中的中心地位，其应急方案应当侧重原则和框架规定，发挥组织、指挥和协调作用；而电网应急体系的其他成员应当按照区域电网应急方案的要求完成其担负的具体应急任务，重点在于其应急行为的规范性、合理性和可操作性。

电力企业发生电力突发事件时，根据事件等级成立应急指挥部，设总指挥、副总指挥、指挥长、副指挥长及若干工作组；事发现场视情况成立现场指挥部。

2.2.1.1 公司总部应急指挥部

(1) 总指挥

公司分管副总经理为总指挥，职责为负责电力突发事件总体指挥决策工作。

(2) 副总指挥

协管相关业务的总经理助理、总师、副总师为副总指挥，职责为协助总指挥负责对电力突发事件应对进行指挥协调；主持应急会商会，必要时作为现场工作组组长带队赴事发现场指导处置工作。

(3) 指挥部成员

指挥部成员由相关部门和单位负责人担任，其中指挥长1名、副指挥长若干，具体如下：

①指挥长：牵头部门(事件专项应急办所在部门，以下同)主要负责人，职责为负责电力突发事件应急处置的统筹组织管理，执行落实总指挥的工作部署，领导指挥总部各工作组，指导协调事发单位开展应急处置工作。组织总部做好应急值班、信息收集汇总及报送等工作；协调相关部门开展资源调配、应急支援等工作。组织事发单位制定应对方案，落实队伍、装备、物资，做好现场处置，控制事态发展。在视频会商中担任牵头人，向事发单位总指挥询问处置情况，传达领导指示，部署处置工作，协调解决问题。向公司主要领导和总指挥汇报事件信息和处置进展情况。持续保持与事发单位、事发现场的沟通，跟踪事件信息。

②副指挥长：牵头部门负责人，职责为协助指挥长组织做好事件应急处置工作。

③工作组：由指挥部其他成员组成，职责为根据应急处置需要，设综合协调、抢险处置、电网调控、安全保障、供电服务、舆情处置、技术支撑、后勤保障等工作组。组长由相关部门和单位负责人担任，成员由相关部门处长担任，在指挥长、副指挥长组织下，协同做好具体应急处置工作。公司视情况成立专家组。

a. 综合协调组：组长由事件牵头部门负责人担任，协调各工作组开展应急处置工作；负责向各工作组传达事故处置进展情况；根据事故情况及时调拨应急发电车及调运应急物资；负责电力突发事件处置过程中信息收集、汇总、上报、续报工作；按照有关规定完成事故调查等。

b. 信息报送组：组长由安监部负责人担任，负责组织应急值班员和应急救援队伍收集、汇总响应期间相关信息，及时将信息传送至应急指挥中心。

c. 抢险处置组：组长由设备部负责人担任，负责现场抢险、抢修工作的组织、协调工作，了解、掌握突发事件的情况和处理进展，收集统计现场设备损坏、修复信息，及时向指挥部汇报。

d. 电网调控组：组长由国调中心负责人担任，负责电网运行方式的调整；负责向指挥部汇报电网应急处置的情况及相关调控信息的统计分析。

e. 安全保障组：组长由安监部负责人担任，了解、掌握突发事件的情况和处置进展，统计人员伤亡和经济损失信息，及时向指挥部汇报；监督突发事件应急处置、应急抢险、生产恢复工作中安全技术措施和组织措施的落实。

f. 供电服务组：组长由营销部负责人担任，负责向重要用户通报突发事件情况，及时了解突发事件对重要用户造成的损失及影响；督促重要用户实施突发事件防范措施；确定在突发事件恢复阶段重要用户的优先及秩序方案，收集统计用电负荷和电量的损失信息、恢复信息，对重要用户恢复供电情况，及时向指挥部汇报。

g. 舆情处置组：组长由宣传部负责人担任，及时收集突发事件的有关信息，整理并组织新闻报道稿件；拟定新闻发布方案和发布内容，负责新闻发布工作；接待、组织和管理媒体记者做好采访；负责突发事件处置期间的内外部宣传工作。

h. 技术支撑组：组长由信通公司负责人担任，负责总部应急指挥中心信息通信等专业技术支持；负责应急指挥中心内各项应急指挥系统平台的技术支撑。

i. 后勤保障组：组长由后勤保障部门负责人担任，负责人员出入、食宿、医疗卫生、会务等后勤保障。

2.2.1.2 省市县公司应急指挥部

①总指挥：公司主要负责人。

②副总指挥：分管负责人。

③指挥部成员：由相关部门和单位负责人担任，其中指挥长1名、副指挥长若干，具体如下：

a. 指挥长：牵头部门主要负责人。

b. 副指挥长：安监、设备、营销、互联网、宣传、调控等相关部门负责人。

c. 工作组：指挥部设若干相应工作组，具体组织应急处置工作。

2.2.1.3 事发现场指挥部

由上级单位相关负责人、事发单位主要负责人、相关单位负责人及上级单位相关人员、应急专家、应急救援队伍、应急抢修队伍负责人等人员组成。事发单位主要负责人任总指挥，分管领导任副总指挥。现场指挥部实行总指挥负责制，组织设立现场应急指挥机构，制定并实施现场应急处置方案，指挥、协调现场应急处置工作。

我国电力突发事件的应急指挥工作尚处于起步阶段。然而，现有的许多研究均将重点集中在了调度自动化系统上，无法完全满足公共安全应急处理的需求：①信息获

取与发布手段匮乏，造成对内无法快速下达操作命令，对外无法获取公共安全信息及发布电网事故与抢修情况的窘境；②缺乏外部环境，尤其是自然环境对电网安全影响的科学量化评估手段；③信息资源少，并不具备突发事件应急处理流程的管理能力。因此，还需要从组织结构、指挥人员等多方面进行提升。

2.2.2 应急指挥运转机制

2.2.2.1 预警阶段

信息监测收集期间，企业各部门、机构、各单位开展预警信息监测预报，各相关职能部门、机构跟踪监测专业管理范围内的自然灾害、设备运行、客户供电等信息，与政府部门、社会机构建立信息共享和沟通协作机制，获取有关气象、地质、洪涝、森林草原火情、突发环境事件等方面的预警信息。当气象、应急管理、自然资源、水利等政府部门或机构发布的灾害预警（或预警信号）后，企业或相关单位安全应急办牵头立即启动对应等级预警响应，同时向专项应急办、相关分管领导报告。当气象部门发布灾害性天气预报信息或公司系统灾害监（预）测预警中心发布灾害预测预报信息的情形下，由应急办组织事件牵头部门、应急办成员部门开展预警会商，结合可能受影响的设备设施和用户清单，确定预警响应等级，制定具体的预警响应措施。

预警响应期间，企业各相关部门开展工作，及时收集、报告有关信息。应急管理职能部门负责组织值班员开展预警响应值班，做好预警响应过程中的安全监督，负责与政府主管部门、监督部门的沟通，报告信息。值班员负责联系事发单位、应急队伍收集报送现场信息；开展预警响应过程中措施落实情况的监督检查。稳定管理职能部门负责接收和处理政府及有关单位、上下级单位的应急相关文件和突发事件信息，做好涉及稳定相关工作的组织，联系沟通各级政府。调度控制部门负责加强电网运行监测，合理调整电网运行方式、做好异常情况处置准备，保障电网安全，做好通信保障和机动应急通信系统启动准备。设备管理部门负责加强对预警区域内设备及相关场所的信息收集、监测、特巡、消缺工作，做好设备抢修队伍、装备、物资预置，落实各项安全措施。营销服务部门负责跟踪获取用户供电情况、停复电信息，做好客户优质服务和应急供电。网络信息安全管理部门负责监视信息系统运行情况，组织做好信息系统保障工作。后勤保障部门负责做好应急指挥、处置、值班人员生活后勤保障、疫情防控工作。物资管理部门负责应急物资的采购、调配、仓储、配送管理工作。新闻宣传部门负责做好新闻宣传和舆论引导工作。环保管理部门加强与政府环保部门的沟通，加强重点环境风险源监测和信息收集；加强预警响应期间的环境监测，指导相关单位做好现场抢险和救援工作。其他相关部门按照职责分工配合开展预警工作。

预警会商期间，按照不同预警响应级别，企业各单位应急办向本单位分管领导汇报，组织相关部门、单位开展会商。分管领导提出工作要求，值班员做好记录，形成会商纪要并通报下发至责任部门、单位。各单位根据预警级别，组织相关部门和单位开展预警响应，重点做好各级管理人员到岗到位，组织现场人员、队伍、装备、物资等“四要素”资源预置，做好后勤、通信和防疫保障，防范或减轻突发事件造成的损失。

2.2.2.2 响应阶段

企业应急办接到事发单位信息报告后，立即核实事件性质、影响范围与损失等情况，向分管领导报告，提出应急响应类型和级别建议，经批准后，通知指挥长（牵头部门主要负责人）、相关部门、事发单位组织开展应急处置工作，并组织启动应急指挥中心及相关信息支撑系统，向国家能源局、国资委、应急管理部等部门报送事件快报。

指挥长接到响应通知后，组织副指挥长、应急指挥部成员及工作组成员到应急指挥中心集中，在设定的席位开展办公和值班；指挥长报告总指挥建议主持召开首次视频会商，并提出主要领导或其他领导需要参会的建议。首次视频会商主要内容包括：①事发单位总指挥汇报事件基本情况、损失及影响、先期应对及处置、需要协调解决的问题及支援需求等；②事发所在分部汇报区域电网运行及电力电量平衡等情况；③事发现场视频连线汇报现场事故详细情况，先期处置情况等；④指挥长汇报事件总体情况、先期工作开展情况、下一步工作措施及安排等；⑤副指挥长按照工作职责汇报工作开展情况及下一步工作安排；⑥应急办汇报事件安全情况、跨省应急支援、对外信息报送及下一步工作安排等；⑦总指挥讲话、总结并部署下一步工作，提出相关要求。

指挥长负责组织相关工作组在应急指挥中心开展24小时联合应急值班，做好事件信息收集、汇总、报送等工作。各专业部门、事发单位在本单位应急指挥中心开展应急值班，及时收集、汇总事件信息并报送上级单位，并根据相关要求向国家能源局、国资委、应急管理部等进行续报。

2.3 应急指挥官机制

2.3.1 应急指挥官建设现状

《中共中央关于加强党的执政能力建设的决定》指出，要形成统一指挥、功能齐全、反应灵敏、运转高效的应急机制，提高保障公共安全和处置突发事件的能力。突发事件发生后，首要的任务是进行有效处置，最大限度地减少损害，防止事态扩大和次生、衍生事件发生。同时，突发事件现场指挥管理人员应采用预定的现场应急抢险和抢救方式，在突发事件应急响应中迅速行动，有效拯救人员生命和财产，指导公众防护，组织公众撤离，以避免或减少人员伤亡和财产损失。为进一步辨识应急指挥管理人员的能力和素质标准，应首先明确应急指挥管理人员相关的工作内容。

广东省一直在推动创新突发事件现场应急指挥机制上下功夫、探路子，在全国率先将建立突发事件现场指挥机制写进地方性法规，确保有法可依。为切实推动现场指

挥官制度的实施与完善，广东省深入开展调查研究，充分借鉴国外先进经验和做法，系统总结2010年北江流域铊污染事件和2013年广西贺江重金属超标事件等突发事件中推行现场指挥官制度的成效和经验，在此基础上，实施《广东省突发事件现场指挥官制度实施办法（试行）》，广泛征求了各地级以上人民政府、省应急委成员单位、省应急管理专家组顾问、专家的意见及参与起草《广东省突发事件应对条例》的有关专家意见，历时3年多，该办法十易其稿，2013年12月18日报经省政府常务会议审议通过，于2014年2月1日正式实施。

该办法明确制定依据、适用范围，确定现场指挥官是指在突发事件现场负责统一组织、指挥应急处置工作的最高指挥人员，特别提出现场指挥要遵循“分级负责，属地管理；统一指挥，多方联动；协同配合，科学处置”三大原则。

其中规定的现场指挥官应行使的职权如下：

①决定现场应急处置方案；

②指挥、调度现场处置力量；

③统筹调配现场应急救援物资（包括应急装备、设备等）；

④协调有关单位参与现场应急处置；

⑤协调增派处置力量及增加救援物资；

⑥决定依法实施应急征用；

⑦提请负责牵头处置突发事件的县级以上人民政府或者专项应急指挥机构主要负责人、分管负责人协调解决现场处置无法协调解决的问题和困难；

⑧法律、法规规定的其他职权。

规定的现场指挥官履行的职责如下：

①遵守法律、法规有关规定，依法行使指挥权；

②严格执行负责牵头处置突发事件的县级以上党委、政府处置决策，全力维护公众及应急救援人员生命安全；

③及时回报负责牵头处置突发事件的县级以上人民政府或者专项应急指挥机构依法对处置工作作出的决定和命令执行情况，尽最大努力把损失降到最低；

④及时、如实向负责牵头处置突发事件的县级以上人民政府或者专项应急指挥机构报告现场处置情况，通报下一步采取的措施；

⑤动态听取专家意见，优化现场处置方案；

⑥参与审定授权对外发布的信息，根据授权举办新闻发布会；

⑦提出完善现场处置的意见和建议，组织现场处置总结评估；

⑧注重自律，保守秘密。

此外，各地近些年也出台了一些关于应急指挥官工作的文件，如：肇庆市人民政府办公室于2017年关于印发《肇庆市突发事件现场指挥官工作规范（试行）》；西安市2020年印发《突发事件应急指挥与处置管理办法》；揭阳市2017年印发《突发事件现场指挥官制度实施办法（试行）》，有效期3年；江门市人民政府办公室于2018年印发《江门市突发事件现场指挥官制度实施办法（试行）》；东莞市东城街道办印发《东城街道突发事件现场指挥官制度实施办法》；河源市和平县2018年印发《和平县农业突发事件现场指挥官制度实施办法（试行）》《和平县农业突发事件现场指挥官工作规范（试行）》。

2.3.2 应急指挥官工作概述

2.3.2.1 先期处置

先期处置是指在突发事件发生或刚刚发生后初期，应急指挥管理人员对事件性质、规模等只能做出初步判断或还不能做出准确判定的情况下，对事件进行的早期应急控制或处置，并随时报告事态进展情况，最大限度地避免和控制事件恶化或升级的一系列决策与执行行动。先期处置的主要任务包括启动现场处置预案、成立现场处置指挥机构、封闭现场、疏导交通、疏散群众、救治伤员、排除险情、控制事态发展、上报信息等。突发事件的先期处置是应急管理“战时”工作的首要环节。及时、快速而有效的处置可以争取时间，能以尽可能少的应急资源投入，最有效地控制事态扩大和升级并减少损失。

(1) 先期处置的目标与原则

先期处置的目标是在突发事件发生的第一时间开展先期处置工作，按照边处理边报告的原则，及时有效地控制事态、防止事态的升级和扩大，并将了解的情况和所采取的措施立即反馈给有关部门和地区。

先期处置应当遵循以下基本工作原则：

①统一现场指挥。必须建立应急处置现场指挥官制度，确定越级指挥、先期处置的原则与权限，落实并完善应急管理行政领导负责制和责任追究制。现场指挥官应当遵循以下原则：

a. 分级负责，属地管理。突发事件发生前后，负责牵头处置突发事件的县级以上人民政府或者专项应急指挥机构应当按照相关应急预案中的应急响应启动现场指挥官机制。未有相关应急预案的，根据实际情况需要，设立现场指挥部，指定现场指挥官。

b. 统一指挥，多方联动。突发事件现场应急处置工作实行现场指挥官负责制，现场指挥官全权负责指挥现场应急处置。处置力量及有关单位负责人、公众应当服从和配合现场指挥官指挥。

c. 协同配合，科学处置。负责牵头处置突发事件的县级以上人民政府或者专项应急指挥机构，应当全力配合现场指挥官现场应急处置无法协调解决的问题和困难，全力支持现场指挥官做好处置工作。建立健全现场指挥官应急决策和专家决策相结合的现场应急指挥机制，充分发挥应急管理专家作用。

现场指挥官行使下列职权：

a. 决定现场应急处置方案；

b. 指挥、调度现场处置力量；

c. 统筹调配现场应急救援物资（包括应急装备、设备等）；

d. 协调有关单位参与现场应急处置；

e. 协调增派处置力量及增加救援物资；

f. 决定依法实施应急征用；

g. 提请负责牵头处置突发事件的县级以上人民政府或者专项应急指挥机构主要负责人、分管负责人协调解决现场处置无法协调解决的问题和困难；

h. 法律、法规规定的其他职权。

现场指挥官履行下列职责：

a. 遵守法律、法规有关规定，依法行使指挥权；

b. 严格执行负责牵头处置突发事件的县级以上党委、政府处置决策，全力维护公众及应急救援人员生命安全；

c. 及时回报负责牵头处置突发事件的县级以上人民政府或者专项应急指挥机构依法对处置工作作出的决定和命令执行情况，尽最大努力把损失降到最低；

d. 及时、如实向负责牵头处置突发事件的县级以上人民政府或者专项应急指挥机构报告现场处置情况，通报下一步采取的措施；

e. 动态听取专家意见，优化现场处置方案；

f. 参与审定授权对外发布的信息，根据授权举办新闻发布会；

g. 提出完善现场处置的意见和建议，组织现场处置总结评估；

h. 注重自律，保守秘密。

②根据事态性质决定处置方式。先隔离事态，后控制处置，对各类性质比较确定的突发事件以控制与限制为主，对各种原因不明的突发事件要一边隔离事态和控制处置，一边及时判明事件性质和发展趋势。

③边处置边报告。必须坚持边处置边报告的原则，对没有明确规定、把握不准的问题，应当及时请示，情况紧急来不及请示时应当边处置边报告或边报告边处置。

(2) 先期处置的主体

《中华人民共和国突发事件应对法》第四十八条规定："突发事件发生后，履行统一领导职责或者组织处置突发事件的人民政府应当针对其性质、特点和危害程度，立即组织有关部门，调动应急救援队伍和社会力量，依照本章的规定和有关法律、法规、规章的规定采取应急处置措施。"由于我国建立的是以"属地管理"为主的应急管理机制，这就意味着区县，尤其是基层政府或基层组织除做好应由本级政府组织处置的突发事件外，还应依法依规、迅速高效地做好需由上级政府组织处置的各类突发事件的先期处置工作。

(3) 先期处置的工作内容

①在事件发生的第一时间，及时采取临时性的应急控制措施。强化属地管理为主、充分授权、及时决策的原则，提高当地应急指挥机构的就近决策与处置权，以保证突发事件能够得到及时而有效的处置；细化突发事件发生后第一时间的先期处置措施，

规范突发事件发生地应急管理部门进行临时性前期应急控制的权责，防止事态进一步扩大，尽可能减少危害。建立先期处置队伍和后期增援队伍的工作衔接机制，提高科学处置的水平。

②在了解现状的基础上明确支援内容与要素。向有关部门和领导报告事态进展情况，必要时可向上级有关部门和领导请求支援。明确先期处置队伍向有关部门和领导报告事态进展的内容、程序、方式、时限，规范越级报告制度，提高信息报送的质量。明确先期处置队伍向上级有关部门和领导请求支援以及上级有关部门和领导提供支援的条件、方式和内容，建立情况紧急时上级部门和领导进行越级指挥的制度。

③重视基层在突发事件先期处置中的作用。基层是信息报送的第一来源，也是先期处置的重要主体，而且往往是出现在先期处置第一时间的群体。由于基层离现场近、熟悉现场情况，因此是先期处置的最佳主体。突发事件发生后，只有基层才能做到见事早、行动快，及时开展先期处置，这为整个事件的成功处置赢得宝贵时间，将事件解决在初发阶段，控制事态扩大，避免造成更大的人员伤亡和财产损失。同时，事发当地的基层组织也是协助大规模应急处置的第一帮手。基层组织和群众可以积极配合上级、外部专业救援队伍开展处置工作，在现场取证、道路引领、后勤保障、维护秩序等方面充分发挥协助处置的作用。同时，要建立政府、企业、社团和个人之间“自救、互救、公救”相结合的合作关系，明确相互的权力、职责和义务。区域之间也要加强协作，相互援助，共同防灾救灾，防止灾情的衍生和扩散。

④注重媒体应对，提高舆论引导能力。作为先期处置的主体要善于同媒体打交道，强化舆论引导：一是充分尊重，要与媒体保持及时沟通与联系，让其参与其中，自觉接受监督；二是真诚面对，对事故采取实事求是的态度；三是正确引导，事故发生后要及时公布有关事件原因和救援进展等方面舆论关注的信息，因条件限制不便召开新闻发布会的，也要拟出权威的新闻通稿供媒体采用，或充分利用新媒体，如官方微博，从而及时有效发布有关信息，主动引导舆论走向。

(4) 处置措施

根据《中华人民共和国突发事件应对法》第四十九条规定：“自然灾害、事故灾难或者公共卫生事件发生后，履行统一领导职责的人民政府可以结合实际情况采取下列一项或者多项应急处置措施：

a. 组织营救和救治受害人员，疏散、撤离并妥善安置受到威胁的人员以及采取其他救助措施。如在汶川地震中，救援人员实施“先多后少、先近后远、先易后难、先轻后重、优先医务人员”的救助原则，为更多、更快地展开营救创造了良好的条件。

b. 迅速控制危险源，标明危险区域，封锁危险场所，划定警戒区，实行交通管制以及其他控制措施。该措施的目的是防止突发事件进一步蔓延扩大，使人员伤亡与财产损失降到最低限度。

c. 立即抢修被损坏的交通、通信、供水、排水、供电、供气、供热等公共设施，向受到危害的人员提供避难场所和生活必需品，实施医疗救护和卫生防疫以及其他保

障措施。

d. 禁止或者限制使用有关设备、设施，关闭或者限制使用有关场所，中止人员密集的活动或者可能导致危害扩大的生产经营活动以及采取其他保护措施。

e. 启用本级人民政府设置的财政预备费和储备的应急救援物资，必要时调用其他急需物资、设备、设施和工具。

f. 组织公众参加应急救援和处置工作，要求具有特定专长的人员提供服务。通过对现场情况的初步评估，应根据相关应急处置预案组织应急响应的人力资源，人员集结要方便应急处置与救援工作，核心力量和现场急需的专业力量要接近现场，组织调度过程要有序可循，不要对现场内外交通造成堵塞。

g. 保障食品、饮用水、燃料等基本生活必需品的供应。

h. 依法从严惩处囤积居奇、哄抬物价、制假售假等扰乱市场秩序的行为，稳定市场价格，维护市场秩序。

i. 依法从严惩处哄抢财物、干扰破坏应急处置工作等扰乱社会秩序的行为，维护社会治安。

j. 采取防止发生次生、衍生事件的必要措施。突发事件发生后，往往会带来一系列的次生事件和衍生事件，有时候次生、衍生事件带来的危害和损失比原生事件要大得多。如汶川地震发生后，针对堰塞湖和震损水库，各地完善应急避险预案，对大型和特大型地质灾害隐患点实行 24 小时动态监测、建立群测群防网络。为防止疫病发生，各地组建专业卫生防疫队伍、防疫消杀和保洁队伍，进村入户、不留死角，分片包干、落实责任，全力抓好防疫消杀和卫生保洁。实践证明，由于措施得当，唐家山等 100 多座堰塞湖和 1900 多座在地震中受损的水库没有发生任何次生的伤亡。

2.3.2.2 快速评估

快速评估是在主要问题还不清楚，同时又缺乏充足的时间和资源进行长期且详尽评估的情况下，调查复杂情景的一种方法。因此，在大量生产和生活实践中，都需要应用快速评估，如环境监测、农村发展、急诊病房以及传染病监测等。突发事件的应急处置和救援是一种典型的时间紧迫、信息缺乏而决策质量要求高的情景，因此也是快速评估的重要应用领域。

快速评估是在不确定性较高、时间非常紧迫、资源与信息有限的情况下进行的评估。突发事件应急处置和救援的快速评估是指在突发事件发生后的较短时间内，由履行领导职责或组织处置突发事件的政府及其有关部门按照有关规定指派工作组或有关机构针对特定问题进行快速调查，短期内提供相关信息的行动或过程。具体而言，这一定义包括以下几项要点：

①快速评估的主体包括：组织者，通常为突发事件应急处置和救援的指挥者或指挥部；实施者，通常由相关专业人士担任，可指派有关专家牵头成立快速评估工作组，也可指定相关专业机构开展快速评估工作。

②快速评估的目的是为突发事件应急处置和救援阶段的非常规决策提供支持。

③快速评估的对象包括与应急处置和救援相关的用于决策支持或者信息发布的多种信息及基于这些信息基础上的形势判断。

④快速评估的内容与应急处置和救援的需求，特别是应急决策的需求密切相关，包括突发事件的时间、地点、损失、性质、规模及影响，以及灾区和灾民的短期需求等。

⑤快速评估是为应急决策服务的，因此必须在相关决策之前完成，不求全面完备和尽善尽美，而是注重实用、快速，满足决策者基本需求即可。

快速评估机制就是指围绕应急处置和救援阶段快速评估的需求，建立一套应急指挥部组织和开展快速评估的程序化、专业化的工作流程。这是应急管理的核心机制之一。

(1) 快速评估的内容

快速评估的内容由应急处置和救援的需要决定，可包含多种内容，大至突发事件的性质和初步损失情况，小至特定类别的灾民，如孤儿的数量和需求等。一般而言，快速评估的内容包括两大类：

①突发事件损失和影响快速评估。此类快速评估主要为应急处置指挥决策提供信息服务。评估的内容包括：突发事件影响范围、突发事件级别、事故灾情隐患、影响区域人员伤亡情况、直接经济损失、房屋倒塌损失及疏散安置者数量、影响区域基础设施损失情况、影响区域环境情况、影响区域公共服务情况、影响区域社会损失以及次生衍生灾害等。

②灾民和影响区域需求快速评估。此类快速评估主要为应急救援决策提供信息服务。评估的内容包括：抢险救灾所需的人财物等资源情况、抢险救灾需求情况、影响区域群众对生活 (生产) 物资的需求情况、影响区域救援的医疗和防疫需求情况以及不同时期的突发事件后救助目标及需求情况等。

值得注意的是，理论上，充分的应急准备工作能让工作人员迅速掌握他所能控制的应急资源的数量及分布等信息，但是实践中，应急准备工作往往是不充分的。此时同样需要通过快速评估收集可用于应急处置和救援的资源信息，包括数量、类型及分布等。快速评估的流程如图 2-6 所示。

突发事件发生后，事发地政府和单位在第一时间内上报相关情况，并按照事件的类别和级别，根据相关应急预案，启动应急响应并成立应急指挥机构，开展先期处置工作等。此时，如有必要，相关政府和部门可以在还未接到上级指示之前就开展快速评估工作。应急指挥机构根据应急处置和救援中的决策信息需要，组织有关部门、单位和人员开展快速评估工作。有关部门、单位和人员选择适当方法，开展快速评估工作。有关部门、单位和人员随时向应急指挥机构反馈快速评估的结果，并在规定时间内向应急指挥机构递交快速评估的报告。应急指挥机构在综合研判各方面快速评估报告后，进行指挥决策。应急指挥机构可根据突发事件的事态发展适时开展多次 (并行) 快速评估活动，直至突发事件结束。

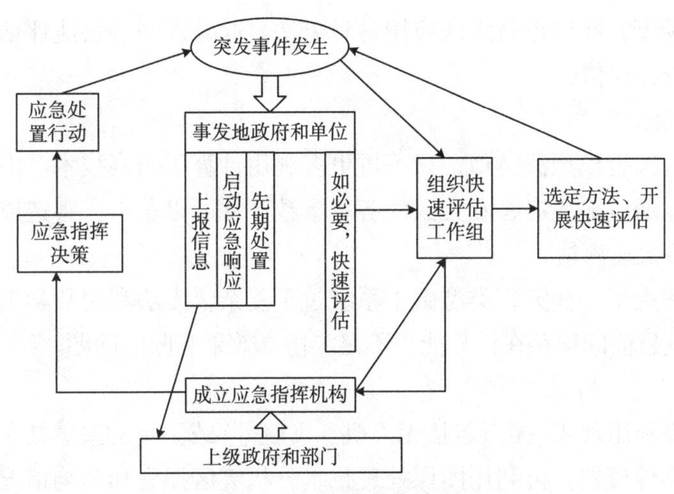

图 2-6 快速评估流程

(2) 快速评估的方法

快速评估作为评估的一种特殊类别，同样可以广泛应用社会科学中许多调查和研究方法。但因为快速评估自身的特点，所以快速评估多采用一些粗略估算或简便推算的方法。

①上报汇总法。

这种方法是利用突发事件发生后，事发单位和基层政府按照上级部门或者应急指挥部门的相关规定或指令，短期内迅速上报的各类突发事件信息和数据，以累计汇总为基础，进而进行快速评估。

这种方法的优点是当快速评估的内容较为清晰、明确，且影响区域基层政府和组织可以有效运行时，可以较为准确地获得突发事件相关信息。

相应的，这种方法要求基层政府和组织能够正常有效运行，否则就难以使用这种方法。此外，这种方法多用于快速评估内容比较简单的场合，否则上报信息和数据的准确性就难以得到保障，漏报、迟报、重复上报甚至瞒报等情况都会极大干扰快速评估工作，影响评估结论的准确性和可信性。

②灾害模型法。

这种方法是针对特定类型突发事件，采用数学方法建立灾害模型。当突发事件发生时，将突发事件的级别和范围、影响区域人口、社会及经济统计资料以及其他相关参数代入已建立好的灾害模型中，即能够快速评估出所需要的相关内容。

如果有较好的灾害模型，应用这种方法可以非常快速和较为准确地获得评估结果。同时，应用这种方法也需要有较为详备的基础资料，例如基层政府或者相关基层单位事先建立了完备的基础数据资料，或者已经建有数据准确、详尽的地理信息系统等。否则，应用这种方法会比较困难。这种方法主要针对那些相关科学研究积累较为充分、对内在运行机理的分析比较透彻的突发事件类型，否则无法建立出有实用价值、被广泛认可的灾害模型，相应也就无法应用这种方法。此外，一些快速评估的内容也无法采用这种方法进行评估。

③模拟仿真法。

这种方法与灾害模型法类似，只不过更多利用计算机仿真技术，由计算机模拟真实灾害的发生，通过输入灾害和灾区的各种参数，就可以获得灾害造成损失和影响的仿真结果，进行快速评估。

这种方法解决了一些灾害类型由于系统过于复杂，无法利用数学工具建立实用模型的困难，但是目前同样存在计算能力不足、仿真效果有限的问题。

④遥感法。

这种方法是利用现代飞机(包括无人机、飞艇等)或卫星的遥感技术，快速拍摄获取灾区上方的图像资料，再利用图像处理技术分析灾区损失和影响情况，进而进行快速评估。

这种方法能够非常迅速地把灾区真实情况收集、汇总起来，特别是利用卫星技术，即便是对于面积非常广大的灾区，也可以在几小时内获取全部图像。这种方法是目前非常值得深入研究和应用的一种方法，在森林火灾应急处置方面已经得到较为普遍使用。当然，这种方法技术要求高，相对投入大，也受到天气、卫星运行轨道及突发事件类型等客观因素的影响。

⑤历史事件类比法(案例法)。

这种方法是利用历史上类似事件或者相似案例与本次事件进行类比，进而根据历史事件的相关数据推断出快速评估的结果。

这种方法的优点是如果能够找到适宜的类比事件或案例，则能够快速和较为准确地获得评估结果。但是由于绝大部分突发事件都有其独特性，因此选择类比的历史事件和根据历史事件的数据进行推断的时候必须非常谨慎。某些事件会很难找到可以类比的历史事件或案例，或者历史事件的相关数据难以获得，都会影响使用这种方法的效果。为了便于使用这种方法，基层政府和相关单位应当重视建设不同类型突发事件的案例库。

⑥实地考察法。

这种方法是组织有丰富经验的相关领域领导和专家对灾区进行实地考察，并与影响区域基层政府领导和群众进行访谈、座谈等。之后利用领导和专家丰富的经验，通过对影响区域实地观察的印象，推测出快速评估的相关内容。

这种方法非常简便易行，如果相关领导或专家具有丰富的经验，往往能够给出令人满意的估计结果。相对而言，这种方法对领导或专家能力的依赖性过大。此外，如果灾区面积过于广大，或者事发地交通损坏严重，在短期内对灾区各地进行实地考察的难度较大时，则无法采用这种方法。

⑦快速调查法。

这种方法是组织多个影响区域实地快速调查组，或者多个专业调查组，利用设计

好的快速评估问卷或(半)结构化访谈提纲，对影响区域多个选取的抽样点或者不同调查要素进行快速调查。调查时间应尽量缩短，一般不超过一周。然后对调查数据进行快速汇总，并按照事先设计好的分析框架迅速进行分析，获得快速评估的结果。

这种方法实际是将常规的调查评估方法简略化和快速化，并采用并行工作的组织方式，以争取在最短时间内完成评估。

这种方法与常规调查评估方法最为类似，具有最好的科学性、客观性和准确性，可以为应急决策提供最为丰富的信息支持。但这种方法需要投入较多的时间、人力和物力资源，评估的结果也较为依赖事前的调查方案设计。当快速评估的时间约束非常紧时，这种方法很可能无法按时提交评估结果。

⑧综合法。

所谓综合法，就是综合利用以上两种或数种方法，以获得更为准确或者更为广泛认可的评估结果。例如，可以综合上报汇总法和历史事件类比法，用类比历史事件的数据来修正上报汇总数据的误差；也可以综合灾害模型法和实地考察法，利用领导或专家的考察结果来修正灾害模型。目前快速评估实践中大量使用的多为综合法，以便充分利用应急处置和救援中各个方面的力量，从多方面获取所需要的信息和资料。

综合法通常可以结合多种方法的优点，相互补充获取更准确的信息，但多种方法综合使用会增加快速评估的工作量，延长快速评估的时间。

2.3.2.3 决策指挥

决策指挥是指应急指挥者在对突发事件特定的原因、性质、时空特征、扩散态势、影响后果等进行快速评估的基础上，采用科学合理、及时有效的应急控制模式，对应急管理过程中的各种力量、各种活动进行时间上、空间上的安排与调整的过程。从层级来看，应急决策指挥包括战略决策、战役指挥、战术行动三个层级。从时间先后来看，应急决策指挥包括应急决策和应急指挥两个部分。应急决策是指当突发事件发生时，决策者在时间紧急、资源有限和事件不确定性的情况下，为了尽可能地减少人员伤亡和财产损失，而确定应采取哪些应对突发事件的方案和措施的过程。应急决策是一种非程序化决策，具有紧急性、主观性、有限性、渐进性和时效性等特点。应急指挥是指当突发事件发生时，各级政府根据突发事件的实际情况，迅速调度指挥一切可以救灾的资源(队伍、物资、资金)，进行针对性抢险救援工作的过程。

人们常说：“决策的失误，是最大的失误。”决策指挥是应急管理工作的重中之重。成立权责统一、分工明确、综合协调的应急决策和处置机构，形成政府统一指挥、各部门协同配合、全社会共同参与的应急协调联动机制，是世界各国在应急决策指挥中共同的做法和经验。

(1)决策指挥的目标与原则

建立健全决策指挥机制的目标，是充分发挥各级各类应急指挥机构的统一指挥和协调作用，强化各方面之间的协同配合，形成有效处置突发事件的合力。

决策指挥应当遵循以下工作原则：一是统一领导，分级负责。应急管理工作要在各级党委领导下，实行行政领导责任制；按照事件的所属级别，依据应急预案要求，由相应级别的应急指挥机构负责。二是以人为本，减少危害。把生命安全放在第一位，在确保救护人员生命安全的前提下，对受事件威胁的有关人员进行有效施救。三是依靠科技，专业处置。充分利用和借鉴各种科技成果和专业人员的专业知识、专业能力，充分发挥专家顾问组的作用。四是属地为主，先期处置。当地应急指挥机构就近决策与处置，属地的应急部门进行前期控制事态，防止事态进一步扩大。五是充分授权，及时决策。应急决策机构和相关领导对于直接指挥和处置的负责人应该充分信任，各级决策者应及时、快速决策。六是减少层级，沟通畅通。应急组织机构应实行扁平化架构，减少层级，保证各级各类应急管理机构之间沟通畅通。

(2) 决策指挥的工作内容

①启动应急响应。

应急响应程序是指突发事件发生后，实施开展应急处置与救援行动的有关方法和程序。科学完备的应急响应程序有利于提高突发事件应对的能力和水平。例如，《民政部应对突发性自然灾害工作规程》将：中国对自然灾害的响应等级分为四级，不同程度的灾害发生后，都有较为规范的救助措施。中国自然灾害应急救助的制度化、体系化，为更好地应对和管理灾害提供了强有力的保障。

针对不同级别和类型的突发事件，制定应急响应启动机制，科学规范应急响应启动的组织机构和程序。加强应急响应启动的宣传教育和培训演练，做到预案涉及人员熟知预案流程，明确各自的工作任务和职责。严格执行应急响应启动程序，建立特殊重大情况下的应急响应调整机制，遇有特殊重大紧急情况应灵活妥善处理，以确保突发事件得到及时处理。建立应急响应后的跟踪评估机制，应急响应启动后，要继续关注事态的发展，及时做好后续应急工作。

②专业化现场指挥。

要建立一个专职的、由专业化的应急救援指挥人才组成的现场指挥队伍，提高现场指挥的专业化水平。《中华人民共和国突发事件应对法》第八条规定："国务院在总理领导下研究、决定和部署特别重大突发事件的应对工作；根据实际需要，设立国家突发事件应急指挥机构，负责突发事件应对工作；必要时，国务院可以派出工作组指导有关工作。""县级以上地方各级人民政府设立由本级人民政府主要负责人、相关部门负责人、驻当地中国人民解放军和中国人民武装警察部队有关负责人组成的突发事件应急指挥机构，统一领导、协调本级人民政府各有关部门和下级人民政府开展突发事件应对工作；根据实际需要，设立相关类别突发事件应急指挥机构，组织、协调、指挥突发事件应对工作。"第四十八条规定："突发事件发生后，履行统一领导职责或者组织处置突发事件的人民政府应当针对其性质、特点和危害程度，立即组织有关部门，调动应急救援队伍和社会力量，依照本章的规定和有关法律、法规、规章的规定采取应急处置措施。"

要明确现场指挥部建立、指挥协调程序，合理区分战略决策、战役指挥、战术行

动三个层级，建立专业化的决策处置程序，制定指挥权转移制度。现场指挥包括 现场指挥部的建立，不同部门、不同地区、不同单位以及与军队之间的指挥协调。现场指挥部是指在应急决策与处置过程中，由相关部门组织的、临时性应对突发事件的决策、指挥与处置机构，其主要职责为：迅速设立事件应急处置现场指挥部营地，指挥现场应急处置工作；确定应急救援的实施方案、警戒区域、安全措施；向上级部门和领导汇报和通报事件有关情况；根据实际情况指挥救援队伍施救；负责对事态的监测与评估。要明确现场指挥部的成立条件、构成要素、职能定位、组织架构、工作流程。要建立动态灵活的现场指挥机制，根据谁先到达谁指挥，逐步移交指挥权的原则建立和规范现场指挥权的交接方式和程序，提高应急管理领导者的现场研判和决策水平。

③资源调配与征用。

a. 资源调配。

应急资源由应急专业救援队伍、应急救援物资、救援设备、义务或群众志愿救援组织等组成。应急资源调配是应急决策和应急响应的重要内容，及时有效调动人、财、物、通信、技术等各种资源，为应急处置与救援提供重要保障。

各单位要根据应急救援的要求，储备一定数量的应急物资及资金，同时平时要注意对应急资源的维护和保养，切实保证应急资源的质量，延长资源的寿命。各单位要定时对应急资源进行检查，对资源的数目、状况进行全面的登记。可以通过与生产厂家签订救灾物资紧急购销协议、建立救灾物资生产厂家名录等方式，进一步完善应急救灾物资保障机制。依托信息技术，建立应急管理中统一的资源地图和资源调配机构，明确紧急情况下对人、财、物、通信、技术等各种资源进行紧急调配的条件、程序和方法，提高资源调配的效率，根据灾情特点、灾区需求以及抢险救援需求在不同地区和部门之间实现应急救援资源的科学、有序和快速调度。

b. 紧急征用。

紧急征用是指政府因抢险、救灾等紧急需要，依照法律规定的权限和程序，暂时使用单位、个人财产的行为。征用权来源自我国《宪法》以及《物权法》《突发事件应对法》等相关法律的明确规定。依据上述规定，实施征用行为应符合几个方面的条件：第一，征用权行使的前提是突发事件发生后，为了抢险、救灾等紧急需要；第二，实施征用行为必须严格依照法律规定的权限和程序；第三，征用的范围包括应急救援所需的设备、设施、场地、交通工具和其他物资；第四，被征用的财产在使用后应当返还权利人，如果财产毁损、灭失，应当给予权利人合理的补偿。

中国相关法律法规对紧急征用作了明确规定。例如，《中华人民共和国突发事件应对法》第十二条规定："有关人民政府及其部门为应对突发事件，可以征用单位和个人的财产。被征用的财产在使用完毕或者突发事件应急处置工作结束后，应当及时返还。财产被征用或者征用后毁损、灭失的，应当给予补偿。""上级人民政府主管部门应当在各自职责范围内，指导、协助下级人民政府及其相应部门做好有关突发事件的应对工作。"第五十二条规定："履行统一领导职责或者组织处置突发事件的人民政府，必要时可以向单位和个人征用应急救援所需设备、设施、场地、交通工具和其他物资，请求其他地方人民政府提供人力、物力、财力或者技术支援，要求生产、供应生活必需品和应急救援物资的企业组织生产、保证供给，要求提供医疗交通等公共服务的组织提供相应的服务。”“履行统一领导职责或者组织处置突发事件的人民政府，应当组织协调运输经营单位，优先运送处置突发事件所需物资、设备、工具、应急救援人员和受到突发事件危害的人员。”

要明确应急状态处置过程中，紧急征用社会资源、采取市场管理强制性措施等的法律依据。完善紧急情况下的征用和借用机制，明确紧急征用和借用的启动条件、基本程序以及相应的补助、补偿、赔偿标准和程序，使得政府运用各种应急社会资源的行为具有更高的透明度、更大的确定性和更强的可预见性。

④专家参与。

专家参与是指专家根据客观实际，参照历史经验和未来预测结果，以自己的专业知识和各种信息为基础，对突发事件应对工作提供科学依据和可行方案，供决策主体参考的过程。通过推进专家机构建设，探索建立应急管理专家参与应急管理工 作的联动模式，不断提高专家在预防和处置各类突发事件中的作用，有利于为突发 事件应对工作提供各种决策支待，从而提高应急管理的水平。

要进一步完善应急管理专家参与机制，明确紧急情况下专家参与应急抢险救援的条件、方式和工作程序。建立各级应急管理专家库，吸收专家开展会商、研判、培训和演练等活动，充分发挥专家的咨询与辅助决策作用。充分听取、吸纳专家对预防和处置各类突发事件的意见，发挥应急管理专家在突发事件会商会议、应急管理科普宣教和培训、风险隐患排查和治理、应急管理法制建设等日常工作方面的专业咨询和技术支持作用。

⑤临时救助安置。

临时救助安置是一种非定期、非定量的临时生活救助和安排制度，对因天灾人祸、意外事故等突发性、偶然性因素造成临时生活困难家庭的吃饭、穿衣等基本生活救助和生活场所安置。《中华人民共和国突发事件应对法》第六十一条规定：“受突发事件影响地区的人民政府应当根据本地区遭受损失的情况，制定救助、补偿、抚慰、抚恤、安置等善后工作计划并组织实施。”在加强临时救助安置工作的过程中，要进一步明确临时救助安置的启动条件、标准和运作程序。根据救灾工作台账，要继续做好灾民的救助工作，保证他们的衣食无忧，并给予一定的医疗救助金。灾民救助可实行“灾民救助卡”管理制度，灾民凭卡领取救济粮和救济金。民政部门继续通过募捐、购买等方式准备好灾民救济衣被和救济粮等。灾害发生半年后生活仍然有困难的灾民，符合条件的可纳入最低生活保障救济。

2.3.2.4 现场指挥

现场指挥是应急决策与处置的中枢神经，是决定应急处置高效与快捷的核心因素。现场指挥部是指在应急决策处置过程中，由相关部门组织、临时性应对突发事件的决

策、指挥与处置机构。从不同类型的突发事件来看，可以有不同类型的现场指挥部。

(1) 现场指挥部的要素

①场所。现场指挥部要根据突发事件的性质、种类、危害程度或实际需要合理选址，原则上应设在突发事件现场周边适当的位置，也可以在具有视频、音频、数据信息传输功能的指挥通信车辆或相应场所开设。一般而言，现场指挥部的场所选择应该符合如下原则：一是安全。现场指挥部设立的地点应该是安全的，既要保证突发事件的次生或衍生灾害不会波及现场指挥部，又要保证现场指挥部能够在比较安静的场所进行决策。二是就近。现场指挥部应该接近突发事件发生地，以便能够及时了解事件的动态和及时决策与处置。不能舍近求远，应该以有效指挥和处理事故为导向。三是方便指挥。现场指挥部的场所选择应该更多考虑是否有利于指挥，在安全、就近的前提下，可以忽略舒适。

②设备。每一个现场指挥部都应该尽可能地保证包括电话、传真、电脑、打印机、投影仪器等的必备办公设备，同时可要考虑召开决策会议所需要的基本设备，如办公桌椅、展示平台、信息发布的设备等；各种设置要醒目，标志齐全。

③人员与车辆标志。突发事件发生后，应该确认指挥部各成员单位是否到场，并发放各种标志，维持现场秩序，禁止无关人员进出现场。对不同类型的人员发放不同的标志，以区别他们与现场指挥部关系的紧密程度，同时也决定不同标志人员能进入现场指挥部的层次。车辆标志要根据应急处置的实际情况，对于不同类型的车辆进行分类标志，以区别车辆在现场的位置。

(2) 现场指挥部的职能

现场指挥部承担以下重要职能：一是根据突发事件的进展、相关工作预案和领导指示，组织指挥参与现场救援的各单位，迅速控制局势，力争把损失降到最低限度；二是实施属地管理，组织公安等相关部门，做好交通保障；三是做好人员疏散和安置工作、维护社会秩序；四是协调各相关职能部门和单位，做好调查、善后工作，防止出现次生、衍生灾害，尽快恢复正常秩序；五是及时掌握和报告重要信息，研究制定紧急处置情况并报上级部门。

现场指挥部应随时跟踪事态的进展情况，一旦发现事态有进一步扩大的趋势且有可能超出自身的控制能力，应立即向上级发出请求，要求协助调配其他应急资源。同时，及时向事件可能波及的地区通报有关情况，必要时可通过媒体向社会发出预警。一旦事件升级，现场指挥部也应该升级。

(3) 现场指挥部的结构设置

各突发事件应急预案应该明确规定现场指挥部的领导机构和内设机构。现场指挥部的领导机构由总指挥、副总指挥和各组组长组成。

现场指挥部的内设机构包括：现场指挥组、信息保障组、后勤保障组、对外宣传组、综合协调组、专家顾问组、治安交通管理组、社会面工作组、医疗救治组、事故调查组等。具体到各种不同的灾种以及不同级别的突发事件，则可以根据实际需要和应急决策与处置的原则合理设置。

(4) 现场指挥部的工作流程

①现场指挥部的建立。根据事件的类型和现场指挥部组成要素，按照“减少层级、沟通畅通”原则组成现场指挥部。

②运行。贯彻和落实处置的战略部署，指挥机构到位、应急处置人员进入事发现场，按照各自职责果断处置突发事件。这包括：做好现场记录；确保上级领导与现场指挥部的联络畅通；突发事件现场处置工作结束后，及时汇总处置工作的总体情况。

③撤销。现场应急处置结束后，现场指挥部方可以撤销。撤销的标准：一般突发事件和较大突发事件在成立了现场指挥部的情况下，如果现场处理完毕，各种秩序恢复正常，可以确认处置结束；重大和特别重大突发事件处置工作完成，次生、衍生事件被确认彻底消除，应该认定处置结束。

2.3.2.5 协调联动

协调联动是应对突发事件最常用的手段，即针对不同部门之间相互配合、互通有无、信息分享、功能互补、资源整合、共同行动，形成应对的合力，从而化解突发事件带来的危害。协调联动机制就是指在应急管理中能够有效组织多部门之间参与和配合的制度化、程序化和规范化的方法与措施，协调处理突发事件的运作模式。协调联动机制最主要的作用在于，使每一个参与者在朝着共同目标努力的过程中可以审视自己和合作者的行动，并且通过知会参与者在组织中的状态、发出警报等方式来激发参与者的自主行动。总之，协调联动就是一种以齐心协力、互助合作的方式而形成的多部门和多主体参与的应急管理模式，终结了传统意义上某一政府单位为单一应急管理主体的思维，也影响到传统意义上不同行政区域的应急管理权力，同时也重塑了政府与企业、非政府组织甚至公民之间的合作伙伴关系。

协调联动建设的目标是做好纵向和横向的协同配合，推进不同区域、不同部门甚至国家之间在应急管理实践工作中的合作和交流，切实形成条块结合、上下联动的组织体系和跨地区跨部门的协调合作框架，提高合成应急和协调应急能力。协调联动应当遵循“党委领导、政府负责、军地协同、社会参与”的工作原则，一是建立应急救援联动机制，充分整合各种应急资源，综合协调、分工协作，实现预案联动、信息联动、队伍联动、物资联动，切实提高应对突发事件的能力；二是政府负责、社会参与，积极发挥政府的组织领导作用、专业部门的技术指导作用和人民群众的主体力量作用，形成上下联动的工作机制；三是军地联动、有序协调，通过军地应急联席会议、军地灾情信息共享、军地联合指挥、军地联合应急值守、军地灾害联合会商、军地联合行动、军地综合保障、军地应急演练等各方面的制度和配套措施，逐步提高部队与地方政府之间在应对突发事件方面的联合指挥、科学行动、快速反应、兵力投送、专业保障等各种非战争军事行动能力建设。

2.3.3 应急指挥官能力提升

2.3.3.1 职责及能力要求

应急指挥官是在突发事件现场，负责统一组织、指挥应急处置工作的最高领导人员。在小规模的突发事件中，可以一个人承担所有的职责。但在大规模的突发事件中，应急指挥官可以通过一般人员或指挥人员共同处理。对于应急指挥官的确认，一般而言，如果突发事件只是与一个单位有关，由最先到达现场的资深应急管理人员或该辖区的主管担任；如果突发事件涉及多个单位，通常会由法律或法规决定谁是指挥官。当突发事件范围较大且较复杂时，应急指挥官就需要更高的级别和资历，负责的单位有权指派另一个更能胜任的应急指挥官，卸任的指挥官在移交指挥权时，必须向新任指挥官提供一份完整的简报，并告知所有参与的应急管理人员。

应急指挥官可以有一个或多个副指挥官。应急指挥官的基本责任主要是建立指挥所、建立并维持一个合理的组织编制、指派各个部门的主要工作任务、担负起未被指派的任务、与外界建立良好的关系、维护工作人员的身体与心理健康、建立各项资源运用的优先级、与各个单位互动及接收并传达重要信息、确保各单位之间能够有效沟通、辅导事故行动计划的拟定及完成、给各媒体正确传达信息、决定灾难救援行动的终止、协助灾后的重建与调查。由于现场指挥官的责任重大，因此要求接受过应急管理的专业培训，充分了解突发事件应急现场指挥系统的运作，熟悉当地的应急预案，参与过当地的应急演练，认识到自己的工作是管理与协调而不是上场作战，更不是行使咆哮发怒的权力。

应急指挥官素质的高低、能力的强弱，直接关系突发事件处置工作的成效，建成一支“政治过硬、作风优良、业务精湛、规范标准、处置有力”的现场指挥员队伍，能最大限度地减少突发事件所造成的人员财产损失、维护国家安全和社会稳定。因此，应急指挥官应具备以下几方面能力：

(1) 专业基础能力

应急指挥官应深入了解我国应急管理法律法规、应急预案、应急决策方法、应急指挥程序与交流沟通方式等，明确企业可能发生的突发事件特点及运行规律，增强应对突发事件的综合素质。针对突发事件类型和规模，依托平时所建立的应急管理工作领导机构和应急响应制度，明确指挥机构启动程序、方法和步骤，完善各种应急行动预案，理顺各种领导与指挥关系，确保突发事件发生时能够对现场风险进行充分研判，规范操作，采取有针对性的疏导和管理措施，迅速组织军警民力量展开救援行动，争取将问题解决在萌芽状态，或最大程度降低破坏程度。

(2) 现场处置能力

在突发事件发生初期，能否有效应对与应急指挥者的职业素养、应变能力密切相关。作为突发事件事故处理的指挥者，应快速、准确地对事故现场进行综合研判、预警及指挥处置，同时要有序、高效地指挥调度相关工作人员协调配合事故响应处置。

(3) 科学决策能力

在突发事件发生的紧急情况下，高效决策是正确应对事件的关键。面对突发公共事件，应急指挥官要头脑冷静，科学分析，准确判断，果断决策整合资源，调整各种力量，共同应对。指挥官的反应速度与决策的正确性直接决定着救援目标、救援次序、救援方案、救援路径。正确、及时的反应和救援决策可能会大大降低突发事件的负面影响，减少伤亡和财产损失，起到重要的事后补救作用。

(4) 身心调适能力

执行应急处置任务既要面对“天灾”，与大自然积极抗争，也要面对“人祸”，与各种恶势力激烈斗争，同战场上一样也会有牺牲。指挥人员是行动的核心和带头人，在这种情况下要能够承受来自各方面(包括自身精神和体质)的强大压力。尤其是在危急关头，要做到危而不乱，险而不怯，劳而不倦。更为重要的是能够迅速适应行动环境，并根据现场态势，对所属单位出现的身心上的问题进行及时调适，从而使参与处置人员始终保持旺盛的精力，达成最终任务目的。

(5) 自身防护能力

正确使用和保养个人防护器具，面对救援现场各种复杂情况，正确选择个人防护装备；熟练使用各种救援工具与设备，会操作所有通信设备，保证自己处于一个安全状态。

2.3.3.2 培养途径

(1) 加强专业知识培训

将应急指挥官培训纳入应急体系规划，坚持脱产培训与在职学习相结合。根据应急指挥官脱产培训工作总体安排，依托培训机构，将应急管理纳入政府系统领导干部培训、轮训课程体系。有组织有计划地举办应急指挥官应急管理专题培训班等。内容设置上要学习党中央、国务院关于加强应急管理工作的方针政策和工作部署，以及相关法律法规和应急预案，提高应急指挥官的思想认识。要加强对突发公共事件风险的识别，跟踪和把握各种社会矛盾的变化规律和发展方向，提升应急指挥官的专业素养。

(2) 参加情境化桌面演练

演练方式主要采用投影和文字进行场景描述，由主持人根据情境事件提出问题，分别由参演部门进行现场回答，并指派专人对演练活动进行记录和测评。同时借助计算机辅助系统，通过测评分析强化能力建设。桌面演练要注意场景模拟的真实性和应急处置的全过程，不走过场。

(3) 参加实战演练

要注重岗位实践锤炼。实践是培养指挥人才最好的舞台。要结合各应急系统开展的演习和担负突发公共事件处置任务，有意识地摔打和锤炼指挥官的指挥能力，不断积累经验，提高驾驭复杂环境和运用现代技术手段实施联合指挥的能力。

(4) 健全人才选拔、使用、激励机制

把参加重大突发公共事件、具备一定应急指挥能力素质作为指挥官选拔任用的一

条重要标准，切实增强指挥人才队伍的生机和活力。坚持在遂行重大突发公共事件中发现优秀指挥人才，结合争先创优活动的开展，大力表彰和宣扬处置重大突发公共事件中表现突出的指挥员和先进典型，努力营造良好氛围。同时，结合突发公共事件处置后期的调查评估，对各级领导和机关指挥遂行处置任务情况进行调查评估，总结经验教训，并依法追究相关责任人责任。

2.3.3.3 评估方法研究

能力评估主要用于衡量个人的行为倾向，通常是综合运用心理学、测量学、统计学等相关的理论与方法，以达到某种测评目的。评估是测试与评价的总称，测试就是采用恰当的工具对个体的个性特征、行为倾向等进行量化的过程，评价就是基于测试量化结果，运用各种评价方法对各测试结果进行的总体定量或定性的评价。

能力评估在企业人力管理中占据重要地位，其对人才选拔、企业培训及员工自我职业生涯管理具有重要意义，主要通过考核、测试的方式，获取被试客观资料，然后基于这些资料对被试进行能力评价。通过能力评估，被试可清楚地了解自身水平，从而进行自我完善，同时有利于组织了解被试的能力现状，对被试人员进行针对性的培训，以提升其相应的能力水平，提升组织绩效，实现组织与个人双赢。应急指挥官的应急指挥能力也是多项能力的总称，因此其关键能力测评的内涵也是如此。

现阶段的能力素质评估方法主要有笔试、履历分析、心理测评、面试、评价中心技术等方法。

(1) 笔试

笔试通常以试卷的形式，并由命题者出具试题对被试进行考核的方法称为笔试法。该方法适用于评估企业相关人员的逻辑思维、书面表达及基础知识。因笔试法具备同时可供多人参加，其规则、程序及测试环境相对一致、稳定，易实施、经济、简单方便，可有效控制各测试环境可能会出现的误差等优点，所以被测试人员广泛采用。根据 Robert J. Sternberg 的研究，该方法以主观题目为主，内容丰富。在测评实施过程中，易受到测评人员个体因素的影响，从而产生过大的测评误差，造成测评结果失效，因而，较适用于测评分析性智能，但不适合用来测评创造性智能和实践性智能。

(2) 履历分析

履历分析主要是通过充分了解被试的履历记录，从而判断被试的人格特征。由于该方法的灵活性及简便性，因此既可用于招聘时应聘者简历的初步筛选，也可基于岗位需求，对履历中的各项情况进行权重分配，综合总体情况后再进行综合决策。履历表一般是从人事部门储存的现成的有关被试的资料中分析这些资料来评估被试的相关能力素质。该方法可靠性较高且成本相对低廉，但要求记载被试的历史资料齐全，否则会因内容不完整而影响评估结果。

(3) 心理测评

心理测评主要用于测评人的性格、态度、潜能、兴趣、智商等。由于其程序相对较规范、简单易操作且测试结果客观，因此被广泛应用于能力和个性的测试，常采用量表的形式。如一些单位用来测试管理者的管理决策能力，以评估被试是否胜任管理岗位。此外，个体的行为受其稳定心理特征的影响较大，采用心理测试法来预测被试相关能力、素质所得结果的精准度相对较高。目前，该方法已相当成熟，被人们广泛应用。

(4) 面试

面试可直观地辨析应急指挥官的相关能力，如言语表达、问题解决能力、综合判断等，主要分为：结构化面试和非结构化面试两种。结构化面试事先确定整个面试过程的各种细节及要求（如程序、方式、内容等），而非结构化面试则相对简单很多，不需要对面试过程做任何规定，随机应变即可。因此，相比之下，前者更加公正、客观，且有助于减少测评误差；而后者则主观性较强，不可控的因素相对较多，但也有着操作便捷、可随时组织的优点。

(5) 评价中心技术

评价中心技术是一种综合性的评测技术，是以测评被试的相关能力素质为目的的一系列标准化的活动，主要包括：无领导小组讨论、管理游戏、公文筐测试及案例分析等。无领导小组讨论是指由测评者随机将数个被试分为一个测试小组，且组内各成员被要求须在一定的时间内完成所给讨论主题，讨论过程是无领导的，即平等、自由的。最后，测试人员根据被试的表现来综合评估被试的综合素质。管理游戏是指通过几个被试在共同完成某项管理任务过程中的表现来对其相应的能力给出测评。步骤为：根据既定的测评目标，通过情境模拟的方法，设计一些企业可能会发生的突发事件，每个被试扮演游戏中的一个角色。该方法情境性更强，能增加被试的测试意愿，使测试结果更接近实际。公文测试是以书面文字的形式向被试描述一个情境，并让被试在该情境对相关问题进行作答，主要用来考查资料分析能力、计划能力等。案例分析法是将被试工作中出现的具有代表性的问题或事件作为案例测试题项交给被试者，要求被试在规定的时间内对案例进行分析，并对自己的思路、结果等进行解释，该法主要考查被试理论与实际结合的能力。此外，职业适应测试、工作样本测试等也常用来测评个体的相关能力素质。

3 电力智慧应急关键技术研究

3.1 电力应急演练处置推演技术

3.1.1 电力突发事件情景构建技术

3.1.1.1 突发事件情景构建的概念

突发事件情景构建是当前公共安全领域最前沿科学问题之一，国内外学界对这一方向研究成果给予关注并不完全在于其重要的理论价值，更主要的是重大突发事件情景规划对应急准备规划、应急预案管理和应急培训演练等一系列应急管理工作实践具有不可或缺的支撑和指导作用。通过“情景”引领和整合，应急管理中规划、预案和演练三大主体工作在目标和方向上能够保持一致。

重大突发事件情景构建实质上是危害识别和风险分析过程。每个突发事件都会不同程度地带有地域、社会、经济和文化的特别属性，差别甚大，但无论形式如何变化，基本都是源于自然灾害、技术事故和社会事件这三方面，其发生、发展、演化和结束的一般动力学行为也大体表现出相似的规律，而且几乎所有的突发事件在警报、紧急疏散和医疗救治等关键处置环节上差别并不大。因此，重大突发事件情景可以代表性质基本相似的事件和风险，尤其是基于“真实事件与预期风险”而凝炼、集合成的“虚拟事件”情景，就更能体现出各类事件的共性与规律。

国内很多专家、学者也在该领域进行了广泛的研究，主要集中在以下四个方面：

(1) 情景要素

所谓要素，是构成事物的必要因素和组成部分，反映了事物的实质或本质，是组成系统的基本单元。情景是由要素构成的，要素是情景的构成单元，也是分析情景间关系的重要依据。研究情景，就必须研究情景要素。情景要素是指表现、反映非常规突发事件发生发展状态与趋势的主要因素，包括指标、数据等。以地震为例，情景要素包括震中、震级、震源、受灾范围、伤亡与受灾人数、房屋与建筑物受损、基础设施破坏、灾区地理气候条件等。

(2) 情景表达

突发事件情景的表达有多种形式，如散文式、表格式、事件树形式、图形化表达式、数学表达式、网络表达式等。情景的网络表达能够对事件的当前状态以及未来的演变趋势、影响事态发展的因素、驱动这些因素发挥作用的力量等有一个清晰、直观、概略的展示。同时，非常规突发事件情景要素的网络能够运用随机网络模型，因而得到广泛的应用。

(3)“情景—应对”模式

“情景—应对”已成为有效应对非常规突发事件的基本模式，其是在“预测—应对”的基础上形成的，“情景—应对”更加强调分析事件的内在构造及其影响因素，是基于此进行预测的风险管理。由于突发事件具有自身的特点，且其可能导致更为严重的次生衍生耦合事件，应根据不同的“情景”对突发事件展开应对。其中，“预测—应对”的模式很难有效地应对非常规突发事件，基于“预测—应对”的“情景—应对”才是突发事件应急管理的新模式。

(4) 情景结构

刘铁民教授对突发事件情景的结构与内容进行了研究，提出为确保应急准备和应急响应目标的一致性，所有的情景应遵循共同的框架结构，用同样的顺序和层次对情景进行描述。按照逻辑顺序，首先描述情景概要，其次是假设事件可能产生的后果，最后提出应对任务，应对任务是突发事件情景中最核心的内容。

王旭坪等人对非常规突发事件情景构建与推演方法体系进行了研究，非常规突发事件应对情景涉及突发事件、承灾载体、应急管理三个方面的众多影响因素，因此首先要恰当选取情景构建的关键要素，并研究它们之间的作用机理，从而构建出非常规突发事件情景，以及各要素交织在一起形成的情景链（或情景网）；在应对过程中情景要素的主要属性状态往往难以从实时数据信息中获取，更多地需要决策者进行推测和决断，所以需要了解突发事件的发展趋势，即进行情景的推演；而情景推演结果的时效性和可靠性对应急管理决策起着关键性的作用，需要分析评判情景推演结果，并评估不同应急方案对突发事件应急管理所产生的效果，支持决策者做出科学合理的决策。基于以上分析，非常规突发事件情景构建和推演方法体系可划分为关键要素提取与表达、情景构建、情景推演和推演结果及应对实效评估四个部分。

3.1.1.2 情景要素模块化提取技术

情景构建中的“情景”不是某典型案例的片段或整体的再现，而是无数同类事件和预期风险的系统整合，是基于真实背景对某一类突发事件的普遍规律进行全过程、全方位、全景式的系统描述。“情景”的意义不是尝试去预测某类突发事件发生的时间与地点，而是尝试以“点”带面、抓“大”带小，引导开展应急准备工作的工具。理想化的“情景”应该具备最广泛的风险和任务，表征一个地区（或行业）的主要战略威胁。情景构建是结合大量历史案例研究、工程技术模拟对某类突发事件进行全景式描述（包括诱发条件、破坏强度、波及范围、复杂程度及严重后果等），并依此开展应急任务梳理和应急能力评估，从而完善应急预案、指导应急演练，最终实现应急准备能力的提升。因此，情景构建是“底线思维”在应急管理领域的实现与应用，“从最坏处准备，争取最好的结果”。情景构建与企业战略研究中的“情景分析”都是以预期事件

为研究对象，但是应用领域和技术路线又不尽相同。情景分析法又称前景描述法，是假定某种现象或某种趋势将持续到未来的前提下，对预测对象可能出现的情况或引起的后果做出预测的方法，因此情景分析是一种定性预测方法；情景构建是一种应急准备策略，通过对预期战略风险的实例化研究，实现对风险的深入剖析，对既有应急体系开展“压力测试”，进而优化应对策略，完善预案，强化准备。

电力突发事件应对情景涉及电力突发事件、承灾载体、应急管理、演变规律、结果评价五个方面的影响因素，需建立基于“电力突发事件—承灾载体—应急管理—演变规律—结果评价”的情景要素，并在其中恰当选取情景构建的关键要素，研究它们之间的作用机理，运用超网络理论解释并梳理电力突发事件主体间高度复杂的网络关系，形成电力突发事件情景的逻辑规则。

步骤一：提出建立基于“电力突发事件—承灾载体—应急管理—演变规律—结果评价”的情景要素。因“电力突发事件—承灾载体—应急管理—演变规律—结果评价”情景要素的多维性、异构性、环境依赖性、多样性、致灾因素复杂性、破坏性等特征，运用属性识别、特征变换和量值影响等方法提取关键要素。步骤二至步骤七分别对每一个要素进行主要特征要素提取。

步骤二：研究要素之一“电力突发事件”，按照事件类型、时间、地点、影响范围等维度提取主要特征要素。

步骤三：研究要素之一“承灾载体”，按照电力和其他行业两个维度提取主要特征要素。其中电力细分为对线路、杆塔、变电站、用户、潮流等的影响；其他行业细分为对交通、民航、铁路、通信系统、自来水供应、天然气供应、供热、医疗、金融、党政军机关等多个行业的影响。

步骤四：研究要素之一“应急管理”，按照人员、组织、职责、应急处置能力、资源调配、规章制度等维度提取主要特征要素。其中组织细分为运检、营销、调度、生产等部门；规章制度细分为法律法规、应急体系、应急预案、规章制度、应急标准等。

步骤五：研究要素之一“演变规律”，演变规律可以从进一步演变、事件向好转发展、事件向恶化发展等三个方向演变，并从内因、外因两个维度提取主要特征要素。其中外因包括人为因素和外部客观因素等。

步骤六：研究要素之一“情景处置结果评价”，从指标和评价方式两个维度提取主要特征要素。其中指标可细分为定性指标和定量指标；评价方式细分为人为评价和多智能体评价。

步骤七：总结情景要素构成的规律，结合步骤二至步骤六，完善总结基于“电力突发事件—承灾载体—应急管理—演变规律—结果评价”情景要素的构成。

步骤八：电力突发事件、承灾载体、应急管理、演变规律、结果评价五者之间结构关系复杂，节点多种多样，运用超网络理论可以很好地解决电力突发事件主体间网络关系高度复杂的问题。本步骤研究超网络理论，并用于描述基于“电力突发事件—承灾载体—应急管理—演变规律—结果评价”情景要素的逻辑规则。重点从构建超网络模型、研究超网络模型的拓扑结构、研究超网络的特征度量（包括超网络的超度分布、集聚系数和子图中心度等）开展，并用超图的形式研究要素规则的结构和统计特性，最终形成电力突发事件情景要素的逻辑规则。

情景为全面的应急准备工作提供了清晰、确切的方向和目标。应用共享的一套情景组，可以使应急管理相关方的目标更加一致，思想更为统一，行动更加协调，使应急准备活动做到“有的放矢”，从实务操作层面来讲，情景构建可以对预案（体系）进行有效管理、对演练规划进行有序部署、对应急体系建设规划提供支撑。

3.1.1.3 情景构建技术应用现状

（1）情景的筛选与确定

以美国为例，“9·11”恐怖袭击事件之后，美国政府对公共安全，尤其是国家应急管理体系进行认真反省，深刻认识到了应急准备的重要性，特别强调了针对最容易造成众多人员伤亡、大规模财产损失和严重社会影响且难以恢复的重大灾难性威胁的应急准备。为明确国家应急准备目标，美国国土安全部与联邦多个部门合作，组织实施了《国家应急规划情景》重大研究计划。美国国土安全部组织了近1500名应急管理官员和来自大专院校与科研单位的科学家，经过一年多的调查研究，认真总结回顾了近些年来发生在美国和其他国家重大突发事件典型案例，尤其是对未来可能发生重大突发事件的风险做了系统分析与评估，对可能发生事件的初始来源、破坏严重性、波及范围、复杂程度以及长期潜在影响做了系统归纳和整理。经过反复多次评审和修改，总结提出15种重大突发事件情景是美国面临最严重的风险和挑战，这些情景被列为国家应急准备战略最优先考虑的应对目标。为强调对应急预案编制工作的指导性，这15种重大突发事件情景又进一步被整合集成为具有共性特点的8个重要情景组（见表3-1），使应急准备的重心更加聚焦。

表3-1 美国国家突发事件重要情景组与国家预案制定情景

重要情景组	国家预案制定情景
1. 爆炸物攻击	情景12：爆炸物攻击——使用自制爆炸装置进行爆炸
2. 核攻击	情景1：核爆炸——自制核装置
3. 辐射攻击	情景11：辐射学攻击——辐射学扩散装置
4. 生物学攻击	情景2：生物学攻击——炭疽气溶胶 情景4：生物学攻击——生物恐怖事件 情景13：生物学攻击——食品污染 情景14：生物学攻击——体表损伤皮肤疾病
5. 化学攻击	情景5：化学攻击——窒息毒剂 情景6：化学攻击——有毒工业化学品 情景7：化学攻击——神经毒剂 情景8：化学攻击——氯容器爆炸

续表

重要情景组	国家预案制定情景
6. 自然灾害	情景 9：自然灾害——特大地震 情景 10：自然灾害——大飓风
7. 计算机网络攻击	情景 15：计算机网络攻击
8. 传染病流感	情景 3：生物学疾病暴发——传染性流感

(2) 情景规则的提取方法

①美国 ADMS 系统（见图 3-1）。

ADMS 灾难管理模拟系统由美国 ETC 公司按照纽约警察局应急管理中心的实际要求量身定制，将纽约市最主要的 7 个区域完整复制到一个虚拟仿真系统里，嵌入当今最先进的人工智能技术。

图 3-1　美国 ADMS 系统示意图

培训中心的正面大屏幕高清显示墙提供给事件总指挥使用，一侧有 4 个 LCD 显示屏提供给警察、消防（灭火、营救、危险物品控制）、救护（伤员类别鉴定、治疗、运送）、现场应急管理（临时安全场所、撤离、登记、公共信息发布）等事件分指挥员使用；另一侧的主控中心由系统操作员操控，虚拟仿真完成各个指挥员的指令。经过实战演练，纽约警察局应急管理及实战方面取得了很好的效果。目前，这套系统在北美、欧洲、亚洲的 30 多个国家的应急指挥中心、警察及消防部门使用，培训了几万名应急指挥、灾难管理的相关人员，是目前灾难管理、应急指挥培训极为有效的辅助工具。

②荷兰 RescueSim 系统（见图 3-2）。

RescueSim 是一套培训软件，它为公共安全人员提供了各种各样的仿真事故场景，让公共安全人员在虚拟现实的环境下完成应急事件的处置过程。

RescueSim 模拟应急演练平台，为公共安全保障人员提供了各种各样的三维仿真事故场景，能够让紧急救援人员操作并体验应急处置的全过程，就像经历现实的突发事件一样。导演可以利用已有的 150 多个现场资源快速搭建虚拟演练环境，并设置事件节点。在演练过程中，导演根据实际情况，结合演练的需要，随意增加衍生、突发事件，如救援设备操作意外、突发人群事件等，考验参演人员的应急处置能力。参演人员可以根据突发事件的势态确定响应策略，按照策略进行应急处置，并观察处置结果。RescueSim 可用于一对一的培训、课堂培训、多用户或多机构培训。

图 3-2　荷兰 RescueSim 系统示意图

③德国 Disaster Response Unit 系统（见图 3-3）。

德国 simuwelt 公司开发的 Disaster Response Unit 系统，是专门针对德国联邦救灾技术总署（THW[1]）的模拟灾害事故应急救援类型游戏。

图 3-3　德国 Disaster Response Unit 系统示意图

在 Disaster Response Unit 系统中，通过模拟突发事件发生时，应急救援人员如何驾驶各类交通工具如飞机、卡车、吊车、冲锋舟等，综合利用各种救援装备如混凝土锯、防洪墙、抽水泵、拖杆、防护服，完成道路清障、伤员搜救、桥梁恢复等游戏任务，从而使突发事件灾害受损程度降到最低。

[1] THW 是联邦救灾技术体系，由过去的德国民防改制，实行垂直领导和管理，是德国应急救援的专业队伍和骨干力量，负责重大灾害事故的应急救援。

3.1.2 大面积停电事件应急处置推演技术

3.1.2.1 应急演练模式

由于应急演练活动涉及不同层面的应急人员，各层面应急演练的实际需求存在很大差异，如指挥层面注重重大部署和决策的演练，管理层面注重响应行动和措施的演练，操作层面注重应急抢修、恢复、救援方面的演练，因此须针对性地设计不同的应急演练模式，围绕不同的应急演练模式进行场景任务设计，演练评估指标设计，演练组织和实施，切实满足各层面应急演练的实际需求。

(1) 桌面演练

桌面演练主要是由相关单位应急领导小组成员、职能部室负责人以及其他参与救援的关键人员一起共同推演设定事件，按应急预案和应急响应流程，讨论分析各种事件情景下的应急处置措施。本研究中主要考虑两个相邻省公司或地市公司之间如何应对跨区域的突发事件。

桌面演练又称模拟场景演练和室内演练，是指由应急指挥机构成员以及各应急组织负责人利用地图、沙盘、流程图、计算机模拟、视频会议等辅助手段，针对事先假定的应急情景，讨论和推演应急决策及现场处置的过程。桌面演练一般通过分组讨论的形式进行，其信息注入的方式包括灾害描述、事件描述等，整个过程只需展示有限的应急响应和内部协调活动。桌面演练一般针对应急管理高级人员，在没有时间压力的情况下，演习人员在检查和解决应急预案中存在的问题时，获得一些建设性的讨论结果，其主要目的是在友好的、压力较小的情况下，锻炼演习人员制定应急策略、解决实际问题的能力，提高应急反应能力和应急管理水平。桌面演练的优点是资金花费少，筹备时间短，调用资源少；缺点主要是现场感不强。

(2) 实战演练

实战演练主要针对应急基干队员，以程序性演练或检验性演练的方式，运用真实装备，在模仿真实场景下开展的应急演练。

实战演练是指参演人员利用应急处置涉及的设备和物资，针对事先设置的突发事件情景及其后续的发展情景，通过实际决策、行动，完成真实应急响应的过程，以检验和提高相关人员的临阵组织指挥、队伍调动、应急处置和后勤保障等应急能力。按照事前参演单位和人员对演练内容的知晓程度的不同，可分为“部分预知”型演练与“突击式”型演练。“部分预知”型演练是在演练正式开始前，演练策划组已将演练的部分安排告知参演组织和人员，演练人员事前有了心理准备，从而避免不必要的恐慌，有助于在演练中稳定发挥，展示应急技能水平；“突击式”型演练是演练开始后，应急中心通知各应急组织赶到指定现场处置突发事件，各参演单位在不知道是演练的情况下迅速组织人员做出相关应急响应行动，当人员到达现场后，才被告知这是一次演练。演练人员被告知演练的基本情况后，根据演练方案完成余下的演练内容。由于突发事件的发生发展往往是难以预料的，为了进一步增强演练的实效性，近年来各应急机构倾向于举行“非预知”型的综合演练活动，用接近实战的方式检验和提高应急能力。“非预知”型演练侧重于检验应急系统的报警程序和紧急情况下信息的传递效率，要求应急机制健全、应急组织训练有素，并能够应付突发的紧急情况。但这类演练在事先必须周密策划，一是要评估当地救援能力能否承受实战演练的考验，确保演练能够安全、顺利进行；二是要评估演练对现场周围的社会秩序可能造成的负面影响。

实战演练的特点是通常要在特定场所完成。洪涝、地震、泥石流、火灾、海上搜救等灾害事故发生过程中的人员疏散演练一般采用实战演练，尤其是突发事件中公共场所的人员疏散工作必须在实战演练过程中才能发现问题，提高疏散效率，最大限度地保障人民生命财产安全。实战演练的优点是操作性和现场感强，影响力大；缺点是资金花费大，筹备时间长，调用资源多。

(3) 模拟演练

模拟演练是在桌面演练的基础上，运用计算机模拟技术，将操作层面的应急资源、响应行动和处置结果进行进行虚拟化、可视化，充分调动参演人员的主观能动性，面向应急指挥层和应急管理层的应急演练活动。

模拟演练的实施有赖于成熟的辅助推演系统，通过虚拟现实技术，结合图像处理技术、多媒体展示技术、可视化交互技术，将整个应急演练推演态势和进程进行直观的图形化展示，将应急演练过程中的队伍、装备、物资等资源的分布进行数值模拟，将资源调配过程、救援和抢修进度进行实时标绘。基于辅助推演系统，应急指挥和管理人员及时汇总和掌握一线的应急现场处置信息，并进行分析研判，做出相应的部署和决策，系统相应地对应急指挥和管理人员发出的部署和决策指令进行虚拟化、智能化的响应。

模拟演练是桌面演练的进一步深化应用，基于桌面演练组织和管理模式，结合虚拟化操作层，在没有条件动用实际资源和装备的情况下，最大限度地实现仿真推演的效果；同时模拟演练可作为全面演练的预演，为全面演练的组织和实施提供决策依据，使演练活动更具层次性、体系性。

(4) 全面演练

全面演练是针对应急预案中全部或大部分应急响应功能开展的演练活动，用于试验、检测和评估应急管理计划或应急预案的主要功能。全面演练是在模拟真实环境下，利用预先设置的情景依次开展突发事件预警、响应、处置、保障等各项工作，评估参演单位和部门间的工作衔接以及联动处置能力，检验各层面应急人员在重大自然灾害、大面积停电、大规模抢修等情况下的应对处置能力。

全面演练是规模和费用最大，也是最复杂的演练类型，参与演练的机构除电力企业外，可能还包括政府部门、重要客户单位、公用事业单位(铁路、交通、医疗等)。

3.1.2.2 应急演练组织设计

为了保证演练的顺利开展，建立相应的工作机构负责演练的管理、策划、实施、评估等工作，在工作机构中应包括：演练领导小组、导演控制组、演练保障组、专家评估组以及参演组。针对演练的需要，应设置独立的情景构建组。

①演练领导小组主要职责：负责提出演练的目标和需求，组织演练总体策划和责任分配，督促工作进度，审批决定演练的重大事项，审批演练情景任务方案，协调各参演单位之间的工作。演练过程中统一领导应急处置、故障抢险等工作，协调指挥应急抢险工作。演练结束后，针对专家评估组在演练中发现的问题，进行跟踪、整改和落实。

②情景构建组主要职责：负责根据演练领导小组提出的演练目标和需求，构建相适宜的演练情景任务；结合情景任务协助导演控制组编制演练实施方案，明确情景任务在实施过程中的导调要点；分析情景任务中可能存在的风险和隐患，为演练保障组制订安全保障方案提供参考；与专家评估组协同设计评估内容和标准；在演练的全过程中提供必要的技术支撑；情景构建组应做好情景任务和演练方案的保密工作，不到演练开始，不公布任何信息，保障演练的实效性。

③导演控制组主要职责：负责确定演练的具体方案，包括参演单位、演练性质类型、演练时间地点，制订演练实施方案；基于情景任务和导调要点，控制演练的节奏和进程；根据演练的实际情况，适时调整相关的情景和任务；为参演人员提供适当的提示，保障演练的顺利进行；要做好演练方案和情景任务的保密工作，避免演练前相关信息的泄露。

④专家评估组主要职责：负责编制评估工作方案；调整相关的指标内容，设计适用于具体演练情景的评估指标；运用应急演练评估方法，观察和记录参演人员任务的完成情况，对比参演人员与演练目标要求之间的差距，总结演练经验和问题，完成评估报告。

⑤演练保障组主要职责：负责落实演练过程中所需的物资、设备、设施、场地以及提供服务保障；负责演练过程的安全保障，在实战演练中，如出现危险情况，有权终止演练，防止事故的发生；负责演练现场通信保障。

⑥参演组主要职责：按照情景设置，做好各项应急处置工作。按应急处置中管理层级的不同，分为指挥层、管理层、操作层。根据应急演练的目标和需要，在不同的演练演练形式中，侧重不同层级人员的演练，例如，在桌面演练中，主要侧重于对指挥层、管理层应急处置能力的训练和检验；在实战演练中，主要侧重于对操作层实际应急抢修作业水平的训练和检验，而对指挥层、管理层的要求相对弱化一些。

3.1.2.3 应急演练流程设计

针对演练情景多、角色复杂、组织实施难度大等特点，下面按照策划筹备、演练实施以及总结评估三个阶段，分析研究演练实施流程。具体过程和主要内容如图3-4所示。

(1) 阶段流程说明

①策划筹备阶段。第一，成立演练领导小组、导演控制组、专家评估组、演练保障组、参演组以及情景构建组等演练工作机构。第二，明确演练的目标和需求，即演练中应对怎么样的突发事件类型，检验哪些应急处置能力，磨合哪些协调联动关系等内容。按照确定演练目标和需求，针对性的构建演练情景任务。第三，由于在演练中参演人员事前不清楚演练情景和任务，其可能采取的应急处置措施也是存在不确定性，

因此造成演练的实施控制复杂困难，所以要全面分析演练中的导调控制要点，形成完善的演练实施方案，保障演练的顺利开展。第四，应在充分分析演练过程中可能存在风险的基础上，制定演练保障方案，确保演练过程的安全。第五，根据演练目标，设计针对性的演练评估标准，为演练的评估工作提供依据。

②演练实施阶段。首先，由演练领导小组启动演练活动，然后导演控制组按照演练实施方案对演练活动进行导调，参演组根据推送的情景任务采取相应的应急处置措施。导演控制组根据演练的需求和进展情况，适时地推送情景任务。演练评估组要对整个演练过程进行记录，根据评估标准对参演人员应急处置措施的成效进行评判。演练保障组根据演练保障方案为演练活动提供安全监督和保障，同时提供通信、装备、食宿等方面的保障。

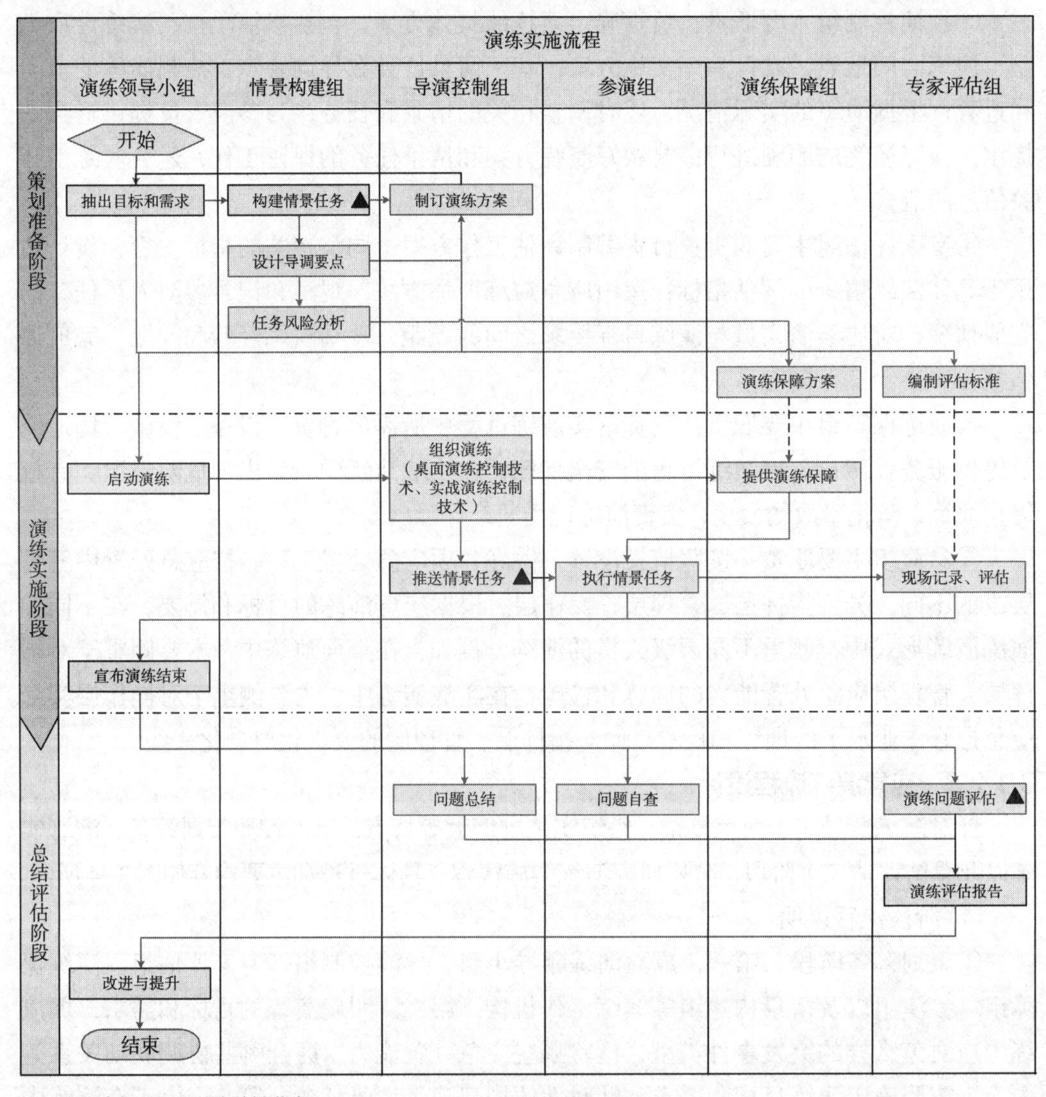

注：流程中标“▲”的为关键节点。

图 3-4　演练实施流程图

③总结评估阶段。演练结束后，导演控制组对演练过程中存在的问题进行总结，参演组结合自身的演练表现进行问题自查，专家评估组对演练过程中发现的问题进行点评和分析，提出完善建议和意见，最后由专家评估组组长进行综合评价。演练结束一周内，召开演练评估会议，根据总结评价意见和现场评价记录，形成演练总结评估报告，明确预案修订、演练管理、实战能力、资源保障等方面的改进措施。

(2) 关键节点说明

①构建情景任务：科学的情景任务是演练成功的前提。一是分析演练需求，确定演练情景。情景构建组分析和评估管辖地区灾害态势、电力运行状况，结合社会安全稳定环境对供电可靠性的迫切需求，以大面积停电事件为背景下，构建实战项目情景。二是设计演练任务，确定导调要点。通过分析既定的演练需求和演练可用资源，策划演练的流程和内容，为保证演练内容的全面性和演练可行性，设计确定演练过程中的导调要点，确保演练全过程控制能力。

②推送情景任务：一是使用情景推送方法，明确演练流程节点。在没有传统脚本的前提下，使用情景提示卡，为参演人员提供突发事件处置指导依据，包括事件背景、事件内容、信息传递方式、造成的影响、已采取的措施以及发生的时间、地点、气象条件等。二是适时增加情景任务，提高演练成效。突发事件的一个重要特点就是突变性，为了更加真实地反映出突发事件的情景，在演练的实施过程中，导演控制组可以根据演练需要和实际进展，实时动态调整演练的情景任务，进一步检验参演人员的现场应变能力和应急处置水平。

③演练问题评估是保证演练实效的关键环节。一是组建评估专家组。演练领导小组邀请政府、社会和公司应急专家组成的专家评估组，按专业领域对不同的参演组进行评估；演练前对评估人员开展以评估标准等为主要内容的评估培训；记录演练全过程，核实和确认参演人员的角色、职责和任务是否和演练情景任务匹配；由于演练的特点，参演人员的处置措施没有标准答案，评估专家需要灵活运用评估标准，评估参加人员所采取处置措施的实效性、合理性，进而得出客观评判；演练结束分析演练中存在的问题，形成完整的实战演练评估报告。

3.2　电力应急智能辅助决策技术

3.2.1　电力应急知识图谱技术

3.2.1.1　知识图谱的概念及构建方法

知识图谱的概念是由谷歌在2012年正式提出，并且于2013年后开始在学术界和工业界普及，并在智能问答、情报分析、反欺诈等应用中发挥了重要作用。国内的大规模开放知识图谱包括 Zhishi.me、XLORE、CN-DBpedia 等，它们均是针对多个在线百科站点中的半结构化数据进行知识抽取所得，重点不只在知识抽取，同时也强调异构知识融合。而国外的开放通用知识图谱构建一般只针对单一的数据源进行知识挖掘，如维基百科或万维网文本，所构建而得的知识图谱包括 DBpedia、NELL、Microsoft Concept Graph 等，知识融合并不是他们所关注的重点。

知识图谱是结构化的语义知识库，用于以符号形式描述物理世界中的概念及其相互联系。其基本组成单位是“实体—关系—实体”三元组，以及实体及其相关属性—值对，实体间通过关系相互联结，构成网状的知识结构。

构建电力知识图谱以及更新该知识图谱的重要性可以简述为两方面：一方面是因为每天都在产生新的知识，对于这些新的知识需要不断进行学习和获取，并将其扩充到知识图谱中。例如国家电力 2017 年建设 2.9 万个充电桩；那么这些充电桩的具体地址、经纬度坐标、所属管辖等都将作为知识图谱中的某一条目。这些具体的知识条目都以如下三种形式存在，即结构化的数据库、半结构化的网页以及非结构化的文档。对于这种不断出现的新的知识需要不断地将其结构化，并将其扩充到知识图谱中。另一方面是知识本身发生了改变，可能是实体的相关属性值发生了变化，或者是实体之间的链接关系发生改变。比如某个电力营业厅网店的营业时间发生了变化，是实体属性值发生了变化；又比如某县撤县设区，那么原来知识库中的所有对于某县的通告都将变为某区，对于这种情况即为实体间的链接关系发生了变化。总的来说，知识不是一成不变的，而是在不断变化，知识的不断产生和变化需要我们对知识图谱不断地更新完善。相对于本体、传统的语义网络而言，知识图谱更强调对于实体描述的覆盖，而其语义关系也更加复杂而全面。正因为如此，知识图谱实际上可以看作是对人脑理解智能的一种模拟，当人们想到一个实体或概念时，脑海中将建立起与该实体或概念相关联的一系列知识，而这种过程实质上就是知识图谱的构建过程。

知识图谱的构建过程是从原始数据出发，从原始数据中提取出知识要素（即事实），并将其存入知识库的过程。知识图谱构建是不断迭代的，每一次迭代包含三大过程：信息抽取、知识融合及知识加工。

①信息抽取。信息抽取是一种自动化地从半结构化和无结构数据中抽取实体、关系以及实体属性等结构化信息的过程，涉及的关键技术包括：实体抽取、关系抽取和属性抽取。

②知识融合。知识融合主要包括两部分内容：实体链接和知识合并。通过知识融合，可以消除概念的歧义，剔除冗余和错误概念，从而确保知识的质量。

③知识加工。事实本身并不等于知识，要想最终获得结构化、网络化的知识体系，还需要经历知识加工的过程。知识加工主要包括三个方面内容：本体构建、知识推理和质量评估。知识图谱的更新包括两个方面：一是新知识的加入；二是已有知识的更改。目前针对知识图谱更新的论述较少，大多是从数据库更新的角度展开的。虽然知

识库的更新与数据库的更新有很多相似之处，但是相较而言知识库对知识更新的实时性要求较高。目前知识库更新方式分为三类：一是基于知识库构建人员的更新；二是基于知识库的时空信息的更新；三是完全重构知识库。第一种方式准确性较高，但存在耗费大量人工的缺点；第二种方式多由知识库自身更新，人工干预的部分较少，但是存在准确率不高的问题；第三种方式虽然不需要任何人工干预，但是耗时较长，特别是在知识库规模非常大的时候，所以也存在低效高耗的问题。

3.2.1.2 知识推理技术

早期的推理系统是基于规则的推理，通过人工构造语法和语义规则来匹配识别实体之间的关系，这种方法的优点在于推理规则由领域专家人工制定，准确度高，但是也存在很多不足，采取人工制定规则的方式导致构建过程工作量非常大，人力成本高，费时费力；对于规则制定者的专业深度以及语言学造诣具有很高的要求；规则限定在领域范围内，扩展性低。为了弥补这些不足，出现了基于统计学习方法的推理系统，通过机器学习方法，对实体间关系模式进行建模，而无须再预先定义语法和语义规则。之后，又出现了基于特征向量或核函数的有监督学习方法以及半监督和无监督的学习方法来实现推理系统。

当前知识推理主流研究方向分为三大类：一是基于由潜在因素产生的知识库模型连接嵌入策略；二是马尔可夫随机场（Markov Random Fields，MRFs）结合一阶逻辑的推论或概率软逻辑的方法；三是基于图上游走的策略，搜索路径进行链路预测实现知识推理的方法。Nickel、Bordes 等人提出的将知识图谱嵌入低维向量空间来完成知识推理的方法，将知识图谱中的实体转化为向量形式，利用关系矩阵将实体投影到同一向量空间，计算两个向量之间的距离，限制阈值来判断向量对应的两个实体之间是否存在某种关系。知识嵌入模型（如 RESCAL、TRANSCAL、TransE）的优点在于能够有效解决数据稀疏的问题，将实体和关系表示为低维向量，能够有效表示和度量实体、关系间的语义关联，训练参数少，计算量相对较少；缺点在于方法属于纯数据驱动的方式，以往大多数嵌入模型仅仅基于现有事实进行推理，没有充分利用物理或逻辑规则，其中逻辑规则涉及逻辑和演绎，例如通过关系“妻子”链接的实体也应该通过关系“配偶”链接；物理规则是指那些强制实施物理限制的非逻辑规则，例如“配偶”关系的两个实体都应该是“人类”这个范围下的实体。针对处理复杂性和不确定性的问题，2004 年美国华盛顿大学的 Richardson 和 Domingos 将统计关系学习和概率图模型的方法综合集成，首次提出了马尔科夫逻辑网（Markov Logic Networks，MLNs）的方法。该方法的优点在于无需预定义规则，可以通过图上游走自动发现新的关系路径，可靠的路径可以直接作为推理规则；采用宽覆盖特征、有更高的召回和更快的训练速度；在链路预测和检索方面性能好；但是存在如数据稀疏、计算量大、路径连通性差的问题。

3.2.1.3 知识图谱在电力应急中的应用

在电力行业，知识图谱可提供关系推断、图挖掘等能力，再结合异常检测、静动态分析等数据挖掘方法，用于经营风险分析中的反欺诈、不一致性检测验证，以及电力设备故障诊断、分析、溯源，灾害防御预警等领域。与此同时，电力行业知识图谱的主要挑战包括领域知识图谱构建自动化程度低，数据本身存在大量错误或冗余导致的数据噪声问题。随着知识图谱在电力行业应用的不断深入，可构建大规模、多学科、多数据类型的跨媒体电力行业知识图谱，并在其基础上进行知识挖掘、知识推理、知识应用。

充分运用知识图谱技术，研发电力应急知识推理、应急处置方案自动生成、灾害推理预测分析预警等关键技术，实现应急预案、法律法规、经典案例等应急业务文件数字化分解，建立电力灾害预警与响应辅助决策软件模块，实现自然灾害或大面积停电事件标准化统一预警、应急预案数字化应用，加强多部门联合处置能力，提高预案实践化程度，提升应急预案和预警发布智能化应用水平。知识图谱技术的应用可支撑联合应急指挥、预案数字化拆解、语义级智能检索、联合优化处置联动等综合业务，提升应急指挥能力和电力安全运行水平，为应急处置相关工作人员提供基于语音交互的应急信息问答系统，为处置工作人员提供快速便捷的专业信息检索能力，实现灾害预警与处置建议生成与发布的自动化，为灾害应对的重要阶段提供智能化的信息支撑。

(1) 应急知识数字化提取、融合与推理技术

建立电力应急业务知识图谱体系，构建相应领域本体并挖掘实体知识，实现电力应急业务文件自动化、数字化提取技术，实现应急知识的结构化融合及电力应急知识智能推理技术，实现基于知识图谱的电力应急知识检索技术，降低应急业务文件数字化提取工作专业性要求，同时提升电力应急知识图谱构建效率。

电力应急业务知识图谱体系其中一个重要工作是对领域内的知识进行建模，构建本体知识库。本体是知识工程领域的一个工程化概念，是“共享概念化的正式的、明确的规范”，具有共享、概念化、明确和形式的特性。应急业务知识图谱体系构建的目标是通过各类应急业务描述数据，设计并构建本体知识库 Schema，完成概念、属性和实例的挖掘。

电力应急业务知识图谱体系本体的界定较为明确，易于分类，专业性强，可融合业务专家的先验知识，采用自顶向下的知识图谱体系构建路径。自顶向下的方法是指在构建知识图谱时首先定义数据模式即本体，从最顶层的概念开始定义，然后逐步细化，形成结构良好的分类层次结构。例如，应急业务文档中可能会分灾害、人员、组织、设备、物资等本体，每个本体又包含不同的概念，将概念进行细化，得到底层概念，底层概念再实例化为具体的实体。

结合电力应急的数据现状，可采用半自动化的知识图谱体系构建方式，半自动化构建方式结合手动建立和自动建立方法的优点为手动建立本体的高准确率和自动建立本体的高覆盖率和易维护性，同时避免了手动建立方法更新困难和自动建立方法精度不够的缺点。半自动构建方式主要是通过机器辅助人工造作的方式实现，机器可以在

不同阶段发挥作用，例如概念的提取、概念间关系的确立等，该方法既能加入专家知识对本体构建的约束，又能够提升构建效率。自动构建方式由计算机完成概念及关系等内容的获取。

(2) 电力灾害推理预测与分析预警技术

实现基于知识图谱的灾害事故趋势预测分析技术，制订融合知识的深度序列模型预测解决方案，制订电力自然灾害、大面积停电事件预警量化分级标准，实现电力自然灾害、大面积停电事件预警建议自动生成技术，并提升电力灾害知识构建与分析预警能力。

应用融合知识的深度序列模型对未来灾害的趋势进行预测。模型利用序列模型递归预测未来每个时间节点上不同灾害发生的可能性，进而构建灾害事故发生趋势。模型采用递归的方法，在每个时间步将当前的环境参数和灾害知识图谱和事件图谱送入推理模块，并结合历史信息进行推断，预测当前事件步每个灾害事故类型发生的概率。推理模块中，利用灾害事故事件之间的相互关系，以及灾害图谱中的相关属性，结合环境参数判断每个灾害事件发生的可能性。比如季节变化和突发的气候变化将会影响电力自然灾害发生的概率，得到的未来若干时间步的预测结果，可用来构建灾害事故趋势。

电力灾害预警量化分级标准的制定需要考虑的要素包括灾害本体的要素、承载载体的要素、灾损预测的要素三种类型。首先需要对三类灾害相关的具体要素进行筛选，并对实际的应急处置业务、电力应急预案、现场应急处置方案等相关的文档开展调研，筛选出对应的需要关注的灾害要素。

电力自然灾害、大面积停电事件预警建议自动生成的形式是结合图片、表格等多种表现方式的文本文档格式。预警建议的生成需要包含应急管理部门以及应急管理关键人员的任务，还需要包含对现场应急处置所需要执行内容的建议。同时，预警建议文档的每一项内容是高度标准化且具备具体参数，并且为完全可解释的内容。预警建议的自动生成技术，是深度融合了电力安全与应急专业、电力设施设备运检专业等不同专业知识的基于可解释逻辑推理计算形成的文本生成技术，主要依据现有各灾害的应急预案、应急处置方案等标准材料和现场应急指挥经验，制订基于专业知识与知识图谱技术融合的预警建议自动生成技术方案。

(3) 应急预案执行联动处置技术

开展电力应急预案自动推理响应技术的研究，通过匹配预警信息、灾害风险等内容，提供相关应急响应行动、应急响应分级等内容，辅助快速定位问题，给出相关解决案例。

应急处置文本可以基于灾害损失预测结果以及灾害损失发生后进行生成。在此转换过程及应急处置流程的推进过程中，应急处置的需求在不断发生变化，可使用的应急处置资源情况也在发生变化。

基于已规划的关键词知识库，在分词和短语识别的基础上进行扫描及相关规则匹配，识别有关联关系的语义块，对行动过程所发生的事件参数进行描述，如巡视、机降和救援等参数，然后通过将时间和地点的信息与之关联，将一个行动过程本体表达成事件、地点和时间的模式，从而能够监视关键事件以及相关实体的状态，支持对不同的事件快速触发不同的决策。应急处置行动的关联分析可按照以下规则处理：应急处置行动：={起始时间〈时间、时间基准〉、涉及地点〈地理位置〉，力量编组〈力量部署、保障机构、保障平台〉，参与者〈力量部署、目标对象〉，内容〈文字描述〉……}。应急处置文书信息解析完成之后，对候选素材信息的应用范围进行匹配，完成对有效信息的加工与选择，生成规定格式的应急处置预案。其中，对于除应急任务行动外各项内容(如情况通报、任务说明等素材)，将得到的各种语义资源按照应急处置决策模板要求进行提取，可直接填充方案中对应的数据节点。对于应急处置行动过程的素材筛选，应考虑行动事件中不可避免的时序关系，需解决业务流程化关系中存在的冲突，利于快速调整应用处置行动计划。

完成应急处置指令的精准推送不仅需要应急通信装备、应急指挥 APP 等软硬件的支撑，还需要应急处置与多方面联运协调的问题。具体而言，电力系统发生大面积停电时间之后，需要考虑如何协调、高效完成公关，设备维修，后端物资准备及人员调配等不同的任务。

(4) 电力灾害预警与响应辅助决策

建立电力自然灾害监测预警体系，实现基于自然语言处理的电力应急知识问答技术，开发电力灾害预警与指挥辅助决策系统并进行实际应用，实现预警信息权威发布、预警信息实时共享、应急处置方案的自动生成以及工作指令自动推送，提高应急指挥决策效率。

一体化监测预警发布体系包括预警的生成体系和预警的发布与信息传送体系。其中，预警信息生成体系包括如下四个流程。①预警启动：电力应急预警流程启动有多个来源，包括来自中央气象台、国家防总、国家预警发布中心等专业机构预警信息；应急管理部、国家能源局、国资委、卫健委、生态环境部等部委的预警通知；公司领导要求发布预警相关指示或所属省级单位上报的预警信息；省级单位上报的专业监测预报信息，或其他专业部门提出预警建议或提示。②信息侦察：预警工作启动后，将从各部门的系统接入收集灾害预测与分析所需要的信息，并进行标准化的预警级别的判断，开展灾害损失后果、影响情况等灾损结果的预测工作。这些结果将作为预警级别的判断、预警建议的生成、应急处置方案的生成依据。③预警、处置文件生成：生成具体的预警建议文件和应急处置工作文件，对公司各部门提出具体的应急处置工作建议，辅助决策与应急处置。④指令发布：将应急处置文件或预警意见与应急处置方案文件当中各部门对应的工作内容推送至相应部门与个人。通过精准推送，明确各部门人员的职责定位，提高行动效率。

基于自然语言处理的电力应急知识问答技术，对自然语言处理技术的应用开展研

究并将其与知识图剖推理系统相结合，形成基于自然语言处理的电力应急知识问答系统。处理过程包括五步。①语音识别：语音识别的过程是从原始波形语音数据中提取的声学特征经过训练得到声学模型表示，与发声词典、语言模型组成网络，通过维特比解码得出识别的文本结果。② QA 对、对话流融合：QA 对、对话流融合是根据由自然语言文本表示的用户问题和本体知识库生成准确、简洁的 SPARQL 查询语句，用 SPARQL 查询语句查询知识库，并生成语义结果作为输出。③问题分析：问题分析是理解问题的预处理部分，包括分词和词性标注、子问题分解、问题分类。④语义标注：语义标注通过采用多种自然语言处理技术，如浅层句法分析、深层语义分析、逻辑表示形式、语义角色标注、共指消解、实体识别，以识别句子中的命名实体、主语、谓语和对问题理解有重要意义的字和词。⑤问题语义化：问题语义化即生成 SPARQL 查询语句，旨在从文本中明确实体以及实体之间的关系（如主体与客体之间通过动词构成的主谓宾结构，或者各实体之间的语义关系），以构造专门检索三元组的 SPARQL 查询语句。⑥语义结果生成：根据生成的 SPARQL 查询语句，在知识库中执行查询，返回语义查询结果。

电力灾害预警与指挥辅助决策系统的主要功能包括：①知识图谱构建：主要基于应急知识数字化提取融合与推理技术，通过所形成的信息提取工具和对应急业务文件实现自动化的知识提取和知识图谱构建，为其他功能提供基础支撑；②统一预警发布：主要基于所提出的电力自然灾害、大面积停建事件预警量化分级标准，判断某一次灾害的预警级别并快速针对受灾范围内的管理单位发出预警；③预警建议生成：基于趋势分析技术，完成预警建议全自动生成的功能，为灾害响应的前期提供非常具体的工作建议；④应急处置方案生成：重点依靠电力应急预案内容，开展多部门联动处置建议自动生成并精准推送的功能，为应急处置各单位梳理非常复杂的应急响应流程，显著提升应急处置的效率。

3.2.2 大数据电力应急辅助决策技术

3.2.2.1 基于大数据的电力灾害预测技术

随着电力日益增加的复杂性和不断变化的自然环境，电力系统中的灾难性连锁事故频繁发生，这些灾难性连锁事故大多数始于系统某个元件故障。大规模停电事故初期往往是少量元件相继故障，在事故扩大阶段则与电力系统中的脆弱环节有紧密的联系，因此从整体预防的角度出发，通过大数据技术，建立事件发展趋势预测、电力设备设施损失及停电范围预测、灾害损失的统计分析模型，辨识电力网络中的脆弱环节对提高电力系统的可靠性，降低大规模停电事故的发生概率有重要意义。

3.2.2.2 电力设施微观损伤预测技术

通过电力系统的电力设备灾害损失大数据的研究，可以得出灾害条件—设备损坏两者之间的拟合模型，该模型可以用于实际应急过程当中的电力设备损失预测。可以用于进行微观电力设备损失预测的损失数据类型包括以下几种：杆塔损坏预测、重要

用户停电预测、不同电压等级（500kV、220kV、110kV、35kV）线路跳闸预测、变电站故障预测。

针对电力线路的损伤，可通过神经网络、决策树和逻辑回归算法进行模型拟合和预测验证。线路损伤预测的主要输入数据为气象数据，包括最低温度、天气、风速、风向等。这些气象数据来自当地气象局发布数据或邻近变电站、杆塔安装的微气象监测装置。输出结果为当前状态下电线是否损坏。针对获取的数据按照7∶3的比例划分训练集和测试集，进行拟合。

3.2.2.3 电力应急宏观损害分析技术

通过对微观设备损坏预测结果进行进一步集成分析可以得到宏观方面的损坏情况。而宏观情况则对于顶层的决策更加有帮助，宏观分析方案如图3-5所示。

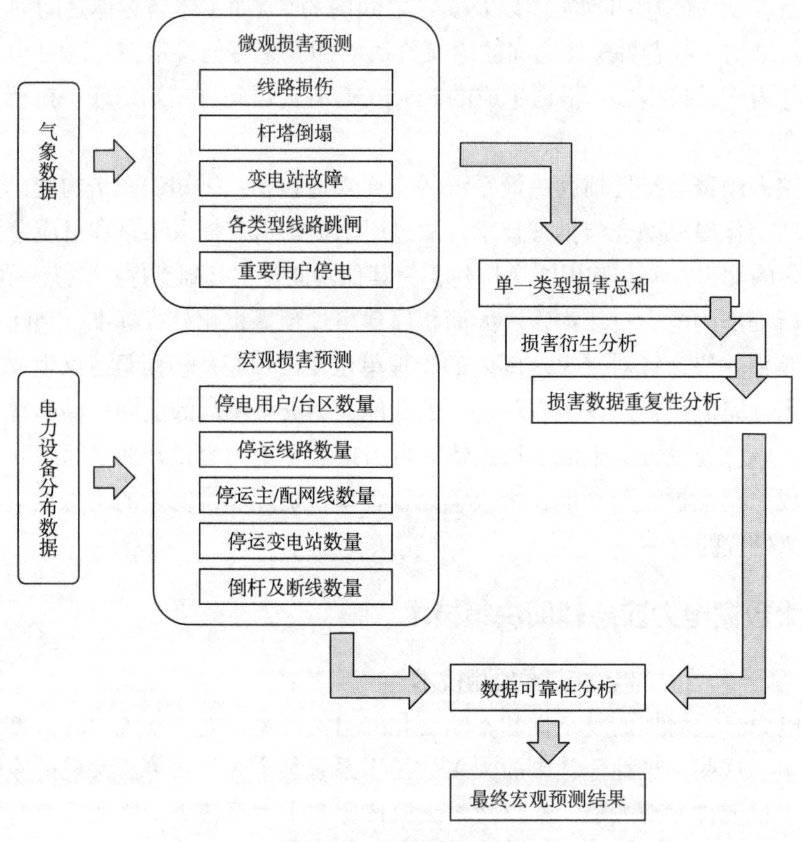

图3-5 宏观分析方案

(1) 基于微观损害结果的推测

为了最大程度利用现有各类数据，首先使用微观预测结果进行宏观灾损结果的推算。步骤一是根据微观的线路损伤、杆塔倒塌、变电站故障、各类型线路跳闸、重要用户停电的单独预测结果按照灾害影响区域和这些区域内部的电力设备数量情况，预测并计算得出各类设备的损伤数量情况。步骤二是按照变电站、线路等设备损害之间

的逻辑关系，得出单一类型损伤导致的次生衍生的损伤。此处推演并不仅限于电力设备的工程技术上的推演，还包括与其他结果之间的逻辑推演，如从变电站停运的位置和情况推算出某个台区将失去电力、从线路停运的情况和位置推算出某个重要用户将停电。同时，也可以将通过反向逻辑推测完成推演，如通过重要用户停电情况反推出周边相关电力线路的停运情况，在此情况下的推演主要依靠贝叶斯理论进行推算。步骤三是在完成次生衍生损伤的统计后，针对损害情况的重复统计需要进行去重计算。去重的依据可以是基于历史数据的统计结果，也可以是电力结构仿真计算的去重。最终获得各类型损伤的宏观预测结果。需要注意的是，由于在不同场景情况下能够实际采集的数据类型并不一定相同，次生衍生预测过程的推演也可以成为弥补数据类型不足的手段，此时有可能需要按照数据统计结果对推测数量进行一定量的增补。

(2) 直接宏观预测

宏观预测的结果也可以直接通过气象数据与宏观损害数据之间的机器学习计算完成预测。基于历年台风造成的电力灾损数据［如停运配电台区数量、停电用户数量、停运线路数量、停运变电站数量、倒杆（塔）数量、断线数量、电力恢复时间等］进行台风灾害直接宏观预测，其中发生灾害年度、登陆时最大风级、登陆时最大风速、登陆地点入口、台风持续时间、台风路径影响区域数量为输入数据，灾害严重程度为输出。灾害的严重程度划分为非常严重、严重、轻微三个级别。灾害严重程度的具体取值则依靠不同灾害的历史数据和电力受灾结果设置。可以通过 BP 神经网络模型和随机森林模型等机器学习模型完成级别分类预测。验证方法为双折叠交叉验证，并且使用平衡采样方法。

3.2.2.4 灾害受损预测模型

(1) 事件发展趋势（电力设备设施损失情况）预测模型

电力突发事件趋势预测的执行流程（图 3-6）如下：

步骤一，根据电网设施基础数据和当前气象技术、气象预测数据，可以通过电力突发事件预测模型获得宏观损害预测结果。

步骤二，通过基础数据和相关气象数据根据情景规则识别与提取技术可以获得灾害发展的情景规则，通过情景规则获取电力设备设施损失的具体预测数据。

步骤三，情景规则的内容主要依据历史台风损害记录，而为了获得更加精准的发展趋势预测结果，要通过宏观灾害损害预测结果修正情景规则里面的具体数据。

步骤四，事件发展预测数据受气象数据的影响较大，需要不断跟踪气象数据的变化，在气象数据更新的时候即时更新趋势发展预测的结果，保证预测结果的实时性。

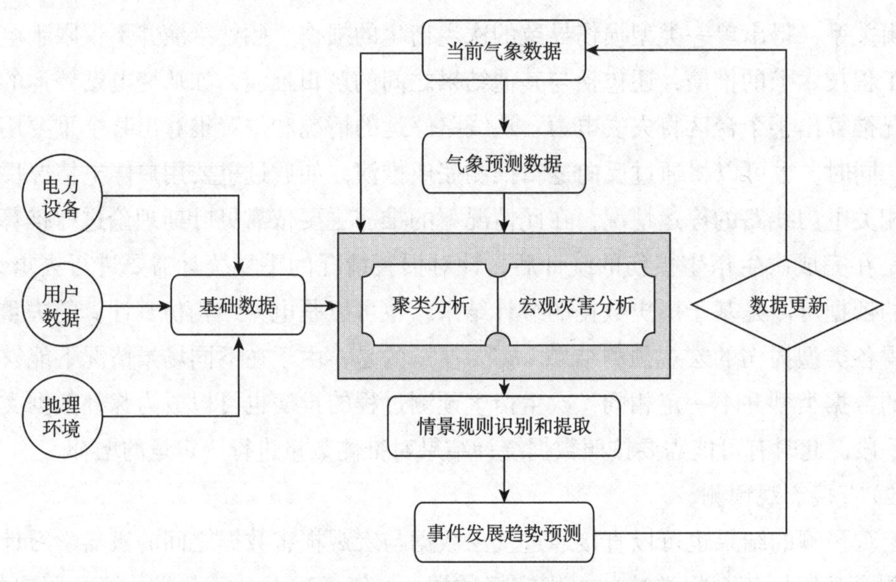

图 3-6　电力事件发展趋势预测模型示意图

(2) 停电范围预测模型 (图 3-7)

步骤一，根据相关基础数据、当前损害数据可以获得当前停电范围的状态，以及事件发展趋势预测的结果。

步骤二，根据事件发展趋势预测的结果，通过对结果中的电力设施损害状况进行影响能力分析，可以获得停电范围预测的结果，并逐步分析电力设施损坏的二次影响、三次影响。

步骤三，预测结果中的停电台区、停电用户数量可以从两个方面辅助停电范围的预测。停电用户数量、台区数量可以为推测停电范围的大小提供比较有力的预测数据。同时，可以根据停电用户、停电台区、停电重要用户的预测结果反向推测哪些电力设备更有可能损坏。

步骤四，随着台风事件的发展，根据各种数据的变化，不断更新停电范围预测结果。

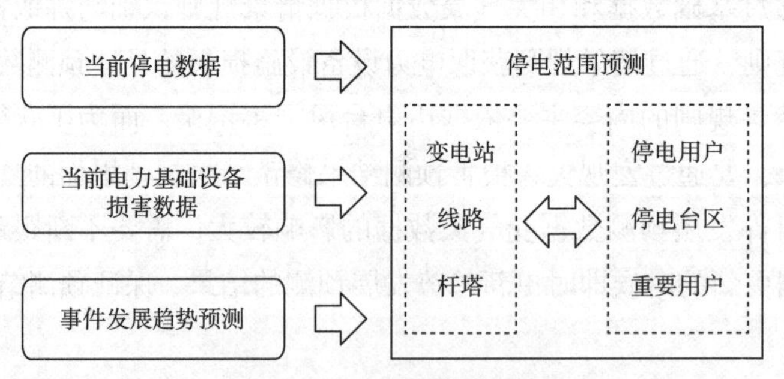

图 3-7　停电范围预测模型

3.2.2.5　基于大数据的电力应急资源需求预测模型

(1) 应急资源需求预测的目标分析

基于历史电力应急大数据的应急资源需求预测是电力因灾（如台风、雨雪冰冻）事故应急响应和处置的关键环节之一，也是后期应急指挥和决策的主要参考因素之一，但由于台风、雨雪冰冻灾害演化规律的复杂性以及电力事故应急响应处置在时间方面的紧迫性，往往在实际应急过程中很难给出具有参考意义的前瞻性预测指标和结果数据，因此，本书拟从历史数据入手，通过相关的分析挖掘方法和模型，得出具有一定实际参考意义的应急资源需求预测结果。通过对现有应急相关数据的梳理，并与应急实际业务需求相结合，对电力因灾（台风、雨雪冰冻）事故的应急资源需求预测的目标定义如下：

①应急资源整体投入规模分析预测。以历史多个灾害事件的应急资源投入数据为基础，对即将发生或正在发生的灾害可能导致的应急资源整体投入进行分析和预测，由于这些历史基础数据往往是灾害后的统计数据，具有较为准确和全面的特点，因此可以用于较为宏观的整体应急资源需求预测，进而为较高层面的应急指挥和决策人员提供参考建议。

②应急资源阶段性需求分析预测。从电力因灾受损的应急过程来看，除了整体应急资源的投入规模预测具有实际指导意义以外，阶段性的应急资源需求分析预测也是十分必要的。随着灾害导致的各类电力故障的发生，应急资源的投入具有一定的阶段性和区域性，分析预测此类应急资源的需求可以服务于具体区域范围内的应急资源分配和调度。

(2) 台风灾害应急资源整体投入规模分析预测

电力因灾应急资源的整体投入规模分析预测所需的主要数据来自历史灾害发生后的应急资源投入统计数据。目前历史台风应急资源投入统计数据主要包括：抢修人员(人)、抢修车辆(辆)、发电车辆(辆)、发电机(台)和大型机械(台)等5个数据项。

为了符合相关分析预测模型（如神经网络）的输入要求，需要对历史灾害统计数据进行数据审核和处理。根据数据审核的结果，要对数据项中存在的部分无效数据进行数据处理：第一步，根据历史灾害数据中的灾害基本数据项和因灾致损数据进行聚类；第二步，根据聚类结果，对具有无效应急资源投入数据的灾害数据进行数据填充。

在完善历史灾害应急资源投入数据的基础上，构建相关的应急资源需求预测模型(神经网络模型)，实现对未来灾害应急资源投入规模的整体预测。考虑到目前已有历史灾害应急资源投入数据的质量特点及预测目标，选择神经网络模型进行应急资源投入预测，该预测属于多个数值型目标的预测，具体建模步骤和结果如下：第一步，载入历史灾害基础数据、灾损数据以及应急资源投入数据；第二步，对历史灾害基础数据、灾损数据以及应急资源投入数据进行质量审核；第三步，根据以上数据审核的结果，结合应急资源投入预测的目标，选定预测所需的数据项集合，以台风为例，主要包括登陆最大风速、持续时间(h)、是否是正面登陆、过程降雨量(mm)、灾害名称、停运线路（条）抢修人员（人）、抢修车辆（辆）、发电车（辆）、发电机（台）、大型机械（台）等11个数据项；第四步，对选出的数据项集合进行数据质量审核；第五步，构建数据集的分区，训练集与测试集的比例为7：3；第六步，根据数据集进行模型的类型设置，输入包括登陆最大风速、持续时间（h）、过程降雨量（mm）、停运线路（条），输出包括抢修人员（人）、抢修车辆（辆）、发电车（辆）、发电机（台）、大型机械（台）；第七步，构建神经网络模型；第八步，实施有监督的神经网络模型训练。

（3）灾害应急资源阶段性需求分析预测

基于典型历史灾害应急过程数据的应急资源阶段性需求分析预测是在灾害发展态势过程中，对不同阶段的应急资源需求进行的分析预测。应急情景库以及提炼出来的情景规则可以用于对灾害发展态势过程进行阶段的划分。如以“麦德姆”台风为例，经过情景规则的分析和提炼，该台风的发展过程可以大体分为4个阶段。而在实际应急过程中，相关应急资源的需求与调配均是以灾损的发展态势为前提的，故通过对台风可能导致的故障时间以及故障点数量进行提前分析和预测，即可初步得出应急资源需求的原因，而再结合以往台风应急中整体应急资源的投放类型和数量，即可进一步得出台风不同发展阶段对应的可能应急资源需求信息。首先在历史台风数据集中寻找“麦德姆”台风的相似案例。然后根据“麦德姆台风”的故障点发展态势信息，分析故障点的时间分布，并以整体应急资源投入为总数进行分配。

3.3 电力灾害损失感知技术

3.3.1 机器视觉智能辨识技术

人类视觉系统是由数以万计的形态功能各不相同的神经细胞，按照一定的连接规则，组成的一个复杂而高级的信息处理系统，该系统是人体的主要组成部分，是人们认识复杂的未知世界，了解丰富多彩的客观世界的主要部分。视网膜是人类视觉系统的关键组成，是人们感受三维世界的重要途径。视网膜的工作原理相对简单，但过程比较复杂，光信息在感光细胞的作用下转化成各种神经脉冲，再经过视神经和视觉中枢等视觉系统实现对所获取信息的深层次加工处理，人们通过所获得的处理信息实现对三维物体的理解。对于智能机器人而言，也具备一个先进的视觉系统。机器视觉通俗地说就是机器人获取外界物体图像信息的方式方法，即根据光学原理，利用传感器自动地获取一个真实物体的图像，通过计算机进行相应的处理并给出一定的判断以控制机器人运动。也就是说，机器人是利用计算机和各种传感器来实现类似人的视觉功能，通过计算机、传感器等核心设备对三维世界进行客观的认知，包括对所处周围环境的获取和理解、目标物体的识别与定位等。机器视觉是一门综合了多种科学理论与技术的学科，它重点研究图像的获取，图像的处理与分析、输出以及显示。机器视觉

将被测物体的表面信息先转化成二维图像数据或是三维点云数据等，再提取图像的各种特征，之后按照需求进行转换，直至可以被计算机处理。当前，国内外很多研究机构以及许多学者都对视觉机器人进行了深入系统的研究，并取得了丰富的成果。

当前机器视觉得到快速的发展，但没有一种通用的算法可以对任意的对象进行准确的识别，识别算法面临鲁棒性、计算复杂性及可伸缩性等各方面的挑战。国内外很多专家学者对物体识别方法进行全面深入的研究。特征学习和分类器设计得到大家的广泛关注，这类算法对一般类别的物体识别有很好的效果。目前利用特征实现特定物体的识别是一种广泛而有效的方法，特征匹配和几何验证是识别算法的关键技术。美国卡耐基－梅隆大学研制的MOPED系统是利用局部特征实现物体识别的典型代表。目标识别是智能机器人应用过程中的关键步骤，是机器人感受周围环境，认识物体，理解物体的关键。机器人通过其视觉系统获取实际物体表面的图像信息，通过图像识别技术对目标进行分析与识别。而图像识别技术一般可以分为三个阶段，首先是文字识别阶段，再过渡到二维图像识别，最后是深度图像识别。现阶段文字识别技术发展得比较成熟，但其应用领域也有很大的局限性。二维图像识别技术经过近几十年的快速发展，技术相对比较成熟，有着广泛的应用，但针对图像形变、图像旋转、比例缩放等情况，其识别效能大大降低。此外，二维图像识别也不能给出识别目标准确的空间位置。深度图像识别是图像识别技术发展的方向，该识别技术不但能够准确地识别出目标，而且能够给出目标的空间位置与方向，因此可以更好地应用于智能机器人。与此同时，随着科技及加工工艺的发展，深度传感器发展迅速，在传感器市场占有一定的份额。如ATOS以及微软的Kinect等深度传感器，让获得深度图像、三维点云等物体表面的三维信息数据变得简单。因此，当前利用物体表面的三维点云数据等三维信息进行目标识别是物体识别技术发展的趋势（见图3-8）。

图3-8 机器视觉点云识别特征点匹配过程图

随着计算机视觉技术的快速发展，基于三维点云数据的目标识别研究受到越来越广泛的关注。三维点云数据的目标识别一般包括特征表达和特征匹配策略两个部分，而匹配识别算法是关键组成部分，也是目前急需攻克的难点。物体特征可以分类为全局特征和局部特征，特征匹配的算法可以分为直接特征点匹配与间接特征点匹配方法。因此，基于三维点云数据的目标识别方法有多种，国内外许多专家学者对此做了大量的深入研究，并取得了丰硕的成果。

20 世纪 80 年代中期，许多学者对点云数据的目标识别进行了大量的研究。Besl 等提出一种三维形状的配准方法，称为最邻近迭代 ICP（Iterative Close Point）算法。A. Johnson 和 M. Hebert 提出一种“利用旋转图像有效识别杂乱三维场景下的目标”的方法。Frome 等提出三维形状上下文，并以此为基础进行调和变换得到调和形状上下文，再利用比较描述子的距离进行目标识别。该方法要有两次特征提取，精度不高。有学者利用曲面特性实现局部曲面片进而实现匹配，但该方法识别效果不太理想。陶海跻和达飞鹏提出了一种点云自动配准的方法。其方法优点在于基于法向量信息提出了一种有效的特征点提取方法，巧妙结合刚性距离约束条件和随机抽样一致性算法，并采用了改进的 ICP 算法进行再次配准。

三维点云数据的目标识别方法很多，但也面临许多问题。一些基于局部细节特征识别整体的方法需要大量的数据点，且算法较为复杂；此外，识别算法不能同时满足平移、旋转、缩放不变性。

3.3.2 传感采集网络技术

传感技术由来已久，传感器网络的发展经历了四个阶段。第一代传感器网络是简单的测控网络，采用有线传输方式，只具有简单的点到点传输功能，而且布线复杂，抗干扰性差。第二代传感器网络是由智能传感器和现场控制站组成的测控网络，与第一代传感器网络最大的区别是在控制站之间实现了数字化通信。第三代传感器网络是基于现场总线的智能传感器网络，现场总线控制系统取代集散控制系统有利于传感器网络向智能化方向发展。进入 21 世纪以后，人类对微机电系统技术、低能耗的模拟和数字电路技术、低能耗的无线电射频技术和传感器技术的发展，使得开发小体积、低成本、低功耗的微传感器成为可能，而多种无线通信技术的发展，尤其是以 IEEE802.15.4 为代表的短距离无线电通信标准的出现，进一步催生了第四代传感器网络，即无线传感器网络（Wireless Sensor Networks，WSN）的诞生。

无线传感网是由部署在监测区域内的大量的体积小，成本低廉，具有无线通信、传感和数据处理能力的传感器节点所组成。每个传感器节点均有存储、传输和处理数据的能力，各节点之间可以通过无线网络相互交换信息，也可以将信息传送到远程端。

无线传感网在应用和研发方面，国外少数国家起步较早，总体实力强。美国“智能电力”“智慧地球”、欧洲“物联网行动计划”及日韩基于物联网的“U 社会”战略等计划相继实施，物联网成为各国提升综合竞争力的重要手段。在我国，无线传感器网络是在智能尘埃的概念提出后才开始发展的，随着人们对其的研究不断深入，逐渐从

国防军事领域中的应用扩展到环境监测、医疗卫生、海底探索、森林灭火等领域中，并且将其归入到未来新兴的技术发展规划中，侧重在生物技术、化学等方面的应用。之后科学界又将其研究重点放在安全且具有扩展性的网络、传感器系统等网络中，从而促使各界学者逐渐参与到无线传感器网络的研究与发展过程中。

我国对无线传感网络的发展与发达国家同时起步，相关的研究工作逐渐受到国家的关注，并成为研究的重点项目，之后将其基础理论与关键技术归入计划研究中。近年来，我国无线传感器网络的研究在不断的深入发展，并获得了较多的成果。同时，随着通信技术、电子技术等的不断发展与改进，无线传感器网路也得到快速的发展，其应用范围越来越广泛，发展前景比较广阔（图3-9）。

图3-9 无线传感采集网应用部署图

3.3.3 多元信息协同感知技术

多元信息融合概念的提出最早源自战争的需要，是依赖于军事应用的。美国国防部实验室联合理事会（Joint Directors of Laboratories，JDL）从军事应用的角度将信息融合定义为这样的一个过程，即把来自许多传感器和信息源的数据进行联合、相关、组合和估值的处理，以达到准确的位置估计与身份估计，以及对战场情况和威胁及其重要程度进行及时的完整评价。但随着信息融合的发展，它已经成为一门独立的学科，不再受某一种应用明显的影响，而是借助于推理，对概念进行一般化和特殊化的综合分析来提出自己的问题。Edward Waltz 和 James Linas 对上述定义进行了补充和修改，用状态估计代替位置估计，并加入了检测的功能，从而给出了如下定义：信息融合是一个多层次、多方面的处理过程，这个过程是对多元数据进行检测、结合、相关、估计和组合，以达到精确的状态估计和身份估计，以及完整及时的态势评估和威胁估计。我国在多元传感器技术方面的研究工作起步较晚，20世纪90年代初，国内一批高校和研究所开始从事这一技术的研究工作并取得了大批理论研究成果，比如四川大学研制的多航管雷达信息融合系统，该系统性能达到了世界领先水平。从20世纪90年代末至今，多元信息融合技术在国内已经发展成为多方关注的共性关键技术，许多学者致力于机动多目标跟踪、分布式信息融合、身份识别、态势估计、威胁判断、警告系统、决策信息融合等研究。综上所述，多元信息融合技术在军事和非军事领域的工程应用场景日益拓宽，但针对配电运行状态感知数据的多元融合技术尚处于起步阶段。配电系统的运行、控制和分析所依赖的就是安装在配电中各种类型的传感器，在一定准则下加以分析和处理获得配电的实时工况，因此可以将多元信息融合技术引入到配电实时态和未来态的仿真中。

电力设备灾损应急现场多元信息快速采集需考虑状态、环境、任务、安全法规等因素协同完成作业任务，这就涉及协同技术研究。协同感知主要是研究各个代理的社会特性和行为，包括任务分解、任务分配、代理之间的通信和相互作用以及冲突的协商解决，主要研究的是物理或逻辑上分散的智能实体通过相互协同、并行操作，以达到问题求解的目的。早在20世纪70年代，德国斯图加特大学物理学家（Hcrmann Haken）就提出了协同学的概念；到了80年代，计算机网络技术、多媒体技术、数据压缩和存储技术、通信技术和分布与并行处理技术等都有长足的进步，随着人们交互理论的逐渐成熟，计算机协同（CSCW）有了迅猛发展；1984年麻省理工学院的（Irene Grief）和DEC的（Paul Cashman）组织了一个来自不同领域的20个科研工作者组成的工作组，共同探讨如何发挥技术在协同工作中的作用问题，从而第一次正式提出了CSCW的概念；此后CSCW很快就吸引了许多不同领域的科研工作者，美国的ACM于1986年12月在得克萨斯组织了一次国际性的CSCW学术会议，集中了社会学、人类学、计算机科学、办公自动化、决策系统等多方面的专家学者，研讨人类群体工作的特性和计算机技术对协作工作的可能支持，从而正式提出了CSCW这一全新的领域。欧洲随后也举办了一系列的CSCW国际会议。目前，美国和欧洲每两年举办一届CSCW国际会议，同时许多国家每年也举办自己的学术会议。CSCW的研究在欧美各有侧重，欧洲是从大型合作项目的角度出发，而大型项目的合作开发主要障碍经常是一些组织协调等非技术性问题，他们的研究是从心理学、社会学、经济学和政治学等理论高度进行的，目标是开发支持大群体活动、供内部使用的大系统；美国、日本是从群体的角度出发，以技术的观点来看这个问题，研究方式是经验主义，目标是开发面向小群体应用的实用群体产品，其面对的障碍主要是技术方面的。集中式控制已经得到长期和大量充分的研究，近年来，分布式控制正在成为多智能体协同控制的一个重要研究方向。

3.4 电力应急通信技术

3.4.1 无线应急通信技术

3.4.1.1 卫星通信技术

卫星通信是通过人造地球卫星转发器进行无线信号转发的通信手段，受地面条件影响和限制小，具有组网灵活、部署机动、开通便捷等特点，适合地面环境复杂以及大范围远距离通信的应用场景。

20 世纪 60 年代中期，国际通信卫星晨鸟投入使用，开启了欧美大陆之间商业卫星通信和国际卫星通信业务，标志着卫星通信进入实用阶段。20 世纪 80 年代，甚小口径终端（Very Small Aperture Terminal，VSAT）卫星通信系统问世。VSAT 系统具有灵活性强、可靠性高、成本低、使用方便等特点，标志着卫星通信的突破性发展。20 世纪 90 年代以后，卫星移动通信系统问世，卫星终端实现了小型化。2016 年 8 月我国成功发射天通一号卫星，开启我国自主知识产权卫星移动通信系统的建设。未来卫星通信技术还将在小型化、宽带化、星座组网等方向不断演进和发展。

凭借及时、准确、可靠的提供多媒体通信服务，卫星通信迅速进入海洋运输、远洋渔业、航空客运、抢险救灾、森林防火等行业领域，为相关用户提供电视或语音广播，并为公众移动通信网络尚未覆盖的偏远地区、海上和空中提供通信服务，为欠发达和人口低密度地区提供互联网接入。

目前全球在轨运行的通信卫星超过 700 颗，形成包括海事卫星通信系统、铱卫星系统、全球星系统、IPSTAR 宽带卫星通信系统、北斗导航卫星通信系统在内的多套卫星通信系统。

3.4.1.2 短波通信技术

短波通信是利用天波或者地波传播无线信号，完全不受网络枢纽和有源中继体制约的远程通信手段，具有传输距离远、组网灵活、抗毁能力强等特点，其通信距离可达几百公里甚至上千公里（图 3-10）。

短波通信最早可以追溯到 1895 年科学家马可尼通过电报实现数据的无线传输。20 世纪初，科学家费森登在美国完成语音的无线传输试验，实现了短波广播。1924 年，在德国的瑙恩与阿根廷的布宜诺斯艾利斯之间建立起第一条短波通信线路，实现了远距离通信，此后短波通信得到迅速发展，成为世界各国中远距离通信的主要手段，并广泛地应用于军事、广播、商业、气象等诸多领域。从 20 世纪 40 年代到 60 年代的二三十年是短波无线通信发展的鼎盛时期，世界上许多国家都建立了覆盖本地区或世界性的短波通信网，美国从 20 世纪 70 年代开始建设的最低限度应急通信网中就包括地波通信网。我国也建设了短波通信网，并在国内设立了 9 个国家级短波无线电监测

站，及时掌握监测范围内的短波频率占用情况，以便选择合适的频率保持全国短波通信网处于良好连通状态。

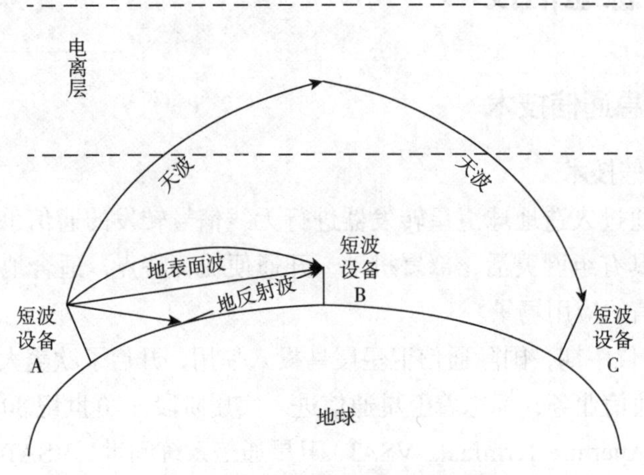

图 3-10　短波通信拓扑示意图

短波设备种类丰富、价格便宜、机动灵活、操作简单，可以承载语音和低速数据业务，支持运动状态下通信互联，在应急通信场景下，短波通信与卫星通信一样适用于突发紧急事件现场的远距离通信服务。在美国 2001 年 9 月 11 日的恐怖袭击事件中，纽约的固定电话、移动电话、寻呼都因为超负荷而瘫痪，正是业余无线电爱好者的短波电台成为当时主要的通信保障手段。

短波频段窄、通信容量小、传输速率低。在利用天波传输时受电离层时变特性的影响较大、信号容易产生衰落和畸变，而在利用地波传输时，虽然相对稳定，但信号会被大地吸收，影响通信距离，因此在应急通信场景中短波通信更多是作为最低限度的通信保障手段。关于短波通信的技术研究，目前主要通过多天线分集提高传输性能以及短波频率的探测、预测和选择等方面展开。

3.4.1.3　蜂窝移动通信技术

蜂窝移动通信以基站为中心构建无线覆盖区域，用户终端可在基站覆盖的区域内以无线方式接入基站，进而在基站及后台核心网系统的协调下开展端到端的移动通信业务。系统支持越区切换和跨网自动漫游，实现用户终端在广域范围内的移动通信。由于通信终端价格和通信资费已经达到普通民众能接受的水平，蜂窝移动通信已成为我国乃至全球使用最为广泛的无线通信技术。蜂窝移动通信的普及使得通信不受时间、地点的限制，只要在蜂窝网络的覆盖范围内就可以自由通信，非常灵活方便。

自 20 世纪 80 年代初第一代蜂窝移动通信系统（1G）投入商用以来，蜂窝移动通信已演进到第五代移动通信系统（5G）。1G 网络采用模拟调制技术提供端到端的语音通信服务，“大哥大”电话是 1G 通信时代的典型代表。20 世纪 90 年代初，第二代移动通信系统（2G）投入商用，2G 网络的主要特点是采用数字通信技术，提供语音以及低速数据传输服务，移动电话和无线短信是 2G 通信时代的典型业务。进入 21 世纪后，随

着CDMA（Code Division Multiple Access，码分多址）技术的成熟应用，在移动通信网络中进行高速数据传输成为可能，触发了向第三代移动通信系统（3G）的演进。3G网络可以支持语音、图片、视频等多媒体信息的交互，智能手机在3G通信时代崭露头角。为了实现高速移动数据的交互，第四代移动通信系统（4G）引入了多载波和多天线传输技术，支持最高100Mbps的网络速率，这几乎是3G网络的10倍。高清晰度的语音通信只是4G网络的基础功能之一，实时多媒体数据服务成为4G通信系统的主要业务承载。截至2022年2月，工信部的统计数据表明，全国移动电话用户总数约为15.92亿，流媒体点播、实时视频交互、在线游戏等移动应用已在民众中普及。

基于蜂窝移动通信系统开展应急通信服务有两种技术途径。一是随着移动互联网的发展，基于公众移动通信网络开展应急通信增值业务，例如：通过个人移动通信终端进行人员定位，开展实施安全搜救或者建立电子围栏；借助车载移动基站建立突发紧急事件现场的公众移动通信保障；依托广域覆盖公众移动通信网络构建虚拟指挥专网，通过资源调配模拟群组通信。二是基于蜂窝移动通信系统开展应急通信服务的专用集群通信。集群的主要策略是将系统中有限的无线通信资源集中起来，统一分配、共享使用。面向群体用户，以广播、组呼为主要业务模型，并根据用户的管理关系设定优先级权限，在通信中支持强插、强拆，突出"一键即通"的低时延服务。专用集群通信是公共安全（公安、消防、武警、军队）、交通运输（铁路、内河航运、公共交通、出租汽车）、市政管理（城管、综治）及厂矿企业等机构和单位开展指挥调度的有效手段。

集群通信起源于第二次世界大战末期的步话机（Walkie-Talkie），后来发展为单工对讲机。随着人们对移动通信系统使用要求的提高，单工对讲机逐渐从点对点的通信形式演进到同频单工组网、异频单（双）工组网、单信道广播呼叫、带选呼的多信道自动选择系统等。对讲机是集群通信的初级应用模式，是小范围集体行动指挥调度通信的优选手段。进入20世纪90年代，随着第二代蜂窝移动通信技术的成熟，基于蜂窝移动通信技术数字集群通信系统正式诞生，由于使用了TDMA（Time Division Multiple Access，时分多址）接入技术，数字集群通信系统较模拟集群系统频谱利用率更高、系统容量更大，从而能够提供高质量、远距离的通信保障。目前，在数字集群通信系统中，以欧洲主导的TETRA和美国主导的IDEN应用部署范围相对广泛。2007年，TETRA颁布的TETRA Release2，采用多速率自适应语音编码、增强的混合激励线性预测语音编码以及增强数据服务（TEDS），最高可实现538kb/s的数据传输速率，支持图片、视频等多媒体业务交互。

我国对集群通信系统的技术研究和规模应用启动相对较晚。中兴通讯基于CDMA2000-1X系统研制的GoTa和华为公司基于GSM系统开发的GT800于2005年才通过国家技术鉴定投入使用。不过，在集群通信的宽带化发展上，我国走在世界前列，国家自主知识产权的B-TrunC已经被ITU推荐为宽带集群空中接口标准。

目前我国已开始6G技术研究。2019年11月，科技部召开6G技术研发工作启动会，宣布成立国家6G技术研发推进工作组和总体专家组，其中，推进工作组负责推动6G技术研发工作实施；总体专家组负责提出6G技术研究布局建议与技术论证，为重大决策提供咨询与建议。工信部也于2019年成立6G研究组，后又更名为IMT-2030，聚集工业界和高校等各方力量，研究内容涵盖需求、无线及网络技术，加强前瞻性愿景需求及技术研究，目标在于明确6G推进思路和重点方向。

3.4.1.4 无线自组织通信技术

无线自组织通信是指参与通信的节点通过相互之间的自协商完成网络建立和通信传输。无线自组织通信源自美国国防部分组无线网（Packet Radion Network，PRN）项目，PRN首次实现了多节点在无基础网络设施下的组网通信。随着处理器、内存性价比的极大提升及分布式计算、集成电路和信号处理等技术的迅猛发展，无线自组织通信逐渐扩大到民用领域。IEEE802.11于1991年提出“AdHoc”这一术语，以标识这种与有通信基础设施网络相对应的组网模式。1997年，移动自组织网络（Mobile Adhoc Networks，MANET）工作组成立，主要负责研究和制定无线自组织通信路由算法的相关标准，极大推动了无线自组织通信的发展和应用。进入21世纪以来，无线自组织通信技术的应用快速发展，针对不同应用场景形成一系列自组织网络：无线传感器网络实现了传感器的组网通信，组网灵活、组网成本低、分布式运行、功耗低等特点使其成为物联网信息感知的最佳选择；无线网状网将无线自组织通信应用于宽带无线局域网和城域网的扩展覆盖，具有低成本组网和高灵活维护的特点，并在802.11s草案中对无线网状网中的拓扑发现、路径选择与转发、安全、流量管理和网络管理等进行了定义。与此同时，无线自组织通信在感知和利用空间可用频谱的认知无线自组织网络和面向道路交通物物连接的车载自组织网络中都有广泛应用。

自组织网络技术在应急通信中的应用非常广泛，国内研究成果也十分丰富。王海涛、付鹰研究了应急通信中的无线自组织网络组网，把无线自组织组网构架运用在应急通信网络中。关兆雄、任凯强、郑力明通过自组织网络把手持式应急通信设备运用在应急通信网络中。这些新技术和新方法的研究和应用使得无线自组织网络在应急通信网络中的应用日益广泛。另外，宽带应急指挥通信网络系统是一种分层组网的架构，路由器节点和用户终端节点处在不同的通信平面内。这样分层组网的结构可使网络结构更加清晰，网络使用效率更高，用户终端节点通过邻近路由器节点，向应急指挥中心传递急需的现场数据，包括视频、图像等。

将无线自组织通信应用到应急通信时，各节点设备无须依托预先架设的网络基础设施就可以快速自动组网，具有很强的抗毁性和灵活性，非常适合突发事件现场快速建立通信保障的业务需求。不过，无线自组织通信网络中，参与通信的节点从逻辑上和物理上都处于平等地位，节点间的通信受传输环境衰落的影响比较大，导致自组织网络的稳定性不足，一定程度上阻碍了无线自组织通信的大规模应用。此外，在应急通信中，无线自组织网络对广播传输的支撑不够，集群业务的通信效率不高，相关技术难题还有待进一步研究解决。

3.4.2 单兵作业终端协同通信技术

3.4.2.1 移动式终端通信方法

(1) 蜂窝移动通信

蜂窝移动通信是采用蜂窝无线组网方式，在终端和网络设备之间通过无线通道连接起来，进而实现用户在活动中可相互通信，其主要特征是终端的移动性，并具有越区切换和跨本地网自动漫游功能。蜂窝移动通信业务是指经过由基站子系统和移动交换子系统等设备组成蜂窝移动通信网提供的话音、数据、视频图像等业务。

1G 时代。1978 年，美国贝尔实验室开发了先进移动电话业务（AMPS）系统，这是第一种真正意义上的具有随时随地通信能力的大容量的蜂窝移动通信系统。AMPS 采用频率复用技术，可以保证移动终端在整个服务覆盖区域内自动接入公用电话网，具有更大的容量和更好的语音质量，很好地解决了公用移动通信系统所面临的大容量要求与频谱资源限制的矛盾。20 世纪 70 年代末，美国开始大规模部署 AMPS 系统。AMPS 以优异的网络性能和服务质量获得了广大用户的一致好评。AMPS 在美国的迅速发展促进了在全球范围内对蜂窝移动通信技术的研究。到 20 世纪 80 年代中期，欧洲和日本也纷纷建立了自己的蜂窝移动通信网络，主要包括英国的 ETACS 系统、北欧的 NMT-450 系统、日本的 NTT/JTACS/NTACS 系统等。这些系统都是模拟制式的频分双工（Frequency Division Duplex，FDD）系统，亦被称为第一代蜂窝移动通信系统或 1G 系统。

2G 时代。2G 时代的一个标准是 1.900/1800MHz GSM 移动通信。900/1800MHz GSM 第二代数字蜂窝移动通信（简称 GSM 移动通信）业务是指利用工作在 900/1800MHz 频段的 GSM 移动通信网络提供的话音和数据业务。GSM 移动通信系统的无线接口采用 TDMA 技术，核心网移动性管理协议采用 MAP 协议。900/1800MHz GSM 第二代数字蜂窝移动通信业务包括以下主要业务类型：

①端到端的双向话音业务。

②移动消息业务，利用 GSM 网络和消息平台提供的移动台发起、移动台接收的消息业务。

③移动承载业务及其上移动数据业务。

④移动补充业务，如主叫号码显示、呼叫前转业务等。

⑤经过 GSM 网络与智能网共同提供的移动智能网业务，如预付费业务等。

⑥国内漫游和国际漫游业务。

900/1800MHz GSM 第二代数字蜂窝移动通信业务的经营者必须自己组建 GSM 移动通信网络，所提供的移动通信业务类型可以是一部分或全部。提供一次移动通信业务经过的网络可以是同一个运营者的网络，也可以由不同运营者的网络共同完成。提供移动网国际通信业务，必须经过国家批准设立的国际通信出入口。

2G 标准的另一个标准是 800MHz CDMA 移动通信。800MHz CDMA 第二代数字蜂窝移动通信（简称CDMA移动通信）业务是指利用工作在800MHz频段上的CDMA移动通信网络提供的话音和数据业务。CDMA移动通信的无线接口采用窄带码分多址CDMA技术，核心网移动性管理协议采用IS—41协议。800MHz CDMA第二代数字蜂窝移动通信业务包括以下主要业务类型：

①端到端的双向话音业务。

②移动消息业务，利用CDMA网络和消息平台提供的移动台发起、移动台接收的消息业务。

③移动承载业务及其上移动数据业务。

④移动补充业务，如主叫号码显示、呼叫前转业务等。

⑤经过CDMA网络与智能网共同提供的移动智能网业务，如预付费业务等。

⑥国内漫游和国际漫游业务。

800MHz CDMA第二代数字蜂窝移动通信业务的经营者必须自己组建CDMA移动通信网络，所提供的移动通信业务类型可以是一部分或全部。提供一次移动通信业务经过的网络，可以是同一个运营者的网络，也可以由不同运营者的网络共同完成。

3G时代。第三代数字蜂窝移动通信（简称3G移动通信）业务是指利用第三代移动通信网络提供的话音、数据、视频图像等业务。第三代数字蜂窝移动通信业务主要特征是可提供移动宽带多媒体业务，其中高速移动环境下支持144kb/s速率传输，步行和慢速移动环境下支持384kb/s速率传输，室内环境支持2Mb/s速率数据传输，并保证高可靠服务质量（QoS）。第三代数字蜂窝移动通信业务包括第二代蜂窝移动通信可提供的所有的业务类型和移动多媒体业务。第三代数字蜂窝移动通信业务的经营者必须自己组建3G移动通信网络，所提供的移动通信业务类型可以是端到端业务的一部分或全部。提供一次移动通信业务经过的网络，可以是同一个运营者网络设施，也可以由不同运营者的网络设施共同完成。提供国际通信业务必须经过国家批准并设立的国际通信出入口。

4G时代。虽然3G系统解决了1G、2G系统的弊端，但其实际速度远未达到预期值，随后国际组织3GPP和3GPP2又开始了新一轮的3G演进计划，在众多候选标准中LTE脱颖而出，于2004年底，3GPP组织启动了“LTE计划”，该计划实现了3G向4G的平稳过渡，所以LTE又被称为准4G标准。该计划的最终目标是：提供一个低时延、高吞吐量、大规模覆盖的无线通信网络。LTE有FDD和TDD两种工作方式，其中LTE-TDD具有我国自主知识产权，2013年年底4G在我国实现了商用，其高速的带宽能力为用户带来了全新的体验。目前，全球已经部署了超过400万个LTE基站，预计此数目还将随着未来的发展不断增长。

5G作为一种新型移动通信网络，不仅要解决人与人通信，为用户提供增强现实、虚拟现实、超高清（3D）视频等更加身临其境的极致业务体验，更要解决人与物、物与物通信问题，满足移动医疗、车联网、智能家居、工业控制、环境监测等物联网应用需求。2019年6月，工信部发布了4张5G牌照，由中国电信、中国移动、中国联通、

中国广电获得，标志着中国正式进入5G商用元年。从此我国5G基站建设数量快速增长，截至2022年2月份末，我国5G基站总数达150.6万个，占移动基站总数的15%。工信部数据显示，截至7月末，国内5G用户达4.75亿户。

（2）WiFi通信

WiFi全称为Wireless Fidelity，又称IEEE 802.11b标准，它最大的优点是传输的速度较高，可以达到11Mb/s，另外它的有效距离也很长，同时也与已有的各种IEEE 802.11 DSSS（直接序列展频技术，Direct Sequence Spread Spectrum）设备兼容。IEEE 802.11b无线网络规范是在IEEE802.11a网络规范基础之上发展起来的，最高带宽为11Mb/s，在信号较弱或有干扰的情况下，带宽可调整为5.5Mb/s、2Mb/s和1Mb/s，带宽的自动调整有效地保障了网络的稳定性和可靠性。其主要的特性为：速度快、可靠性高；在开放区域，通信距离可达305m；在封闭性区域通信距离为76～122m，方便与现有的有线以太网整合，组网的成本更低。

（3）蓝牙通信

蓝牙通信技术是一种支持设备短距离通信的无线电技术，能在包括移动电话、PDA、无线耳机、笔记本电脑、相关外设等众多设备之间进行无线信息交换。利用蓝牙技术能够有效地简化移动通信终端设备之间的通信，也能够简化设备与Internet之间的通信，从而使数据传输变得更加迅速高效。蓝牙采用分散式网络结构以及快跳频和短包技术，支持点对点及点对多点通信，工作在2.4GHz频段，数据传输速率为1Mb/s，采用时分双工传输的方案实现全双工传输。蓝牙技术是一个开放型、短距离无线通信标准，它可以用来在校内短距离内取代多种电缆连接方案，通过统一的短距离无线链路在各种数字设备之间实现方便快捷、灵活安全、低成本、低功耗的数据通信。蓝牙技术产品通过低功耗无线电通信技术实现语音、数据和视频传输，其传输的速率最高为1Mb/s，以时分方式进行全双工通信，通信距离为10m左右，配置功率放大器可以使通信距离进一步增加。

（4）ZigBee通信

ZigBee是由ZigBee Alliance于2004年正式推出的短距离无线通信技术标准，是一种低复杂度、低功耗、低数据速率、低成本、近距离的双向无线通信技术，适合低速率、数据流量较小的应用场合，主要针对工业、家庭自动化、遥测遥控、汽车自动化、农业自动化和医疗护理等领域，例如灯光自动化控制、传感器的无线数据采集和监控、油田、电力、矿山和物流管理等应用领域。

ZigBee的物理层和数据链路层采用IEEE802.15.4规范，在此基础上定义了标准化的网络层、应用层和安全层，支持应用层和网络层的安全操作。ZigBee标准近年来也根据不同的应用需求进行了多次修改，目前主要有三个版本，即ZigBee2004版、ZigBee2006版和ZigBee PRO版。前期两个版本主要适用于家庭自动化、无线抄表等领域。ZigBee PRO为其最新的版本，主要针对在工业领域的应用进行了修改，增加高级功能和更高灵活性的ZigBee PRO框架堆栈，其增强特别体现在易用性和对大型网

络的支持方面，增加了网络可伸缩性、分解片段（分解较长消息和实现与其他协议和系统交互的能力）、频率捷变和自动设备寻址管理能力。ZigBee 通过行规（Profile）的形式对各种应用进行了标准化，其制定的行规包括：家庭自动化行规、楼宇自动化行规、工业自动化行规等。其中工业自动化行规是针对制造和过程控制系统制定的，其目的是对现有的工业控制系统进行扩展，通过 ZigBee 技术对工厂的关键设备进行监测，提高工业企业的资产管理水平，降低生产能耗。

3.4.2.2 数据协同回传技术

协同传输技术研究的主要是为满足日益增长的快速数据通信需求，而并非满足应急通信方面的需求。基于此目的，协同传输技术在近年来有了极大的发展。通过终端通信时，当一个终端具有多个接口，理论上可以同时使用多种网络技术来聚合吞吐能力。这种同时使用多条接口传输链路的技术称为多路径并行传输，也被称为协同通信、带宽聚合、反向复用、负载均衡等。多径并行传输技术可以在应用层、传输层、网络层、链路层等网络协议栈的各个层面实施，不同层面提出了聚合多路径能力的不同解决方案。

①应用层研究。（见图 3-11）基于应用层实现的多径并行传输方法的基本思路是建立多个传输控制协议连接，并绑定至不同的互联网协议地址，数据按比例分配至不同的链路上传输。应用层的实施方案一般通过在应用层与传输层之间添加中间件来实现。根据使用中间件的方式不同，应用层方案可以分为隐式中间件和显式中间件。隐式中间件易于部署并且对所有应用都兼容，但实施难度相对较大；显示中间件需要对应用

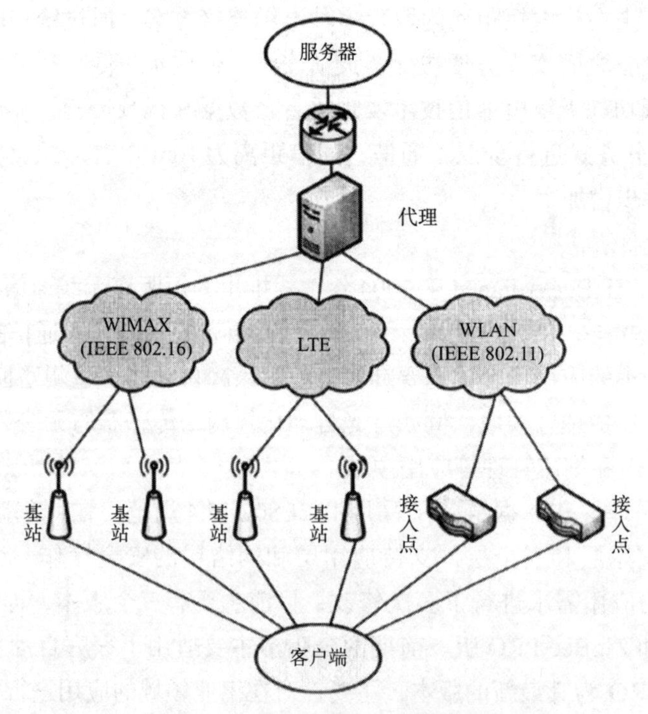

图 3-11　应用层协同传输技术

程序进行修改使得应用可以感知中间件的存在并能获取更多应用信息，可以为多路径并行传输提供更好的性能。

②传输层研究。当不同应用之间需要通信时，它们首先建立一个网络套接字，然后将套接字绑定到特定的传输层协议上，由传输层协议负责端到端之间的通信。由此可见，传输层是端到端通信的最底层。由于现有的传输层协议如 TCP、UDP、流控制传输协议等均不支持多条传输路径上的并发传输控制，因此传输层的多路径并行传输主要是通过扩展并修改现有的传输层协议来实现，其中较为典型的是对 TCP 及 SCTP 的扩展。传输协议的修改伴随着对多接口终端系统协议栈的改进。过去十几年中，研究者在多径并行传输领域提出了许多多径传输协议，在最优资源分配、处理路径时延、拥塞控制算法优化等方面都给出了具备一定可行性的改进方案。

③网络层研究。网络层通过提供端到端的多路径路，由协议来保证负载均衡从而实现多路径并行传输。为了将信息流推送到不同的路径上，终端必须首先支持多宿特性，即可以绑定多个 IP 地址。每个物理接口对应一个 IP 地址，多宿终端可以通过多块网卡连接在服务器上。网络层可以为传输层和应用层屏蔽底层协议的异构性。与传输层实现方案相比，网络层实现方案中，从传输层视角出发，所有的路径是属于同一个数据流的，或者可以理解为某个接口由通往目的端的多条不同路径组成。这种 IP 封装技术与移动 IP 标准中的隧道技术类似。

④链路层研究。链路层是实现多径并行传输的最底层，也是最早为带宽聚合提供解决方案的层面。链路层多径并行传输主要通过信道绑定或信道聚合，将基于相同技术的多个物理信道绑定成一个逻辑信道实现的。比如 Ethernet 绑定，允许主机经由交换机连接到多个电缆上来提升系统吞吐。这种实现方式需要借助于额外设备 (如交换机) 并需要对操作系统内核进行相应的修改。

3.4.2.3 移动卫星通信技术

(1) 铱星系统

铱星系统诞生于 1998 年，拥有一个几何结构的独一无二的低轨地球（LEO）卫星网，并据此提供全球通信，覆盖范围包括一般地球同步卫星鞭长莫及的最边远极地地区。低轨卫星允许卫星移动电话或固定装置配备一个极小的外接天线便可通话，音质明亮清晰，没有较高轨卫星通信中常见的滞后和回音。铱星的卫星星座包含 66 颗工作卫星，组成 6 个轨道平面，它们分布在近地极轨道上距地球 780 公里上空，以 27070 公里时速每 100 分钟围绕地球转一圈。卫星之间的间隔约 4506 公里。卫星上采用先进的数据处理和交换技术，并通过星际链路在卫星间实现数据处理和交换及多波束天线。铱星系统最显著的特点就是星际链路和极地轨道。星际链路从理论上保证了可以由一个关口站实现卫星通信接续的全部过程。

铱星卫星系统的终端主要通过语音通话、短信、电子邮件等方式与其他各地人员完成通信，其代表性产品为 Iridium Extreme 9575 卫星电话 (图 3–12)。Iridium Extreme 9575 内置一个可编程的 GPS 功能，配有卫星紧急通知设备（SEND）兼容的 SOS 按钮，在建立一个双向的连接后，可以在网上实时查到卫星电话的位置，并带有触式紧急呼叫按钮，在突发情况下可以进行快速呼救。通过官方网站或认证的在线门户网站，Iridium Extreme 9575 提供了一个定制的基于位置服务的解决方案，并提供实时跟踪服务，以提高企业效率，提高应急响应、安全跟踪重要资产的能力。

图 3-12　Iridium Extreme 9575 卫星电话

(2) 海事卫星

海事卫星，是用于海上和陆地间无线电联络的通信卫星，是集全球海上常规通信、遇险与安全通信、特殊与战备通信于一体的实用性高科技产物。海事卫星通信系统由海事卫星、地面站、终端组成，目前的 4 个覆盖区为太平洋、印度洋、大西洋东区和大西洋西区，可提供南北纬 75° 以内的遇险安全通信业务，可以提供海、陆、空全方位的移动卫星通信服务。海事卫星系统的推出，极大改善了海事、航空领域通信的状况，在陆地上对于满足灾害救助、应急通信、探险等特殊通信需求起到了巨大的支持保障作用，因而发展迅速。

海事卫星终端主要通过语音通话、短信、电子邮件、网络页面发消息等方式实现通信，代表性产品为海事 isatPhone 2 (图 3-13)，其主要特点包括 SOS 报警功能：可以语音或者短信的方式报警到预设的手机号码，也可以电子邮件的方式发送报警信

图 3-13　海事 isatPhone 2

息；天线收起时来电提醒：当有电话呼入时依然可以振铃提示；外接室内免提设备，在室内也可以使用卫星电话，24h应急值班；外接天线接口，可以在行驶的车中使用卫星电话：可以耳机通话、可以免提通话；符合美国军标IP65防护级别：防尘、防水溅设计。

(3) 北斗卫星导航系统

中国北斗卫星导航系统（BeiDou Navigation Satellite System，BDS）是中国自行研制的全球卫星导航系统，也是继GPS、GLONASS之后的全球第三个成熟的卫星导航系统。北斗卫星导航系统（BDS）和美国GPS、俄罗斯GLONASS、欧盟GALILEO，是联合国卫星导航委员会已认定的供应商。北斗卫星导航系统由空间段、地面段和用户段三部分组成，可在全球范围内全天候、全天时为各类用户提供高精度、高可靠定位、导航、授时服务，并具短报文通信能力，已经初步具备区域导航、定位和授时能力，定位精度10m，测速精度0.2m/s，授时精度10ns。

北斗卫星系统虽然是一个卫星定位系统，但由于其具备了短报文通信能力，可以在应急处置中发挥通信保障作用，典型的产品包括北斗智能手机W97（图3-14）。W97的特点包括：主流安卓5.1智能操作系统，操作简单方便；5.0寸FHD高清IPS显示屏；具有北斗和GPS双卫星定位系统，定位更可靠、快捷和精准；信号覆盖范围广，目前北斗系统在亚太区域内无通信盲区（随着我国北斗卫星的进一步升空，信号区域将向全球范围覆盖）；北斗与手机、北斗终端短信互通，当常规移动手机信号缺失时，可通过W97的北斗短报文功能与任意北斗终端或其他手机用户进行短信通信；支持常规手机通信功能，可插入常规的手机卡进行语音电话和文字信息通信（支持频段有LTE-FDD、LTE-TDD、WCDMA、TD、GSM、CDMA2000、EVDO）；APP应用，支持常规手机的应用APP，用户可根据需要安装市场上的安卓APP；高防护等级，W97具有IP67防护等级。

图3-14 北斗智能手机W97

(4) 天通一号卫星系统

天通一号01星是由中国航天科技集团公司五院负责研制的我国首颗移动通信卫星，也被誉为“中国版的海事卫星”，其成功发射标志着我国进入了卫星移动通信的手机时代，填补了国内空白，具有重要的里程碑意义。天通一号01星覆盖区域主要为中国及周边、中东、非洲等相关地区，以及太平洋、印度洋大部分海域。覆盖地形没有限制，海洋、山区、高原、森林、戈壁、沙漠都可实现无缝覆盖。覆盖群体涉及车辆、飞机、船舶和个人等各类移动用户，为个人通信、海洋运输、远洋渔业、航空救援、旅游科考等各个领域提供全天候、全天时、稳定可靠的移动通信服务，支持语音、短消息和数据业务。发生自然灾害时，天通一号的应急通信能力可以发挥极大作用，此外，天通一号01星最主要的优势体现在终端的小型化、手机化，便于携带。天通一号02星和03星分别于2020年11月和2021年1月在西昌卫星发射中心用长征三号乙运载火箭发射升空，继续增强系统服务能力。

天通一号终端除了能够完成语音通话、短信功能外，还具备数据业务功能，最大带宽为9.6kb/s，典型产品为中电科SC150智能全网通天通卫星手机（图3-15）。主要特点为可以完成天通卫星移动和地面移动网络话音、短信、数据功能，并包括话音（1.2kb/s、2.4kb/s、4kb/s）和数据（1.2~9.6kb/s）功能，配备5.5寸的1080p屏幕，内置重力感应、距离感应、光线感应、电子罗盘、加速度传感器、地磁传感器、气压传感器、温度传感器等多种传感器。

图3-15　中电科SC150智能全网通天通卫星手机

随着运载技术和卫星技术的发展，国内外的应急通信保障方案有着非常大的变化。其中，国外大型平台方案的工作比较多。除了谷歌公司的气球通信方案以外，还有Facebook公司的Aquila太阳能无人机，以及特斯拉公司的星链计划。这些方案均可以保证地面环境被摧毁的时候现场的应急通信。但这些技术方案所需要的投入巨大，并且工作周期长，工作稳定性存疑，在资金有限的情况下并非首选。

国内则主要以应用为导向，综合应用的成本和效益，选择汽车为主要的运输平台，在应急现场附近部署通信网络，以实现在较低成本的情况下满足现场应急通信需求。可以节省大量的成本，但在使用方面需要更多的技术含量。

卫星通信终端方面，从保障基本通信需求的角度而言，国内的技术已基本可以满足语音通话、文字传输等方面的需求，但在高速数据流量方面尚存在一定的差距。

3.4.3　区域空间协调电力应急通信技术

3.4.3.1　融合通信技术

应急通信是融合多种通信技术手段的异构网络体系，是根据应用需求对通信技术手段的综合选择，因此对应急通信的体系结构可以采用面向技术手段的积木块结构进行描述（图3-16）。2013年，陈山枝教授从应急通信作用和覆盖范围的角度提出一种应急通信组网结构，其中广域中继通信网络是实现突发事件现场内对象（如现场机动应急指挥平台）与后方对象（如后方固定应急指挥平台）之间的组网连接，来保持前后方通信和指挥的畅通，避免出现信息孤岛。广域中继通信可以采用卫星或者微波技术组网，也可以借助公网的广域连接能力实现远程中继组网。现场区域中继网络是实现现场大范围区域内（覆盖半径大于10km）对多个接入网络的汇聚与互联，接入现场机动应急指挥平台，并通过广域中继网络接入后方固定应急指挥平台，可采用卫星、微波、宽带无线互联等技术组网，或直接借助公网进行区域互联。现场接入网可实现一个工作区域内（典型覆盖半径一般为3~5km）应急处置人员之间通信指挥和数据传输与共享功能，能够直接接入现场机动应急指挥平台，现场接入网络可采用卫星、宽带无线接入、集群通信、无线传感网和公网等多种技术进行组网。

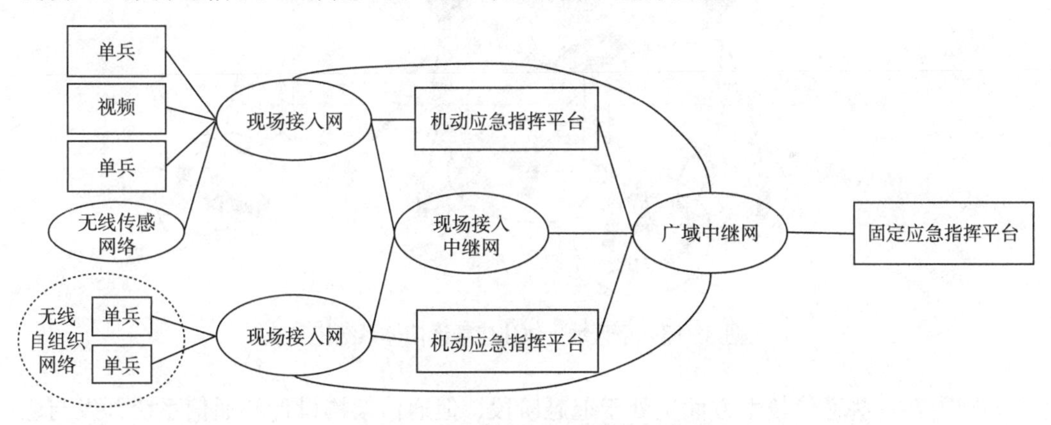

图3-16　应急通信子网结构示意图

2015年，王海涛教授提出一套综合应急通信系统体系结构，面向“三类用户群”和“四个方向”提供应急通信服务。其中，“三类用户”包括远程和现场的指挥中心、应急处置队伍和突发事件现场的居民；“四个方向”指指挥中心和应急处置队伍之间的纵向通信需求、应急处置队伍之间的横向通信需求、现场居民和应急处置队伍之间纵向的通信需求以及事件现场老百姓之间的横向通信需求。这一套应急通信体系结构融合了公共有线、无线电信网，广播和电视等公众网，无线集群、卫星和专用宽带无线应急通信系统等专用网及无线自组网、认知网络等新兴网络技术。

2017年，许怡春等学者提出应急场景下的空天地一体化体系结构（图3-17）。其中，基于LTE技术的地面蜂窝移动通信网络为地面系统层，地面节点之间是基于移动通信基站的蜂窝组网结构互联，地面系统与空中平台之间以LTE标准互联，由于基站部署密度比较高，地面系统具有一定的抗毁性；地面系统层之上是空中平台层，空中平台以自组网方式实现更大的区域覆盖；最上层为卫星链路层，不同通信体制的卫星通过自组网形成多个空间异构的子网，为地面控制中心与空中平台以及空中平台与空中平台提供远程链路连接，来实现区域覆盖网接入骨干交换网。

通过对国内外机动应急通信系统架构及关键技术研究的对比分析可以看出，在应急通信关键技术方面，我国起步相对较晚，但发展迅速，与欧美等发达国家的差距在迅速缩小。尤其是卫星通信技术和蜂窝移动通信技术的快速发展对我国的应急通信技术研究提供了诸多的发展前景。

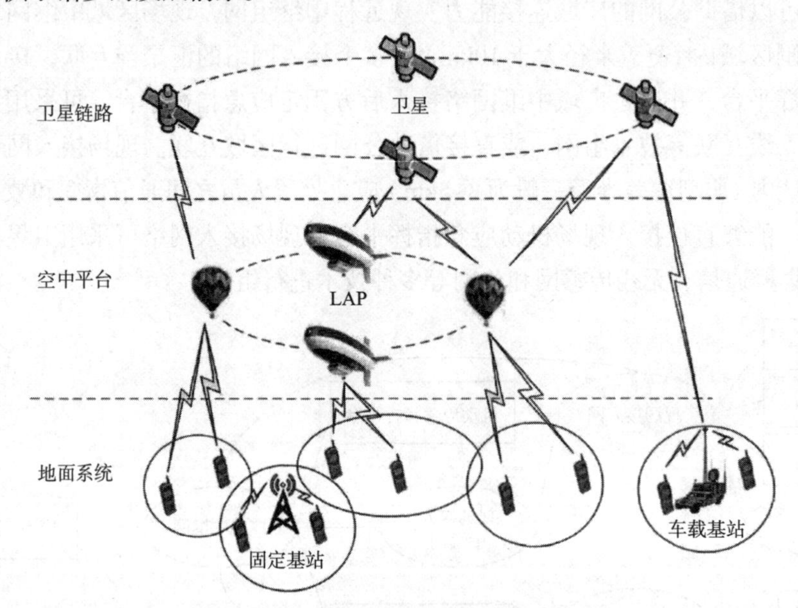

图 3-17 空天地一体化应急通信体系结构

国内在一些通信技术方面仍处于追赶阶段，但通信架构设计和通信系统开发与应用的经验很丰富。空天地一体化的通信方案是当前的主流思路，但这些方案普遍存在对灾害环境的适应性不足，部署成本高，系统过于复杂等方面的问题，并且对电力系统的独特需求并没有做出很好的适配。

3.4.3.2 空基应急通信技术

(1) 浮空气球通信

浮空平台可以搭载重量较大的设备，为现场应急提供大范围区域的通信保障（图3-18）。其部署方案的特点主要包括：通过大型汽车载具运输整个浮空平台以及内置的通信设备，运载设备大，运动不灵活，平时的维护和保养开销较大；浮空平台升空后需要通过系留绳索与地面保持连接，可以避免浮空平台飘走，该绳索也可以包含通信光缆、电线等线缆。基于浮空平台的通信系统作为大型空基通信平台，可以对极大范围的区域提供应急通信，但其部署和运输的难度非常大，其运载车辆的尺寸将远

超应急指挥车的尺寸，在地形复杂的环境或地面破坏严重的区域将很难实现快速的部署。

图 3-18　浮空气球网部署方案

(2) 无人机通信

无人机应急通信部署的方案很多，可以作为高空通信中继平台为现场通信提供中继功能，同时其部署难度远低于浮空平台。同时，该方案还具备了空基通信平台不受地面环境影响的优势（图 3-19）。2021 年的“7・20”河南特大暴雨洪灾中，我国的翼龙无人机搭载中国移动应急通信系统，驰援巩义市米河镇，为当地提供了 5h 的应急通信，实现了约 $50km^2$ 范围内长时稳定的连续移动信号覆盖，为重灾区的抢险救灾提供了不可替代的贡献，打通了灾区通向外界的生命通道（图 3-20）。而近期研究较多的系留无人机方案，可以不受滞空时间的限制，提供更长时间的应急通信服务，但容易因为运载汽车灵活性不足、绳索长度短导致容易受到周边遮挡物的影响等问题，覆盖范围有待提高（图 3-21）。

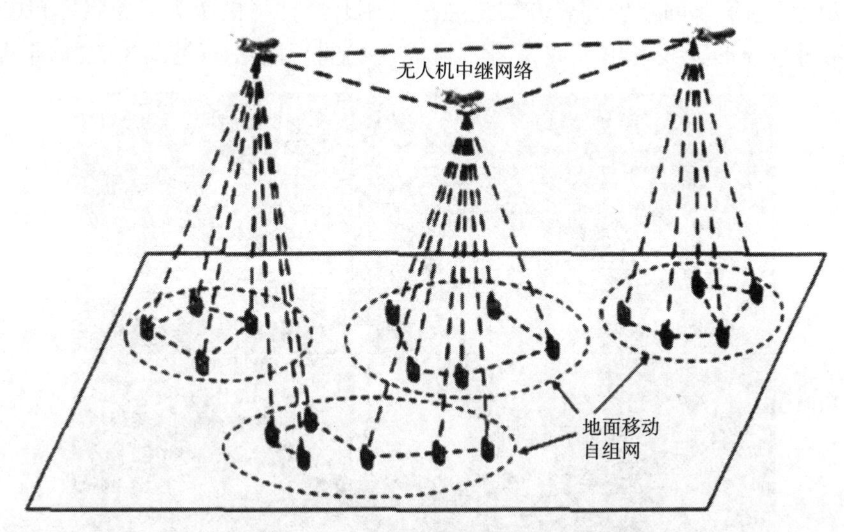

图 3-19　无人机中继网络部署方案示意图

图 3-20　翼龙无人机

图 3-21　系留无人机通信基站系统

3.4.3.3　应急通信车技术

移动应急通信车的常规部署方案是通过气压升降杆将摄像头、探照灯和扇形天线抬高，并通过扇形天线发出无线信号，形成现场同行网络。(见图 3-22) 同时，通过

图 3-22　应急通信车部署方案示意图

VSAT卫星系统与后方完成数据连接，实现了现场通信系统与后端之间的衔接。而气压升降杆上的视频摄像头和探照灯配合后可以24h采集现场情况视频，并实时回传至后端指挥中心。移动应急通信车的部署方案效率高，通信网络稳定，通信保障的效果较好。但是，其主要缺点包括通信覆盖范围有限，作为通信网络中心的应急通信车出现任何故障就会导致现场应急通信功能完全消失，导致现场与后方的通信及现场人员之间的通信均无法再继续使用。

无线自组网技术主要与蜂窝网络、应急通信车结合实现现场应急通信功能（图3-23）。在发生重大自然灾害时，蜂窝网络中的部分基站设备会受损或无法正常工作，即使基站可用，由于信道条件恶化或急剧增加的业务量也会使得许多移动终端不能访问基站。此时，可以考虑综合利用Ad hoc网络和蜂窝网络的技术优势来组建混合式无线应急通信网络。在这种混合式无线通信网络中，移动终端可以选择操作蜂窝模式或Ad hoc模式，前者直接向基站发送数据，后者需要逐跳构建到基站的路由。正常情况下节点操作在蜂窝模式并直接向基站传输数据。在紧急突发事件发生时，节点发现无法与基站直接通信时会切换到Ad hoc模式，并设法通过多跳转发来构建一条到基站的路由。当应急通信区域的基站数量不足时，还可以部署适当数量的应急通信车充当临时的基站，满足基本的吞吐量和网络覆盖要求。

无线自组网通信系统的最大优势在于可以仅依靠自组网设备即可完成现场人员间的应急通信，而少量设备的故障和失效并不影响总体的应急通信能力。

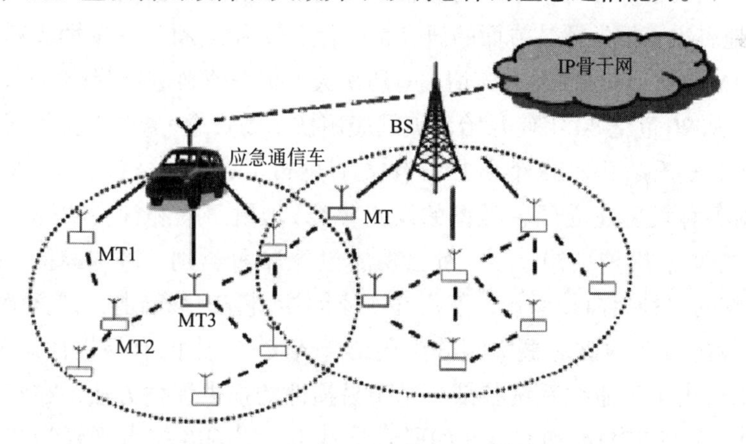

图3-23 无线自组网部署方案示意图

3.5 电力灾损分析技术

3.5.1 地震灾害电力损失评估技术

近几十年来，全世界范围内地震灾害频发，其中具有破坏性的大地震虽然只占小部分，但其危害性极大。历次大地震的震害表明，电力系统在地震中一旦遭受破坏，不仅会造成巨大的直接或间接经济损失，影响人民群众的正常生活和社会生产，还给震后的抗震救灾和应急救援带来极大困难。

近几十年来国内外在震害快速评估方面做了大量的研究工作，并取得了丰富的成果，其中，日本是最早开始进行震害预测相关方面研究的。1964年的日本新潟地震给当地造成了严重的破坏，自此日本正式开始了震害预测方面的研究。1995年阪神地震后，日本东京都防灾中心与兵库县防灾中心先后构建了为当地地震应急服务的东京都灾害应急响应系统（DRS）、兵库县菲尼克斯灾害管理系统C Phoenix，其中菲尼克斯灾害管理系统是现今日本最完善的防灾应急系统，功能包括各种信息的收集、灾情评估、应急管理、灾区通信支持、灾害响应对策等。1996年日本研发出了早期震害评估系统（ESS），该系统能在地震发生后半小时内提供灾区地震灾情报告，其功效得到了广泛的认可。之后日本内阁府防灾局进一步开发了灾害信息系统（Disaster Information System, DIS），用以快速评估地震造成的破坏情况。

欧洲在震害损失评估方面主要有俄罗斯的EXTREMUM、挪威的SELENA、欧盟的NERIE S等。EXTREMUM是基于GIS技术开发的，能在震后进行地震危险性分析，采用多参数的数学模型评估人员伤亡、建筑物震害分布状况。SELENA是NORSAR和西班牙阿利坎特大学联合开发的，采用能力谱法评估城市区域的地震风险，该系统可进行未来地震损失估计并为当地政府防灾减灾规划提供决策建议。

美国在地震灾害损失评估方面的研究是国际上较为成熟的。20世纪70年代，美国USGS和NOAA为应对城市地震灾情，对历次灾害损失资料进行统计，提出了NOAA/USGS方法。从20世纪80年代开始，美国应用技术委员会（ATC）受美国联邦应急管理署（FEMA）委托，于1985年和1991年先后发布了著名的ATC-13、ATC-25报告。ATC-13中对各种设施建立两种类型的设施分类：地震工程和社会功能。其中设施的地震工程分类包含78种结构类型，社会功能包含35种类别，基本囊括了对社会经济存在重要影响的各种生命线系统，然后在专家问卷调查的基础上，结合历次震害经验给出了各类设施设备的破坏概率矩阵。在结合ATC-13中已有易损性矩阵的基础上，ATC-25详细给出了生命线系统各部分基于易损性的损失评估方法，在其国内应用较为广泛。1997年在FEMA和NIB S的联合推动下，以GIS技术平台为基础，开发出了地震损失评估系统HAZUS 1997，该系统是以地震动参数作为输入，通过能力谱法得到易损性曲线，进而完成震害损失评估，之后进一步升级为HAZUS1999。2003年，美国更是开发出了能对地震、海啸、飓风、洪水等多种灾情进行应急反应的HAZUS-MH系统，当地震发生后，可以快速评估出美国任何地区的经济损失、人员伤亡情况等，并能通过GIS技术直观地表现出来，该系统得到了广泛的应用。HAZUS系列评估软件系统可能是目前为止最为成熟、应用最广泛的风险评估系统，对美国政府应对灾情、救援指挥方面起到了极大的作用。

我国的震害预测研究工作起步相对较晚，1976年唐山大地震后基本才正式开始。

最初仅仅是针对单体建筑物进行简单评估，之后研究方向逐渐覆盖到整个生命线系统。自“七五”计划以来，国家防震减灾意识逐渐提高，全面开始了震害预测和损失评估方面的研究工作。1985年1月，我国城乡建设环境保护部颁布了《城市抗震防灾规划编制工作暂行规定》。1993年国家地震局制定了《震害调查及地震损失评定工作指南》《震害评估细则》，并编制了早期的震害评估软件EDEP，该软件是以现场调查数据为依据，地震后直接计算出人员伤亡、直接经济损失、建筑物的破坏数量等。1995年李树祯、贾相玉等在EDEP软件的基础上又推出了EDEP93，简化了操作方法，提高了评估速度。1998年我国第一部《中华人民共和国防震减灾法》正式颁布，以法律文件的形式体现我国防震减灾工作的重要性。此后我国震害评估研究工作进入快速发展阶段并取得了一系列成果。2000年，郭恩栋等开发了生命线系统地震灾害损失现场快速调查评估软件系统LEEDLSFES 1.0，介绍了生命线工程系统各部分损失快速评估方法及所需基础数据库。孙尧、汤爱平、白广斌等也先后对生命线工程震害评估做了相应研究，并取得了一定进展。近年来，国内在震害评估方面最具代表性的成果是孙伯涛、陈洪富等研发的中国地震灾害损失评估系统（HAZ-China系统），其功能主要包括地震影响场及灾区范围识别、建筑物和生命线工程震害与经济损失、人员伤亡等快速评估与动态修正，以及地震现场建筑物安全鉴定与地震应急辅助决策信息等，成为震害预测、地震应急、震后恢复重建甚至地震保险业务等提供数据和咨询的技术平台。此外，1998年我国台湾地区在美国HAZUS系统的基础上开发了HAZ-Taiwan系统，并于2003年进一步升级，采用模块化设计，物件化语言撰写，形成了一套新的TELES系统，基本上能满足本土震灾模拟、评估、应急处理的需要。

随着时代的发展及计算机技术的逐渐成熟，震害评估技术将日趋成熟，评估结果也越来越科学化、实时化。而在生命线工程系统震害评估方面，国外研究起步早，技术成熟，国内与之尚有一定的差距。国内虽然起步较晚但是发展迅速，近年来更是取得了一定的研究成果。目前，国内的主要评估系统大多都是基于整个生命线工程系统，在电力部分震害快速评估方面尚缺乏系统、深入的研究。国外虽然有相应的研究成果，但国内外在电力设施的构造、设备种类、抗震性能等方面存在差异，进行震害评估时其研究成果无法直接应用于国内。

2008年以前我国有关电力系统震害评估相关方面的研究进展缓慢，几乎处于空白状态，当然，主要是因为缺乏足够的震害资料，尤其是发电部分，震害资料几乎没有，最近几年的研究进展主要是汶川地震中留下的宝贵资料，但多是集中于电力设施整体综合定性分析或部分设备设施易损性方面，且多是有关变电站方面的。如张美晶在变电站功能失效方面做了相应研究并给出了功能失效危害性快速评估方法。刘如山等在结合大量汶川地震震害资料的基础上进行了变电站功能失效方面的研究，并给出了变电站的经济损失评估方法，但主要是对震害资料进行简单的统计，没有考虑到不同类别设施间的差异及对经济损失产生的影响，而电力系统其他方面（输电线路、火电厂、水电站等）的震害评估研究目前几乎还处于空白状态，仅仅有少量的针对输电线路易损性方面的研究。如贺海磊等应用震害统计方法给出了变压器、输电线路杆塔等基于峰值加速度的易损性曲线。司鹊、李伟等从滑坡灾害致灾强度及输电塔本体抗震性能两方面研究了输电塔的易损性，建立了易损性的评估模型。

3.5.2 滑坡灾害电力损失评估技术

滑坡灾害对电力系统易损性研究主要从内部因素和外部因素展开，国内外学者综合运用系统论、风险管理理论以及相关工程技术手段对系统风险进行辨识和分析，评估系统危险性。

在内部因素易损性研究方面，Vittal V 等围绕电力系统暂态失稳风险展开研究，将其定义为失稳概率和失稳后果的乘积，在此基础上构建了输电线路故障或失效的概率模型。Irvine 基于连续体模型对索塔结构及其特性展开动力响应分析，分别考虑了计算缆索刚度与不计算缆索刚度的情况，该方法对检验离散化模型的结果常具有较高精度。Ozono 等将输电塔线体系基于动力响应差别分为高频和低频的状态，在高频阶段，将导线假设为无质量的理想弹簧，将杆塔简化为悬臂杆，塔架之间以理想弹簧进行连接；而在低频阶段，将其考虑为多质点模型。Yasui 等也对输电塔线体系的动力响应特性展开了研究，把输电杆塔、导线和绝缘子假设为梁与桁架单元，对其结构的动力响应特性在时域内展开分析。

在电力地质灾害风险评估方面，朱毅川等从内生和外因两个方面的易损性对电力受自然灾害的影响作了研究，以云南省变电站和输电线路及其设备为主要研究对象进行统计分析研究，以电力设备完好率评估内生易损性，以地质灾害作用下电力设备故障率表示外因易损性，绘制了地质灾害易损性区划图。冯治学等从电力因素和社会因素两方面构建了电力遭受地质灾害脆弱性的评价指标体系，包括变电站密度、线路杆塔密度、电压合格率、供电可靠率、GDP 密度、人口密度、公路线密度等二级指标进行主客观综合评价，综合衡量电力遭受地质灾害脆弱性程度。

与此同时，电力在自然灾害下的预防、监测、治理也有许多进展。陈英、张明旭、严福章通过工程实例对高压线路滑坡灾害的特征与治理做了分析和总结。王松通过工程实例对电站的滑坡稳定性进行了分析。罗长青在描述了某送电线路工程塔基建设过程中附近滑坡的具体情形并通过稳定性计算定量地进行了论证。甘艳在对自然灾害事故案例进行了统计分析的基础上总结了其应对策略。王钧、郝一川介绍了各种杆塔倾斜在线监测系统，对杆塔倾斜状态进行实时监测。杨光鹏结合实例对矿区输电铁塔的倾斜与防护做了总结。姜晨光等将 GPS 技术和测量机器人技术有机结合，开发出了滑坡集成监测系统。罗磊等基于累积位移、降雨因素对输电线滑坡在线监测系统进行了研究。

3.5.3 台风灾害电力损失评估技术

电力在极端自然灾害下容易发生故障，林韩提出将自然灾害天气划分为正常、恶

劣及灾变三种，并分别统计其对应的故障率以反映外部环境的影响。针对台风灾害下电力风险评估，一些学者研究其受灾机理，并依据受灾机理提出了较多物理模型。程正刚等基于脆弱性评估理论，推导建立了电力台风灾害损失估算模型，通过预估数据进行电力应急管理。Zarakas 建立了基于风速大小和风暴等级的电力设施影响模型。邵正国等阐述了电力灾害实时预警中构建实时预想事故集的一般思路，并实时动态更新台风灾害下影响最大的电力设备集，为电力防灾减灾提供指导依据。考虑到台风灾害下影响输电线路最严重的因素为台风风速，熊军等依据预测的台风风速及输电线路本身的设计风速，采用分段函数进行输电线路故障概率模拟，然而该研究并没有考虑到输电线路所处的地理位置特征。李锐提出突发事件下配网停电风险计算方法，并确定突发事件的预警级别，但未考虑微地形对停电风险的影响。王永明等研究电力线路风荷载，提出台风灾害下线路杆塔的故障分析模型，但未考虑地理信息对故障事故的影响。然而微地形信息往往亦会对电力损失造成影响，为此包博考虑输电线路微地形条件，并依据微地形特征对评估区域的风速进行修正，以修正后的台风风速作为输电线路台风灾害风险预警模型的输入量。但为了简化分析计算，研究对地形特征做了一定简化处理。陈莹等将地理高程信息与电力输电通道路径地理信息相融合，构建了短时输电通道结构失效概率评估模型，然而仅考虑了地理高程信息对失效模型进行修正，并没有考虑土地覆盖类型等因素。综上，模型驱动通过分析电力受损机理，构建结构失效数学模型，当影响因素较多时，构建精确的物理模型较为困难，并且所构建的模型异常复杂，难以求解，为此往往对较多因素进行简化处理，简化模型的同时也损失了一些因素全貌特征。

实际情况表明，灾害下电力受损往往受到较多因素的影响，考虑单一因素建模难以满足应急防灾的需求，随着电力灾害损失数据的增加及统计分析技术的发展，较多学者通过提取历史的台风灾害样本数据，通过对样本数据的挖掘分析，提出了基于数据驱动的电力故障模型。Liu 等首次将统计学习模型应用于飓风天气下电力停运评估，分别提出广义线性模型及广义线性混合模型，但是研究主要注重模型的拟合效果，并没有对预测的精度进行过多关注。Quiring 等基于分类回归树（Classification and Regression Tree，CART）主要研究了土壤及地形对用户停电的影响，但没有注重对预测精度的提升。Liu 等考虑最大风速、风速持续时间、降雨量等影响因素，利用累积时间故障模型进行飓风下电力停运事故预测。薛禹胜等充分考虑气象、地理及社会信息，建立了自然灾害下的设备故障率模型。Gutwin 提出了基于故障树的电力系统覆冰风险评估模型，实现了输电线路风险、线路断线与杆塔倒塌等情况的有效评估。Guikema、Ramder 等利用影响电力系统的相关公开数据，通过数据挖掘的方法建立灾害下电力故障率预测模型。李彦斌等利用 Logistic 回归分析建立有历史数据支持的气象因子引发的故障率模型。针对配网故障影响因素较多的问题，张稳等提出了一种计及天气因素的配网故障停电风险等级预测方法，但仅对风险等级进行分类，没有过多考虑区域等因素。朱清清等考虑元件运行时间及所在区域等要素，基于支持向量机（Support

Vector Machine，SVM）及灰色预测技术，提出输电线路运行可靠性预测模型。Zhu 等对风暴下电力故障数量进行预测，然而不能预测故障的空间分布情况。张勇军等综合考虑暴风、暴雨及高温等天气因素，提出基于模糊聚类和相似度的电力系统原始参数预估模型，该模型考虑了大部分气候因素，但没有进一步对电力受损状况进行评估。一些学者为提高预测精度，先对预测区域进行一定的网格划分。Liu 基于地理网格划分，使用负二项回归模型预测飓风下用户停电数量。Wanik 基于天气及土地覆盖类型等数据，利用提升树（Boosted Trees）对 2km 网格的电力停运空间分布进行预测。然而网格划分较大，网格内变量特征值变化较大，导致获取的样本数据不够准确，进而影响最终的预测精度。

纵观国内外自然灾害（尤其是飓风及台风灾害）下电力损失预测评估的研究现状，研究模式主要有物理驱动及数据驱动两种。其中物理驱动模式主要是对电力在台风灾害下的承灾能力进行物理建模分析，致力于构建反映电力损失（倒杆、断线及用户停电等）与各影响因素的精确数学函数；而数据驱动模式主要基于历史的各项灾害损失数据，并采用数学统计方法，致力于发现自变量（各影响因素）与因变量（电力损失指标）之间的变化规律。虽然台风灾害下电力损失预测评估的研究较多，但仍存在一些问题：

①由于主网灾害损失数据的匮乏，国内输电线路的研究较多采用模型驱动，综合考虑的影响因素较少或大多采用简化的形式处理。仍需对各种影响因素加以综合分析，以提高台风灾害下输电线路失效预测评估的精度。

②台风灾害下配网损失主要来源于杆塔倒断及用户停电事故，目前国内较少有文献针对用户层面进行损失预测评估。为了更好地进行电力台风灾害防御及处置策略制定，有必要对台风灾害下用户停电损失进行评估预测，主要包括用户停电区域的预测评估及用户停电数量的预测评估，有效的用户停电空间分布及停电数量预测有利于应急资源的合理调配，减小电力灾后恢复时间，减小用户的停电时间，增加用户的用电满意度。

3.5.4 暴雨洪涝灾害电力损失评估技术

电力系统存在于自然环境和社会环境中，受到自然环境和社会环境的影响。近年来，各种洪涝灾害频繁发生，给电力系统的安全带来了严重威胁。分析洪涝灾害对电力系统的影响是评估洪涝灾害下电力行业设备损失及停电经济损失的关键。Dan R. Banks 等针对洪涝灾害对电力系统的影响，提出了基于时间维的灾害影响评估方法，通过分析美国阿什维尔地区 2003 年 5 月 16 日的暴雨洪涝灾害中电力设备损坏数据，验证了评估方法的可行性。有些学者针对美国加纳地区的电力系统运行的可靠性展开了研究，通过 GIS 收集了当地 15 次由暴雨引发的洪涝灾害下的气象数据，以及变压器、绝缘子等主要电力设备的受损数据，并基于 BP 神经网络理论，分析了降雨强度对变压器、绝缘子等主要电力设备的影响。还有些学者针对电力系统的安全运行，充分考虑气象因素、地理因素对电力设备的影响，收集了威明顿地区 1985 至 2005 年 18

次洪涝灾害下的气象、地理以及电力数据，基于统计分析理论，建立了洪涝灾害对电力系统的发电、输电、配电设备影响的线性混合模型。

输变电线路是电力的重要组成部分，它不仅是输送和分配电能的载体，还能将几个电力连接起来，形成庞大、复杂的电力系统。暴雨引发的洪涝灾害直接破坏输电线路、变电站等输变电设施，另外由于排水不畅引起的地基下沉也会影响电力基础设施的运行，造成电力系统输变电线路发生停运故障。输变电线路故障是电力故障的主要诱因，一旦单条电力线路发生故障，可能产生连锁反应，影响整个电力系统的运行。目前针对输变电线路停运故障已有初步的理论研究和工程应用。张奇等分析和研究500 kV高压输电线路的各种运行故障原因，提出了将避雷器与绝缘子连接以降低绝缘子雷闪概率等措施，以保证输变电线路的安全可靠运行。张东山等针对35 kV及以上输电线路故障及原因进行统计，对由外力破坏、覆冰等原因引起的输变电设备故障进行了分析。张颖等针对输变电线路的安全可靠运行特性，分析了暴雨灾害下造成变压器故障的常见原因，并基于BP神经网络，建立了暴雨灾害下变压器故障的预测模型。

另外，当电力遭受自然灾害袭击，造成输电线路、变电站和发电厂等电力设施停运时，可能导致部分线路的传输功率和母线电压越限。在这种情况下，及时切除部分负荷是保证电力系统安全稳定运行的主要措施之一。电力系统的切负荷损失评估是以电力系统的切负荷调度为基础，计算出电力系统的切负荷损失。目前针对电力系统的切负荷研究已取得一定的理论成果和工程应用。陈兴华等提出电力发生严重故障后的切负荷原则，并相应地介绍了两种算法：轮次法和权重法。通过对比分析，轮次法在满足五项原则的前提下，采用全局逼近方法，大幅度减少系统安全稳定运行的切负荷量，有效降低电力故障情况下系统和用户的损失。毕兆东等基于数值积分法，给出了考虑暂态稳定约束的切负荷量的灵敏度计算公式，并在此基础上提出基于数值积分灵敏度的切负荷控制算法。徐珊等提出了一种基于功率缺额灵敏度分析的切负荷算法，根据故障后网络结构求取功率缺额对负荷功率的灵敏度，并按灵敏度数值大小选择切负荷顺序。以上研究均采用等量微增法求解最优切负荷。基于最优控制理论，各种紧急控制决策问题均可描述为以控制代价最小为目标，以保证系统安全稳定运行为约束条件的最优问题。王健全等将切负荷问题描述为最优问题，考虑用试凑法来解决切负荷量计算量大的问题，在最优控制理论的基础上，提出了一种决定最优切负荷的系统化算法，在保持系统稳定的前提下，使得总切负荷量最小。王菲等提出一种基于电力安全的紧急控制最小切负荷计算方法，其计算速度优于传统线性规划方法。该方法通过安全域边界的超平面描述，确定越限支路最有效的负荷节点和发电节点对，并针对该节点对，计算出排除线路越限的最小切负荷量。王刚等在确保电力控制的安全性和经济性的条件下，提出一种新的紧急切负荷算法，即逐次优化算法。该方法综合考虑切负荷量最小、有利于系统暂态稳定性的提高，并通过IEEE-39节点和上海电力系统的算例证明该算法的有效性。

洪涝灾害方面，发达国家在很早就已经开始进行相关的洪灾损失计算工作。美、

日、法等发达国家针对洪涝灾害损失的评价开展了细致和全面的研究和调查项目。在发达国家和地区，人们广泛购买洪灾保险，评估洪涝损失所必需的社会经济相关信息和各产业资产的易损度信息等统计信息较为齐全，为及时高效地对洪涝灾害损失情况做出评价提供了数据支持。20世纪60年代以来，美国政府广泛开展了深入的洪泛区管理问题研究，并摸索出了一套完整的洪水灾害损失评估办法。1978年，美国的Ruell Lee在前人开发建立的模拟模型的基础上，求解出了多种不一样类型财产的新曲线，被称作平均曲线。这种曲线被广泛运用到洪水灾害的损失计算中。20世纪90年代，Jonge采用GIS研究了洪水损失的评价和运算方法；同一时期的Proferi采用Landsat遥感数据开展了洪水灾害损失评估；日本的Srikantha Herath采用地理信息技术以及遥感技术结合分布式水文模型进行了洪水的淹没计算以及相关的损失评价研究。

3.5.5 雨雪冰冻灾害电力损失评估技术

输电线路冰覆冰引起的故障主要有舞动、导地线覆冰闪络（地线断股断线）、绝缘子覆冰（雪）闪络、脱冰跳跃闪络等，覆冰严重甚至会引起杆塔倒塌等事故，严重危及人民的用电安全和生命安全。如图3-24（a）~（d）为输电线路覆冰以及由线路覆冰故障所引起的各类事故情况。

(a) 覆冰　(b) 倒塔

(a) 杆塔过荷载　(d) 地线过荷载

图3-24　输电线路覆冰及覆冰故障

输电线路覆冰故障危害着各个国家的用电安全，给人民的日常生活带来诸多不便，给社会造成难以挽回的经济损失。近年来，国内外大批的专业学者对输电线路覆冰预测问题进行了钻研探讨，其中典型的研究成果主要可分为两大类别，一种是基于覆冰机理研究的数值模型，另一种是基于实时统计数据的预测模型。其中典型的研究成果包括 Imai 模型、Lehard 模型、Goodwin 模型、McComber 和 Govoni 雾凇及冰模型、Makkonen 热平衡模型等。Imai 认为导线的覆冰情况属于湿增长的过程，温度的相反数与单位长度的线路覆冰增长率成正比关系，并且与降水量及其他的微气象因素无关。Lehard 通过研究得出降水量与线路覆冰厚度增长成比例增长的线性关系模型。Goodwin 则认为导线的覆冰情况属于干增长状态，假设此时的冻结系数为 1。单位时间的覆冰增长量与过冷却水滴的冲击速度、空气中的液水含量以及冰的密度有关系。McComber 和 Govoni 通过雾凇实验得出线路覆冰厚度增长与风速、风向、空气中的液体含量、实时气温以及导线半径等参数的数值模型。Makkonen 建立了热平衡方程式，通过热力学的理论，对输电线路覆冰导线的热传导过程进行了深入探讨，并在此基础上建立了复杂的数值计算模型，考虑了风速、环境温度、当前的降水量、导线直径、风与导线的夹角、覆冰时间等因素。Krishnasamy S，Savadjiev K，Farzaneh M 等人对于现场采集到的导线的覆冰数据进行统计分析处理，综合考虑了影响到导线覆冰量的众多因素，对于线路覆冰增长模型有了精确把握。

国外的众多研究人员在研究输电线路覆冰增长的数值模型的基础上，同样通过架设试验导线，进行人工气候模拟实验的方式，对于输电线路覆冰的机理及影响因素等进行了更为全面的实践与探讨。其中 G. Poots 等人通过实验探讨了导线扭转、升力、阻力、积雪率等参数对于线路覆冰厚度及覆冰形状的影响。M. Farzaneh 等人通过架设在加拿大魁北克省试验导线的观察，收集和分析整理了若干年的线路覆冰和微气象数据，并且在此基础上建立了各微气象因素与线路覆冰增长量之间的回归模型。日本某科学机构通过实施风洞实验，对于覆冰导线周围的环境温度、风速、雪花中液态水的含量、环境湿度等参数进行了实施监测，理论探讨了各个监测参量值对于覆冰导线的影响。近年来，基于历史覆冰数据的智能算法研究也相继进行，Bogdan Ruszczak 等人分析比较了不同的气象因素对于线路状态和各个设施的影响程度。

我国自 1954 年有覆冰灾害记录以来，相关电力部门及高校的科研人员对输电线覆冰及除冰工作进行了大量的研究。我国通过大量的实践工作，制定了《重覆冰架空输电线路设计技术规程》，对输电线覆冰荷载、路径的取值，线路防覆冰措施、线路防断线措施以及杆塔防倒措施等方面都做出了明确的规定。重庆大学通过模拟覆冰试验，在人工气候工作室条件下，模拟出不同的气象参数下导线覆冰的变化情况，通过试验统计分析了气候参数以及覆冰时间对导线覆冰厚度的影响，并且讨论不同型号的导线对覆冰的影响，在热平衡理论的基础上建立了热平衡方程式。自 2008 年我国发生重大冰灾事故以来，我国防灾减灾工作室人员通过对于湖南省线路覆冰监测数据进行研究，在线路覆冰的监测技术及融冰技术等方面取得了重大进展。研究人员提出利用小波分析的图像识别方法来识别输电线路的覆冰厚度，该方法选择三阶 B 样条函数作为平滑函数构造小波基对覆冰图像进行多尺度边缘检测，再利用 Hough 变换来连接整个图像检测边缘，通过对比覆冰前后的厚度差来计算输电线路的覆冰厚度。但是由于线路覆冰雪情况存在偶然因素，现场的图像采集设备存在冰雪覆盖摄像头等情况。西安工程大学的研发团队和西安金源公司开发了基于倾角传感器和拉力传感器的覆冰厚度监测系统。研发了以拉力传感器和双轴倾角传感器为核心的覆冰在线监测装置，基于输电线路绝缘子的风偏角度和覆冰荷载，进而通过力学知识计算导线等值覆冰厚度。2006年，该装置在山西省忻州市的覆冰区的运行状况良好，并且多次检测到线路覆冰情况。

模拟导线法是指在被监测线路附近架设与其型号相同的导线，通过测量架设导线的厚度值来估算真实导线的覆冰情况。但是模拟的导线与真实的高空线路微气象因素有一定的差异，导致模拟导线的估计值有一定的误差。随着覆冰监测系统大量的投入运行，我国积累了一定的覆冰历史数据。于是，基于覆冰历史数据的研究工作也相继展开，华北电力大学的卢锦玲将覆冰监测的历史数据与微气象之间建立模糊推论，综合评估线路的覆冰情况。武汉大学的林刚等人利用卷积神经网络对覆冰图像处理确定覆冰厚度。华北电力大学的刘畅在马尔可夫理论基础上，针对线路的具体情况，实现对线路覆冰厚度值的短期和中长期预测。西安理工大学的任源选择了极限学习机（Extreme Learning Machine，ELM）神经网络模型和基于粒子群优化的支持向量机（Support Vector Machine，SVM）模型对输电线路的覆冰厚度进行了预测，并分析比较了预测结果，对预测结果进行了分析研究。

4 电力应急指挥信息系统设计

4.1 建设目标

电力应急指挥信息系统是全面支撑电力常态应急管理、突发事件应急指挥，涉及多层面、多专业的综合业务应用，贯穿突发事件应急处置预防与应急准备、监测与预警、应急处置与救援、事后恢复与重建四阶段，服务于突发事件应急处置全流程。

电力作为关系国计民生的基础行业，电力应急指挥信息系统建设应以“贯彻国家及行业相关部门关于应急管理工作的要求，紧密结合电力企业特点和实际，充分利用现有资源，利用先进的信息通信技术整合企业数据流、应急业务流，建设以应急指挥中心为核心，突发事件现场为延申，横向集成、纵向贯通、技术先进、功能完善、信息全面的应急指挥体系，研发智慧电力应急指挥信息系统，积极推进我国应急指挥体系和能力现代化”为目标。系统功能覆盖电力企业突发事件应急处置“预防与应急准备”“监测与预警”“应急处置与救援”“事后恢复与重建”四阶段，满足电力常态应急管理、突发事件应急指挥工作需要，从桌面端与移动端全面支撑应急工作，实现应急工作的实时化、自动化、智能化、可视化，提高电力企业突发事件应急处置能力，提高电力企业与政府及相关行业资源共享、联动处置能力，切实保障电力系统的安全稳定运行，防止大面积停电事故的发生，降低突发事件造成的损失并快速恢复电力系统运行，提高电力企业形象和承担社会责任的能力。

4.2 设计原则

为确保能有效支撑电力应急指挥信息系统的建设、实施和运行，系统设计遵循以下基本原则：

(1)“平战结合”原则

应急指挥信息系统设计与建设应遵循“平战结合”的原则。平时作为常态应急管理辅助工具，开展日常信息报送、应急培训、应急演练等工作；战时作为突发事件应对指挥、决策支撑工具，开展突发事件影响预测分析、预警及应急响应全流程跟踪管控、重要活动保电等工作。

(2)“先进实用”原则

应急指挥信息系统在技术上应遵循“先进实用”原则。充分利用现有资源，在实用的基础上考虑先进性和前瞻性，采用符合标准、先进成熟的应急安全与信息通信技术，以保持技术的适当领先，有效支撑电力应急相关工作，使应急指挥信息系统既能够最大程度满足当前电力企业应急工作需要，又能够适应应急工作今后的发展趋势。

(3)“标准开放”原则

应急指挥信息系统在架构选型上应遵循“标准开放”原则。系统设计应充分考虑电力应急业务大量数据共享需求，需提供标准统一的数据接口服务，为应急处置所需相关数据的获取与共享提供技术支撑；系统设计应兼顾电力应急业务发展趋势，强调系统的可扩展性，满足后期新业务扩展需求；系统设计应考虑在系统架构、系统容量、通信能力、产品升级、数据处理等方面具备良好的可扩展性和灵活性。

(4)“安全可靠”原则

应急指挥信息系统设计应遵循“安全可靠”原则，系统依据“分区、分级、分域”防护方针，在网络边界、网络环境、主机系统及应用环境四个层次实施安全措施防护，系统关键环节软硬件资源应采用数据异地备份容灾技术、双机热备、集群与负载均衡等高可靠性方案，保证系统运行的高度可靠。

(5)“用户友好”原则

应急指挥信息系统设计应遵循“用户友好”原则，系统设计应保证界面总体风格保持一致、系统操作顺序一致，同时支持用户根据个人特点灵活更换展示风格；系统设计应充分考虑用户信息行为、习惯和偏好等因素，使系统操作简单、方便、灵活。

4.3 业务架构

应急指挥信息系统是以人工智能技术、物联网技术、移动互联网技术、地理信息系统、计算机网络技术、融合通信技术、信息交互技术等信息通信手段为基础，具备数字化预案管理、应急知识管理、灾情预测分析、辅助应急指挥、事件调查分析等功能，软硬件相结合的综合性电力突发事件应对支持系统。应急指挥信息主要由桌面应用与移动应用两部分组成，覆盖突发事件应急处置预防与应急准备、监测与预警、应急处置与救援、事后恢复与重建四个阶段，为电力突发事件应急指挥工作提供全方位技术支持。应急指挥信息系统一般部署于电力企业应急指挥中心，是应急指挥及应急日常业务管理的重要工具，其提供的功能可提高应急指挥工作效率，减少电力突发事件带来的损失，提高电力企业的应急工作水平。系统建设基于全面的内外部信息集成、成熟的基础环境支撑及准确的关键模型开展，应急指挥信息系统业务架构如图 4-1 所示。

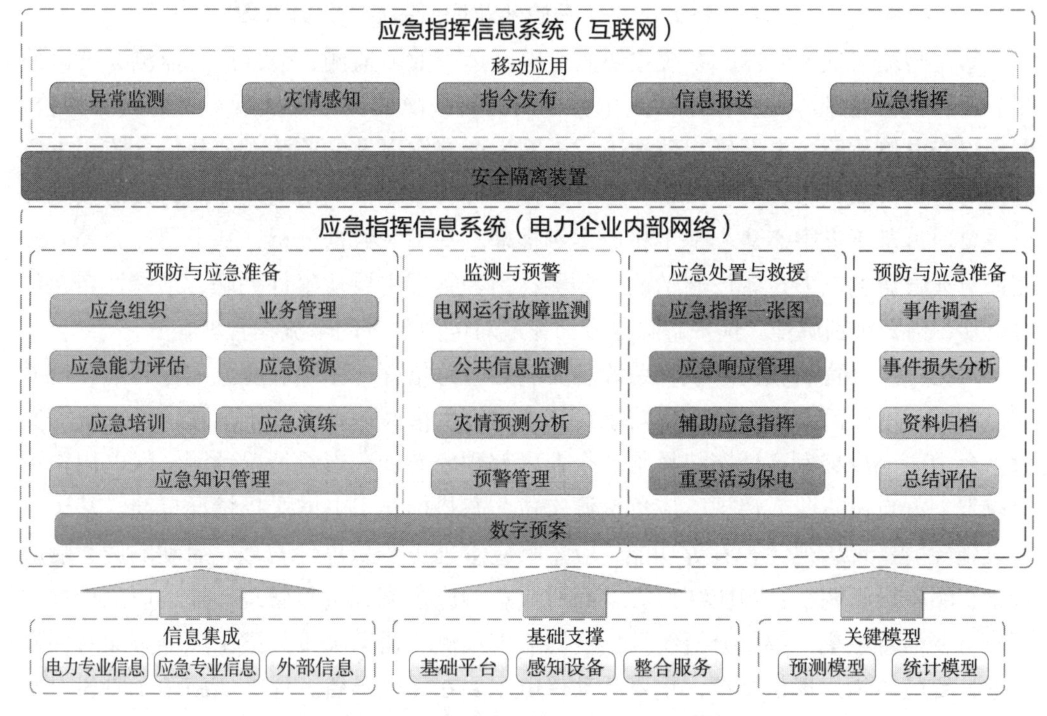

图 4-1 应急指挥信息系统业务架构图

4.3.1 桌面应用系统

应急指挥信息系统桌面应用是系统的核心部分，其贯穿突发事件应急处置全部四个阶段。其中：数字化应急预案作为突发事件应对的指导性文件，贯穿事件应对全过程，在对传统文本预案进行数字化拆解的基础上，主要满足重要危险源分析、预警行动任务精准推送、预警行动任务反馈、响应行动任务精准推送、响应行动任务反馈、处置过程自动评价等业务需求。

①在预防与应急准备阶段，系统主要满足应急组织管理、业务管理、应急能力评估、应急资源管理、应急培训、应急演练、应急知识管理等业务需求。其中，应急组织管理包括对常设应急组织及临时应急组织的管理；业务管理包括对工作计划、文件通知、常用报表、应急值班等日常性应急相关工作的管理；应急能力评估贯穿应急能力评估工作全过程，主要实现应急能力指标管理、专家查评、专家复查评、应急能力评估报告自动生成；应急资源管理主要完成对应急队伍、应急专家、应急物资、应急装备等资源的管理；应急培训从应急队伍救援、设备抢修、电力安全作业、安全警示教育、安全风险体验等方面对应急指挥人员、现场抢修人员开展虚拟现实、在线视频等多种类型的能力培训；应急演练基于多种突发事件情况，提供对小规模桌面推演、突击式无脚本演练、预案验证式演练、大规模综合演练提供技术支持；应急知识管理主要基于应急相关法律法规、规章制度、标准文件、典型案例等构建应急知识库，支

持对应急指挥人员、现场抢修人员快速准确地获取所需应急相关知识。

②在监测与预警阶段，系统主要满足电网运行故障监测、公共信息监测、灾情预测分析、预警管理等业务需求。其中，电网运行故障监测主要实现对电网设备预警、电网输变电侧故障、电网用户侧故障、电网生产突发事件的监测；公共信息监测主要实现对常规气象预报、灾害预警、社会突发事件、重要保电活动的监测；灾情预测分析主要通过基于灾害态势、基于相似案例推理、基于大数据分析、基于图计算等方式完成对灾害影响电力设备设施情况的预测；预警管理主要从事件关联、预警发布、预警行动、预警级别调整、预警解除等方面完成对电力预警的全流程管理。

③在应急处置与救援阶段，系统主要满足应急指挥一张图、应急响应管理、辅助应急指挥、重要活动保电等业务需求。其中，应急指挥一张图基于地理信息系统等支撑平台主要完成突发事件态势叠加、企业内部预警叠加、影响情况预测、保电用户情况查看、重点设施浸入巡视、应急资源定位、态势标绘、电网受损情况标绘、基于电力设施导航、现场视频查看等功能；应急响应管理主要从事件管理、启动响应、响应行动、响应级别调整、响应结束等方面对应急响应全流程进行管理；辅助应急指挥主要从重要信息汇集、数据分析统计、资源需求预测、辅助决策方案生成等方面对突发事件处置应急指挥提供支撑；重要活动保电主要在保电准备、保电实施两个阶段对供电保障工作提供全方位支撑。

④在事后恢复与重建阶段，系统主要满足事件调查、事件损失分析、资料归档、典型案例生成、总结评估等业务需求。

4.3.2 移动应用系统

应急指挥信息移动应用系统为系统的重要组成部分，是桌面应用的延伸及有效补充，其同样贯穿突发事件应急处置全部四个阶段。移动应用主要满足应急知识查询、预警管理、异常监测、灾情感知、视频会商、指令发布、信息报送、应急指挥等移动端业务需求。

为确保应急指挥信息系统可有效支撑电力突发事件应对工作，需从信息集成、集成支撑、关键模型等方面对系统提供支持。

①在信息集成方面，系统主要需要来自电力专业信息、应急专业信息、外部信息等三方面的支持。其中，电力专业信息主要包括变电站信息、线缆信息、杆塔信息、台区信息、电力用户信息、物资仓库信息、电网负荷信息、电网拓扑图、地理接线图等内容；应急专业信息主要包括应急预案、应急组织、应急队伍、应急专家、应急车辆、应急物资、应急装备、应急仓库等内容；外部信息主要包括常规气象、典型灾害、公共事件、重要活动、交通路况、专业卫星信息等内容。

②在基础支撑方面，系统主要需要来自基础平台、感知设备、融合服务等三方面的支持。其中，基础平台主要包括企业内部的业务中台、技术中台、数据中台等基础平台；感知设备主要包括智能终端、物联网传感器、无人机等感知设备；融合服务方

面主要包括视频融合、音频融合、及时通信等服务。

③在关键模型方面，系统主要需要来自预测、统计两方面的支持。其中，预测模型主要包括态势预测模型、损失预测模型、需求预测模型；统计模型主要包括灾损统计模型、灾损设备设施恢复统计模型、抢修力量投入统计模型。

4.4 应用架构

应急指挥系统是涉及多层面、多专业的跨部门综合管理应用系统。以内部集成信息、外部接入信息及关键预测模型为支撑，以数字化应急预案为基础，以预防与应急准备、监测与预警、应急处置与救援、事后恢复与重建四大应用模块为主要应用业务，配合移动应用进行整体应急工作的日常应急值班和应急状态的监测预警、应急处置，并实现应急工作人员的内外网数据穿透及移动应用办公，为应急指挥提供更加科学、更加精益化的手段。

系统的应用架构分为基础支撑模块、业务应用模块和移动应用模块。其中基础支撑模块主要包括信息集成、基础支撑和关键模型；业务应用模块主要包括数字预案、预防与应急准备、监测与预警、应急处置与救援、事后恢复与重建；移动应用模块主要包括具体的移动应用业务部分（图 4-2）。

①基础支撑模块中的信息集成包含电力专业信息、应急专业信息和外部信息，其中电力专业信息需要集成变电站信息、台区信息、电网负荷信息、线路信息、用户信息、电网拓扑图信息、杆塔信息、物资仓库信息、地理接线图信息等；应急专业信息需要集成应急预案信息、应急专家信息、应急物资信息、应急组织信息、基干队伍信息、应急装备信息、应急车辆信息、抢修队伍信息、应急仓库信息等；外部信息需要集成常规气象信息、重要活动信息、公共事件信息、专业卫星信息、典型灾害信息、交通状况信息等。基础支撑包含基础平台、感知设备、融合服务，其中基础平台有业务中台、技术中台、数据中台，感知设备有智能终端、传感器、无人机，融合服务有视频融合服务、音频融合服务、即时通信服务。关键模型包含预测模型和统计模型，其中预测模型有态势预测模型、损失预测模型、需求预测模型，统计模型有灾损统计、恢复统计、投入统计。

②业务应用模块主要是数字化预案、预防与应急准备、监测与预警、应急处置与救援、事后恢复与重建。数字化预案包括重要危险源分析、预案分解规则、应急预案数字化、预警行动任务措施精准推送、预警行动任务反馈、响应行动任务精准推送、响应行动任务反馈、处置过程自动评价；预防与应急准备包含应急组织、应急知识管理、应急能力评估、应急培训、应急演练、业务管理、应急资源，应急组织有常设组织、临时组织，应急知识管理有应急制度、典型案例、应急知识库，应急能力评估有应急能力指标管理、专家查评、专家复查评、应急能力评估报告，应急培训有应急队

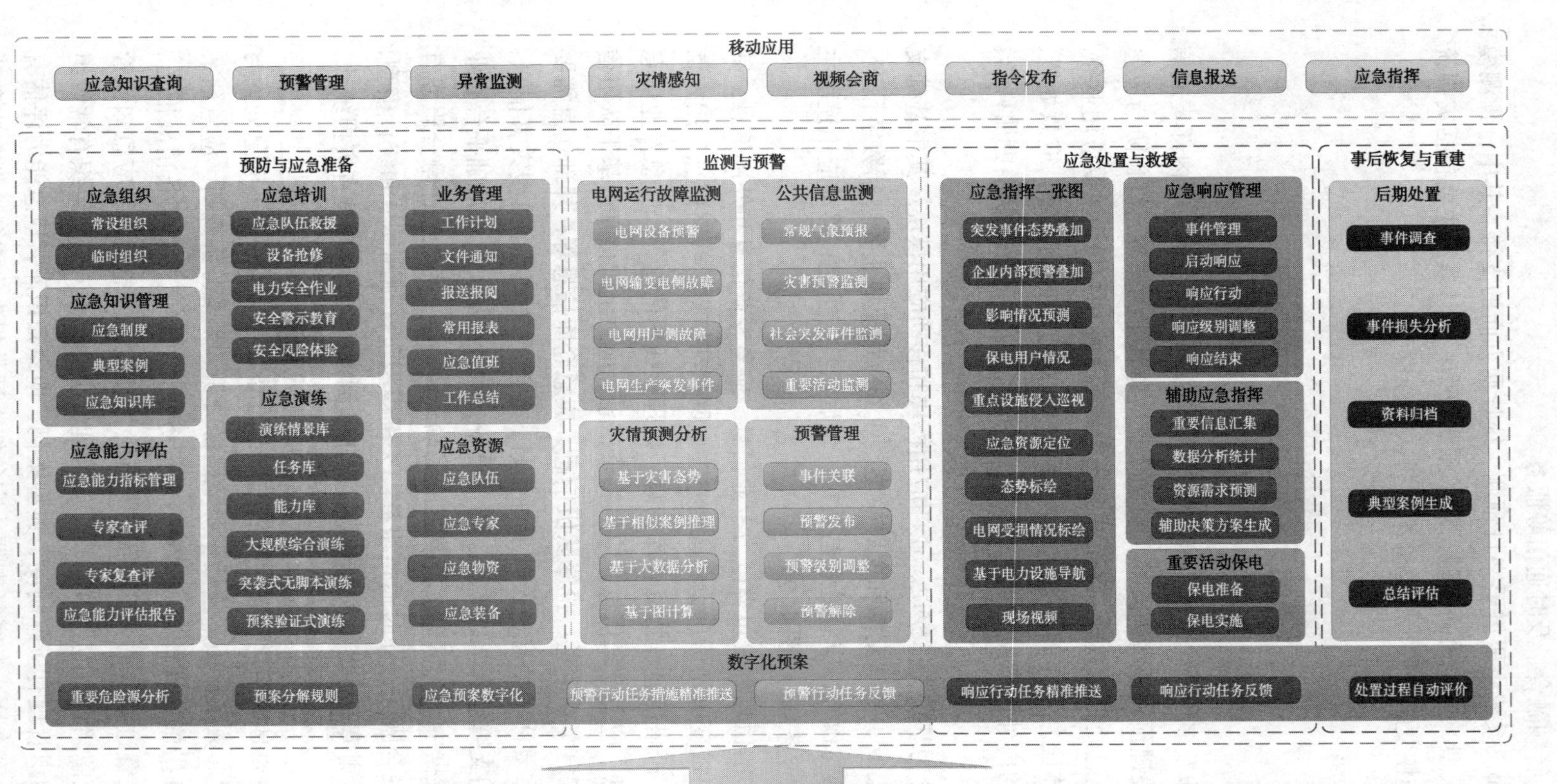

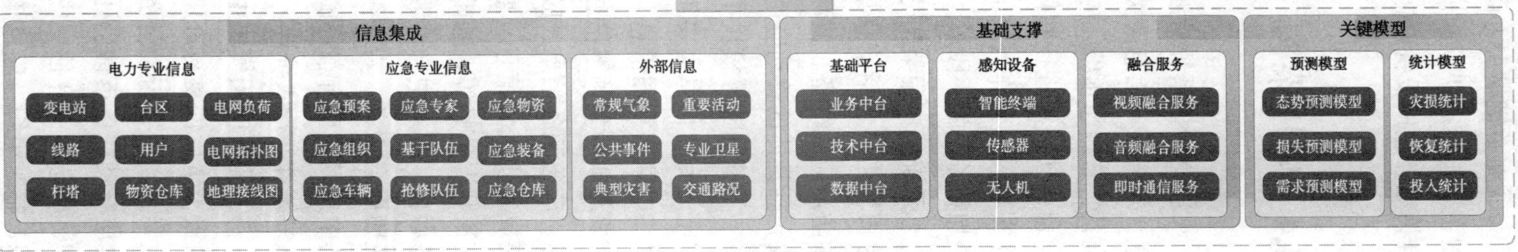

图 4-2 应急指挥信息系统应用架构

伍救援、设备抢修、电力安全作业、安全警示教育、安全风险体验，应急演练有演练情景库、任务库、能力库、大规模综合演练、突袭式无脚本演练、预案验证式演练，业务管理有工作计划、文件通知、报送报阅、常用报表、应急值班、工作总结，应急资源有应急队伍、应急专家、应急物资、应急装备；监测与预警包含电网运行故障监测、公共信息监测、灾情预测分析、预警管理，其中电网运行故障监测有电网设备预警、电网输变电侧故障、电网用户侧故障、电网生产突发事件，公共信息监测有常规气象预报、灾害预警监测、社会突发事件监测、重要活动监测，灾情预测分析有基于灾害态势、基于相似案例推理、基于大数据分析、基于图计算，预警管理有事件关联、预警发布、预警级别调整、预警解除；应急处置与救援包含应急指挥一张图、应急响应管理、辅助应急指挥、重要活动保电，应急指挥一张图有突发事件态势叠加、企业内部预警叠加、影响情况预测、保电用户情况、重点设施侵入巡视、应急资源定位、态势标绘、电网受损情况标绘、基于电力设施导航、现场视频，应急响应管理有事件管理、启动响应、响应行动、响应级别调整、响应结束，辅助应急指挥有重要信息汇总、数据分析统计、资源需求预测、辅助决策方案生成，重要活动保电有保电准备、保电实施；事后恢复与重建主要是后期处置，后期处置有事件调查、事件损失分析、资料归档、典型案例生成、总结评估。

③移动应用模块包含应急知识查询、预警管理、异常监测、灾情感知、视频会商、指令发布、信息报送、应急指挥等。

4.5　技术架构

技术架构是基于面向服务架构思路，实现信息、应用、流程横向贯通，支持应用架构优化和提升的技术平台架构。

电力应急指挥信息系统根据业务架构与数据架构的定义，并结合应用架构来进行技术架构的设计工作。电力应急指挥信息系统技术架构先从技术路线选型，再从逻辑模型、运维模型等几个方面进行技术架构设计，定义各个信息基础设施之间的关系，从底层基础到上层应用，明确给出了技术多层架构的具体细项以及全流程应用的相关安全防护技术，从宏观和微观角度分析信息系统的发展过程和技术要求，并为保障和支撑应用及数据提供一个可实现的基础。

4.5.1　技术路线选型

电力应急指挥信息系统开发平台宜选用符合本单位各项规范要求的开发平台，以确保如下优势：

①开发效率高、研发周期短。具有强大的技术支持团队对公司统一开发平台开发过程进行支持，并且开发人员对利用公司统一开发平台技术业务实现的熟悉度高，减

少了开发过程中实现的难度，缩短了开发周期，减少了成本投入。

②技术成熟。采用符合本单位各项规范要求的开发平台的设计思想模型驱动和构件化，开发模式上采用业务场景驱动开发的模式；工作流支持动态扩展，支持角色定义；业务构件丰富，满足多方面的业务需要。

③可扩展性好。相关组织机构同步采用成熟的标准流程，减少后期维护工作；角色类型任务与权限管理规范化，适应性比较强，并且具有高效的日志审计功能；由于公司统一开发平台的组件插件化，具有很好的可扩展性，满足系统后期发展。

④用户基础好。由于采用和以往信息业务相同的开发技术平台，使得用户操作熟练，容易接受，也有利于后期管理业务的整合。

4.5.2 逻辑模型

电力应急指挥信息系统使用符合本单位各项规范要求的开发平台进行开发，开发平台一般可采用 JavaEE 路线的企业级应用系统开发和运行支撑平台，它负责提供应用系统开发过程中所需的各项基础技术组件和业务组件，并在应用系统的运行期提供安全、稳定的运行支撑环境。一般来说，电力应急指挥信息系统可采用多层架构的设计思路，技术架构如图 4-3 所示：

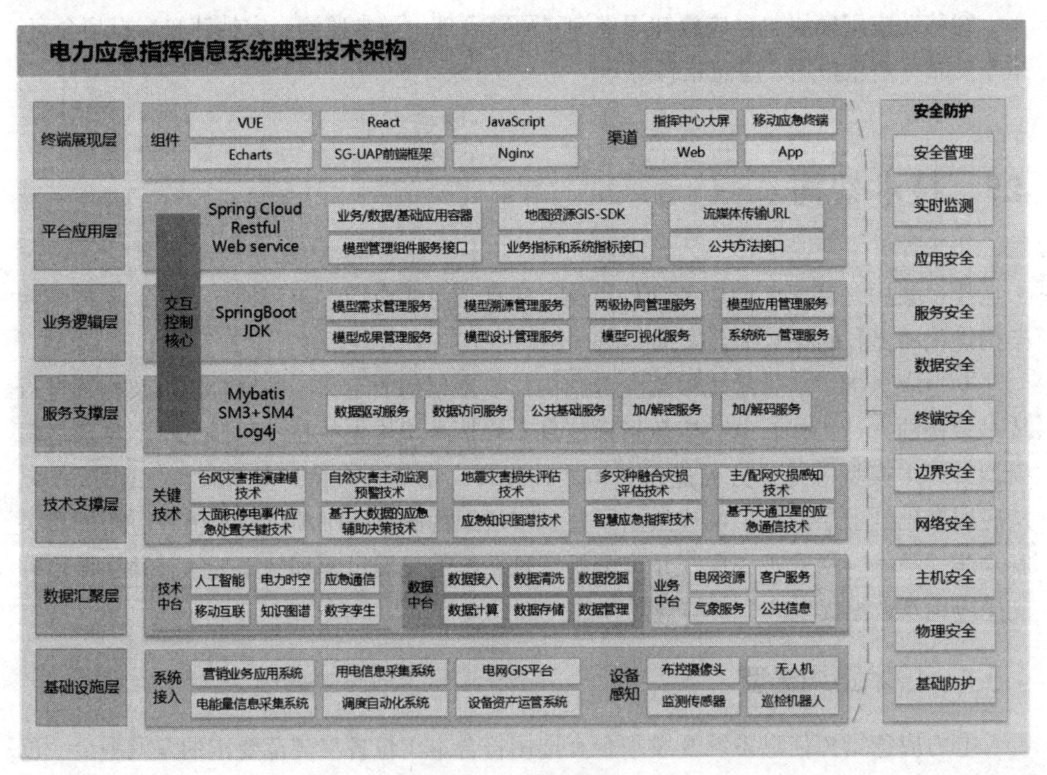

图 4-3 技术架构图

从图4-3可以看出，采用多层架构并考虑安全防护的电力应急指挥信息系统从下至上分别由基础设施层、数据汇聚层、技术支撑层、服务支撑层、业务逻辑层、平台应用层、终端展现层构成，各层功能如下。

①基础设施层由软件部分的系统接入和硬件部分的设备感知两部分构成，通过集成各类电力业务信息系统，接入布控摄像头、无人机、监测传感器、巡检机器人等硬件设备，实现电力应急指挥信息系统的数据源。

②数据汇聚层主要功能是汇聚企业效能和业务相关的指标数据，主要由技术中台、数据中台、业务中台三部分构成，其中技术中台通过人工智能、移动互联、电力时空、知识图谱、应急通信、数字孪生等先进技术手段对数据中台进行技术支撑，支撑数据中台的数据接入、清洗、挖掘、计算、存储、管理各项功能，实现业务中台电网资源、客户服务、气象服务、公共信息等各项数据汇总。

③技术支撑层主要以具体的关键技术为依托，涉及台风灾害推演建模技术、自然灾害主动监测预警技术、地震灾害损失评估技术、主/配网灾损感知技术、大面积停电事件应急处置关键技术、基于大数据的应急辅助决策技术、应急知识图谱技术、智慧应急指挥技术、基于天通卫星的应急通信技术等。

④服务支撑层主要以Mybatis、SM3+SM4.Log4j为技术基础，构建数据驱动服务、数据访问服务、公共基础服务、加/解密服务和加/解码服务等支撑服务。

⑤业务逻辑层主要以SpringBoot、JDK为技术基础，构建模型需求管理服务、模型溯源管理服务、两级协同管理服务、模型应用管理服务、模型成果管理服务、模型设计管理服务、模型可视化服务、系统统一管理服务等业务逻辑。

⑥平台应用层主要以Spring Cloud、Restful、Web service为技术基础，设计或利用业务/数据/基础应用容器、地图资源GIS-SDK、流媒体传输URL、模型管理组件服务接口、业务指标和系统指标接口、公共方法接口等平台应用。

⑦由服务支撑层、业务逻辑层、平台应用层共同构建系统交互控制核心，负责运用底层技术，集成各类功能接口交互及效能指标控制，支撑终端展现层请求，实现系统可视化运行。

⑧终端展现层主要由组件和渠道构成，可使用VUE、React、JavaScript、Echarts、SG-UAP前端框架、Nginx等组件为用户提供各类前端可视化交互接口，用户可以通过指挥中心大屏、Web页面、移动应急终端、手机App等实现与系统的交互。

⑨安全防护贯穿系统架构全流程，包括安全管理、实时监测、应用安全、服务安全、数据安全、终端安全、边界安全、网络安全、主机安全、物理安全、基础防护相关功能，用以维护系统安全稳定运行。

4.5.3 运维模型

运维模型是工具和支持服务的集合，用于保证生产系统正常和有效的运行。运维模型包括如下所示元素：

①备份与恢复。备份和恢复操作保证系统可以从各种服务中断中恢复，不管是人为因素还是自然灾害。

②系统管理。确保物理环境和系统环境的妥善管理和保护，不受故障和灾难的侵害，以及不受人为因素的干扰和破坏。

③系统监控。监控网络 / 系统性能、运行，以及诊断和报告故障。

④系统维护。系统维护是指系统在运行过程中，为了系统的正常服务而进行的配置、参数管理、启 / 停机、清理过期数据等日常操作，以及数据、系统发生变更的维护等。

⑤规划与扩展。从环境中的不同系统元素收集利用数据，并规划硬件和软件能力需求；同时考察最初所做容量估计的准确性，总结经验数据，帮助进一步的容量规划与扩展。

通过构建运维模型，满足了系统设计要求，有效规范了系统正常运行维护的具体指标。

4.5.4 系统安全

系统安全应遵循“分区分域、安全接入、动态感知、全面防护”的安全策略，按照相应的等级保护要求进行安全防护设计，并根据业务系统的不断完善加强对访问页面或客户端的防护，最大限度保证系统的安全、可靠和稳定运行。

系统应与企业目录服务进行集成，实现统一身份认证、单点登录等功能；系统可获取目录服务中的用户，通过对目录服务中的用户授权，实现权限管理；系统应接入认证符合本单位安全接入规范要求的接口，提供的认证信息符合安全接入标准。

系统可根据不同的用户分别设置不同的权限，如系统管理员、组管理员和普通用户。系统管理员可以管理所有的权限配置、密码重置等内容，组管理员只能管理本组的权限分配，普通用户拥有最小的权限。同时，不同级别的普通用户的权限也有明显的区别；针对数据风险，系统用户账号及鉴别信息通过统一权限平台加密存储；系统业务信息应存储在数据库中，定期进行系统数据备份；系统也应提供访问日志和审计日志，能够详细记录获取系统访问用户和用户登录系统后进行的关键操作。

4.6 数据架构

根据应急业务部署需要，应急管理平台深化应用阶段数据构架如图 4-4 所示：

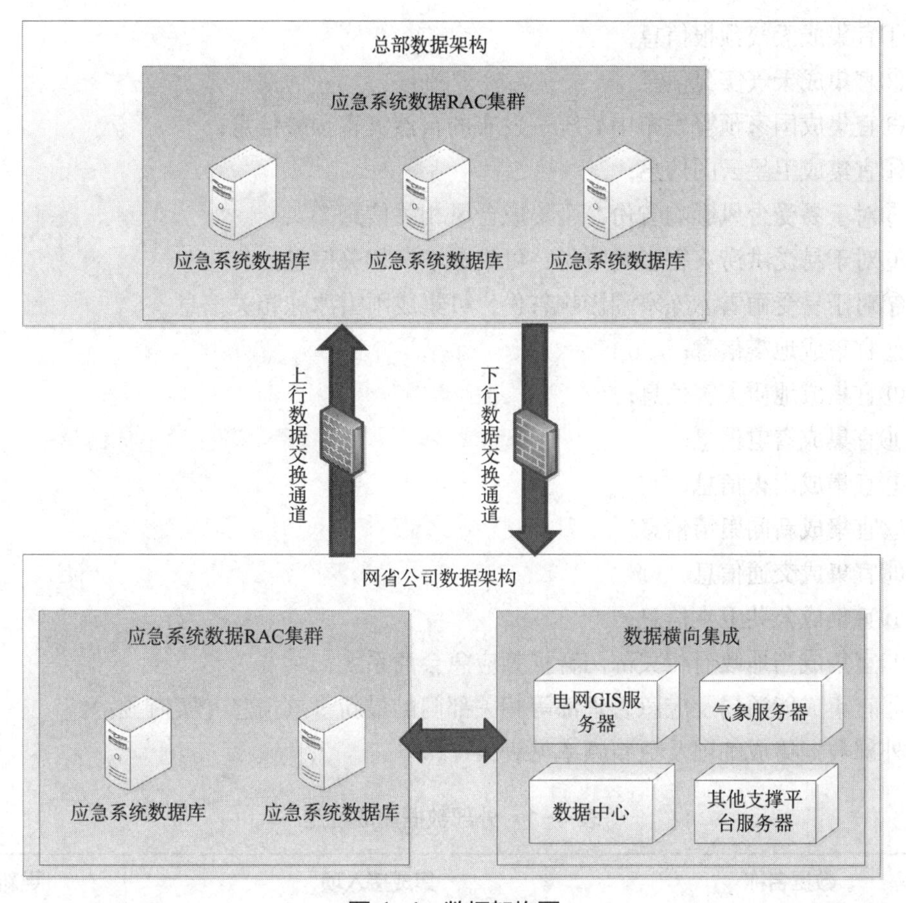

图 4-4 数据架构图

电力应急指挥信息系统数据架构分为一级单位和二级单位两级，二级单位系统通过横向集成从数据中心或者各平台取得综合数据，提供给相关应急业务使用，为保证数据传输集成的可靠性，采用 RAC 集群模式。同时，二级单位与一级单位也是纵向连通的，二级单位可以将本单位所属三级单位或工区、厂等数据上报给一级单位，一级单位也可以下发信息和事件给所属各单位，可根据一级单位的选择，下发信息和事件至不同下属单位。

4.7 数据接入

4.7.1 外部数据集成

应急指挥中心系统应具备集成相关外部数据信息的能力，集成数据信息应按照信息系统安全防护相关规定进行安全防护。具体功能要求如下：

①宜集成天气预报信息；

②宜集成天气实况信息；

③宜集成国家预警发布中心统一发布的自然灾害预警信息；

④宜集成卫星云图信息；

⑤对于易受台风影响省份，可集成台风相关信息；

⑥对于易受洪涝灾害影响省份，可集成水情相关信息；

⑦对于易受雨雪冰冻寒潮影响省份，可集成雨雪冰冻相关信息；

⑧宜集成地震信息；

⑨宜集成地质灾害信息；

⑩宜集成雷电信息；

⑪宜集成山火信息；

⑫宜集成新闻舆情信息；

⑬宜集成交通信息；

⑭宜集成公共卫生信息；

⑮宜集成当地政府相关部门音视频应急会商系统；

⑯宜集成能源局及应急管理部等相关部门的最新事故信息并实时显示。

外部数据集成细项及更新频率见表 4-1。

表 4-1　外部数据集成规定

序号	数据名称	集成接入项	更新频率
1	天气预报	城市名称、预报日期、最高温度、最低气温、风力、风向、降水	12 小时
2	天气实况	气象站名称、所在城市、预报日期、温度、湿度、风力、风向、降水、强天气现象	实时
3	自然灾害预警信息	预警类型、预警级别、预警发布时间、预警解除时间、预警发布单位、预警范围、预警内容	实时
4	卫星云图	数据时间、卫星名称、矢量卫星云图	1 小时
5	台风信息	台风名称、编号、开始编码日期、预报时段、台风中心经纬度、台风中心气压、台风中心最大风速、7 级风圈半径、10 级风圈半径、12 级风圈半径、台风移动速度、台风移动方向	1 小时
6	水情信息	流域名称、降雨量、洪涝灾害预警信息、洪涝灾害发展情况、影响区域	实时
7	雨雪冰冻信息	影响范围、降雪深度、覆冰厚度	实时
8	地震	震中位置、震级、烈度、震源深度、发震时间、影响区域	实时
9	地质灾害	降雨量、地质灾害预警信息、影响区域	实时

续表

序号	数据名称	集成接入项	更新频率
10	雷电信息	时间、地点、雷电流幅值、雷电极性、回击次数	实时
11	山火信息	时间、火电位置	实时
12	舆情信息	舆情事件、舆情消息名称、舆情消息内容、消息来源、发布日期、发布单位、关键字	实时
13	交通信息	道路信息、路况信息、交通视频	实时
14	公共卫生信息	公共卫生事件名称、预计影响范围、公共卫生事件内容	实时

4.7.2 内部数据集成

应急指挥中心系统应具备集成电网运行信息、电力设施信息、用电客户信息、抢修资源信息等内部数据信息的能力，集成接入数据信息应按照相关信息系统安全防护规定进行安全防护。具体要求如下：

①应集成电网负荷相关信息；

②应集成电网损失负荷信息；

③应集成换流站、变电站、开关站、线路、杆塔等电力设备设施基础信息；

④应集成换流站、变电站、开关站、线路、杆塔等电力设备设施故障及恢复信息；

⑤应集成配电台区基础信息；

⑥应集成配电台区停（复）电情况数据；

⑦应集成电力用户基础信息；

⑧应集成电力用户停（复）电情况；

⑨应集成物资仓库信息；

⑩应集成物资（装备）信息；

⑪应集成应急车辆信息；

⑫应集成重点场所视频监控信息；

⑬应集成电网 GIS 信息；

⑭应集成电网风险预警信息；

⑮应集成在线采集报警装置信息；

⑯宜集成厂站图纸（三维图）信息。

内部数据集成宜采用公司数据中台接入的方式实现，对于数据中台无法保证其及时性的数据可采用定制接口或页面集成的方式实现。内部数据集成细项及更新频率见表 4-2。

表 4-2　内部数据集成规定

序号	数据名称	集成接入项	更新频率
1	电网负荷	单位、负荷时间、用电负荷	实时
2	电网损失负荷	单位、统计时间、损失负荷	实时
3	变电站基础信息	变电站名称、电压等级、所属单位、值守类型、主变台数、主变容量、责任人、经纬度	1月
4	变电站停运（恢复）情况	变电站名称、电压等级、所属单位、停运时间、恢复时间、停运原因	1小时
5	线路基础信息	线路名称、起始站点、结束站点、电压等级、管理单位、杆塔数	1月
6	线路停运（恢复）情况	线路名称、电压等级、停运时间、恢复时间、停运原因	1小时
7	杆塔基础信息	所属线路、杆塔号、所属单位、回路数量、杆塔材质	1月
8	杆塔受损（恢复）情况	所属线路、杆塔号、所属单位、故障时间、恢复时间、故障原因、故障类型	1小时
9	配电台区基础信息	台区名称、所属线路、所属单位、台区类	1月
10	配电台区停（复）电情况数据	台区名称、所属线路、所属单位、停电时间、复电时间、停电原因	1小时
11	电力用户基础信息	用户名称、用户地址、所属台区、供电单位、电压等级、供电类型、用户类型、重要用户级别	1月
12	电力用户停（复）电情况	用户名称、所属台区、供电单位、停电时间、复电时间、电压等级、用户类型、重要用户级别	1小时
13	物资仓库信息	仓库名称、所属单位、仓库地址、经纬度	1月
14	物资（装备）信息	名称、类别、数量、计量单位、所属仓库、所属单位、最小库存、实际库存	实时
15	应急车辆信息	车辆牌号、车辆类型、所属单位、车龄、驾驶员、驾驶员联系方式、车辆状况、车辆位置	实时
16	重点场所视频监控信息	场所名称、场所类别、场所实时视频画面	实时

4.7.3　基础信息接入

应急指挥中心系统基础信息应包括应急组织信息、应急专家信息、应急和抢修队伍信息、应急仓库信息、应急物资和装备信息、应急抢修车辆信息、应急预案和处置

方案信息、应急资料信息等。集成接入数据信息应按照相关信息系统安全防护规定进行安全防护。具体要求如下：

①应实现对本单位应急领导小组及应急办公室信息的接入；

②应实现对本单位各专项应急领导小组及其办公室信息的接入；

③应实现对本单位突发事件现场指挥部等临时应急组织信息的接入；

④应实现对应急专家基础信息的接入；

⑤应实现对应急和抢修队伍基础信息的接入；

⑥应实现对应急和抢修队伍成员信息的接入；

⑦应实现对应急和抢修队伍配备装备信息的接入；

⑧应实现对应急和抢修队伍地理位置信息的接入；

⑨应实现对应急专业仓库基础信息的接入；

⑩宜实现对应急专业仓库储备物资 / 装备的实时查询、统计信息接入；

⑪可实现对应急专业仓库储备物资 / 装备信息的批量导入、导出；

⑫宜实现对应急专业仓库储备装备的实时查询、统计及数据信息的批量导入、导出；

⑬宜实现对应急仓库视频监控画面信息的集成；

⑭应实现应急物资 / 装备分布情况、库存情况的信息集成；

⑮可实现应急物资 / 装备出入库信息集成；

⑯可实现应急物资 / 装备的调配与跟踪信息集成；

⑰应实现对应急抢修车辆基础信息的接入；

⑱应实现对应急抢修车辆位置信息的接入；

⑲应实现对应急预案和处置方案基础信息的接入；

⑳应实现应急资料基础信息的接入。

基础信息接入数据项明细表见表 4-3。

表 4-3　基础信息接入数据明细表

序号	数据名称	数据项
1	应急领导小组	单位名称、成员姓名、成员职务、成员小组中岗位、联系方式
2	应急办公室	单位名称、应急办公室名称、设置部门、主要职责
3	应急办公室成员	单位名称、应急办名称、成员姓名、成员职务、成员岗位、联系方式
4	专项应急领导小组	单位名称、专项应急领导小组名称、负责事件类型、牵头部门
5	专项应急领导小组成员	单位名称、专项应急领导小组名称、成员姓名、成员职务、成员岗位、联系方式
6	专项应急办	单位名称、应急办名称、牵头部门、主要职责

续表

序号	数据名称	数据项
7	专项应急办成员	单位名称、应急办名称、成员姓名、成员职务、成员岗位、联系方式
8	应急指挥中心	单位名称、责任人、责任人电话、值班电话
9	现场指挥部	单位名称、事件名称、牵头部门、主要职责
10	现场指挥部成员	单位名称、事件名称、成员姓名、成员职务、成员岗位、联系方式
11	应急专家	姓名、性别、出生日期、身份证号码、联系电话、电子邮箱、微信号码、参加工作时间、专家类型、专家级别、所在单位、行政职务、技术职称、专业特长、应急处置经验、聘期、受聘日期
12	应急队伍	队伍名称、所属单位、队伍类型、负责人、负责人联系电话、联络员、联络员电话、队伍人数、队伍驻地、成立时间、队伍职能、专业特长、配置装备、应急处置经验
13	应急队伍成员	姓名、性别、出生日期、联系电话、所属队伍、所属单位、队内职务、专业特长、身体状况
14	应急物资 / 装备	物资 / 装备名称、类别、型号、数量、计量单位、所属仓库、所属单位、额定库存、最小库存、实际库存、物资 / 装备描述、出厂日期、有效日期、入库时间、生产厂商
15	应急车辆	车辆牌号、车辆类型、所属单位、车龄、驾驶员、驾驶员联系方式、车辆状况、车辆位置
16	应急预案	预案名称、预案类型、预案内容、发布单位、发布时间、修订时间、预案版本、关键字、预案有效性
17	应急资料	资料类型、资料名称、资料内容、发布单位、生效时间、共享状态

4.7.4 移动应用信息接入

移动应用信息接入应包括现场采集信息接入、统计报送信息接入、现场定位信息接入，应按照相关信息系统安全防护规定进行安全防护。具体要求如下：

①应实现将现场情况通过文字信息的方式录入并回传；

②应实现将现场情况通过语音的方式录入并回传；

③应实现将现场情况通过照片拍摄方式录入并回传；

④应实现将现场情况通过短视频拍摄方式录入并回传；

⑤宜实现变电站停运及恢复情况信息报送；

⑥宜实现线路停运及恢复情况信息报送；

⑦宜实现杆塔停运及恢复情况信息报送；

⑧宜实现台区停 / 复电情况信息报送；

⑨宜实现用电客户停 / 复电情况信息报送；

⑩应对应急处置过程中应急队伍投入情况信息统计上报；

⑪应对应急处置过程中应急装备投入情况信息统计上报；

⑫宜对应急处置过程中应急物资相关信息统计上报；

⑬应实现实时对登录人员位置信息接入。

移动应用信息接入数据项明细表见表 4-4。

表 4-4 移动应用信息接入数据明细表

序号	数据名称	集成接入项	更新频率
1	现场实时信息	现场图片、现场视频、现场文字描述信息、地理位置	实时
2	变电站停运（恢复）情况	变电站名称、电压等级、所属单位、停运时间、恢复时间、停运原因	实时
3	线路停运（恢复）情况	线路名称、电压等级、停运时间、恢复时间、停运原因	实时
4	杆塔受损（恢复）情况	所属线路、杆塔号、所属单位、故障时间、恢复时间、故障原因、故障类型	实时
5	配电台区停（复）电情况数据	台区名称、所属线路、所属单位、停电时间、复电时间、停电原因	实时
6	电力用户停（复）电情况	用户名称、所属台区、供电单位、停电时间、复电时间、电压等级、用户类型、重要用户级别	实时
7	应急队伍	队伍名称、所属单位、队伍类型、负责人、负责人联系电话、联络员、联络员电话、队伍人数、队伍驻地、成立时间、队伍职能、专业特长、配置装备、应急处置经验	实时
8	应急队伍成员	姓名、性别、出生日期、联系电话、所属队伍、所属单位、队内职务、专业特长、身体状况	实时
9	应急物资 / 装备	物资 / 装备名称、类别、型号、数量、计量单位、所属仓库、所属单位、额定库存、最小库存、实际库存、物资 / 装备描述、出厂日期、有效日期、入库时间、生产厂商	实时
10	人员位置	人员姓名、所属单位、工作角色、人员定位	实时

4.7.5 可视化展示信息接入

可视化展示信息接入应包括地图可视化信息接入和图表可视化信息接入，应按照相关信息系统安全防护规定进行安全防护。具体要求如下：

①宜基于地图展示本单位电网网架结构及系统潮流；

②宜实现重点变电站、重要线路在地图上的定位；

③宜基于地图展示重点变电站、重要线路基础信息；

④宜基于地图实现重点变电站、重要线路视频监控信息接入；

⑤应实现重点保障用户在地图上的定位；

⑥宜基于地图展示重点保障用户用电基础信息；

⑦应基于地图实现电网受损情况标绘；

⑧应实现气象预警信息在地图上的叠加；

⑨宜实现公司内部预警信息在地图上的叠加；

⑩宜实现新闻舆情信息的接入展示；

⑪宜实现应急队伍、应急装备、应急车辆等应急资源在地图上的定位及运动轨迹回放；

⑫应实现电网负荷情况可视化展示；

⑬应实现电网受损及恢复情况可视化展示；

⑭应实现台区、用户停 / 复电情况可视化展示；

⑮应实现应急资源投入情况的可视化展示；

⑯宜实现根据不同灾害种类进行地图差异化展示效果；

⑰应实现各专业部门针对不同突发事件工作职责的可视化展示；

⑱应实现各专业部门工作任务完成情况的可视化展示。

可视化展示信息接入数据项明细表见表 4-5。

表 4-5　可视化展示信息接入数据明细表

序号	数据名称	集成接入项	更新频率
1	自然灾害预警信息	预警类型、预警级别、预警发布时间、预警解除时间、预警发布单位、预警范围、预警内容	实时
2	公司内部预警	预警名称、预警类型、预警级别、预警发布时间、预警调整 / 解除时间、预警范围、预警发布单位	实时
3	舆情信息	舆情事件、舆情消息名称、舆情消息内容、消息来源、发布日期、发布单位、关键字	实时
4	电网负荷	单位、负荷时间、用电负荷	实时
5	变电站基础信息	变电站名称、电压等级、所属单位、值守类型、主变台数、主变容量、责任人、经纬度	实时
6	线路基础信息	线路名称、起始站点、结束站点、电压等级、管理单位、杆塔数	实时
7	杆塔基础信息	所属线路、杆塔号、所属单位、回路数量、杆塔材质	实时

续表

序号	数据名称	集成接入项	更新频率
8	配电台区基础信息	台区名称、所属线路、所属单位、台区类	实时
9	电力用户基础信息	用户名称、用户地址、所属台区、供电单位、电压等级、供电类型、用户类型、重要用户级别	实时
10	物资（装备）信息	名称、类别、数量、计量单位、所属仓库、所属单位、最小库存、实际库存	实时
11	应急车辆信息	车辆牌号、车辆类型、所属单位、车龄、驾驶员、驾驶员联系方式、车辆状况、车辆位置	实时
12	重点场所视频监控信息	场所名称、场所类别、场所实时视频画面	实时
13	工作任务	责任部门、责任人、下发时间、查看时间、任务进度、完成时间、佐证材料	实时

4.7.6 应急状态信息接入

应急状态信息接入主要包括各业务部门及专业系统在应急指挥中心启动的情况下信息接入内容展示，应按照相关信息系统安全防护规定进行安全防护。具体要求如下：

①应通过应急指挥信息系统实现应急基干分队及其装备资料信息接入；

②应通过安全生产风险管控平台实现事件安全情况信息接入；

③应将政府应急管理部门有关信息及工作要求通过纸质方式进行提供；

④应通过 PMS 系统实现设备、输配电线路基础台账信息接入；

⑤应将地理接线图、电网接线图通过投屏或纸质方式进行提供；

⑥应通过气象系统集成灾害现场气象信息；

⑦应通过电网统一视频监控实现事发现场设备设施具体资料信息接入；

⑧应通过用电信息采集系统实现重要及高危用户停电情况信息、有序用电情况信息、停电台区及用户数信息、用户恢复情况信息的接入；

⑨应通过调控云系统实现变电站一次系统图信息、SCADA 系统潮流图、负荷曲线图信息的接入；

⑩应将变电设备、输配电线路等电网和设备停运、恢复信息通过投屏或纸质方式进行提供；

⑪应通过舆情监测系统实现舆情监测情况信息接入；

⑫应通过智慧供应链系统实现应急物资仓库信息、应急物资信息、各类应急物资的存储信息、调拨物资的位置状态信息的接入；

⑬应通过统一车辆平台实现车辆基础信息、车辆状态及位置信息的接入。

以电网企业为例，各部门及专业系统信息接入清单见表4-6。

表4-6　各部门及专业系统信息接入清单

部门名称	接入系统	资料内容	资料形式及要求
安监部	应急指挥信息系统	应急基干分队及其装备资料	系统集成
	安全生产风险管控平台	事件安全情况	系统集成
	—	政府应急管理部门有关信息及工作要求	纸质、A4幅面、黑白
设备部	PMS 系统	设备、输配电线路基础台账	系统集成
	—	地理接线图	纸质、A3幅面、彩色
	气象系统	灾害现场气象资料	系统集成
	电网统一视频监控	事发现场设备设施具体资料信息	系统集成
营销部	用电信息采集系统	重要及高危用户停电情况	系统集成
		有序用电情况	系统集成
		停电台区及用户数	系统集成
		用户恢复情况	系统集成
调控中心	—	变电设备、输配电线路等电网和设备停运、恢复信息	纸质、A4幅面、黑白
	—	电网接线图	系统界面、纸质、A3幅面、彩色
	调控云系统	变电站一次系统图	系统集成
调控中心	变电站一次系统图	SCADA 系统潮流图	系统集成
		负荷曲线图	系统集成
宣传部	舆情监测系统	舆情监测情况	系统集成
	—	新闻通稿	纸质、A4幅面、黑白
物资部	智慧供应链系统	应急物资仓库信息、应急物资信息、各类应急物资的存储信息、调拨物资的位置状态信息	系统集成
后勤部	统一车辆平台	车辆基础信息、车辆状态及位置信息等	系统集成

4.8 非功能性设计与建设

4.8.1 性能与可靠性指标

电力应急指挥信息系统性能指标如下：

①最大并发用户数不低于150;

②首页访问平均响应时间小于2s;

③系统登录平均响应时间小于4s;

④执行简单添加和删除业务时平均响应时间小于4s;

⑤执行简单的查询业务时平均响应时间小于4s;

⑥执行复杂的综合业务（包括查询、添加、删除）时，平均响应时间小于6s;

⑦执行统计业务时，月统计业务的平均响应时间小于18s。

电力应急指挥信息系统的可靠性指标如下：

①日平均CPU占用率 <40%，忙时 <75%；内存占用率 <50%，最大并发时 <75%;

②在承受最大并发用户数持续运行2h的情况下，系统运行平稳，业务失败率≤0.1%，CPU平均占用率 <60%，内存占用率没有明显增长且1h后内存恢复初始值;

③在承受40%的最大并发用户数持续运行8h的情况下，系统运行平稳，业务失败率≤0.1%，CPU平均占用率 <60%，内存占用率没有明显增长且1h后内存恢复初始值;

④整个系统应能够连续7×24h不间断安全、稳定运行，出现故障应能及时告警，年可用率≥99.97%;

⑤系统应具有事务补偿能力。

4.8.2 系统安全防护

4.8.2.1 系统安全定级

(1) 信息安全保护等级分析（见表4-7）

依据《信息安全等级保护管理办法》，电力应急指挥信息系统适用于“信息系统受到破坏后，会对公民、法人和其他组织的合法权益产生严重损害，或者对社会秩序和公共利益造成损害，但不损害国家安全”，由此得出电力应急指挥信息系统的信息安全保护等级（S）的级别为第二级。

表4-7 信息安全保护等级分析

业务信息安全被破坏时所侵害的客体（S）	对相应客体的侵害程度		
	一般损害	严重损害	特别严重损害
公民、法人和其他组织的合法权益	第一级	第二级	第二级

续表

业务信息安全被破坏时所侵害的客体（S）	对相应客体的侵害程度		
	一般损害	严重损害	特别严重损害
社会秩序、公共利益	第二级	第三级	第四级
国家安全	第三级	第四级	第五级

(2) 系统服务安全保护等级分析（见表4-8）

电力应急指挥信息系统在系统服务安全被破坏后，会对公民、法人和其他组织的合法权益造成损害，但不会对社会秩序、公共利益和国家安全造成损害，由此得出电力应急指挥信息系统的系统服务安全（A）的级别为第一级。

表4-8　系统服务安全保护等级分析

系统服务安全被破坏时所侵害的客体（A）	对相应客体的侵害程度		
	一般损害	严重损害	特别严重损害
公民、法人和其他组织的合法权益	第一级	第二级	第二级
社会秩序、公共利益	第二级	第三级	第四级
国家安全	第三级	第四级	第五级

(3) 定级结论（见表4-9）

根据信息安全保护等级和系统服务安全保护等级，分析得出电力应急指挥信息系统的安全保护等级为第二级中的S2A1G2。根据系统的安全架构，该等级能够满足信息安全的需要。

表4-9　定级结论

系统级别							
第一级	S1A1G1						
第二级	S1A2G2	S2A2G2	S2A1G2				
第三级	S1A3G3	S2A3G3	S3A3G3	S3A2G3	S3A1G3		
第四级	S1A4G4	S2A4G4	S3A4G4	S4A4G4	S4A3G4	S4A2G4	S4A1G4

4.8.2.2　应用安全

(1) 身份认证

在身份认证方面，系统做如下安全设计：

①采用用户名/口令认证、单点登录、禁止明文传输用户登录信息及身份凭证，采用SSL加密隧道确保用户密码的传输安全；禁止在数据库或文件系统中明文存储用

户密码；

②禁止在 COOKIE 中保存用户密码采用单向散列值在数据库中存储用户密码；

③账号锁定功能系统应限制连续登录失败次数，在客户端多次尝试失败后服务器端需要对用户账号进行短时锁定，且锁定策略支持配置解锁时长；

④设置同一用户同时只能登录一个，重复登录出错使用同一错误提示，并在系统日志中记录相应错误代码。

(2) 授权

在授权功能方面，根据用户的权限和登录位置等条件进行授权设计：

①设计资源访问控制方案，验证用户访问权限。根据系统访问控制策略对受限资源实施访问控制，限制客户不能访问到未授权的功能和数据；

②在服务器端实现对系统内受限资源的访问控制，禁止仅在客户端实现访问控制；

③采用统一的访问控制机制，保证整体访问控制策略的一致性；同时确保访问控制策略不被非法修改；

④根据应用程序的角色和功能分类设计详细的授权方案，确保授权粒度尽可能小。

(3) 输入和输出

从服务器端提取关键参数，禁止从客户端输入。进行数据库操作的时候，对用户提交的数据进行过滤。会话正确设计 Web 应用系统中的会话管理，防止会话劫持和会话数据的篡改、盗取或滥用。会话管理应满足如下安全要求：

①会话数据的传输安全。用户登录信息及身份凭证应加密后进行传输，如 COOKIE 携带会话凭证，合理设置 COOKIE 的 Secure、Domain、Path 和 Expires 属性。

②会话数据的存储安全。用户登录成功后所生成的会话数据存储在服务器端，并确保会话数据不能被非法访问，当更新会话数据时，对数据进行严格的输入验证，避免会话数据被非法篡改。

③会话的安全终止。当用户登录成功并成功创建会话后，在应用系统的各个页面提供用户登出功能，退出时及时注销服务器端的会话数据。

对于采取加密措施来保护应用系统和数据安全时，除使用 SSL/TSL 加密传输信道，对不信任 HTTP 头信息要确保用户没有绕过检查，并验证从客户端发送的所有数据。

对于异常管理，主要功能要求包括：在程序发生异常时，在日志中记录详细的错误消息；使用通用错误信息；使用结构化异常处理机制；在程序发生异常时，终止当前业务，并对当前业务进行回滚操作。

审核与日志，日志记录事件至少包含以下事件：记录审计功能的启动和关闭；访问控制信息；用户对数据的异常操作事件。

4.8.2.3 数据安全

根据应用软件通用安全要求，分析数据机密性、数据完整性、数据可控性、数据的不可否认性、数据备份和恢复等数据安全需求，保证信息系统中存储、传输和处理等过程中的数据安全，得出应急指挥系统的数据安全需求如下：

①能够检测到网络设备操作系统、主机操作系统、数据库管理系统和应用系统的鉴别信息和重要业务数据在传输过程中完整性受到破坏；

②网络操作系统、主机操作系统、数据库系统、应用系统的鉴别信息和重要业务数据采用加密或其他保护措施实现存储保密性；

③提供对重要信息进行备份和恢复的功能；

④数据库服务器应有独立的网段，不允许网内普通用户直接访问数据库服务器；

⑤实现客户端和服务器通信的安全性。

4.8.2.4 主机安全

根据等级保护和智能电网安全防护方案的要求，从主机访问控制、主机安全加固、主机入侵检测、主机内容安全、病毒防范、主机身份鉴别、数据加密、主机监控审计、备份恢复、资源控制、剩余信息保护这几个方面保障主机安全。

选择相对安全的操作系统、中间件和数据库系统，对主机系统进行必要的加固。对操作系统用户、中间件系统、数据库系统的用户进行有效管理，禁止缺省口令和弱口令；对系统文件进行有效的保护，防止被篡改和替换。检查主机和设备的操作系统是否有供应商提供的更新，消除系统内核漏洞与后门。安装主机防病毒软件，对服务器和桌面终端安装防病毒软件，定期进行病毒库的更新。对数据进行定期备份，对不同数据可用性要求的数据采用不同的备份与恢复技术。

4.8.2.5 网络安全

对网络的设备、环境和介质采用较严格的防护措施，确保其为信息系统的安全运行提供硬件支持，防止由于硬件原因造成信息的泄露和破坏。

通过对局域计算环境内各组成部分采用网络安全监控、安全审计、数据、设备及系统的备份与恢复、集中统一的病毒监控体系、两种鉴别方式组合实现的强身份鉴别、细粒度的自主访问控制、满足三级要求的操作系统和数据库、较高强度密码支持的存储和传输数据的加密保护、客体重用等安全机制，实现对局域网计算环境内信息的安全保护和系统安全运行的支持。

采用分区域保护和边界防护（如应用级防火墙、网络隔离部件、信息过滤和边界完整性检查等），在不同区域边界统一制定边界访问控制策略，实现不同安全等级区域之间安全互操作的较严格控制。

4.8.2.6 终端安全

本系统使用的终端包括信息内网办公终端和移动办公终端。根据等级保护和智能电网安全防护方案的要求根据具体终端的类型、应用环境以及通信方式等设计适宜的防护措施。在网络边界布署防火墙、入侵防御、检测等硬件系统。

(1) 信息内网办公计算机

①为加强信息安全管理，在电力企业公司信息内网有专用的交换机绑定固定的MAC和IP地址；

②内网办公计算机全部安装桌管终端；

③内网办公计算机全部安装防病毒软件；

④对终端访问通过防火墙进行范围限制；

⑤入侵检测；

⑥及时更新最新的系统补丁；

⑦介质管理、办公终端接入管理和外设接入管理；

⑧增强终端操作人员安全意识。

(2) 移动终端安全接入的设计

①手机用户应基于统一门户系统提供的过滤器进行单点登录跳转，通过将单点登录的认证用户信息放入网站的会话中，如果以单点登录则跳转至系统首页，否则跳转至统一门户的登录页面；进行密码强度配置，密码的长度必须为8个字符以上，且包含字母、数字和字符；用户密码通过国密SM3算法加密后保存到数据库中；连续3次输入密码失败，锁定用户账户，直至管理员手工解锁，以阻止暴力攻击猜测登录信息；

②手机应用基于移动交互平台实现信息外网与信息内网数据传输；

③手机通信数据信息遵循数据安全交换，部署外网交互平台，实现对接入终端传输数据的加密传输，达到数据的安全交换。

4.8.3 可维护性

可维护性是指运维人员对信息系统进行维护的难易程度，包括对系统的理解、分析、配置、修改和测试等方面。

(1) 易理解

为了系统便于理解与维护，应急指挥信息系统设计开发时采用标准做法，系统架构分明，易于运维人员理解，系统的设计开发使用面向对象的设计方法，提高系统的重用性、灵活性和扩展性；系统结构清晰，模块结构良好，业务规则与业务逻辑分离，工作流与业务逻辑分离；系统设计风格一致，包括功能组合、界面着色、组件布局等；系统代码风格一致，且有详细的代码注释。

(2) 易分析

为了系统易于运维人员对相关问题进行分析，应急指挥信息系统提供多种日志类型的功能；日志格式统一，调试日志包含语句的执行时间、执行时长、执行结果；拥有自我诊断功能。

(3) 易配置

为了避免运维人员直接编辑配置文件、数据库或注册表；应急指挥信息系统提供详细的操作手册，详细说明每个系统配置项的作用、配置步骤、注意事项。

(4) 易修改

①系统设计开发时梳理、提取代码公共部分，提高系统的代码复用性，降低代码修改工作量。

②系统设计开发时充分考虑系统的扩展性，为后期修改预留充足的编码空间，在

系统升级或迁移后原有数据能够继续使用。

③系统可通过页面对系统中的索引进行排列展现，并提供索引重建功能。

(5) 易测试

为了满足运维人员的数据测试需求，应急指挥信息系统通过图形界面提供简单的数据测试、验证功能，有数据校验机制，支持常用测试工具等。

4.8.4 易用性

(1) 系统应用以突发事件为主线

应急指挥信息系统最大的特点之一在于其在突发事件处置过程中汇集大量信息供指挥人员参考，辅助指挥人员决策，但如果大量信息无序展示，不仅不能起到辅助决策的作用，反而会给指挥人员造成负担。为解决此问题，以突发事件为主线展示的思想，能够将各种信息以突发事件为主线串联起来，这将大大提高系统的易用性。

(2) 页面展现要求

为了使系统用户有更好的体验，应急指挥信息系统的页面支持包括 IE 系列浏览器在内的各种浏览器；自适应窗口分辨率大小，系统提供插件下载功能。

页面风格一致、色调统一、字体统一，避免用户因操作系统字体字库不全而影响使用。

(3) 页面布局原则

明确功能分区，并以分割线或背景色进行区分；针对不同的功能分区，遵循“从上到下、从左到右”的原则将功能重要性、用户使用频率与用户的视觉习惯顺序相匹配。

除非必须强制用户完成某一操作，否则不使用模态对话框中止用户工作，不在弹出窗口中再次弹出窗口。

原则上所有菜单不超过三级。

(4) 交换性能要求

为不影响系统用户的正常工作，应急指挥信息系统正常情况下页面加载时间不超过 3s；针对复杂 (耗时较长) 业务需求采用以下三种策略：

①采用后台定时自动触发，在用户不上班的夜间完成计算，并将计算结果存储在数据库中，在用户界面中直接显示以节省业务运算时间，提高页面加载速度；

②如有大量的数据显示，且用户需要根据显示结果进行下一步操作时，禁用一切前台操作按钮，并使用进度条提示预估时间；

③采用后台运算，前台恢复正常界面，并在前台的状态栏中给出进度提示，同时不干扰用户正常工作。

(5) 通用操作规范

为了使用户更好地进行操作，电力应急指挥信息系统采用以下的通用操作规范：

①统一操作习惯：所有同类型操作使用统一标识，且将所有操作界面元素 (按钮、

操作图标、链接）摆放在统一位置，降低用户学习成本；

②用户执行不可恢复操作（彻底删除）时，系统给出确认提示，且确认提示界面默认"取消"；

③将"删除"操作以"置为不可用状态"方式实现，便于用户恢复；

④对于用户无权限使用的菜单功能，隐藏该菜单或将其设置为不可用状态；

⑤所有需要输入数字或字母的输入类控件自动锁定用户输入法；

⑥操作键顺序符合工作处理步骤，能自动跳转，以提高日常业务处理效率；

⑦防止用户误操作：鼠标单击、双击触发的事件类型进行严格区分，通用的原则是"单击选中、双击操作"；在IE应用界面中不使用三击操作；不在下拉框中出现滚动条，避免用户误操作；

⑧具备将查询统计结果转存为EXCEL等常见格式文件的功能。

（6）出错处理、反馈与提示

为了与用户有更好的交互，应急指挥信息系统采用以下的通用操作规范：

①对于复杂的用户交互，采用界面工作流（或界面向导）实现；

②系统操作界面明确标识出必填的输入信息，使用"提交前处理—前端处理"的模式，在用户信息有填写错误时，使用焦点离开事件触发错误提示；

③后端出错及异常提示后返回原界面时，保留原界面中用户已经填写的内容，防止界面信息丢失；对提交后异常状态系统给予用户一个友好的提示，并把界面控制焦点置于发生错误的控件对象上，避免多次提交失败；

④所有提示信息必须使用用户可以读懂的业务语言，不在异常提示中出现用户看不懂的开发专业术语；

⑤系统通过界面提供有效的帮助文档。

（7）系统支持环境

从系统用户体验维度出发，应急指挥信息系统工作终端支持Windows 7以上操作系统和IE8以上版本的浏览器。

4.8.5　灾备策略

4.8.5.1　系统备份原则

应急指挥信息系统采用数据级灾备设计。具体操作如下：

①在系统开发过程中，根据业务需求，梳理需要灾备复制的业务数据；

②在系统部署过程中，数据部署在核心存储或完成虚拟化整合的边缘存储上，部署分区与其他非灾备数据隔离，以减少存储复制的负载；

③多重备份，互不干扰，互不冲突。

4.8.5.2　系统备份方案

（1）物理备份

系统每年对数据库全部物理文件进行备份，需要时根据归档文件进行数据库物理恢复。每年1月11日零点，自动对系统数据库全部物理文件进行异地备份并压缩，备份后的文件命名为“sgecmis_Physics_back_时间戳.zip”，备份后的文件存储于灾备中心专用备份服务器。

(2) 逻辑备份

①增量备份。

a. 日备份。

利用数据库备份脚本，每日固定时间凌晨1:00进行数据库备份，每周循环一次，即从周一至周日每天生成一个备份文件，待第二周的周一覆盖上周一的备份文件；待第二周的周二覆盖上周二的备份文件，依此类推。

日备份数据存放在电力应急指挥信息系统应用服务器的“/dbback/dateback”目录下，备份并压缩后的文件将包含“sgecmis_date_back(n).zip”文件及“n.sgecmis”文件，其中“sgecmis_date_back(n).zip”压缩文件存放已经备份好的数据库文件，“n.sgecmis”文件表明目前哪个文件为最新的备份文件，例如存在“1.sgecmis”文件，则“sgecmis_date_back1.zip”文件为最新备份的数据。

b. 周备份。

利用数据库备份脚本，每周日固定时间凌晨2:00进行数据库备份，备份文件每月自动清除一次。

周备份数据存放在电力应急指挥信息系统的“/dbback/weekback”目录下，备份并压缩后的文件命名为“sgecmis_week_back时间戳.zip”，压缩文件存放已经备份好的数据库文件，需要时可利用备份文件对数据库进行数据恢复。

②全备份。

利用数据库备份脚本，每月2日固定时间凌晨1:00进行一次数据全备份，备份文件保存1年后自动删除。

全备份数据存放在灾备中心专用数据备份服务器，备份并压缩后的文件命名为“sgecmis_DB_back时间戳.zip”，需要时可利用备份文件对数据库进行数据恢复。

5 应急准备功能模块

5.1 应急组织

5.1.1 业务介绍

为了高效应对电力突发事件，最大限度降低突发事件造成的损失，各电力企业集团总部及其所属各层级单位均建立了应急组织机构，明确了工作职责，统一领导开展应急工作。

各级电力企业的主要负责人是本单位应急工作第一责任人，对本单位的应急工作全面负责；分管领导协助主要负责人开展工作，是分管范围内应急工作的第一责任人，对分管范围内应急工作负领导责任，向主要负责人负责。

电力企业集团的应急领导体系由各级应急领导小组及其办事机构组成的，自上而下进行管理；应急管理体系一般由安全监察部门归口管理，各职能部门分工负责；并根据突发事件类别，成立大面积停电、地震、设备设施损坏、雨雪冰冻、台风、防汛、网络安全等专项事件应急处置领导机构。形成领导小组统一领导、专项事件应急处置领导小组分工负责、办事机构牵头组织、有关部门分工落实、党政工团协助配合、企业上下全员参与的应急组织体系，实现应急管理工作的常态化。

各级电力企业的应急组织机构主要包括应急领导小组和专项应急领导小组（两级常设机构），以及应急指挥部（临时机构）、现场应急指挥部（临时机构）。其中，应急领导小组全面领导电力企业的应急工作；专项应急领导小组负责组织领导相关类别突发事件的防范和应对工作；应急指挥部负责指挥协调具体突发事件的处置工作；现场应急指挥部负责指挥、协调现场应急处置工作。

应急领导小组职能由电力企业安全生产委员会（简称安委会）行使，组长由安委会主任担任，常务副组长由安委会常务副主任担任，副组长由安委会副主任担任，成员由安委会其他成员担任。应急领导小组的主要职责是：贯彻国家应急管理法律法规和方针政策；落实党中央、国务院应急工作部署；贯彻落实上级单位及地方政府应急管理规章制度；接受上级单位应急领导小组和地方政府应急指挥机构的领导；在电力企业党组的领导下，统一领导企业应急工作；研究部署企业应急体系建设；统一领导和指挥本单位应急处置实施工作。应急领导小组下设安全应急办公室和稳定应急办公室（两个应急办公室均简称应急办)。安全应急办一般设在安全监察部门，负责自然灾害、事故灾难类突发事件，以及社会安全类突发事件造成的设施损坏、人员伤亡事件的归口管理。稳定应急办一般设在办公室，负责公共卫生、社会安全类突发事件的归口管理。

专项应急领导小组是根据突发事件类别，电力企业常态化设置的大面积停电、地震地质灾害、设备设施损坏、气象灾害、电力监控系统网络安全等事件的专项应急领导机构。专项应急领导小组组长由电力企业主要负责人(或其授权人员)担任，副组长由分管负责人担任，成员由助理、总师和相关部门负责人组成。专项应急领导小组的主要职责是：执行电力企业党组的决策部署；领导协调企业专项突发事件防范和应对工作；宣布企业进入和解除预警状态，决定启动、调整和终止应急响应；领导、协调具体突发事件的抢险救援、恢复重建及信息发布和舆论引导工作。当发生突发事件时，专项事件应急处置领导小组按照分工协调、组织、指导突发事件处置工作，同时将处置情况汇报企业应急领导小组。如发生复杂次生衍生事件，电力企业应急领导小组可根据突发事件处置需要直接决策，或授权专项事件应急处置领导小组处置指挥。专项应急领导小组下设办公室，设在事件处置牵头负责部门，办公室主任由该部门主要负责人担任，成员由相关部门人员组成。负责各具体突发事件的有关工作，并按事件类型分别向企业相应的应急办汇报。其中，自然灾害、事故灾难类突发事件向安全应急办汇报；公共卫生、社会安全类突发事件向稳定应急办汇报。电力企业各级单位的专项事件应急处置指挥机构与上级单位相关机构保持衔接。

应急指挥部和现场应急指挥部是根据具体突发事件临时成立的应急指挥机构。应急指挥部是在突发事件可能造成重特大损失或影响时，电力企业专项应急领导小组启动响应，临时成立相应的指挥机构，开展突发事件指挥协调和组织应对工作。应急指挥部的名称可采用“应对＋事件名称＋应急指挥部”方式，其中事件名称原则上采用政府公布的规范名称(如“5.12”汶川地震)，或根据发生时间、影响范围和事件类型命名。应急指挥部设总指挥、副总指挥、指挥长、副指挥长及若干工作组。总指挥由分管负责人担任，负责突发事件总体指挥决策工作；副总指挥由协管相关业务的助理、总师、副总师担任，协助总指挥开展突发事件应对工作，主持应急会商会，必要时作为现场工作组组长带队赴事发现场指导处置工作；指挥部成员由相关部门和单位负责人担任，其中指挥长1名、副指挥长若干。指挥长由牵头部门(即事件专项应急办所在部门)主要负责人担任，副指挥长由牵头部门负责人担任，协助指挥长组织做好事件应急处置工作，并在指挥长不在时代行其职责。工作组一般按专业进行划分，如专家组、抢险处置组、安全保障组、舆情处置组、后勤保障组、技术支撑组等。

现场应急指挥部(临时机构)实行总指挥负责制，组织设立现场应急指挥机构，制定并实施现场应急处置方案，指挥、协调现场应急处置工作。由事发单位主要负责人、相关单位负责人及上级单位相关人员、应急专家、应急队伍负责人等人员组成，事发单位主要负责人任总指挥，分管负责人任副总指挥。集团总部、省级单位不设置现场应急指挥部。

各职能部门按照“谁主管、谁负责”原则，贯彻落实电力企业应急领导小组有关决定事项，负责管理范围内的应急体系建设与运维、相关突发事件预警与应对处置的组织指挥、与政府专业部门的沟通协调等工作，确保应急体系运转良好，发挥应急体系作用，应对处置突发事件。

5.1.2 功能说明

应急组织管理模块实现对各级电力企业应急组织机构及其成员相关信息的管理，包括对应急组织的创建、修改、删除、查询、打印、群通知等功能。

在电力企业组织结构树的本单位节点，可创建本单位的应急组织。不可在其他单位节点创建应急组织。

创建应急领导小组页面的主要内容有：组织名称、所属单位、工作职责、联系人、联系人电话、联系人邮箱、批准文号、成立时间、安全应急办所在部门、稳定应急办所在部门、附件等信息。可将相关文件（如成立应急领导小组的正式发文）作为附件上传至系统。

创建专项应急领导小组页面的主要内容有：组织名称、所属单位、工作职责、联系人、联系电话、专项应急办所在部门、附件等信息。

创建应急指挥部页面的主要内容有：组织名称、所属单位、工作职责、成立时间、联系人、联系电话、各工作组等信息。

创建现场应急指挥部页面的主要内容有：组织名称、所属单位、工作职责、上级单位相关人员、应急专家、应急队伍负责人、联系人、联系电话、成立时间等信息。

在填写应急组织机构的组成人员时从电力企业组织结构树的人员中进行选取，选取后填写对应的组内职责（组长、常务副组长、副组长、成员、安全应急办主任、安全应急办副主任、安全应急办成员、稳定应急办主任、稳定应急办副主任、稳定应急办成员、专项应急办主任、专项应急办副主任、专项应急办成员、总指挥、副总指挥、指挥长、副指挥长），并依据通讯录自动显示该人员的联系电话、邮箱等信息。集团总部、省级单位的用户在创建临时机构时，不提供现场应急指挥部选项。当组织机构树中没有相关人员时（如上级单位人员、外部专家等），也可直接填写。当电力企业应急组织发生人员变动时，要及时在系统中进行人员的更新。

系统用户可查看本单位及所属各级单位的应急组织，按照集团总部、省、市、县四级结构逐级进行展现。上级单位可从下级单位应急指挥信息系统中获取对应的应急组织机构信息并纳入到统一的组织机构树中。下级单位用户不能查看上级单位及同级其他单位的应急组织。

查询功能可根据所属单位、组织名称、组长姓名、联系人、联系电话等查询条件进行模糊查询，查询结果以列表形式显示。

删除功能可实现对一个或多个应急组织数据在数据库中的批量删除，删除后本单位及上级单位系统用户均无法再查看。

应急组织机构的修改和删除功能只能由创建该组织的用户进行操作，其他用户不能修改和删除。

打印、显示功能可根据预设的拓扑结构图，以图形形式打印、显示出本单位或所属某个下级单位的常设应急组织机构。

系统还可利用短信平台、移动应急平台、邮件平台，实现对某个应急组织中所有成员或部分成员群发短信、信息、邮件等通知的功能。

5.2 业务管理

5.2.1 应急要闻

5.2.1.1 业务介绍

应急要闻是指本单位或社会各界发生的与突发事件应急处置相关的新闻事件，例如本单位组织开展的应急演练、应急培训、突发事件应急处置等事件，上级单位发生的应急事件，其他电力企业发生的应急事件，国内外各行业发生的应急事件等。

用户登录应急指挥信息系统后，在系统首页面显要位置处显示应急要闻，方便登录人员及时了解近期发生的应急管理方面的新闻事件。

5.2.1.2 功能说明

应急要闻模块实现对本单位及社会各界应急相关新闻事件的发布与维护。

该模块页面默认按照发布时间以列表形式分页显示应急要闻的标题、内容、发布人、发布时间。系统首页面中的应急要闻板块以图文形式滚动播报最近发布的4条附有图片的应急要闻，并按发布时间显示其他应急要闻。

创建应急要闻页面需要填写的信息主要有：标题、类别、摘要、内容、来源、作者等信息。其中类别包括本单位、上级单位、其他电力企业、国内各界、国际、其他；摘要的作用是在系统首页面滚动播报图片要闻时的要闻简介；来源是指该新闻初始发布的媒体；作者是指该新闻的初始作者；填写内容时可实现对字体、段落的格式编辑，可插入多个有关的图片；还可上传短视频作为该新闻的附件。

查询功能可根据要闻的标题、类别、发布时间等查询条件进行模糊查询，查询结果以列表形式显示。

删除功能可实现对一个或多个应急要闻数据在数据库中的批量删除，删除后无法恢复。应急要闻的删除功能只能由创建该要闻的用户进行操作，其他用户不能修改和删除。

5.2.2 文件通知

5.2.2.1 业务介绍

上级单位制定文件通知，下发到下级单位，下级单位及时签收并反馈签收意见，

上级单位可及时跟踪下级单位签收通知的情况。下级单位签收后执行文件通知中的工作要求。

5.2.2.2 功能说明

文件通知模块实现文件通知的创建、修改、删除、查询、发布、报送报阅、转发、撤回、签收单位统计以及反馈信息的创建、修改、删除、上报等功能。

上级单位下发的文件通知和本单位创建的文件通知在两个页面分别进行管理维护。

对接收到的上级单位下发的通知不能进行编辑修改。

创建文件通知需要填写的信息主要有：标题、文件编号、文件内容、指定签收单位、是否短信通知、是否报送报阅、附件等。

填写内容时可实现对字体、段落的格式编辑。指定签收单位是指文件通知的接收单位，在电力企业组织机构树中选择相应的下级单位。短信通知是系统利用通信录和短信平台，向文件签收单位指定的应急工作联系人发送短信通知，提醒其及时签收文件。报送报阅是指文件通知要求签收单位向文件发送单位在系统中报送相关信息。若选择报送报阅，则还要填写报送报阅截止日期和报送报阅备注。文件通知创建完成后可先保存后再发布，也可直接发布。若文件保存后未发布，可再次打开文件进行编辑后发布。若选择直接发布时，系统自动将创建的文件保存到数据库中。文件下达成功后系统进行提示。若选择报送报阅，在下发通知的同时，系统在报送报阅功能模块中自动增加一条以该通知标题为名称的任务。

对于已下发的文件通知，不可删除。可对文件通知进行重新编辑，再重新下发。

文件通知的修改、删除、发布、撤回等功能只能由创建该通知的用户进行操作，其他用户只能查看有关信息。

查询功能可根据文件通知的标题、文件编号、签收单位、下发时间段等查询条件进行模糊查询，查询结果以列表形式显示。

文件通知下发后，系统会自动提醒下级单位用户当前有待办任务。下级单位用户打开待办任务，可查阅文件通知的内容，填写签收意见。在回复签收意见后，该通知的签收状态变更为已签收。

上级单位可查看每个接收单位是否已签收、签收人、签收意见、签收时间。

签收单位统计是指上级单位选择一个或多个文件通知，系统以表格形式自动统计出所有下级单位的应签收数量、已签收数量、未签收数量、签收率（%），并可统计出每个下级单位签收的文件名称和未签收的文件名称。

对于接收到的上级单位下发的通知，可转发该文件通知至再下一级单位，转发时可提出对下级单位的工作要求。

文件通知下发后，由于发现文件内容有误，或已没有必要发布等原因，可对该通知执行撤回操作。撤回后，下级单位无法再看到该通知，上级单位可重新对该文件进行编辑或删除。

5.2.3 报送报阅

5.2.3.1 业务介绍

报送报阅业务与文件通知业务类似，但为了掌握下级单位的有关情况，还要求下级单位在规定的时间内一次性或周期性上报信息，上级单位可及时跟踪下级单位对任务的签收情况和上报情况。

5.2.3.2 功能说明

报送报阅模块包括工作任务的下发、上报、查阅统计。其中，任务下发包括任务的创建、修改、删除、下发、撤回、查询、设为不可用状态、签收统计、查看周期性任务等功能；任务上报包括反馈信息的创建、修改、上报、到期提醒等功能；查阅统计包括每项任务的上报情况统计、上报信息查阅等功能。

(1) 任务下发

任务创建页面填写的主要内容有：任务名称、任务内容、接收单位、起始时间、截止时间、是否周期任务、附件、是否短信通知等。填写任务内容时可实现对字体、段落的格式编辑。接收单位是指任务的接收与执行单位，在电力企业组织机构树中选择相应的下级单位。下级单位在规定的起始时间和截止时间内上报信息。起始时间前不能上报，截止时间后上报标记为未按时上报。可将文件模板作为附件供下级单位上报信息时参考。

若创建周期性任务，系统自动在起止时间内按照规定的频率发布任务。创建周期任务时，还需要填写任务的发布频率、周期起始时间、周期截止时间。发布频率可按照“每日”“每周”“每月”进行发布。若发布频率为“每日”，则周期起始时间在“0时~23时”中选择其中一个时间点；若发布频率为“每周”，则周期起始时间在“周一~周日”中选择其中一天；若发布频率为“每月”，则周期起始时间在“1日~31日”中选择其中一天。周期截止时间与周期起始时间选择方式一致。

任务的修改和删除功能只能由创建该任务的用户进行操作，其他用户不能修改和删除。

任务下发后不可删除。可对工作任务进行重新编辑，再重新下发。任务撤回后，下级单位无法再看到该任务，上级单位可重新对该任务进行编辑或删除。与文件通知类似，在任务下发后，下级单位用户在系统中会自动收到待办提醒。下级单位用户打开待办任务，可查阅工作任务的内容，填写签收意见。在回复签收意见后，该任务的签收状态变更为已签收。上级单位可查看每个接收单位是否已签收、签收人、签收意见、签收时间。

任务下发后，若因为某些原因不必再要求下级单位上报信息，则可将该任务设为不可用状态。

查看周期性任务功能以表格形式列出所有周期性任务的任务名称、起止时间、创建时间、发布频率、周期起始时间、周期截止时间、是否可用状态。

可按照任务名称、起止时间、是否可用等查询条件，在任务列表中筛选出符合条件的工作任务。

(2) 任务上报

默认以列表形式显示上级单位下发的所有工作任务的名称、发布单位、发布人、截止时间，任务按照接收时间进行排序。可按照任务名称查看该任务的具体工作要求。针对某个任务，填报的上报信息主要包括材料标题、材料内容、上传附件等。填报后可保存或直接上报。保存但未上报时，可对该信息进行修改后上报。上报后不能修改，但可对上报信息执行撤回操作，撤回后可进行修改、再次上报。系统自动在截止时间的最后一天对待上报任务进行到期提醒。

(3) 查阅统计

默认以列表形式显示下发的所有工作任务的名称、发布人、截止时间，任务按照发布时间进行排序，并显示每个任务的上报情况统计数据，包括应上报、已上报、未上报、按时上报、未按时上报单位的数量，数量为超链接模式，点击超链接查看相应上报状态的单位名称。还可针对某个工作任务，以列表形式显示每个应上报单位的上报状态，包括已上报、未上报、按时上报、未按时上报。可按照任务名称、截止时间(设置为某个时间段) 对任务进行查询。选择某个任务，以列表形式显示下级单位上报的信息，包括材料标题、上报单位、上报人、上报时间，默认按照上报时间进行排序。可查看每个上报信息的材料内容和附件。

5.2.4 工作计划

5.2.4.1 业务介绍

工作计划对工作的开展具有指导、推动作用，是提高工作效率的重要手段。在应急管理日常工作中，为实现各项应急工作有条不紊地进行，应预先制订工作计划，明确具体的任务和完成时间，并按照计划推进，这样就能够更有效地协调有关工作人员，增强工作的主动性。

应急工作计划分为年度计划和季度计划，按计划类别可分为应急演练计划、应急培训计划、应急制度修订计划、应急预案修订计划、应急重点项目计划等。应急工作计划包括本单位制订的工作计划和上级单位下发的工作计划。本单位应急工作计划由各电力企业应急管理归口部门负责牵头制定，根据应急管理规章制度、应急体系建设规划和上级单位年度应急工作要求，合理安排本单位各部门年度、季度应急工作计划，并根据上级单位下发的工作计划和临时工作要求，滚动修订季度工作计划。各部门负责制订本部门应急工作计划，并上报应急管理归口部门进行审核。各电力企业在制定年度和季度应急工作计划后，及时上报给上级单位审核、备案。上级单位对下级单位、牵头部门对各执行部门的应急工作计划执行情况进行监督考核。

5.2.4.2 功能说明

工作计划模块实现应急工作计划的编制、修改、删除、查询、下发、签收、反馈、上报、提醒、催办、完成情况统计等功能，并支持计划表单式样自定义。

本单位工作计划、上级单位下发的工作计划、各部门（下级单位）上报的工作计划分别在3个页面由应急管理归口部门进行管理维护。电力企业的其他部门只负责维护本部门的工作计划。

编制应急工作计划需要填写的信息主要有：计划名称、计划周期、类别、开始时间、完成时间、计划内容、制定日期、责任部门（单位）、责任人、配合部门（单位）、配合人、附件等。系统在计划编制页面自动添加“计划年度”字段。计划周期是指年度计划和季度计划。类别是指应急演练计划、应急培训计划、应急制度修订计划、应急预案修订计划、应急重点项目计划、其他计划。可将应急工作计划正式文件、计划模板等资料作为附件上传至系统。

工作计划的修改和删除功能只能由创建该计划的用户进行操作，其他用户不能修改和删除。

各执行部门（下级单位）制订完成本部门（单位）年度和季度应急工作计划后，应用上报功能，将计划上报给应急管理归口部门（上级单位）。计划上报后不能删除，但可对计划进行修改，并重新上报。上报后，该计划的状态变更为“已上报”。应急管理归口部门在计划审阅页面可查阅各部门（下级单位）上报的工作计划。

工作计划制订完成后，选择一条或多条工作计划，一次性下发给有关下级单位。在电力企业组织机构树中选择相应的下级单位。下发后，该计划的状态变更为“已下发”，下级单位用户在系统中会自动收到待办提醒。下级单位用户打开待办任务，可查阅工作计划的内容，填写签收意见。在回复签收意见后，该工作计划的状态变更为已签收。上级单位可查看每个接收单位是否已签收、签收人、签收意见、签收时间。

提醒功能可对未完成的工作计划设置提醒日期、时间或周期提醒。周期提醒包括提醒周期（周、月）、提醒日期和时间。系统根据规定的日期和时间对未完成的工作计划自动进行提醒。

应急工作计划执行过程中及完成后，可随时填写计划执行情况，并上传附件作为佐证材料。可随时将执行情况向应急管理归口部门（上级单位）进行反馈。应急工作计划完成后，可将计划状态设置为“已完成”。

应急管理归口部门（上级单位）可随时查看各部门（下级单位）应急工作计划执行情况，临近计划截止时间（即完成时间）或在年末、季末时，对未完成的工作计划，应用催办功能对各部门（下级单位）进行工作催办。各部门（下级单位）在系统中可及时收到催办提醒。

查询功能可根据计划名称、计划周期、类别、开始时间、完成时间、计划状态、计划年度等查询条件对应急工作计划列表进行综合查询。

完成情况统计功能，可随时对下发的应急工作计划统计下级单位的执行情况。当计划截止时间到达后，或在年度末、季度末时，对下发的工作计划进行完成情况统计，以列表形式显示每个工作计划的完成情况统计数据，包括应完成、已完成、未完成、

按时完成、未按时完成单位的数量，数量为超链接模式，点击超链接查看相应的单位名称。还可针对某个工作计划，以列表形式显示每个应签收单位的完成状态，包括已完成、未完成、按时完成、未按时完成。

5.2.5 工作总结

5.2.5.1 业务介绍

电力企业应每年组织开展应急管理年度、半年工作总结，编写年度、半年总结报告，并上报给上级单位。编写工作总结由电力企业应急管理归口部门牵头负责，各执行部门根据职责分工编写本部门应急工作总结，在规定日期前发送给应急管理归口部门，由应急管理归口部门汇总编写本单位应急工作总结。

总结报告的主要内容：①应急管理工作总体情况，主要包括组织体系建设及运转情况，日常工作开展情况（包括规章制度修编、应急预案修编、应急演练、应急培训、其他重点工作完成情况、统计期内发生的应急事件及其应对情况）；②安全生产应急管理工作存在的主要问题；③有关对策、意见和建议；④明年（下半年）工作思路和重点工作。

5.2.5.2 功能说明

工作总结模块实现应急工作总结的新建、修改、删除、查询、上报、退回、提醒、上报情况统计、报告模板的上传与下载等功能。

本单位应急工作总结、各部门（下级单位）上报的工作总结分别在两个页面由应急管理归口部门进行管理维护。电力企业的其他部门只负责维护本部门的工作总结。

应急工作总结在本地办公计算机中编写完成后上传至系统。在系统中新建应急工作总结需要填写的信息主要有：文件名称、类别、附件。类别包括年度总结和半年总结两类。系统根据用户所在部门和单位自动添加编写部门、编写单位、编写人、报告年度。

工作总结的修改和删除功能只能由创建该总结报告的用户进行操作，其他用户不能修改和删除。

各执行部门（下级单位）制定完成本部门（单位）年度或半年度应急工作总结后，应用上报功能将总结报告上报给应急管理归口部门（上级单位）。总结报告上报后不能删除，但可对总结报告进行修改，并重新上报。上报后，该报告的状态变更为“已上报”。

应急管理归口部门在报告审阅页面可查阅各部门（下级单位）上报的工作总结。报告审阅页面以列表形式显示每个总结报告的文件名称、类别、编写部门（单位）、报告年度、状态。报告在查看前的状态为“未审阅”，在查看报告详细信息后，报告状态变更为“已审阅”。若发现上报的总结报告内容不符合要求，可将该报告执行退回操作，退回至编写部门（下级单位）重新编写。退回后，该报告状态变更为“已退回”，并用红色字体突出显示。

报告退回后，编写部门（下级单位）收到待办提醒，同时该报告状态也变更为“已退回”，并用红色字体突出显示。编写部门（下级单位）对该报告进行重新编辑，再次上报后，状态显示“已上报”。应急管理归口部门在报告审阅页面可查看到新增加的一个

“未审阅”状态的报告。

提醒功能可自定义设置提醒的时间段和提醒频率（如在6月底、12月底前一周每天上午9点提醒一次），系统按照设置在规定的时间提醒登录的用户尽快完成工作总结。工作总结完成并提交后系统不再提醒，也可在工作总结完成前手动取消提醒。

在报告审核页面，上报情况统计功能可自动根据当前时间统计出应上报、已上报、未上报部门（下级单位）的数量，以及已上报和未上报的部门（下级单位）名称。

应急管理归口部门将应急管理年度、半年工作总结报告的模板上传至系统，在电力企业组织机构树中选择需要编写应急工作总结的各有关执行部门和下级单位，将报告模板执行下发操作。模板下发后，各执行部门（下级单位）在工作总结模块收到“新模板”提醒，并可将新模板下载至办公计算机。

5.2.6 常用报表

5.2.6.1 业务介绍

常用报表业务是电力企业各级单位就突发事件应急处置和所需数据进行流通的重要手段，它对于电力企业针对电力突发事件快速精准掌握前线全局动态，迅速统筹且高质量地做出应急响应具有先决作用，是应急准备业务的重要一环。同时，常用报表也具有将本级用电单位的应急工作年度报表数据填报并逐级上报的作用，作为电力企业各级单位完成年度总结和指定针对制订工作计划的手段，完成了电力企业对于企业整体的年度应急工作情况的全面感知。

目前每定期编制应急管理工作中的常用报表主要包括：

①应急管理和应急指挥机构基础情况报表（表5-1）；

②应急管理和应急指挥机构统计表；

③应急预案编制情况通知表；

④应急管理培训情况统计表；

⑤应急平台建设情况统计表；

⑥应急演练开展情况统计表。

表5-1　应急管理和应急指挥机构基础情况报表

级别	类别	机构名称	成立时间	批准文号	机构级别	编制性质	编制人数	到位人数	合署办公机构（单位）
单位名称/所属基层单位									

5.2.6.2 功能说明

常用报表模块实现了应急管理和应急指挥机构基础情况季报表、应急管理和应急指挥机构统计表、应急预案编制情况统计表、应急管理培训情况统计表、应急平台建

设情况统计和应急演练开展情况统计表的填报功能，以及应急演练年报及专报查看和提醒周期设置功能。

填报功能实现了将本单位的应急工作年度报表数据填报后逐级上报，最后由省级公司汇总本省应急工作年度报表上报给集团总部，其中包括新建、保存、删除、编辑、上报等五个子功能。

①新建子功能负责添加本单位应急数据。首先选中要新建的常用报表类型，然后点击新建按钮，新增表单。类别、机构名称、成立时间、批准文号、机构级别、编制类型、编制人数、到位人数、合署办公机构、编制性质等表单数据填写可由手工填写，也可以由本地表单导入数据。

②保存子功能保存本单位单项应急数据。需要说明的是，单位和单位等级是默认当前登录用户所在单位的单位名称和单位等级（只读属性），保存时会做校验，保证一年本单位只有一条数据。

③删除子功能删除一条或多条应急单项年度数据。首先选择要删除的数据报表类型，在该报表的总表内找到要删除的常用报表，选中该常用报表，点击删除，弹出对话框，询问是否删除，点确定完成删除。因为应急指挥系统平台的数据安全性考量，删除操作是永久性删除，无法撤回。

④编辑子功能负责修改本单位应急单项年度数据。首先选中要编辑的数据报表类型，在该报表的总表内找到要编辑的常用报表，选中该常用报表，点击编辑按钮，弹出对话框，更新所需编辑详细信息，点击确定，完成编辑。

⑤上报子功能负责将下级单位填报好的应急年度数据上报给上级单位。与删除和编辑子功能类似，首先找到要进行上报的报表，点击上报，然后选择上报上级单位，点击确定，完成上报。

应急演练年报及专报查看功能是指集团总部使用此模块对下级单位上报的应急演练年报及专报进行查看。使用此功能，选中上报单位，点击查看，可以看到相应单位的报表是否上报和逾期。如果已上报，则会看到上报时间，否则不显示。点击报表内容栏，可以查看报表内容。

提醒周期设置子功能，在常用报表主页面分别上下显示主从表，上面部分是主表信息（方案名称、提醒单位、使用状态），有新建、删除、修改、启用子功能，下面部分是从表信息（提醒类型、提醒主题、提醒时间等），有新建、删除、修改子功能。

其中主表的新建子功能实现录入季度报表及工作总结的提醒周期方案。在主表中点击新建，在弹出的对话框中选择相应的常用报表模板，点击新建，完成新建操作。

主表的删除子功能，删除主表数据时连同下面的子表数据一同删除。在主表中，选中待删除的报表，点击删除，点击确定。此操作会删除主表中选中的数据报表，同时也会删除该报表在子表中的关联报表。

主表的编辑子功能对提醒周期方案进行修改。在主表中选中待编辑的周期性方案报表，点击编辑，在弹出的对话框中更新信息。

主表的启用子功能负责选择一条提醒周期方案，对提醒周期方案进行修改启用，其他方案状态变更为闲置。在主表中选中待启用周期性方案，点击启用，点击确定，完成启用操作。主表中的周期性方案被启用时，会同时启用子表中与其关联的报表。

子表的新建子功能针对周期性方案，在子表中，录入某一提醒周期方案下的具体提醒类型、提醒主题、提醒时间、提醒内容、提醒方式等内容。在子表中点击新建，选中具体内容模板，点击确定，完成新建操作。

子表的删除子功能实现子表数据的删除。在子表中选中待删除的数据报表，点击删除，点击确定，完成相应报表的删除。

子表的编辑子功能对提醒周期具体内容进行修改。在子表中选中待编辑的数据报表，点击编辑按钮，在弹出的对话框中更新相应信息，点击确定，保存编辑。

5.2.7 应急值班

5.2.7.1 业务介绍

安全生产事关人民群众的切身利益，是民生之本。近年来，随着生产安全问题日益严峻，安全生产的理念开始得到重视。对于电力系统的快速扩张，虽然在建设阶段进行了安全性考量，但由于气候变暖导致的全球极端天气频繁出现，用电企业必须针对紧急事件充分考虑其应急方面工作，做到《安全生产法》第一条所规定的“加强安全生产工作，防止和减少生产安全事故，保障人民群众生命和财产安全，促进经济发展”。

应急值班业务是用电企业总部及各级单位为保障电力系统平稳运行及人员财产安全，必须时刻运行的保障性业务。在面临突发事件时，常态化应急值班工作是用电企业针对紧急事件，如雨雪冰冻、洪涝、台风、地震或大规模停电等，做出迅速应急响应的先决条件，也是用电企业针对紧急突发情况，减小、弥补系统性损失和人员伤亡的第一道屏障。应急值班的最终目的是形成用电企业各级单位的常态化应急值班工作，做到24小时平稳保障电力系统安全运行，针对紧急事件第一时间各级别联动反应。

由于用电企业和电力系统纵横贯通的构建方式，并且紧急突发事件可能发生在某一区域或地域，即电力系统和用电企业的任意级别单位，所以要求用电企业各级单位都必须做好应急值班工作，做到针对紧急事件，早发现、早上报。应急值班业务在上下级用电单位中必须建立单位自身的应急值班工作小组，上下级单位的应急值班小组应就如何做好区域内突发事件的及时上报，建立有效沟通机制和各自的应急值班工作计划。做到责任落实到组，组内落实到岗，岗位落实到人。也就是说，在出现紧急事件时，各小组当值成员，应根据上下级单位的应急值班计划情况，找到上级小组对接人员，以书面形式上报紧急事故情况说明表，同时向本级单位应急管理负责人完成汇报并完成紧急情况值班日志，等待接收上级单位确认等。

用电企业各级单位的应急值班小组当值成员，当收到下级上报的紧急事故情况说明表，应立即向发送紧急事故情况说明的下级应急工作当值人员发送收到确认，并向

所在辖区的所有下级单位应急值班小组当值成员进行情况询问，统计辖区内针对此次事故情况的全面数据并汇总，最后向上级单位的应急值班小组对接成员进行情况上报，向本机应急管理负责人汇报并完成值班日志的维护。上级单位对接人继续依照此操作，完成紧急事故情况说明的逐级上报。

需要特别注意的是，应急值班工作应分为一般常规和特殊时期的值班计划情况。比如政府部门发布了气象水利预警信息，此时应通力响应政府部门发布的预警信息，做好自然灾害来临前的严阵以待；又或者针对政府参与的某种特别活动、某项秘密任务，向用电企业内部挑选经过应急管理培训和保密准则培训的积极分子，扩大应急值班人才队伍，做到活动现场、保障现场和调度现场等地点全程保障。同时，在有必要时可将提升应急值班保障工作的保密等级，非涉密成员不知晓、不参与，做到活动、任务全程保障且秘密不泄露。

5.2.7.2 功能说明

应急值班具有值班小组成员管理、保障地点管理、值班排班规划管理、接警管理、报警确认管理、值班日志管理、交接班管理、值班活动保密等级管理、值班成效反馈管理、应急联络通讯簿管理、节假日设置等 11 个子功能。

(1) 值班小组成员管理

对于用电企业各级单位的应急值班业务，都应成立专门固定人员的应急值班小组。对于小组固定成员可进行新增、编辑、删除、信息查询、保障地点查询、值班排班查询、值班活动保密等级管理、状态更新值班成效反馈查询等功能，并可在线打印、发送和向系统内上下级应急值班保障小组成员分享成员联系方式和供应保障值班信息等。

对于用电企业各级单位的责任人和应急值班小组负责人，该应急值班小组成员管理表的信息是透明的；但对于同级单位的其他成员，包括其他应急值班小组负责人，应急人员信息不可编辑，同时也只部分可见，即仅成员信息和排班计划可见。同时用电企业上级单位也无权编辑下级单位应急值班小组的人员信息，因为成员信息在上一级单位有备案，所以下级小组成员全部可见。当出现大规模事件需要统筹应急值班成员时，借调或抽派的应急值班人员的全部信息才被对接单位全部可见。对于小组成员的值班活动保密等级，其新增、编辑和删除等权限须取得用电企业应急管理部门审核批准，用电企业各级单位的应急值班小组才可进行操作，并且视其保密等级，决定各个信息的可视域。

(2) 保障地点管理

对于用电企业各级单位成立的应急值班工作小组，应在系统中维护专门小组所负责的保障供应地点 (场所)，进行保障地点管理。保障地点管理功能包含了新增、编辑、删除、成员查询、保障日期查询，保障地点历史查询等。

对于保障地点的管理，根据用电企业各级单位贯通纵横的现有架构，应做到同级单位的应急值班保障地点，在系统内无交集。系统中，电力企业上级单位具有编辑修改下级单位所辖保障地点管理表内容的权限。当上级单位的应急值班小组面对新增保障地点需要进行分派时，可以定向指派，并对保障地点管理表进行编辑，同时更新历史编辑。系统内的保障日期表明，保障地点的有效值班保障周期，当保障日期截止时，系统将该保障地点更新状态为失效，且将应急小组成员表中的对应成员设置“空”保障地点关联。

(3) 值班排版规划管理

实现包括重要保电、重大活动、突发事件时应急指挥中心值班排班管理功能，具有相应操作权限的人员可新增、编辑、删除、查询、上报、导入、导出值班排班信息，并可在线打印和发送传真信息等。在值班排班信息列表中，点击带班领导和值班人员对应的电话按钮，可通过系统给带班领导和值班人员拨打电话。

①值班排班信息的上报：具有相应操作权限的人员可将值班信息上报到上级单位，上级单位便可统计查看下级单位的值班信息。对于已经上报的值班信息不允许进行删除，如果有调班或者换班的情况，可申请退回后，对值班信息进行信息修改，编辑后再次上报值班信息。

②值班排班信息的查询统计：上级单位可查询统计下级单位的值班信息。(电网公司总部可查询统计各省上报的值班信息，省可查询统计地市上报的值班信息，地市公司可查询统计县公司上报的值班信息。)

③值班排班表导入导出：可下载值班排班模板表，在模板里录入值班排班人员信息后，导入值班排班信息，也可导出值班排班信息。

④值班排班表在线打印和传真：可在线打印值班排班信息，或在线通过传真发送值班排班信息。

(4) 接警管理

接警管理包括对突发事件报警信息接收、审核、存档、分发等功能。实现接警事件按事件类型、事件名称、发生时间等查询，针对具体的事件对照相关预案并综合相关信息进行研判，对符合应急启动条件的事件执行应急启动操作，将事件置为启动状态。

①信息接收：信息接报实现对下级单位、突发事件 / 灾害现场、电网调度或外部单位通过系统、邮件、电话、传真等方式报送过来的各种灾害日常预警、预测、突发事件等各类信息的接收，将信息录入到应急指挥信息平台 (系统)，实现信息的新增、修改、删除及查询功能。主界面默认按时间倒序显示数据库中已接收的记录信息。可根据新增或接收信息的标题生成预警信息或突发事件信息。若接收信息为突发事件，则将接收信息转到应急值班信息接报中。若接收信息为突发事件的后续报送信息，则将该信息作为续报信息与某个事件进行关联。可根据信息标题及报送时间等查询条件筛选接报的信息。

②审核：相关领导对值班人员上报的接警信息进行审核，值班人员进行下一步操作。

③分发：值班人员将接警信息分发给相关人员。

(5) 报警确认管理

报警确认管理功能指当紧急突发情况发生时，用电企业上级接收单位的应急值班

小组对于突发事件报警信息接受的确认。它利用冗余空间存储紧急突发事件的报警信息在用电企业各级单位应急值班小组中逐级上报时的确认情况。作为一种双重验证的手段，有效防止预警信息向上传递的中断。该功能包含了确认接收、确认跟踪查询、确认日志维护等功能。

①确认接收功能指在下级单位应急值班小组完成了接警业务，即完成了预警信息的分发和逐级上报后，下级单位必须确保从上级单位应急值班小组或分发目的地处得到一份报警信息确认，来确保本机单位应急值班工作的有效预警。否则，下级单位无法确认这一次预警信息上报，是否因如灾害应急通信中断或其他特殊原因，导致其无法被上报或分发单位正确接收、响应；这也就直接导致了该下级应急值班工作小组的应急确认日志，无法完成闭环；预警信息传递链条意外中断，针对紧急突发事件的应急预警信息无法及时上传，且很难有效验证和核查中断原因。

②确认跟踪查询功能完成的任务是指当预警信息从本级应急值班工作小组发出后，在一定时间内未收到上级应急值班工作小组或分发目的地处得到对应预警信息的确认，本级应急值班工作小组向目的地发送预警是否接受到的请求，同时在应急系统上，更新查询状态为“上次预警信息传输中断、已进入确认跟踪查询状态、待确认”，并根据历史报表请求中的上一次发送预警信息，再次向目的单位的应急值班小组进行预警上报；重复过程。

③确认日志维护功能，完成的是整体报警确认管理过程的工作记录。按事件、时间、保障地点、各级单位小组当值人员、发送方式等进行日志维护。

(6) 值班日志管理

值班日志管理为值班人员提供查询上一值班人员的值班日志以了解需处理事宜及注意事项，包括值班日志的新增、编辑、删除、查询、上报、驳回、导出、传真等功能。应急值班人员可通过值班日志记录值班过程中各种事件及事件的处理过程，包括值班过程中接打电话的音频信息、发送或接收的邮件、传真、短信等信息。

①值班日志的上报：下级单位可向上级单位上报值班日志信息，上级单位可查询下级单位上报的值班日志信息；已上报的数据，不允许编辑及删除。

②值班日志的驳回：上级单位可驳回下级单位上报的值班日志信息，驳回后，下级单位对值班日志信息重新编辑，再次上报。上报时需提示是否需要上报。

③值班日志的导出：可将值班日志进行数据导出。

(7) 交接班管理

实现交接班的新增、编辑、删除、确认交接班、查询功能。应急值班人员通过交接班管理记录应急交接班过程；交班人根据表单信息新建交班信息后，由接班人确认接班。在交接班日志中还需要记录正在处理中的事件的进展状况、待办事项及接班人需要注意的事项等。已确认接班的交接班日志不能编辑、删除。

(8) 值班活动保密等级管理

值班活动保密等级管理功能指对于政府参与的特殊活动，根据相关的保密原则，系统对于所有现在运行的活动保密等级进行保密等级增加、降级、保密日期起止时间、涉密人员查询和增删、涉密单位查询和增删、保密状态的更新和其他参与部门等的管理。

值班活动保密等级管理功能在系统中与其他的一般功能不太一样，其维护的表为单独一张表，不能被任何非权限用户所见，权限掌握在用电企业总部应急管理部门。对于非权限级别应急值班小组，必须向总部的应急管理部门申请其访问权限，才可以访问，并且编辑权只在总部应急管理部门。

涉密人员增删功能，通常针对某项重大保障活动或紧急事件而引起的值班人员变更。值班活动保密等级管理表增添了涉密人员之后，当参与政府企业联合应急活动保障结束后，参与保障的涉密人员在脱密期结束后，作为涉密人员删除的对象，只会在系统上留下参与过某某秘密的相关记录，即仅总部级应急管理部门才有权访问关于涉密应急值班保障工作的记录，如起止时间、人员、保障工作地点、所属应急值班小组等信息。

(9) 值班成效反馈管理

值班成效反馈管理是电力企业总部级应急管理部门，针对重要活动或紧急情况与政府联合应急保障过程中所涉及的功能。该功能是电力企业各个级别的应急值班工作的考核评估提供的一种回访意见反馈。值班成效反馈管理功能包括人员、单位随机回放功能，值班执勤纪律到位情况，保密准则培训情况等功能。设计该功能的初衷是增强电力企业各级单位的应急值班工作水平和专业性，提高值班过程中的实际操作水平和员工自身的综合素质提升。

应急值班工作的终极愿景是电力企业保持常态化的、全面的、高水平的应急值班体系，应急工作好坏不应该以“合格”与否衡量，即应急值班过程中是否造成了具有明显影响的失误，而是应该防患于未然，见微知著。所以应从用户、被保障对象的角度、去衡量应急值班工作的成效。随机回访就是针对服务保障对象进行应急值班工作满意度的调查，根据满意度结果，决定是否有必要组织用电企业各级单位或是某级单位的应急值班小组进行系统性集中培训，提升其应急值班综合素养、提高应急保障工作质量和服务水平，保障应急值班工作的有序运行。

(10) 应急联络通讯簿管理

应急联络通讯簿管理功能包含了级别关联的应急值班工作小组对接成员及联系方式信息增加、删除、修改和查询功能，事件关联的应急值班工作小组对接成员及联系方式信息增加、删除、修改和查询功能，所辖区域内的灾害现场对接人员及联系信息增加、删除、修改和查询功能。应急联络通讯簿是系统内由用电企业各级单位应急值班小组成员信息和联系方式信息构成的一张表，它对于系统内的各个级别的应急值班小组均为可见。级别关联查询指通过点击选取模块化的应急值班小组，常规地向上或向下进行其对应的值班小组当值对接人员。事件关联查询指利用针对同一紧急突发事件所可能成立的特别应急工作小组，如带有保密级别的活动保障工作，或针对某些紧

急突发事件的预警上报、上级单位完成所辖区域内应急信息汇总时，所需要精准查找对接人员的查询工作。辖区灾害现场对接查询为应急值班小组直接了解、沟通确认一线现场情提供了最为直接的通讯簿查询工作。

(11) 节假日设置

在进行值班排班时会自动将周六、周日过滤，此外，全国假日旅游部际协调会议办公室（全国假日办）负责全国每年的所有公众调休假的设定工作，本系统可以通过导入 EXCEL 等手动的设置，在值班排班时将周末及全国假日办设定的节假日过滤掉，方便用户使用。

5.2.8 应急指挥中心

5.2.8.1 业务介绍

为贯彻落实党中央和国务院关于加强突发公共安全事件应急体系和能力建设的有关精神，提高社会应急的响应速度和决策指挥能力，有效预防、及时控制和消除突发公共安全事件的危害，保障公众生命与财产安全，维护正常的社会秩序，促进社会和谐发展有关活动，电力行业内用电企业需建设突发公共安全事件应急指挥中心。

应急指挥中心是应急指挥体系的核心，在处置公共安全应急指挥事件时，应急指挥中心需要为参与指挥的领导与专家准备指挥场所，提供多种方式的通信与信息服务，监测并分析预测事件进展，为决策提供依据和支持。

应急指挥系统是指政府及其他公共机构在重大突发事件的事前预防、事发应对、事中处置和善后管理过程中建立的必要的应对机制系统。应急指挥中心是应急指挥系统中处置重大突发事件的运转枢纽，通过采取一系列必要措施，保障公众生命财产安全，促进社会和谐健康发展。应急指挥中心可以全面地提供如现场图像、声音、位置、地理、气象水文信息等具体信息。

《电力应急指挥中心技术导则》规定，应急指挥中心应具有为电力应急指挥提供全方位信息技术支持的应用系统，应用系统应服务于电力突发事件的顶防与应急准备、监测与预警、应急处置与救援、事后恢复与重建四个阶段，应具有日常工作管理、预案管理、预警管理、应急值班、应急资源调包与监拉、铺助应急指挥、专项预警、应急培训、演练演练及评估管理等功能。电力系统的应急指挥中心针对处理电力安全有关的重大突发事件，如洪涝、雨雪冰冻、台风、地震等自然灾害或其他特殊原因导致的大规模停电事件，为电力系统内进行事前预防、事发应对、事中处置和善后管理过程提供全方位的信息技术支撑。

5.2.8.2 功能说明

应急指挥中心模块主要包括设备管理新增、删除和维护等设备运维情况，日常使用记录管理，以及导出、上报功能。

①应急指挥中心模块的建设资料功能：该功能为应急技术中心在建设和使用时期的所有设备信息的文档记录，作为后期运维的参照对象而独立备份存在。

②应急指挥中心模块的设备新增功能：该功能为应急指挥中心投入使用过程中新增设备的管理功能。点击设备新增按钮，填写相应新增设备型号、新增日期等信息，选择设备所属类别，点击新增按钮，点击确定。

③应急指挥中模块的设备删除功能：当应急指挥中心投入使用过程中出现设备报废等情况，该功能对设备进行删除。点击应急指挥中心的左侧树状表格，选择该设备所属的类别，在此表格信息中找到待删除设备，勾选复选框，点击删除按钮进行删除。

④应急指挥中心模块的设备维护功能：当应急指挥中心投入使用过程中出现设备需要维护时，点击应急指挥中心的左侧树状表格，选择该设备所属的类别，在此表格信息中找到待维护设备，点击申请维护，写明维护原因和预估维护日期等信息，点击确定完成维护申请。

⑤应急指挥中心模块的日常运维记录管理：该功能为场地和设备的使用记录管理。对于应急指挥中心的使用，点击应急指挥中心的左侧树状表格，选择该设备所属的类别，在此表格信息中找到待维护设备，勾选已使用设备，填写使用日期、归还日期，点击新增，完成设备使用记录管理文档的更新。

⑥应急指挥中心模块的导出功能：将该应急指挥中心选定的表格信息导出为文档，在本地存储。点击导出按钮，选择导出表格，如应急指挥中心建设资料，设备使用记录等，选择导出本地地址，完成导出。

⑦应急指挥中心模块的上报功能：该功能将该应急指挥中心的使用情况上报给指定单位。点击上报按钮，选择上报单位，选择上报表格，点击上报确定，完成上报。

5.2.9 应急项目管理

5.2.9.1 业务介绍

应急项目管理重点突出“应急作为一项技术”。通过观察归纳应急环节中出现的现象，总结出应急问题，针对应急科学问题，发掘出其中的科学原理。应急技术在事故及灾害预测、灾害损失预测和感知、应急处置技术等方面开展技术研究。同时，针对各项应急技术，展开基于技术的应用研究，例如基于台风、地震致灾原理的灾害预测技术，形成区域性的灾害监控预测系统；基于台风等级和杆塔情况的杆塔受损预测、基于无人机感知的灾后快速灾损感知；基于自然语言处理的应急预案自动生成、基于城市电网系统故障的应急控制方法等技术和应用研究。

5.2.9.2 功能说明

系统内提供应急科研项目、应急建设项目和应急运维项目管理业务，项目状态更新、项目数量统计、项目起止时间查询、项目完成情况查询、项目后续进展、项目成果产出情况、项目荣誉情况、项目合作单位查询、项目保密级别查询等功能。其中，项目状态有项目申报、审核、答辩评审、立项、项目执行过程、项目评价等。

应急科研项目通常开展针对人员和设备事故安全的预测、预防、预警和应急处置技术，新产品、新工艺和新技术研究开发，完善储备技术应用和成果推广，如虚拟三维遥感人员定位与预警监测技术。以应急科研项目为例，系统维护着目前用电企业所有的应急科研项目。用电企业可以看到现行应急科研项目的当前状态以及对于历史应急科研项目完成情况的查询，同时可以针对完成的科研项目，查询起止时间，合作单位，成果产出，专利、论文、标准布局和执行情况，获得荣誉情况。当项目截止时间到期时，系统会自动提醒检查项目是否执行完毕，操作人员可依照此对项目状态在系统内进行更新。

对于应急科研项目的研究，可依据其研究进展，开展项目研究示范或试点应用；撰写相关文章在国内刊物发表。

5.2.10　通讯录

5.2.10.1　业务介绍

为实现应急统一值守管理，对已经发生的特别重大、重大和较大突发事件，用电企业各级单位必须将有关情况及时准确地报告上一级应急值班单位，对电力系统内外可能产生社会影响的一般事件也应当报告，报告内容以《突发事件报告范围与标准》规定为准。对电力系统内外可能引发的特别重大、重大、较大突发事件的预测预警信息也要及时报告。

应急通讯录在原则上完成了用电企业内部的应急管理人员和机构的对接问题。这样使得在面对紧急突发事件时，用电企业各级单位的应急值班小组和参与人员能够及时准确地找到对接人员，就紧急时间的有关情况进行上报。

5.2.10.2　功能说明

在功能上，应急通讯录实现了各级单位的全体应急组织机构和参与人员信息的统一管理且在线及时更新，即增加、删除、修改、查询；建立应急公共通讯录、个人通讯录管理，信息发送功能、提供人员信息和机构对接人员信息的快速查询功能。结合通信调度系统，实现快速人员调度；事件关联功能与小组关联功能，可根据人员关联事件或者按照人员关联小组，提供人员的分组功能，根据突发事件的特点快速检索到相关领导和人员，为日常值守工作和突发事件处置的快速联动提供最准确信息。

需要注意的是，应急通讯录功能与应急值班的应急联络通讯簿有一些相似之处，但应急通讯录功能增加了各相关业务部门、上下级对口部门人员联系方式和关联维护，更针对紧急突发事件，需要联络多方去协调和合作；而应急值班通讯联络簿则更加针对一般常态化或针对特别活动保障，偏向于内部系统使用、不同级别应急值班联络小组之间进行联络的功能。

通讯录模块树状展示应急系统通讯录人员信息，包括姓名、邮件地址、联系方式和所属单位等。在通讯录功能页面上，左侧显示应急通讯录的树状结构，右侧显示人员详细信息。点击结构树可以动态加载右侧的人员列表。通讯录子模块从具体功能上，提供了编辑、新增、删除通讯录人员信息，以及提供发送邮件、发送传真、发送短信、上报等功能。

通讯录模块的查询功能提供了应急通讯录人员的按名精确查找。在查询输入框输入人员姓名，点击查询按钮，即可看到查询返回结果。

如果想在通讯录模块的新建功能在通讯录表格中新增一个通信录人员，在通讯录页面找到新增功能按钮，会弹出新增人员的待填信息页面。新建人员信息需注意按照规定填写人员详细信息的必填项，包括所属部门、单位、人员姓名、邮件地址、联系方式等。任何空缺或不按照格式填写的人员信息都无法保存。

通讯录模块的删除模块用来删除所选中的通讯录人员。在通讯录人员姓名信息的左侧，点击复选框，再点击删除按钮，在弹出的是否确定删除界面会弹出是否确认删除该数据。选确定，即删除该条数据；选取消则不删除。删除操作后，无法撤回。

通讯录模块的编辑功能提供了编辑通讯录人员信息的功能。通过勾选通讯录人员姓名前方的复选框，点击编辑按钮，打开通讯录人员信息的编辑窗口进行人员信息编辑。

通讯录模块的导出功能负责导出通讯录人员信息。通过勾选通讯录人员姓名前方的复选框，点击导出按钮，导出通讯录人员的结构化表格信息。

通讯录模块的发送邮件功能提供给通讯录内指定人员发送邮件的服务。通过勾选通讯录人员姓名前方的复选框，点击发送邮件按钮，点击接收邮件人员，按照弹出窗口内要求填写标题、内容、接收邮箱类型等相应信息。对于邮件中要包含附件内容的，点击附件栏，添加本地附件。

通讯录模块的发送短信功能提供给通讯录内指定人员发送短信的服务。通过勾选通讯录人员姓名前方的复选框，点击发送短信按钮，点击通讯录内接收人员，编辑文本信息，点击发送按钮发送。

通讯录模块的上报功能将指定人员信息上报给指定单位。通过勾选通讯录人员姓名前方的复选框，点击上报人员按钮，在弹出对话框中选择上报单位，点击上报按钮进行上报。

通讯录模块的通讯组子模块提供编辑、新增、删除通讯组信息，以及提供给多人发送邮件、发送传真、发送短信功能。通讯组的树形结构图展示了应急系统的通讯组信息，点击树结构可以动态加载右侧的通讯组信息和组内成员信息和联系方式。

通讯组的编辑、新增、删除、发送邮件、发送短信和上报功能具体操作与通讯录模块十分类似，不同的是通讯组增加了查询群组内成员信息以及群发送的功能。

5.3 应急知识管理

5.3.1 应急制度

5.3.1.1 业务介绍

电力企业及时收集、学习贯彻应急方面最新的法规制度，包括国家法律法规、部

委规章、地方法规、企业制度、国家标准、行业标准、企业标准等，辨识已废止的法规制度。

国家层面应急相关的法律法规主要有：《中华人民共和国突发事件应对法》(主席令〔2007〕第69号)、《中华人民共和国安全生产法》(2021年修订版)、《中华人民共和国电力法》(2018年修正版)、《生产安全事故应急条例》(国务院令第708号)、《生产安全事故报告和调查处理条例》(国务院令第493号)、《电力安全事故应急处置和调查处理条例》(国务院令第599号)、《突发公共卫生事件应急条例》(国务院令第376号)、《电力监管条例》(国务院令第432号)、《突发事件应急预案管理办法》(国办发〔2013〕101号)、《国家突发公共事件总体应急预案》(国发〔2005〕11号)、《国家大面积停电事件应急预案》(国办函〔2015〕134号) 等。

部委规章主要有：《生产安全事故应急预案管理办法》(应急管理部2号令)、《电力突发事件应急演练导则 (试行) 》(电监安全〔2009〕22号)、《电力企业综合应急预案编制导则 (试行) 》(电监安全〔2009〕22号)、《电力企业专项应急预案编制导则 (试行) 》(电监安全〔2009〕22号)、《电力企业现场处置方案编制导则 (试行) 》(电监安全〔2009〕22号) 和《电力企业应急预案评审和备案细则》(国能安全〔2014〕953号)、《电力企业应急预案管理办法》(国能安全〔2014〕508号)、《国家能源局综合司关于贯彻落实国务院安委会8号文件精神 进一步加强电力事故应急处置工作的通知》(国能综安全〔2014〕469号)、《电力行业应急能力建设行动计划 (2018—2020) 》(国能发安全〔2018〕58号)、《关于电力系统防范应对台风灾害的指导意见》(国能发安全〔2019〕62号)、《关于电力系统防范应对低温雨雪冰冻灾害的指导意见》(国能发安全〔2019〕80号)、《应急管理部 国家能源局关于进一步加强大面积停电事件应急能力建设的通知》(应急〔2019〕111号)、《电力企业应急能力建设评估管理办法》(国能发安全〔2020〕66号)、《中央企业应急管理暂行办法》(国资委令第31号)、《电力安全生产监督管理办法》(国家发改委令第21号) 等。

地方法规主要包括当地省、市两级政府发布的《突发事件应对条例》、《突发公共事件总体应急预案》和《处置电网大面积停电事件应急预案》等法规预案。

国家标准主要有《生产经营单位生产安全事故应急预案编制导则》(GB/T 29639—2020)、《公共安全应急管理突发事件响应要求》(GB/T 37228—2018)、《突发事件应急标绘符号规范》(GB/T 35649—2017)、《企业应急物流能力评估规范》(GB/T 30674—2014) 等。

行业标准主要有《电力设备典型消防规程》(DL 5027—2015)、《生产安全事故应急演练基本规范》(AQ/T 9007—2019)、《生产安全事故应急演练评估规范》(AQ/T 9009—2015)、《电力行业紧急救护技术规范》(DL/T 692—2018)、《发电企业应急能力建设评估规范》(DL/T 1919—2018)、《电网企业应急能力建设评估规范》(DL/T 1920—2018)、《电力建设企业应急能力建设评估规范》(DL/T 1921—2018)、《电力应急术语》(DL/T 1499—2016)、《电力应急指挥中心技术导则》(DL/T 1352—2014)、《电力应急指挥通信车技术规范》(DL/T 1614—2016)等。

企业制度是指电力企业的上级单位统一发布的应急方面的规章制度，以及本单位制定的实施细则、补充规定等，如《国家电网有限公司应急工作管理规定》《国家电网有限公司应急预案管理办法》等。

企业标准是指电力企业或其上级单位统一发布的应急方面的管理标准、技术标准、工作标准，如国家电网公司发布的《国家电网有限公司应急预案编制规范》(Q/GDW 11958—2020)、《大面积停电事件应急演练技术规范》(Q/GDW 11884—2018)等。

电力企业针对收集到的各项应急法规制度，应及时发送至相关工作岗位，并制定落实措施，及时开展培训宣贯，使相关管理人员、一线员工熟悉相应的应急工作职责，并根据应急相关的工作要求，开展自查自改，针对本单位应急工作现状与工作要求的差距，制定整改提升措施，及时完善本单位应急工作。

5.3.1.2 功能说明

应急制度模块实现对应急法规制度的统一管理，包括法规制度的录入、修改、修订、查询、删除、下载、共享、落实、统计等功能。各单位负责维护本单位的应急法规制度。

在电力企业组织机构树的本单位节点，可创建、维护本单位管理的应急法规制度。在本单位节点下将应急法规制度划分为国家法律法规、部委规章、地方法规、企业制度、国家标准、行业标准、企业标准、其他共8个类别，在每个类别节点下管理相应的法规制度。默认显示正在施行的应急制度，不显示已废止状态的应急制度。

在系统中录入应急制度时应填写的内容主要有制度（法规、标准）名称、制度（法规、标准）编号、版本号、发布日期、关键词、摘要、状态（正在施行、已废止）等，并将制度文本作为附件上传至系统。录入新版本的应急制度的同时，要将旧版本的状态变更为“已废止”。

可根据应急制度的名称、编号、发布时间、状态等条件对制度进行模糊查询，查阅制度基本信息，并可通过下载附件查阅完整的应急制度文档。当查询条件“状态”选择为“已废止”时，可查询显示出已废止状态的应急制度。

上级单位可对某些应急制度进行共享操作，对已废止的应急制度可取消共享。共性通用类应急制度应开放共享，具有本单位特色的应急制度不应开放共享。直管的下级单位在电力企业组织机构树中可查看、下载上级单位共享的应急制度，但不可以修改、删除。上级单位可查看、下载下级单位的所有应急制度，亦不可以修改、删除。

应急制度的修改和删除功能只能由创建该制度的用户进行操作，其他用户不能修改和删除。若该制度已向下级单位共享，则修改后下级单位查看到的制度信息也随之修改，在执行删除操作的同时系统自动执行取消共享操作。

可录入、查看各项应急制度在本单位的培训宣贯、自查自改等落实情况。针对每一项应急制度，可录入的相应培训情况包括培训时间、培训形式、培训内容概述，落实情况包括新的工作要求、当前存在的差距、整改情况，可上传附件作为整改落实情

况的佐证材料。

统计各项应急制度的被查看次数、下载次数等信息时，各单位只能查看本单位管理的应急制度统计情况。

5.3.2 应急处置案例

5.3.2.1 业务介绍

设置应急处置案例业务的初衷是为了从电力行业内已发生的紧急突发事件的相关应急救援工作中，用科学手段和方法，总结经验，吸取教训，以求在后续发生的类似事件中，参与应急处置的有关单位可以进行一系列的应急准备、预警、响应、救援工作，做到尽最大可能地降低人民生命和财产的损失。

安全生产事关人民福祉，事关经济社会发展大局。自党的十八大以来，习近平总书记高度重视安全生产工作，作出一系列关于安全生产的重要论述。伴随着电网过去30年的高速迅猛发展，电力系统内事关生产安全的大规模紧急突发事件步入人们视野。由于紧急突发事件具备情景演变复杂、目标不断变化、人们对于致灾理论的认识不够充分、信息缺口巨大、应急时间紧迫、具有严重后果、高公众关注度和资源需求和配置动态变化等特点，导致人们对于紧急突发事件的认知有限，在有限的临场反应和决策过程中，应急组织、响应、救援等工作难免出现一系列的问题。因此，对于应急工作而言，需要在极其有限的时间，认清紧急突发事件的本质，做出最有效、最大程度降低人民财产和生命安全的决策及应急救援工作，必须依赖于各安全生产主体，定期开展应急处置措施的案例分析，即从过往中类似的紧急突发事件中学习和总结经验教训，形成应急预案。

对于电力系统内的应急处置案例而言，应急处置案例的主体是用电企业各级单位的生产安全部门。通过在用电企业各级单位的内部，定期开展对于本单位应急历史事件和社会应急案例的学习分析，从紧急突发事件的发生背景、其背后致灾原理、应急预警、应急组织、应急响应、应急救援等各环节工作的得失进行分析。依托沙盘模拟、情景推演等技术手段，在建模紧急突发事件的基础上，探讨优化各个应急环节决策和工作的可能性。从某一起事件到某一类事件，针对这类事件归纳总结出一套行之有效的各个环节的应急办法，即应急预案，从而完成了由特殊案件到一般性问题的跨越。

5.3.2.2 功能说明

应急处置案例模块完成了电力企业各级单位对应急事件处置过程的整理，包括新建、查询、删除、修改和统计功能。

应急处置案例模块的新建功能实现了电力企业各级单位应急部门处置案例的实例化，点击新建按钮，在该单位的应处置案例库中新建一条空数据，并弹出对话框，填写必填内容如应急事件名称、应急事件类型、应急事件发生日期、应急事件直接和间接损失、应急处置措施，默认负责单位为该应急部门的所属单位。全部填写完毕点击确定完成新建。

应急处置案例模块的查询功能实现了对于应急处置案例的按名称和发生时间的精确查找和联合查找，在查询框中下拉填写事件名称，选择事件发生日期或所在月份，按条件进行过滤查找。

应急处置案例模块的删除功能实现了应急处置案例的废弃。对于失效或废弃的应急处置案例，点击该条数据前的勾选框，再点击删除按钮，并在弹出的对话框中选择确定，完成删除操作。

应急处置案例模块的修改功能实现了对于应急处置案例的编辑，在归纳整理过程中，随着事件的升级，所造成的损失和处置措施都可能进行相应的变化。勾选要修改的应急处置数据项的勾选框，点击编辑按钮，在弹出的对话框中修改编辑信息并保存，完成信息的修改功能。

应急处置案例模块的统计功能实现了应急处置案例的按事件和按类型的统计，方便了应急工作的可视化，且便于改进应急工作或调整后续应急工作的重心。点击统计按钮，勾选按月、按季、按年或按类型，点击确定，即可在弹出的对话框中浏览统计结果的按类型统计的饼状图和按时间统计的折线图。

(1) 本单位应急历史事件

以时间为主线，将本单位历史的电网应急突发事件或已归档的突发事件，根据参与应急工作的相关人员回忆和系统中备份的相关应急日志文件，以第一视角和第一手资料，按照时间的先后顺序再现紧急突发事件的全过程，以及对应时间各个环节的应急工作，包括预测分析信息、接报信息、预警信息、预警处置信息、响应处置信息、资源调配信息、应急队伍调配信息、应急组织建立信息、应急处置车辆信息、总结与评估信息等。各级单位可以通过应急科研项目建模相关紧急突发事件，摸清背后的致灾原理等，采用沙盘推演或情景推演等技术手段，去探讨更优化的各个应急环节，并形成应急预案。

(2) 电力行业应急历史事件

以事件类型为主线，重点关注电力行业内某一类应急事件，重点挖掘针对该类事件的应急处置经验。将电力行业内发生的有相关报道并在行业内展开深入学习的（不含本单位应急处置案例）电网应急突发事件，按参与应急处置单位的视角还原事件原委。从其他企业的经验中学习，理解和消化其背后映射出的问题本质，并在本单位内展开相关讨论，从而将经验应用在本用电单位，完善现有应急预案。

(3) 社会应急案例

应注意收集国内外各种类型重大事故应急救援的实战案例（不含本单位应急处置案例），建立典型案例分析库，对典型事故筛选与分析，吸取经验教训，完善现有应急预案。

5.3.3 应急知识库

5.3.3.1 业务介绍

信息化时代，知识的地位日益突显，知识作为一种重要的战略性资源对组织生存和发展起着重要作用。知识库作为储存、组织和处理知识的重要集合逐渐成为各行各业进行知识管理及知识服务的重要工具。应急管理知识库的构建为完善应急管理机制，推动应急管理的智能化预警、辅助决策等起着积极作用。

知识库是基于知识的系统（或专家系统），具有智能性，正在成为各行各业开展知识管理和知识服务的基础。应急管理知识库是应急管理体系中的重要组成部分，建设应急管理知识库对建立和完善应急管理机制，减少突发事件造成的损失具有重要意义。

应急知识库系统实现国家及地方法律、国家及地方行政法规、国家各部门发文、地方发文、电力企业发文、标准、灾害知识等应急资料的数字化存储，包括知识库管理、灾害知识专题以及自救互救知识等。此业务的目的是利用专家的知识与经验提高电力企业员工的应急管理、应急处置等能力，有效提高整个企业有组织地学习知识的能力，实现对企业知识的沉淀和积累，使企业知识储备日益雄厚。实现企业知识的共享和个人知识的共享，提高企业对经营环境的创新能力、决策能力、操作和控制能力。具有定期更新、分类存储及查询、全文检索等功能。

构建应急知识库系统的技术基础是语义编码、语义匹配和检索算法。语义编码技术将各类应急知识文档内容，由文字语义空间映射到计算机能理解的应急知识向量语义空间。应急知识向量语义空间通常是一组稠密向量，向量的不同维度，对应不同组真实语义的延伸。通过语义编码技术，应急知识库系统将文档性质的知识转换成计算机能够理解的一个向量。值得一提的是，该语义空间向量的意义重大，如何寻找一个合适的语义空间，使其满足 ontology- 本体论模型，并有较好的语义匹配表现是语义编码或建模技术的核心难点。语义匹配技术指的是通过算法，将不同文档投影到语义向量空间，并进行语义匹配的过程。检索算法，是对应应急知识库的知识管理和知识服务功能而存在的，通过关键词匹配模型或是语义匹配的检索技术，检索相关应急知识。

5.3.3.2 功能说明

应急知识库系统的主要功能为：知识库构建、知识检索、知识导入、知识分享、知识个性化推荐、知识网络构建、知识索引建立与更新等功能。同时提供专栏和测验功能，提供灾害知识专题专栏和自救互救知识的自测习题。

应急知识库构建，分为事前、事中和事后应急管理知识库构建。三者可以通过使用不同技术手段完成构建。

(1) 事前应急管理知识库构建

对于事前应急知识管理知识库而言，突发事件爆发前是可以通过对海量信息进行分析与甄别提前发现的。突发事件事前预警具有预见、警示、延缓、阻止和化解突发事件的功能。知识库在突发事件爆发前主要是进行信息收集和分析工作，以便帮助监控部门分析通过监控获得的海量信息，并根据预警级别对监控人员进行告知，方便监控人员采取行动。应急管理知识库在突发事件爆发前主要运用到的关键技术是知识获取技术，着重对海量信息进行收集、筛选及分析，以及使用知识表示技术将搜集到的文档、案例等信息，运用特征编码的方式转化成计算机可以理解的信息。

知识获取技术就是通过人工、半自动或自动化的方式从外部环境中获得与应急管理相关的知识，对知识库进行增删、修改、扩充和更新。当前构建应急管理知识库时主要采用人工和机器两种知识获取方法。

①人工获取方法。作为构建传统应急知识库的常用方式，知识需要通过人工编辑的方式进行获取。一种是通过和领域专家进行交流的方式获取相关信息，另一种是通过阅读文档或实地调研的方式获取相关知识。如通过阅读文档和实地走访的方式获取案例；对于非实事实类知识，需要通过人工整理隐含这些知识的法规、预案、应急指南等获取知识。

②机器获取方法。从文本中获取知识，最典型的方法就是基于类自然语言理解的文本知识自动结构化技术。机器获取方法就是利用人工智能技术通过机器感知自动或半自动化的从外部环境中获取知识。如基于自然语言的结构化应急预案拆分，通过算法抽取得到结构化的知识，并基于此建立知识图谱和问答系统。

(2) 事中应急管理知识库构建

对于事中应急管理知识库构建而言，突发事件发生后，应急管理相关部门要在时间、资源、资金能力有限的情况下，根据突发事件的性质、特点和危害程度，对突发事件进行有效的响应和处置，以降低社会公众生命、健康与财产所遭受损失的程度。突发事件具有突然性和不确定性，如果仅依靠决策者的经验进行决策指挥，可能会造成不可挽回的损失。应急管理知识库通过对相关案例及预案进行匹配分析为政府及应急指挥人员对突发事件的处理带来便利，有助于其进行科学有效的应急指挥。应急管理知识库在事中应急响应过程中主要运用到的关键技术包括知识推理技术模拟人类的推理方式进行知识求解的过程，通过知识推理得出用户所需求的东西及知识检索技术实现用户求解获取答案。

知识推理技术是模拟人类的智能推理方式实现用户求解的重要过程，是应急管理知识库技术研究的重要方向，现已取得了一定的研究成果。如应急管理领域知识库的知识推理基于 OWL 语言，利用 Jena 技术实现；利用 Jena 语义框架实现本体知识库推理，提出高速公路应急预案知识库系统；应用 Jena API 完成本体推理核心代码开发工作，并利用 OWL 实现本体知识库的构建；基于 Jena 的推理技术形成知识库中隐性的知识。目前，实现知识推理的方法共有三种，基于案例的推理、基于规则的推理及两者相结合的推理方法。其中基于案例的推理和基于规则的推理是目前构建应急知识库常用的方法。

(3) 事后应急管理知识库构建

突发事件得到控制后，需要开展一系列的恢复、重建工作，其目的有两点：①安抚公众心理情绪，维护社会稳定和社会生活的连续性；②发现突发事件中的制度缺陷、机构缺失和政策漏洞，总结经验教训，更新突发事件案例知识库和应对策略库，为应对新的突发事件做好准备。当前关于知识库在事后的社会支持、恢复及重建工作的研究相较于事前和事中知识库构建研究要少，主要是运用知识获取技术及知识表示技术进行应急管理知识库中案例知识库及策略库的更新，与事前、事中形成闭环，为新的突发事件做好准备。

应急知识库管理系统同时作为应急知识资源的收集和共享、搜索中心，还为使用者提供了应急相关的照片、文档、视频及从本地导入知识等将数据上传知识库管理中，支持文件断点续传、文件秒传和文件夹直接上传等，其共享机制非常灵活，可以选择相应的知识信息共享至上级、同级及下级等功能。

灾害知识专题主要从专业角度科普灾害相关知识，具体包括气象灾害专题、地质灾害专题、地震灾害专题等。气象灾害专题又分为台风灾害专题、暴雨洪涝灾害专题、暴雪灾害专题、寒潮灾害专题、沙尘暴灾害专题、大风灾害专题、高温灾害专题、雾霾灾害专题等。

公司系统普通人员的自救互救意识和能力普遍较低，在自救互救知识这个模块，本系统提供了一个共享平台，共享医务工作者的专业知识，并用大众熟悉的语言将这些经验进行整理、总结，让非专业人士可以读得懂、学得全、用得上，最大程度地减少意外事故造成的普通人员伤亡和危害。

5.4 应急预案数字化管理

5.4.1 应急预案业务介绍

应急预案是突发事件应对的原则性方案，它提供了突发事件处置的基本规则，是突发事件应急响应和全程管理的操作指南。我国各级政府、各级单位都根据国家对于预案体系“纵向到底、横向到边”的总体要求，为各类事件、不同部门制定了大量的专项应急预案、部门应急预案和现场处置方案。

电力企业突发事件应急预案体系由总体应急预案、专项应急预案、部门应急预案、现场处置方案构成，如图 5-1 所示。

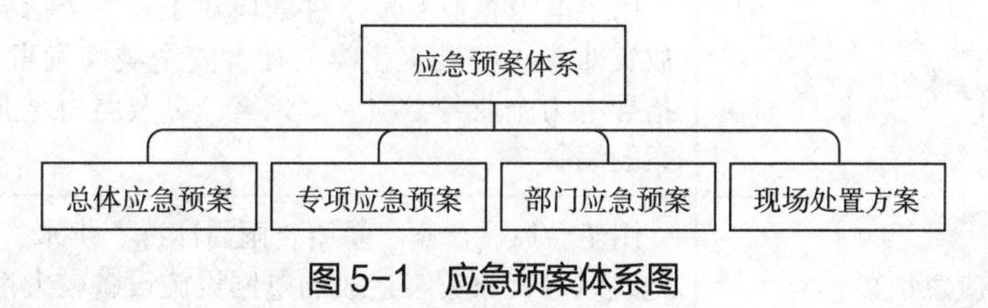

图 5-1　应急预案体系图

总体应急预案是电力企业为应对各种突发事件而制定的综合性工作方案，是电力企业应对突发事件的总体工作程序、措施和应急预案体系的总纲。

专项应急预案是电力企业为应对某一种或者多种类型突发事件，或者针对重要设施设备、重大危险源而制定的专项性工作方案。

部门应急预案是电力企业有关部门根据总体应急预案、专项应急预案和部门职责，为应对本部门突发事件，或者针对重要目标物保护、重大活动保障、应急资源保障等涉及部门工作而预先制定的工作方案。

现场处置方案是针对特定的场所、设备设施、岗位，针对典型的突发事件制定的处置措施和主要流程。

电力企业各单位设总体应急预案、专项应急预案，视情况制定部门应急预案和现场处置方案，明确本部门或关键岗位应对特定突发事件的处置工作。电力企业总部和各单位本部涉及大面积停电、消防安全等事件管理工作的部门，应当编制相应的部门应急预案，并做好与对应专项预案的内容衔接和工作配合。

市、县级电力企业设总体应急预案、专项应急预案、现场处置方案，视情况制定部门应急预案；其他单位根据工作实际，参照设置相应预案；电力企业各级职能部门、生产车间，根据工作实际设现场处置方案；相邻、相近的单位，根据需要制定联合应急预案。

电力企业有关部门、公司各单位根据各自工作职责组织编制突发事件应急预案。在突发事件应急预案的基础上，根据工作场所和岗位特点，编制简明、实用、有效的应急处置卡。

5.4.2 应急预案版本管理

5.4.2.1 业务介绍

电力企业的应急预案需要根据实际情况变化和国家相关规定及时增补、修订、完善。以某电力企业为例，介绍最新的应急预案版本。该电力企业某单位总共有27项应急预案，分别为总体应急预案1项，专项应急预案26项，各项应急预案的主要用途说明介绍如表5-2所示。

表5-2 某电力企业应急预案及用途

序号	应急预案	用途
1	突发事件总体应急预案	用于电力企业突发事件的应对工作，包括自然灾害类、事故灾难类、公共卫生类、社会安全类突发事件的应对处置，指导电力企业各专项应急预案，以及电力企业各单位应急预案的编制
2	气象灾害应急预案	用于台风、暴雨、暴雪、雨雪冰冻、洪水、龙卷风、大雾、飑线风等气象灾害造成的电网设施设备较大范围损坏或重要设备设施（特高压、重要输电断面）损坏事件

续表

序号	应急预案	用途
3	地震地质等灾害应急预案	用于地震、泥石流、山体崩塌、滑坡、地面塌陷等灾害以及其他不可预见灾害造成的电网设备设施较大范围损坏或重要设施设备损坏事件
4	人身伤亡事件应急预案	用于生产、基建、经营、交通、国外项目工作中出现的人员伤亡事件，以及因生产经营场所发生火灾造成的人员伤亡事件
5	大面积停电事件应急预案	用于处置因各种原因导致的电网大面积停电事件
6	设备设施损坏事件应急预案	用于生产、基建、经营等运行或工作中出现的重要设施设备损坏事件造成的生产经营场所房屋及设备损坏事件
7	通信系统突发事件应急预案	用于对企业造成严重损失和影响的通信系统突发事件
8	网络与信息系统突发事件应急预案	用于对电力企业造成严重损失和影响的各类网络与信息系统突发事件（含网络安全事件）
9	突发环境事件应急预案	用于电力企业突发环境事件的预防及应急处置工作，规范开展突发环境事件应急抢险及救援、维护社会稳定及其他各项处置工作
10	电力监控系统网络安全事件应急预案	用于电力监控系统遭受网络攻击等造成的电力监控系统网络安全突发事件
11	水电站损毁事件应急预案	用于水电站大坝垮塌事件
12	调度自动化系统故障应急预案	用于对电力企业电网运行造成重大影响和严重威胁的调度自动化系统故障处置
13	配电自动化系统故障应急预案	用于对电力企业配电网造成影响的自动化系统故障处置
14	设备设施消防安全应急预案	用于对电力企业造成影响的重要电力设备设施火灾处置
15	电力企业消防安全应急预案	用于电力企业大楼火灾事件处置
16	特高压换流站 / 变电站火灾事件应急预案	用于特高压换流站、变电站换流变、变压器、套管、阀厅等主设备火灾处置
17	森林草原火灾事件应急预案	用于涉及电力企业的森林草原火灾处置工作。包括防范电网设备设施引发森林草原火灾，以及森林草原火灾威胁电网情况下的应对措施
18	城市地下电缆火灾及损毁事件应急预案	用于城市电缆接头爆炸、电缆沟火灾等故障，以及施工、路面坍塌影响电缆时的应急供电、抢修救援、社会联动支援等工作
19	地下变电站火灾事件应急预案	用于地下变电站火灾事件，包括地上建筑人员疏散、消防灭火、有害气体收集、应急供电、供电恢复等工作

续表

序号	应急预案	用途
20	突发公共卫生事件应急预案	用于社会发生国家卫计委规定的传染病疫情情况下，电力企业的应对处置及电力企业内部人员感染疫情事件
21	新冠肺炎疫情防控应急预案	用于新冠肺炎疫情应对处置
22	供电服务事件应急预案	用于正常工作中出现的涉及对经济建设、人民生活、社会稳定产生重大影响的供电服务事件（如涉及重点电力客户的停电事件、新闻媒体曝光并产生重要影响的停电事件、客户对供电服务集体投诉事件、新闻媒体曝光并产生重要影响的供电服务质量事件、其他严重损害公司形象的服务事件等），以及处置因能源供应紧张造成的发电能力下降，从而导致电网出现电力短缺的事件
23	重要保电事件（客户侧）应急预案	用于国家、社会重要活动、特殊时期的电力供应保障，以及处置国家和社会出现严重自然灾害、突发事件，政府要求公司在电力供应方面提供支援的事件
24	突发群体事件应急预案	用于电力企业内外部人员群体到公司上访，封堵、冲击电力企业生产经营办公场所；电力企业内部或与电力企业有关的人员群体到政府相关部门上访，封堵、冲击政府办公场所事件
25	新闻突发事件应急预案	用于电力企业发生新闻类突发事件或各类突发事件的情况下，电力企业在新闻应急方面的预警、信息发布及应急处置
26	涉外突发事件应急预案	用于电力企业系统在外人员出现的人身安全受到严重威胁事件（如不稳定地区人员撤离、被绑架、扣留、逮捕等），以及在电力企业系统工作的外国人在华工作期间发生的人身安全受到严重威胁或因触犯法律受到惩处的事件
27	电力企业防恐应急预案	用于电力企业总部防范应对恐怖事件

各省级电力企业参照电力企业总部应急预案体系框架，自行设置本省级电力企业的应急预案体系框架，但应满足总体应急预案、专项应急预案体系要求，涵盖电力企业总部的应急预案框架体系，具体内容如下：总体应急预案，将电力企业总部气象灾害应急预案一分为三，包括台风灾害应急预案、防汛应急预案、雨雪冰冻灾害应急预案；将电力企业总部地震地质等灾害应急预案一分为二，包括地震灾害应急预案、地质灾害应急预案；将电力企业总部人身伤亡事件应急预案一分为二，包括人身伤亡事件应急预案、交通事故应急预案，大面积停电事件应急预案，设备设施损坏事件应急预案，通信系统突发事件应急预案，网络与信息系统突发事件应急预案，突发环境事件应急预案，电力监控系统网络安全事件应急预案，水电站损毁事件应急预案，调度自动化系统故障应急预案，配电自动化系统故障应急预案，设备设施消防安全应急预案，重要场所消防安全应急预案，特高压换流站 / 变电站火灾事件应急预案，森林草

原火灾事件应急预案，城市地下电缆火灾及损毁事件应急预案，地下变电站火灾事件应急预案，突发公共卫生事件应急预案，新冠肺炎疫情防控应急预案；电力服务事件应急预案一分为二，包括电力服务事件应急预案、电力短缺事件应急预案，重要保电事件（客户侧）应急预案，突发群体事件应急预案，新闻突发事件应急预案，涉外突发事件应急预案，电力企业防恐应急预案。

地市电力企业与省电力企业层级基本保持一致，应急预案体系框架设置如下：总体应急预案，台风灾害应急预案，防汛应急预案，雨雪冰冻灾害应急预案，地震灾害应急预案，地质灾害应急预案，人身伤亡事件应急预案，交通事故应急预案，大面积停电事件应急预案。设备设施损坏事件应急预案一分为二，包括设备设施损坏事件应急预案、大型施工机械突发事件应急预案，通信系统突发事件应急预案，网络与信息系统突发事件应急预案，突发环境事件应急预案，电力监控系统网络安全事件应急预案，水电站损毁事件应急预案，调度自动化系统故障应急预案，配电自动化系统故障应急预案，设备设施消防安全应急预案，重要场所消防安全应急预案，特高压换流站/变电站火灾事件应急预案，森林草原火灾事件应急预案，城市地下电缆火灾及损毁事件应急预案，地下变电站火灾事件应急预案，突发公共卫生事件应急预案，新冠肺炎疫情防控应急预案，电力服务事件应急预案，电力短缺事件应急预案，重要保电事件（客户侧）应急预案；突发群体事件应急预案一分为二，包括企业突发群体事件应急预案、社会涉电突发群体事件应急预案，新闻突发事件应急预案，涉外突发事件应急预案，防恐应急预案。县级电力企业应急预案参考地市电力企业应急预案体系框架。

电力企业总部、省电力企业、地市电力企业应急预案体系框架如图5-2所示。

5.4.2.2 功能说明

应急预案版本管理模块实现对应急预案的统一管理，包括应急预案的录入、修改、修订、查询、删除、下载、共享、落实、统计等功能。各单位负责维护本单位的应急预案。

在电力企业组织机构树的本单位节点，可创建、维护本单位管理的应急预案。在本单位节点下将总体应急预案、专项应急预案、现场处置方案、部门处置方案等应急材料，在每个类别节点下管理相应的应急预案。默认显示当前最新版本的应急预案，不显示已过期废止状态的应急预案。

在系统中录入应急预案时应填写的内容主要有应急预案的名称、应急预案的编号、应急预案版本号、应急预案发布日期、应急预案编写部门、应急预案会签部门、应急预案批准人、应急预案编制组组长、应急预案编制组副组长、应急预案编制人员、应急预案执行部门等。并将应急预案文本作为附件上传至系统。录入新版本的应急预案的同时，要将旧版本的状态变更为“已废止”。

可根据应急预案的名称、编号、发布时间、状态等条件对应急预案进行模糊查询，查阅应急预案基本信息，并可通过下载附件，查阅完整的应急预案文档。当查询条件“状态”选择为“已废止”时，可查询显示出已废止状态的应急预案。

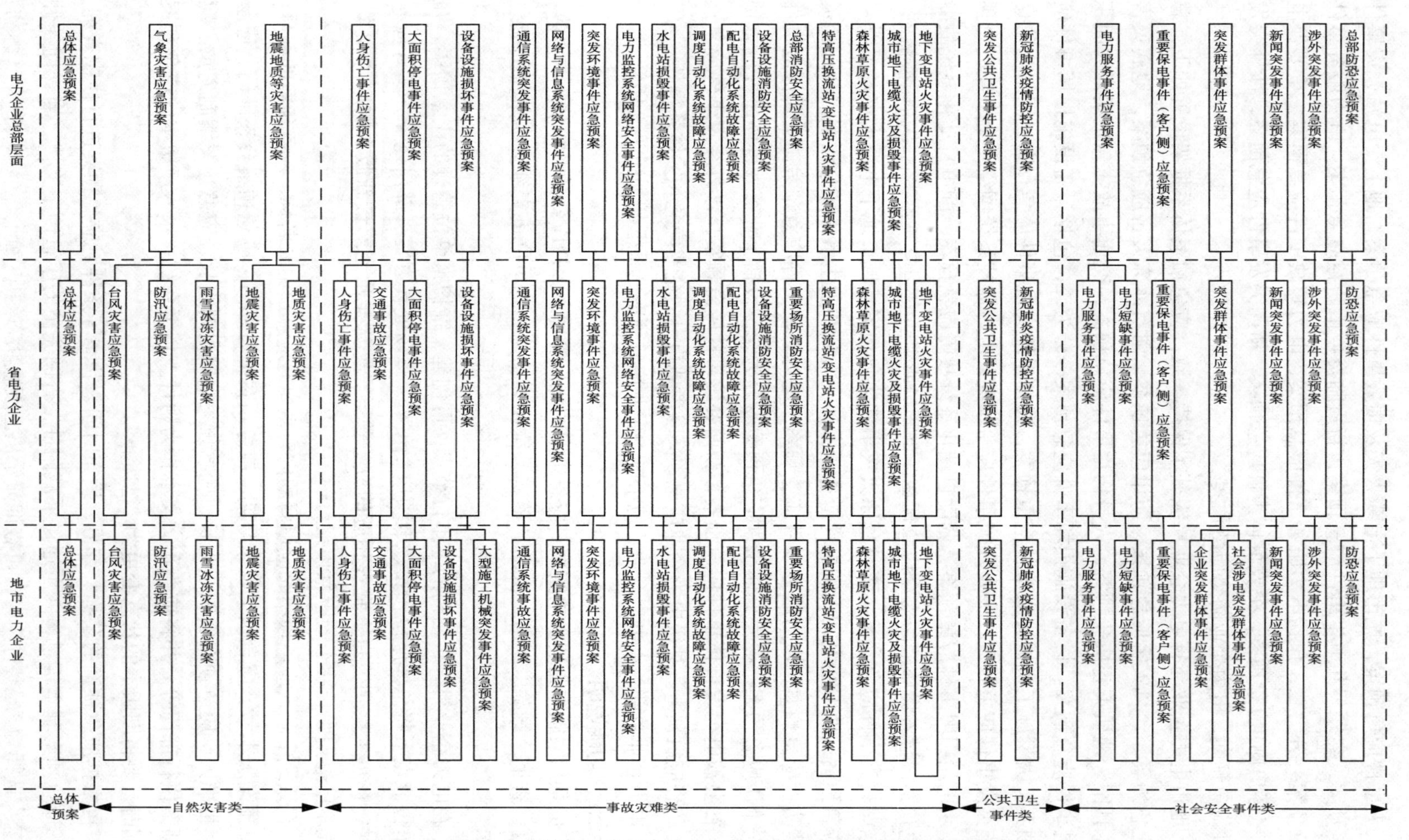

图 5-2　电力企业总部、省电力企业、地市电力企业应急预案体系框架

应急预案的修改和删除功能只能由创建该应急预案的用户进行操作，其他用户不能修改和删除。可录入、查看各项应急预案在本单位的培训宣贯、自查自改等落实情况。针对每一项应急预案，可录入相应培训情况包括培训时间、培训形式、培训内容概述，落实情况包括新的工作要求，当前存在的差距、整改情况，可上传附件作为整改落实情况的佐证材料。

统计各项应急预案的被查看次数、下载次数等信息。各单位只能查看本单位管理的应急预案统计情况。

5.4.3　应急预案数字化

应急预案从形式、内容上看起来都非常统一，但是随着突发事件的增多，预案在应用过程中出现了一些问题：预案多以纸介质或文本形式存在，存储、管理和维护不便；在突发事件发生时，难以及时有效地查找到所需信息，预案之间相互独立。

为了解决以上问题，需要实现和纸介质（文本）预案相对应的数字化预案功能。数字化预案就是利用计算机技术和数据库技术，帮助预案管理人员方便编制、修订和分发预案，实现预案管理工作的规范化、流程化和自动化。

应急预案数字化的目的，一是提升预案的可操作性。以往预案内容只写到“组织”，即专业部门或单位，缺少对部门（单位）内部关键角色应急处置措施的规定，一定程度上导致预案执行困难。通过预案数字化，将应急处置措施细化到人，为每个关键角色量身定制处置方案，保障了处置过程的有序以及措施的执行。二是提升预案的实用性。以往预案中对处置措施只是进行原则性要求，没有将措施与所需的队伍、物资、装备等资源进行关联，导致预案的实用性不强。预案数字化在将各项措施落实到角色的同时，为处置措施匹配相应的应急资源，使应急措施可以真正落地实施。

通过预案数字化，将文本性预案进行拆解和细化，进而形成既相对独立又相互关联的应急数据库，为实现预案一键触发，措施精准到人的智能化应急预案奠定基础。数字化预案是采用结构化、组件化的设计建立预案的数字化模型，可以方便地将计算机技术引入到预案的编制、管理和维护中。在文本预案的基础上，对预案进行结构化、信息化和智能化，使应急预案成为应急处置中可操作、可视化、可量化的预案。数字预案具有预案结构化管理、流程管理、趋势分析管理、资源评估管理、处置方案管理、资源调配方案管理、决策方案管理、处置案例知识库、预案模板管理、预案编制管理、预案体系管理、编制小组管理等子功能模块。

通过词条抽取与文本解析，将文本预案进行结构化分解，实现应急预案的结构化存储。将事件信息、事件分级、组织机构和职责、监测预警、应急响应、应急资源等要素进行量化分解，使各部分成为相对对立又关联的内容，大大方便了预案的文本编辑和管理。预案结构化不但克服了传统预案制修过程中要素不完整、不直观等缺点，还提高了预案编制的效率；此外通过对不同层次要素节点的折叠和展开，不但体现了操作过程中的整体和局部的一致性，而且避免了操作过程中节点多所造成的无序状态。

预案的结构化又称为数字化预案的可视化。数字化预案是高科技在应急管理领域应用产生的新技术成果之一，是提高应急预案的科学性、有效性和针对性的最好方式。总体来看，数字化预案系统的基本作用就是在紧急状态下帮助指挥者快速启动应急响应程序，全面、准确地获取相关信息，科学有效地做出决策指令传达给执行者，并将执行结果反馈给决策者，在此基础上再出新的决策，这个过程循环往复直到突发事件被控制、应急结束。

在应急业务层面，应急预案数字化主要应用场景包括两方面：一是指导应对，主要包括流程把控、方案生成、措施检索、靶向发布等；二是预案辅助修编，主要包括预案自动生成、校准堪错等，如图 5-3 所示。

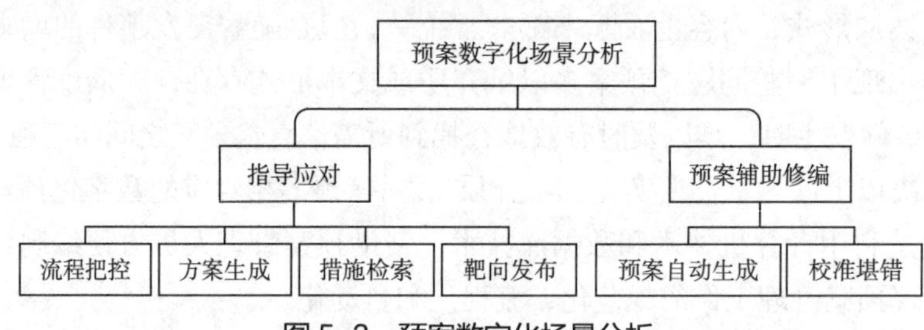

图 5-3　预案数字化场景分析

(1) 指导应对

流程把控主要是对突发事件应急处置全流程进行实时动态跟踪、展示、调整，辅助各层级应急指挥人员对处置全流程进行掌握和把控，应满足以下业务需求：

①应根据突发事件发展演化和应对处置流程，实时自动生成流程，并根据以往经验预判后续流程；

②应根据外部条件变化和事态发展，及时更新调整流程。

方案生成主要是针对突发事件具体场景，快速生成整体应对方案，辅助指挥决策，应满足以下业务需求：应统筹考虑具体场景涉及的人员（单位、部门）、队伍、装备、物资等应急资源及其所处的状态，根据实际情况进行调整。

措施检索主要是满足应急指挥和应急处置人员对应急知识、职责措施等相关信息的查询，辅助指挥决策和具体应急处置动作，应满足以下业务需求：

①应实现根据检索关键字对知识进行模糊检索，获取所有关联信息，并按照重要程度、关联度等指标进行有序展示；

②应实现根据明确条件对知识进行垂直检索，通过智能问答等方式，实现知识的精准查询。

靶向发布主要是满足应急指挥和应急处置人员，尤其是现场一线人员的应急处置需求，针对具体岗位和人员及时发布精准措施，指导应急处置工作，应满足以下业务需求：

①在指挥层面（各级应急指挥中心、应急指挥部），应根据单位和部门属性、职责，

发布管理指导性措施，辅助指挥决策；

②在抢修现场层面，应根据场景、岗位等，发布精确、简单、可执行的措施，指导人员执行具体动作。

(2) 预案辅助修编

自动生成主要是根据不同场景需求，在格式模板（人工设置、完善）和知识库基础上，自动生成满足业务场景需要的预案文本，应满足以下业务需求：

①专项应急预案，应满足格式正确、要素完整、关联关系明确；

②现场处置方案，应满足场景具体、措施明确；

③应急处置卡，应满足针对性强、措施可操作性强。

校准堪错主要是对应急预案文本进行自动审查、校核，并针对发现的问题做出提示或提出修正建议，应满足以下业务需求：

①形式审查方面，应实现根据标准、规范要求，对文本格式、关键要素（附件等）进行自动检查；

②内容关系审查方面，应实现根据应急处置流程和单位部门职责，对流程阶段、内容措施等进行自动检查，判断是否存在闭环和断点、职责与措施是否匹配等；

③发现问题后，应实现自动提示或自动修正、补全。

在应急业务层面，数字化应急预案可应用于日常应急管理和突发事件应急处置场景，如辅助应急预案管理、日常应急值班、突发事件预警及突发事件应急响应等工作开展，从预案管理、措施精准推送、任务自主查询、处置方案生成、应急流程管理五大方面为应急工作提供支撑（见图 5-4）。

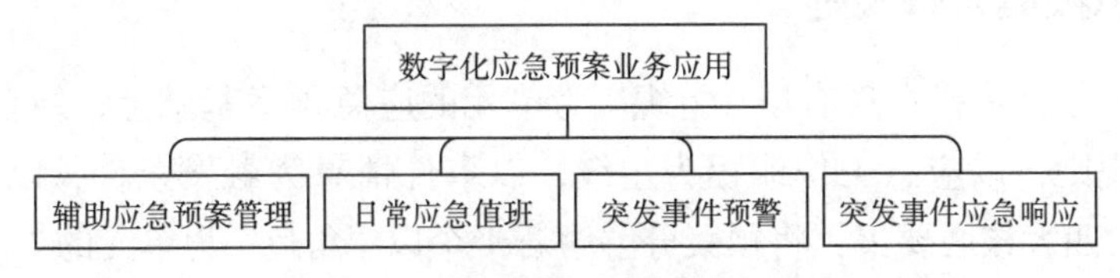

图 5-4　数字化应急预案业务应用

在预案管理方面，数字化应急预案主要在现有预案结构化拆解、新预案自动生成及修编预案自动勘错三个场景提供支撑。现有预案的结构化拆解主要实现通过知识图谱等技术将各种类型应急预案进行拆解，形成新的以指令为基础的数字化预案；新预案的自动生成的用途为：在需要时利用数字化应急预案按照特定模板生成可用于备案或印发的符合标准的预案文本；修编预案的自动勘错主要实现基于自然语音处理等技术完成对新修预案形式、流程方面问题的提示并提出简单修改建议。

在措施精准推送方面，数字化应急预案在常态化应急值班、突发事件预警及应急响应场景中均可提供支撑。在常态化应急值班场景，数字化应急预案将利用知识图谱技术提取值班人员日常需开展的工作任务，进行整合排序后，每日精准推送给值班员；在预警及应急响应场景，数字化应急预案随着事件发展，利用自然语言处理技术从指挥决策、现场抢修等多层面将具体任务措施指令进行整合、排序、消歧等处理后，形成可发布的指令并按照不同单位、不同角色精准推送给相关人员。

在任务自主查询方面，数字化应急预案同样可在常态化应急值班、突发事件预警及应急响应场景提供支撑。在应急值班场景中，值班人员可随时查询日常需开展的值班工作内容及开展方式，有助于提高值班人员业务熟练程度；在预警及应急响应场景，应急指挥人员、现场抢修人员可随时针对当前场景应开展的任务措施进行查询，数字化预案基于自然语言处理技术及推荐算法等技术，将相关任务措施指令进行整合处理后反馈给相关人员，有利于相关人员提前了解整体工作内容。

在处置方案生成方面，数字化应急预案主要在突发事件预警及应急响应场景中提供支撑。在预警及应急响应过程中，数字化应急预案利用知识图谱技术基于当前情景自动提取相关任务措施指令及其关联关系；利用自然语言处理技术将所提取的措施指令进行整合与排序，确保任务措施指令能及时衔接响应；利用传统信息化技术结合应急资源四要素相关信息后，自动形成以场景为单元的剧本化应急处置方案。

在应急流程管理方面，数字化应急预案主要在突发事件预警及应急响应场景提供支撑。在预警发布或应急响应启动后，数字化应急预案利用知识图谱技术，基于当前情景自动提取并处理相关任务措施指令，获取应急流程阶段信息、流程关键节点信息及任务措施指令集，在此基础上形成的覆盖所有阶段、所有部门、所有角色的事件应对流程图可提示当前事件应对阶段、后续处置流程；当事态发展或外部条件变化后，数字化应急预案基于新情景重新构建流程图以辅助突发事件应对工作。

5.4.4 应急预案分解规则

应急预案分解是指在现有以“组织”为单元的应急预案基础上，结合电力突发事件应急工作规则，以应急工作流程为主线，以事件情景为触发条件，以人员、队伍、物资、装备为四大核心要素，将预案分解为若干个以“角色”为单元的“剧本化”处置方案，在不同情景下进行角色匹配和应急资源匹配，形成规范化的任务措施指令，进而组合为一套操作性强、实用性好、措施具体的新预案。应用解构工具对文本预案进行拆解，进而形成计算机识别的结构化单元，从而实现将数字化技术应用于预案执行。因此，应急预案分解是应急预案从文本向数字化转型的核心过程。

应急预案分解规则如下：一是坚持“原则性”与“灵活性”相结合。在应急预案分解过程中，要贯彻应急工作相关制度要求，确保流程规范、分工明确，同时要考虑到突发事件的复杂性，确保相关指令和措施可以灵活应对各类突发情景。二是坚持“系统性”和“逻辑性”相结合。在应急预案分解过程中，要以应急工作流程为主线，系统化串联突发事件应对的全部情景要素，所有模块化任务和结构化指令能够严格按逻辑关系密切衔接。三是坚持“线下”与“线上”相结合。在应急预案分解过程中，要充分考虑与应急指挥系统功能融合，结构化预案中各工作节点能准确触发系统中的工作流程，实现线下预案拆解与线上系统运行的无缝衔接。四是坚持“简明化”和“实用化”

相结合。在应急预案分解过程中，要以现有专项应急预案和现场处置方案为基础，剔除文本预案中的不适用条文，突出简明化、实用化原则，确保应急状态下各角色人员清楚“做什么”“怎么做”。

5.4.5 应急预案流程管理

针对某一典型的突发事件，通过建立完备的应急知识和应急案例数据库，将应急处置常识按照突发事件发生演化的时间顺序和不同应急阶段的特征进行顺序分条存储，实现从各专项预案中通过定位目录结构和关键字提炼出重点要素（如事件处置机构、处置部门及各部门的职责，各部门相应人员的联系方式等），生成预警流程图和应急响应流程图，并且把提炼出来的要素生成预案处置卡和事件处置卡，能直接明了地指导预警处置和应急处置。

根据突发事件的演化过程分析，将文本预案进行流程化分解，分析各个关键节点，如信息接收、信息报送、预警级别判断、应急响应等具体行动，细化成详细的预案支撑流程图，并开发成能够自动分析执行的预案流程模块。

应急预案数字化需要首先将现有应急预案中原则性流程进行“情景化”，其次针对各类情景，梳理不同角色的“剧本化”处置措施，最后形成相关关联的应急数据库。具体步骤如下：

①构建“情景化”的流程主线。全面分析预警、响应等各阶段应急处置场景，结合现有专项应急预案和公司预警发布规则、应急响应规则、应急处置指南等文件，以及相关应急处置经验，分析台风、冰灾、地震、暴雨、洪涝等各类突发事件条件下对电网、设备、人员、应急组织指挥等方面造成的影响，梳理各类情景下涉及的人员角色和应采取的处置任务。

②编制“剧本化”的处置方案。根据突发事件情景分析的结果，将现有预案拆解为若干模块化任务，拆解后形成的所有模块化任务，既是一项独立、完整的工作任务，又能够根据应急工作逻辑关系，和本单位其他关联任务模块、上下级单位对应任务模块密切衔接。

参照话剧剧本，针对各模块化任务匹配相应的应急角色，编写相应的流程（即明确事件类型、梳理情景脉络、确定角色安排、设计人物动作），将现有预案的每项措施逐一细化落实到各个角色中，并充分考虑各项应急措施所涉及的人员、队伍、装备、物资四要素。同时要全面考虑应急处置过程中可能出现的异常情况，确保应急处置正常开展，形成剧本化的处置方案。

③构建“模块化”的应急数据库。为将应急预案数字化，对“情景化”流程及“剧本化”方案进行数字化处理，形成“情景库”“角色库”“指令库”“措施库”“资源库”“规则库”“状态库”。

“情景库”是基础，推动着处置的整体进程，决定着哪些角色参与处置，包括预警、响应等流程性情景以及倒塔断线、变电站受损、用户停电、人员被困、超出处置能力等突发性情景。

“规则库”是支柱，决定着角色之间关联以及指令安排，包括预警发布、应急响应等通用性应急规则以及设备、营销、调度、物资、宣传等专业性应急规则。

“角色库”是核心，指令、资源、状态均要围绕角色展开，包括总指挥、指挥长、工作组组长等应急指挥部角色；现场指挥官、工作组等现场指挥角色以及调度处置、设备抢修、应急供电、舆情引导等专业处置角色。

“指令库”是纽带，将角色和资源相互关联，包括分析研判、应急会商、指挥协调等组织性指令以及设备抢修、应急供电、信息发布等操作性指令。

“措施库”是着力点，是将指令付诸实施的具体行动内容，包括管理性措施、安全规程措施以及典型突发事件的处置措施等。

“资源库”是落脚点，各项措施要靠队伍、物资、装备来实现，包括抢修队伍、基干队伍、专家队伍等队伍资源，输、变、配、用、后勤等物资资源以及应急发电、照明、通信等装备资源。

“状态库”是表征，反映出处置过程中事件发展状态，包括公司内部的电网、设备、人员、队伍、物资、装备等状态信息，以及公司外部的用户、气象、水文、交通、舆情等状态信息。

④设计“全覆盖”的线上流程。充分考虑数字化预案与应急指挥系统功能融合，设计应急指挥系统的线上流程，实现数字化应急预案的每一条指令，都有相应的线上流程与之配套，并明确结构化预案中各工作节点触发线上流程的具体规则，从而实现线上应急指挥。

5.4.6 应急预案部门职责

根据应急预案要求，电力企业各单位各部门按照“谁主管，谁负责”原则，负责职责范围内的应急工作。

以电力企业总部总体应急预案为例，各部门通用职责要求如下：a. 接受应急领导小组的领导，听从专项应急领导小组的指挥，执行其决策指令，完成交办的工作任务；b. 负责职责范围内的应急体系建设与运维、相关突发事件应急准备、风险监测和信息报送、预警研判和预警行动、应急响应研判和响应行动、事后恢复和重建工作；c. 事件处置牵头负责部门（专项应急办）负责相应专项突发事件应急管理的指导协调和日常工作，负责相应专项应急预案的编制、评审、发布、培训和演练；负责专项突发事件的风险研判、提出预警和应急响应建议、预警与应急处置的组织指挥，与国家相应专项应急指挥机构沟通协调；负责本部门大面积停电事件处置方案编制及配合开展大面积停电事件应对，负责所管理的设备设施、建（构）筑物、场所突发火灾事件的应急管理和应急处置；d. 负责本专业应急队伍组建、装备配置和训练管理，按照应急领导小组要求开展突发事件情况下的队伍调配工作；e. 组织制定本专业应急物资储备定额标准，制定本专业应急物资采购需求，落实应急物资的配置；组织审核本专业应急状态下各

单位应急物资需求；f. 负责应急指挥信息系统中本专业相关数据的录入和维护，确保数据的完整性、及时性和准确性；g. 按要求参与突发事件应急处置评估调查工作，制定并落实有关措施；h. 及时落实应急领导小组交办的其他事项。

以电力企业总部总体应急预案为例，各部门专有职责要求如下。

办公室：a. 负责稳定应急办公室有关工作；b. 牵头负责突发群体事件等突发事件的应急管理和处置工作；c. 负责建立24小时值班机制，接收和处理政府及有关单位、上下级单位的应急相关文件和突发事件信息，并根据有关规定向政府部门和相关单位报送突发事件信息；d. 负责建设维护档案应急案例资源库，在应急工作过程中及时提供档案资料支撑。

发展部：a. 负责在电网规划中落实《电力系统安全稳定导则》要求，提高电网防灾抗灾和防范电网大面积停电的能力；b. 负责将各专业部门审核后的应急类项目纳入综合计划相应专项下达。

财务部：a. 负责应急资金统筹落实和使用管理、保险理赔等工作；b. 负责审批、下达应急项目投资预算；c. 负责统筹安排应急事项、事后恢复和重建等相关成本费用，并纳入公司预算方案。

安监部：a. 公司应急管理归口部门，负责日常应急管理、应急体系建设与运维、突发事件预警与应急处置的协调或组织指挥、与政府相关部门的沟通汇报等工作；b. 负责安全应急办公室有关工作；c. 牵头负责人身伤亡、大面积停电事件等突发事件的应急管理和处置工作；d. 负责向国资委、国家能源局、应急管理部等政府主管部门报送突发事件信息；e. 牵头负责应急装备的专业管理，组织制定应急装备配备标准，检查应急装备配置工作落实情况；f. 负责监督风险管控和隐患排查治理工作，督促做好各类突发事件防范准备；g. 牵头负责组织总部应急指挥中心突发火灾事件应急管理和处置工作；h. 负责各类突发事件处置过程中的安全监督管理。

设备部：a. 牵头负责气象、地震地质等自然灾害的处置，以及配网自动化系统故障、设备设施损坏、设备设施消防安全、特高压换流站及变电站火灾、森林草原火灾、城市地下电缆火灾及损毁、地下变电站火灾等突发事件的应急管理和处置工作；b. 负责组织职责范围内各类设备的防灾抗灾能力技术改造工作；c. 负责预警和响应期间职责范围内各类设备的风险监测和相关信息统计报送工作；d. 负责纳入生产技改投资管理的应急类项目的计划审核及项目可研批复；e. 组织开展职责范围内设备抢修恢复，并负责抢修过程中的安全管理等工作。

营销部：a. 牵头负责电力服务突发事件的应急管理和应急处置，及重大活动电力安全（客户侧）保障工作；b. 负责突发事件造成停电客户的统计工作；c. 掌握重要用户自备应急电源的配置和使用情况，建立基础档案数据库，督促重要用户按要求配置应急电源，并督促做好日常运维；d. 负责督促在紧急情况下需要外部应急发电设备接入的重要用户预留应急电源接口和发电设备的接入位置，做好应急发电设备容量与用户重要负荷的匹配，并定期开展联合演练；e. 负责突发事件情况下科学调配应急发电设备，做好电力支援；f. 负责电力营业厅及客户服务中心突发火灾事件的应急管理和应急处置。

科技部：a. 牵头负责突发环境事件的应急管理和处置工作；b. 负责将提升公司防灾减灾、应急能力建设纳入科技发展总体规划和相关专业技术发展规划；c. 负责对公司应急类科技项目的立项、计划、经费安排实行统筹管理，对科技项目的实施进行指导、监督与协调。

基建部：a. 负责基建施工现场火灾、人身伤亡、环境污染、群体事件等突发事件的应急管理和处置工作；b. 协调基建承包商参与应急抢修工作；c. 负责将提升电网设备设施的抗灾防灾能力要求纳入工程建设相关原则或标准中。

数字化部：a. 牵头负责网络与信息系统等突发事件的应急管理和处置工作；b. 负责应急指挥信息系统、电网统一视频监控平台建设和运行维护的管理工作；c. 负责应急状态下公司信息系统安全稳定运行；d. 负责各类突发事件应急处置的网络信息系统保障工作。

物资部：a. 负责应急物资的计划、采购、储备、配送管理工作；b. 负责应急状态下应急物资需求汇总、采购、调配，并协调供应商提供技术服务等物资保障工作；c. 负责物资仓库突发火灾事件的应急管理和处置工作。

产业部：a. 牵头负责电工装备制造、房地产等领域突发事件的应急管理和处置工作；b. 协助相关部门开展其他产业领域突发事件的应急处置工作。

国际部：a. 牵头负责涉外突发事件的应急管理和处置工作；b. 负责指导涉外企业按公司要求建立涉外突发事件应急体系，及时传达公司应急相关决策；c. 负责涉外企业涉外突发事件应急相关信息的收集、汇总和报送。

法律部：负责各类突发事件应急处置的法律保障工作。

人资部：a. 负责公司应急组织架构和岗位体系的归口管理工作；b. 负责组织公司各单位将应急培训项目纳入年度培训计划。

后勤部：a. 牵头负责公共卫生突发事件、新冠肺炎疫情、总部消防安全和总部防恐的应急管理和处置工作；b. 组织相关单位做好受伤人员的救治工作；c. 负责各类突发事件应急处置的后勤保障工作。

党建部：负责指导抢险救灾、应急救援、重要活动保电过程中的党建工作。

宣传部：牵头负责各类突发事件的舆论引导、信息发布、新闻宣传等工作。

工会：负责在抢险救灾、应急救援等过程中维护职工的合法权益。

特高压部：a. 负责特高压施工现场火灾、人身伤亡、环境污染、群体事件等突发事件的应急管理和应急处置；b. 协助相关部门制定跨区电网和特高压设备抢修方案；c. 协助相关部门组织施工力量参加跨区电网和特高压设施设备抢修恢复；d. 组织开展特高压设施设备消防科研攻关。

水新部：a. 负责水电站建设施工现场防汛、地质灾害、火灾、人身伤亡、环境污染、群体事件等突发事件的应急管理和应急处置；b. 牵头水电站损毁事件的应急管理和处置工作；c. 负责水电站设备设施损坏及消防安全事件的应急管理和处置工作。

调控中心：a. 组织开展电网故障处置；b. 牵头负责电力监控系统网络安全、调度自动化系统故障、通信系统等突发事件的应急管理和处置工作；c. 负责突发事件情况下电网运行情况的统计汇总；d. 协调发电企业配合做好应急处置工作；e. 负责公司区域气象信息的跟踪和分析工作；f. 负责国调中心调度大厅突发火灾情况下调度业务连续和调度工作转移的应急管理和处置工作；g. 负责应急通信系统的规划建设、运维和技术改造工作；h. 保障应急状态下通信网络的通畅。

企业协会：负责应急相关通用制度发布管理。

其他部门职责：根据突发事件涉及的范围及影响程度，参与相关的专业应急处置工作。

电力企业建立各专业应急人才库，根据实际需要组建应急专家组，为应急处置提供决策建议。电力企业各单位应急领导机构参照总部设置，全面领导本单位应急工作，专项应急领导小组及应急指挥部根据各单位实际自行设置，负责本单位各类突发事件的防范及应对工作。

5.4.7 应急资源调查

5.4.7.1 业务介绍

应急资源包含应急物资、应急队伍、应急车辆等，其中应急物资包括应急仓库、应急物资，应急队伍包括应急抢修队伍、应急基干分队、应急专家队伍（图 5–5）。

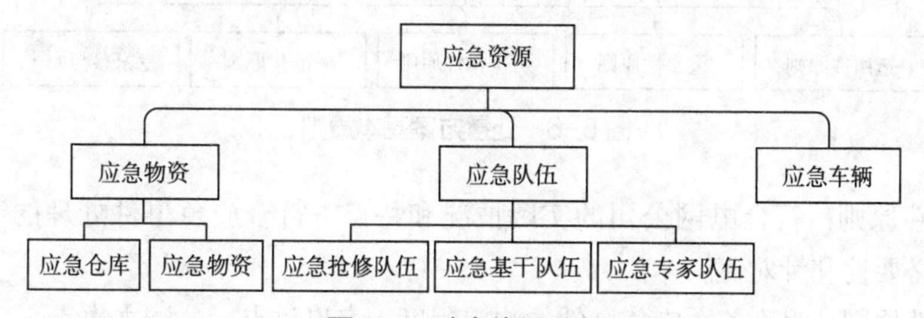

图 5–5　应急资源业务

应急仓库提供应急物资仓库信息的增加、删除、修改等管理功能，但在通常情况下，应急指挥信息系统不对应急物资仓库进行管理，只是实现应急物资仓库数据与物资相关系统的实时同步并在应急指挥信息系统中形成日志；实现对应急物资仓库的查询功能，实现将应急物资仓库信息导出的功能；实现对应急物资仓库内物资进行查询的功能；实现对应急物资仓库监控视频的查看功能；实现在地图上对应急物资仓库进行定位的功能。

5.4.7.2 功能说明

应急物资提供应急物资信息的增加、删除、修改等管理功能，但在通常情况下，应急指挥信息系统不对应急物资进行管理，只是实现应急物资数据与物资相关系统的实时同步并在应急指挥信息系统中形成日志；实现对应急物资的查询功能，实现将应急物资信息导出的功能。

应急抢修队伍功能主要是对应急抢修队伍进行新增、删除、修改、查询、Excel导出、数据上报等功能。

应急基干分队功能主要是对应急基干分队进行新增、删除、修改、查询、Excel导出、数据上报等功能。

应急专家队伍功能主要是对应急专家队伍进行新增、删除、修改、查询、Excel导出、数据上报等功能。

系统可实现对应急抢修队伍、应急基干队伍、应急专家队伍统计分析功能。

应急车辆功能主要是对应急车辆进行新增、删除、修改、查询、Excel导出、数据上报、GIS定位、数据同步等功能。

5.4.8 处置方案管理

5.4.8.1 业务介绍

制定处置方案基本目的就是快速、有序、高效地控制紧急事件的发展，将事故损失减小到最低程度，建立统一的应急处置方案制定与实施的管理标准和程序，能快速高效地完成应急指挥。建立处置方案的基本原则如图5-6所示。

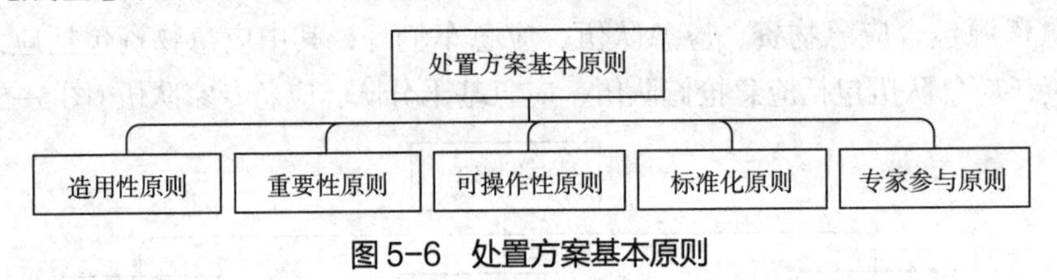

图5-6 处置方案基本原则

适用性原则：符合电网公司的实际情况和特点，符合应急事件处理的实际需要，有现实的必要性和针对性。

重要性原则：明确各类应急事件的响应程度，突出重点，分清主次。

可操作性原则：必须简洁明了、可操作性强、实用性强，应急事件处理时能真正发挥作用。

标准化原则：编制应急方案制定和实施的管理标准和程序，实现制定过程标准化和实施过程程序化。

专家参与原则：由于应急方案的制定是标准化程序化的过程，因电网事故的不确定性等因素，方案的最终实施均需经过专家讨论，以保证应急方案的正确性和可行性。

处置方案是将各种信息、资源与应急流程图关联，包括预案结构要素模块、突发事件演化分析、现场视频信息数据、应急资源信息等。

5.4.8.2 功能说明

系统能够根据处置方案生成基本原则进行应急处置方案的生成，可以将电力企业的应急处置方案进行录入，具备增加、删除、修改、查询功能。

部门处置方案：能够将电力企业不同部门的处置方案进行系统录入，具有管理权限的人员可以增加部门处置方案、删除部门处置方案、修改部门处置方案版本，所有人员都可以进行部门处置方案的查询，满足各类人员的应用需求。

现场处置方案：将电力企业不同班组的现场处置方案录入系统，具有管理权限的人员可以增加现场处置方案、删除现场处置方案、修改现场处置方案版本，所有人员都可以进行现场处置方案的查询，满足各类人员的应用需求。

5.4.9 决策方案管理

决策方案管理具有决策方案的增加、修改、删除、查询等功能。决策方案需要根据多方数据进行分析，涉及的数据可分为基础数据、应急业务数据、数据中心数据、外部系统汇集数据、视频数据等五种类型，考虑电网本身的需求，并结合人和环境的各种不确定性因素进行综合考虑。决策方案的内容主要提供确定预警级别、发布预警、预警级别调整、解除预警、确定应急响应级别、启动应急响应、应急响应级别调整、结束应急响应等各种决策来提高事故的处理效率，如图 5-7 所示。

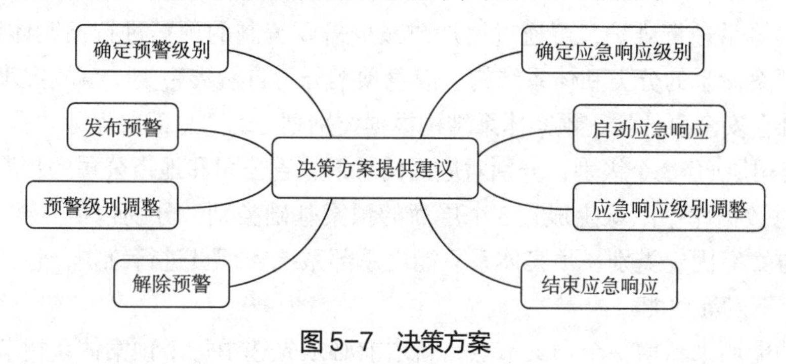

图 5-7 决策方案

5.4.10 预案模板管理

预案模板管理包括对预案模板分类别进行管理，可增加、删除及重命名在本地已配置好的预案模板并导入系统中，对每一章节目录需要包含的要素进行增加、修改及删除等管理功能，可查看模板的内容及树形目录结构，支持预案模板导入功能，提供相对应模板章节树的结构查看功能。

在系统中选择预案体系类别进行对应预案模板文件的上传；体系类别分为“总部层面”、“省公司层面”和“地市公司层面”3 个级别。一般在顶层的 3 个级别下上传“总体应急预案”模板，在各自的“专项应急预案”级别下上传具体分类下的预案模板。目前已知的有 5 个应急预案模板，分别为：总体应急预案、自然灾害类专项应急预案、事故灾难类专项预案模板、社会安全事件类专项应急预案和公共卫生事件类专项预案模板。预案具有“预案模板管理”和“目录结构”2 个功能区域。

预案模板管理主要是管理预案模板的上传、删除和更新，预案模板文件应为标准的 Word 文件，选择一个预案体系节点后，在系统中进行上传操作，注意如果该节点下已有模板文件，系统将提示不能重复上传；子系统中选择上传界面进行文件上传，当文件上传成功后，系统会自动将选择的文件名称赋值给“预案模板文件”文本框；同时系统会自动对该文件进行目录结构解析，提取出章节标题，显示在主界面的“目录结构”区域中。

目录结构功能主要是显示选中的模板文件的目录结构表格，提供章节要素内容的编制，同时提供重新生成目录功能；通过目录结构功能可以进入编辑模式，用户可以在此进行编辑要素的内容编写工作，编写完成后可以保存编辑要素信息，编辑要素可在用户进行预案编制时系统中的编辑要素模块查看；同时系统具备“重新生成目录”功能，方便用户上传模板文件时未成功解析模板文件时可以再试一次；注意，如果已经对该模板进行了“预案编制小组”模块中的章节授权，重新生成目录会失败，因为数据已被引用。

5.4.11 预案体系管理

对预案体系进行维护，可通过增加或减少需要编制的预案进行预案体系的维护，还可查看预案体系的分类和体系结构。应急预案分为自然灾害类、事故灾难类、公共卫生类和社会安全事件类。预案体系结构根据类别划分为“总部层面”、“省公司层面”和“地市公司层面”3 个级别，分别对应国网总部、省公司和地市公司的预案编制；系统初始化时数据库中默认生成这 3 个层面的预案基础类别，分别包括专项应急预案、现场处置方案等固定类别；预案体系只能由总部系统管理员进行维护，包括新增、删除、编辑、下发等功能。

新增功能用来新增一个预案节点，新增前必须先选中一个预案体系树节点，新增节点将位于选中节点的下层。只有国网总部用户进入界面才能看到预案体系的增、删、改功能，即总部用户进入界面才能看到“新建”“删除”“编辑”3 个按钮。通过系统进行新增，需要录入预案体系名称、预案体系编码和事件类型；体系编制只能为整数类型，并且以父节点的体系编码开头，例如在“总部层面”下增加一个“总体应急预案”，父节点“总部层面”的体系编码为 00，此时新增界面的体系编码必须以 00 开头，比如 0001；事件类型在数据字典中维护。新增完成后，可在系统主界面“预案体系结构树”和预案体系表格中刷新以便呈现最新的数据。

删除功能是删除选中的应急预案体系记录，注意删除之前先要选中界面中的预案体系记录；只有总部用户进入界面才能看到预案体系的增、删、改功能，即总部用户进入界面才能看到“新建”“删除”“编辑”3 个按钮。

编辑功能是用来修改一个预案体系节点，注意修改之前先要选中预案体系记录；该表格内显示的记录是左栏预案体系结构树中选中的节点的下级预案体系。只有国网总部用户进入界面才能看到预案体系的增、删、改功能，即总部用户进入界面才能看到“新建”“删除”“编辑”3 个按钮。在系统中对预案体系进行编辑时和新增的操作方法一致，只是记录了系统对预案体系编辑的操作记录。

编制部门单位设置选中预案体系的编制部门；注意只有“预案体系结构树”第四层（具体预案）才允许设置编制部门，选择其他层次节点时此按钮隐藏；每个公司（总部、各省公司、地市公司）可选择自己公司的编制部门；在系统中选择“编辑部门设置”，可以完成新增、删除和修改编制部门单位功能；选择编辑部门下拉框会显示出组织结构树，选中一个单位或部门后，对其进行编辑操作，注意不同公司的用户登录后会显示自己公司的组织结构树；同时系统只有“新建”和“删除”编辑部门的功能，没有“编辑”操作功能；编辑部门原则上只允许新增一条记录，不允许录入多个单位部门。

5.4.12 编制小组管理

编制小组管理包括为预案体系结构中的每一种预案类型设置编制小组，进行各类型预案编制的权限管理。编写小组成立后，可以对编制小组成员的编写章节进行权限设置。可选择每名成员，在章节目录树中进行章节编写权限的设置。设置好后就可以进行预案的编制工作。

通过设置不同预案的编制小组成员，并控制各成员的章节编辑权限；一般一个预案可设置多个人参与编辑，每个人分配不同的编制章节权限，各人完成自己负责章节的编写工作，最后合并为一个整体预案文档；编制小组管理模块主要分为两个部分：选择小组成员和给成员分配章节权限。界面从左到右可分为4个区域，分别对应：组织结构树、可选人员、已选人员、人员章节权限。

选择小组成员功能主要是选择一个预案类别，此处可选择的内容需要进行权限判断，在编制部门单位中设置的单位或部门直接下属的用户登录，才能看到对应的预案类别；在显示的组织结构树中进行选择，选中对应的单位或部门后，会显示该结构下属人员信息；选中要添加到编制小组的成员后，系统会将选中人员添加到小组成员中。

在显示的当前选中的预案类别下，已经被加入到编制小组的成员记录，通过系统删除功能，系统会将选中的成员移除小组；在显示的为当前选中的预案类别对应的所有章节（一级目录）的标题，目录名称前的选择框表示该章节是否对当前选中的人员具有可编写权限；用户可以通过选中“目录名称”前的选择框来给选中的小组成员分配预案的章节编制权限，待所有工作分工都确定之后，系统会保存所有用户的选择章节可写权限，完成成员的分配权限操作。

5.4.13 预案编制管理

预案编制管理除包括列表显示、新建、编辑、删除、详情查看、查询和导出功能外，还包含预案全生命周期管理，即对预案编制、修订、审批、发布、终止整个流程的管理。

为了便于灵活配置预案，将预案分为基础信息、版本信息和可变组件信息三部分进行存储。基础信息固定不变，包括预案名称、预案类型、事件类型、专业类型、编制单位等；版本信息包含某一具体版本的信息，包括版本号、关键字、摘要、附件等；可变组件由模板组件库中组件构成，具体某个预案版本包含哪些组件，由该预案采用的预案模板决定。三者之间关系为：一条预案基础信息对应多个预案版本信息，一条预案版本信息对应多条组件信息。

预案编制功能选择可用编制的预案类别进行编制，选择使用预案模板或者最后编制的预案版本为编制基础，主要包括“文档目录结构”和“预案编制”两个功能模块。

(1) 文档目录结构

完成预案类型的筛选，对于“选择预案类型”操作，注意此处可选择的内容需要进行权限判断，只有在选择部门及人员中设置的小组成员用户登录，才能看到对应的预案类别;“目录结构”表格中显示的是用户选择的预案类型对应的所有章节(一级目录)的标题，系统会对用户有权限编辑的章节进行红色标记，其他的章节为只读，用户可以去编辑，但是编辑后不会保存合并到完整预案版本中去；用户在“打开文档”后，点击“目录结构”中不同的章节标题，在打开文档内相关章节之间进行切换，方便用户开速进入需要编辑的章节。

(2) 预案编制

用户进行预案编制，可通过 Office 控件打开用户选择的“预案类型”对应的预案文档，打开方式分为“模板”和“最新版本”两种方式。选择“模板”就直接打开所选预案对应的模板文件，选择“最新版本”则判断该预案有没有编辑过的版本，如果有则直接打开最后的版本，如果没有就打开所选预案对应的模板文件；系统默认选中“最新版本”。编制完成后，用户需要通过系统保存功能对编制内容进行保存，保存时系统会将用户编辑的相关章节内容合并保存到最新的预案版本中去，此过程会有些慢，请用户耐心等待，保存过程中不要进行其他操作，保存完成后系统会弹出提示。如果用户完成了全部编制内容，确认无误后，可通过系统“编制完毕”功能进行确认，待用户进行确认后，系统将提交当前用户状态为“编制完毕，下次再次进入预案编制界面时，打开文档后将只能看，不能修改和保存；因此用户在最终确认前，需要慎重使用“编制完毕”功能，需要保存的话，只需要使用系统的保存功能即可(图 5-8)。

预案完毕确认功能：该模块提供正在编制中或已完成编制的预案查询功能，可用来查看预案的编制状态和预案文档内容，改变预案的编制状态，发布编制完成的预案等；注意此处表格显示的内容需要进行权限判断，只有在编制部门单位中设置的单位或部门下属的用户登录，才能看到对应的预案编制记录。

查看编制情况功能：在系统中查看当前选中预案记录的编制小组成员的编制状态，编制状态有 3 种，分别为未开始编制、编制完毕、重新编制中。状态为“编制完毕”表示用户对该预案已完成编制工作，该用户再次进入预案编制模块时，将只能读取预案内容而无法编辑和保存结果；如果编制用户想重新编制该预案，需要管理人员重新进行“退回重编”，改变该用户的编制状态。

确认编制完毕功能：系统将选中的一条或多条预案编制记录状态重置为“编制完

毕”；预案编制状态有3种，分别为编制中、编制完毕、已发布；更改状态时界面会弹出窗口进行确认，点击“确认”按钮及完成所选预案的状态变更功能，成功后系统会自动刷新主界面表格数据。

确认修编功能：将选中的一条或多条预案编制记录状态重置为“编制中”；预案编制状态有3种，分别为编制中、编制完毕、已发布；更改状态时界面会弹出窗口进行确认，点击“确认”按钮及完成所选预案的状态变更功能，成功后系统会自动刷新主界面表格数据。

预案发布功能：系统会对完成编制的应急预案进行发布，选中需要发布的预案，通过系统的预案发布功能对编制完成的应急预案进行发布。

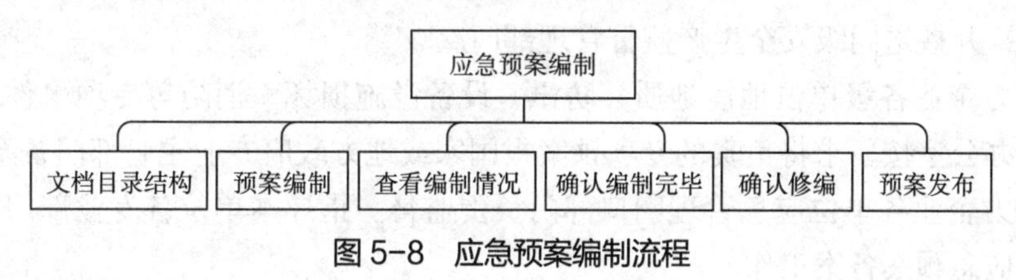

图 5-8 应急预案编制流程

5.4.14 预案评审管理

5.4.14.1 业务介绍

总体、专项应急预案，部门应急预案以及涉及多个部门、单位职责，处置程序复杂、技术要求高的现场处置方案编制完成后，必须组织评审。应急预案修订后，若有重大修改的应重新组织评审。

总体应急预案的评审应邀请上级主管单位参加。涉及网厂协调和社会联动的应急预案，参加应急预案评审的人员应包括应急预案涉及的政府部门、国家能源局及其派出机构和其他相关单位的专家。

5.4.14.2 功能说明

系统具有应急预案评审管理材料上传、删除、修改、查询功能，对于应急预案评审过程中的评审资料、佐证材料，系统管理人员能够完成相关材料的上传、相关材料的删除、相关材料的修改等功能，所有人员都具有相关材料的查询功能。

5.4.15 预案备案管理

5.4.15.1 业务介绍

电力企业各级单位要按照总体应急预案要求做好系统内部应急预案的备案工作，具体要求如下：

①备案对象：由应急管理归口部门负责向直接主管上级单位报备。

②备案内容：总体、专项、部门应急预案的文本，现场处置方案的目录。

③备案形式：正式文件。

④备案时间：应急预案发布后20个工作日内。

⑤审查要求：受理备案单位的应急管理归口部门应当对预案报备进行审查，符合要求后，予以备案登记。

同时，电力企业各级单位还要按照政府有关部门的要求和以下规定做好公司外部备案工作，具体要求如下：

①电力企业总部安全应急办负责按要求将公司自然灾害、事故灾难类应急预案报国家能源局、国务院国有资产监督管理委员会备案，并抄送应急管理部；电力企业各级单位安全应急办按要求将本单位自然灾害、事故灾难类突发事件应急预案报所在地的省、自治区、直辖市或者设区的市级人民政府电力运行主管部门、国家能源局派出机构备案，并抄送同级安全生产监督管理部门。

②电力企业各级单位地震地质、防汛、设备设施损坏、消防等专项事件应急处置领导小组办公室按要求将负责的专项预案报国家或地方政府专业主管部门备案。

③电力企业各单位应急管理归口部门负责监督、指导本单位各专业部门以及所辖单位做好应急预案备案工作。

④各单位可通过生产安全事故应急救援信息系统办理生产安全事故类应急预案备案手续，报送应急救援预案演练情况；并依法向社会公布，但依法需要保密的除外。

5.4.15.2 功能说明

通过系统跟踪应急预案的备案管理材料及管理流程，系统能够查看应急预案备案过程中每个流程的关键材料，管理人员可以通过系统上传应急预案备案时的预案备案版本、备案对象、备案时间、备案审查要求等信息，同时管理人员还可以删除相关的备案信息，修改应急预案备案过程中的相关材料信息，所有人员都可以查看应急预案备案过程中的相关备案材料及备案过程中的每个流程步骤。

5.4.16 预案修订维护

5.4.16.1 业务介绍

根据国家应急管理相关法律法规和公司应急预案管理要求，至少每三年进行一次应急预案适用情况的评估，分析评价其针对性、实效性和操作性，实现应急预案的动态优化，并编制评估报告。

当符合下列修订条件之一时，公司有关部门和单位应急组织修订其负责的应急预案，应急预案修订后应重新发布和备案：

①依据的法律、法规、规章、标准及上位预案中的有关规定发生重大变化；

②公司应急组织指挥体系或职责发生重大变化；

③面临的风险发生重大变化；

④重要应急资源发生重大变化；

⑤应急预案中的其他重要信息发生重大变化；

⑥在突发事件应对处置和应急演练中发现问题需要对应急预案做出重大调整；

⑦政府有关部门提出修订要求；

⑧公司应急领导小组提出修订要求。

5.4.16.2 功能说明

系统具备应急预案修订过程相关材料的上传、删除、修改、查询功能，系统管理人员能够实现应急预案修订过程中预案修订材料的上传、对预案修订材料的删除、预案修订材料的修改等功能，所有人员能够完成应急预案修订过程中的相关资料的查询。

5.5 应急培训

5.5.1 应急培训计划管理

5.5.1.1 业务介绍

为提升对各类突发事件的快速反应和有效处置能力，电力企业每年投入大量的人力和经费开办应急管理和技能培训，培训工作量较大。为了提高工作效率，基于对常规培训管理过程的调查、应急培训工作的需求分析、数据报表的研究，开发应急培训信息计划管理功能。

5.5.1.2 功能说明

应急培训计划管理分为计划的创建、修改、删除、查询等功能。

①创建一条工作计划：点击新建按钮，弹出新建培训计划窗口。填写和选择对应的属性值，点击保存按钮，新建成功。

②修改添加过的培训计划信息：选择一条待修改的计划信息，点击编辑按钮，弹出编辑计划信息页面，输入需要修改的属性值，点击保存按钮，修改成功。

③删除新建过的培训计划信息：选中一条或多条工作计划信息，点击删除按钮，在弹出的提示框中，选择确定，选中信息删除成功。

④根据条件显示出符合的培训计划信息：输入和选择查询条件，点击查询按钮，显示查得的数据。

5.5.2 VR/AR 应急培训

5.5.2.1 业务介绍

VR（Virtual Reality）虚拟现实技术可以让用户沉浸在由计算机生成的三维虚拟环境中，并与现实环境相隔绝。以 HTC 的 VIVE 头盔为例，用户可以通过佩戴该设备看到虚拟界面 (类似网游)，所有的操作均可以脱离也无须现实画面，相当于对传统屏幕浏览信息的一种视角的深化。AR（Augmented Reality）增强现实技术可以在真实环境中增添或者移除由计算机实时生成的可以交互的虚拟物体或信息。以苹果的 ARKit 为例，该工具套件提供给开发者开发应用服务于现实场景的应用，如测距仪、AR 游戏，用户可以通过手机屏幕在拍摄画面中增加虚拟物体或信息，实现虚拟和现实画面的结合。

为了提高应急培训效果，使学员全面学习掌握应急事件发生前后的事故演变过程和应急处理措施，系统利用 VR/AR 技术构造应急事件发生前的虚拟漫游，应急事件发生时的场景体验。应急事件发生后的人员疏散、应急救援、灾后处理，以及学习培训后进行考核评价等内容。

5.5.2.2 功能说明

系统主要包括四个模块：基本介绍模块、事故场景体验模块、人员角色体验模块和综合考核评价模块。培训时，学员以第一视角进入培训系统，进行系列学习和体验，各子系统及其功能如表 5-3 所示。

表 5-3 VR/AR 应急培训功能模块

模块名称	模块	功能
基本介绍模块	系统简介	了解系统的基本功能、培训目的
	操作培训	熟悉交互界面并学会使用
事故场景体验模块	应急事件	体验事故发生的不同场景，对事故产生直观的感受
人员角色体验模块	应急处置	熟悉救援流程和学习应急处理措施
综合考核评价模块	事故处理	考核基本事故处理方式、考核常用处置知识和技能、考核一般医疗急救知识等

(1) 基本介绍模块

介绍系统基本功能，明确培训的目的，并让学员熟悉交互界面以及学习培训过程中的操作。

(2) 事故场景体验模块

学员佩戴虚拟现实设备进入事故场景体验子系统，成为场景中的一个虚拟人员，并以第一视角经历不同场景的事故，了解事故发生的原因和过程。该子系统充分利用虚拟现实技术强沉浸性和强真实性的特点，使学员身临其境地体验事故的惨烈后果，特别是虚拟人员死亡带来的强烈感觉（视觉、听觉）冲击，给学员留下深刻印象和直观感受，从而达到培训体验效果。

(3) 人员角色体验模块

人员角色体验子系统的主要功能是帮助学员学习体验矿井火灾发生后不同的应变处理方法。在该子系统中，学员根据不同的事故应急处理方法模块，以不同角色的虚拟人员身份进入，通过观察系统动画特征，进行观察、选择和应对等一系列操作。为了加深学员的学习理解，该系统专门在重要内容部分设置了“选择”操作选项，并提示学员进行选择。当学员做出错误选择时，子系统画面会显示选择错误而产生的后果，

然后重新返回上一步内容，直到学员选择正确时才会进入下一步，并依次循环，直到完成角色体验。该子系统功能不仅体现了游戏互动性能，以良好的交互性帮助学员加深印象，而且当学员做出错误判断时，会对其产生强烈的应急后果冲击，提高其记忆效果。

(4) 综合考核评价模块

为了评估学员对应急事件的应变能力并考核学习培训效果，培训系统设计了综合考核评价子系统，该子系统中预先建立考核内容数据库，在对学员进行考核时，从数据库中依次随机抽取考试试题，以保证考核内容的深度和广度。学员通过操作手柄等设备回答问题的形式来加深应急培训的效果。只有学员各个方面取得的分数都大于或等于 60 分，系统才会显示分数，并进行错题回放，否则输出结果为不及格。

5.5.3 常规应急培训

5.5.3.1 业务介绍

应急培训以电力安全为核心、以信息技术为支撑、以应急管理流程为主线、以应急技能为基石，构建电力真实三维生产场景、电力灾害事故场景，并将电力模型深度结合电力应急推演，培训秉承现代应急管理基本理念，以切实提高应急专业技术技能水平和能力、努力提升应急管理水平和应急救援管控能力为目标，开展应急理论与实操培训。

电力应急指挥管理课程包括：公司应急管理体系、突发事件应急管理、电力企业应急能力评估、应急能力建设及桌面推演设计、典型电力突发事件应急推演、应急物资及装备管理、应急通信相关理论与实操 (手持卫星通信终端、应急通信车、应急通信调度系统) 等课程。

处置技能培训包括：应急救援基本理论 (公司地震灾害应急预案概要、灾害信息报送、灾害现场风险辨识与预控措施、地震知识与救灾现场心理疏导、应急自救互救)，应急供电技能 (现场应急指挥部搭建、应急电源搭建与安全用电管理、应急通信系统搭建、配电线路和台区故障巡视与隔离)，抢修供电 (配网施工技术规范、导线压接与插接、倒杆处理、导线架设、配电台区抢修及抢修工作票等)。

5.5.3.2 功能说明

常规应急培训可以在系统中进行线上培训，同时，线上线下培训的记录均录入系统，对培训的记录进行管理。培训记录以表格形式展现，包括培训记录的创建、修改、删除、查询等功能。功能说明同 “5.5.1 应急培训计划管理” 的内容。

5.5.3.3 应急理论培训

(1) 应急理论培训目标

通过对应急理论培训如应急法律法规、应急规章制度、应急预案等知识的培训，员工会了解应急理论培训知识、应急管理体系，自觉建立应急理念及文化。如应急理论培训，以安全应急规章制度相关条文为主线，采用多媒体的方式实现交互式培训，

对条文进行逐条解析，主要有以下四个功能（图 5–9）：

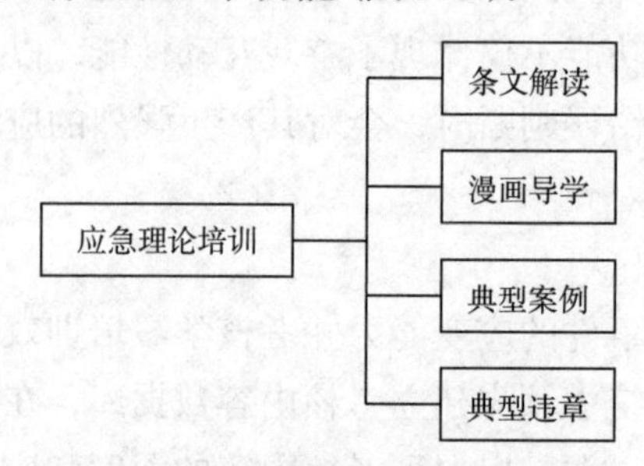

图 5–9 应急理论培训功能结构图

条文解析：对知识点进行逐条解析，从原文释义入手，对规程的内容逐条进行解读，用文字深刻剖析各知识点内涵，揭示条文背后蕴含的原理和本质，加深读者对“安全应急规章制度”的认识和理解。

漫画导学：通过漫画的方式逐条描述“安全应急规章制度”知识点，真实再现安全生产现场，漫画素材主要取决于变电站、换流站、输电线路等电力生产现场。

典型案例：通过专家视频讲解、现场视频及虚拟现实等方式，详细讲解典型作业现场安全要点、公司安全体系及文化。

典型违章：通过典型事故案例的视频回放分析及事故现场的图片和动画，详细讲述典型违章的现场，分析违章的原因。

（2）应急理论培训内容（表 5–4）

表 5–4 应急培训项目介绍

序号	培训项目	培训内容	采用的技术
1	电力安全工作规程（变电和线路两部分）	逐条解析“安全应急规章制度”条文，从条文解析、漫画导学、典型案例、典型违章四个方面综合进行	互动式培训 采用 3D+ 视频
2	员工安全心理	培训员工的安全心理	点播式培训
3	现代企业安全文化	培训企业安全文化的本质及内涵	点播式培训
4	企业安全保证体系、安全监督体系、安全责任体系	培训安全生产组织体系	点播式培训
5	作业安全风险管理	培训作业安全风险管理的内涵	点播式培训
6	事故调查规程	培训调查规程的内涵	点播式培训
7	紧急救护法	培训紧急救护法的实施细节，并能交互训练	点播式培训
8	安全生产法	逐条解析安全生产法立法背景和意义	点播式培训

5.5.3.4 应急实操培训

培训基本应急处置技能，掌握应急处置实际操作技能。

5.5.4 考试考核

5.5.4.1 考试考核目标

通过培训模块自带的培训评测功能，记录员工的培训过程，评估培训效果，可督促员工自觉学习。

5.5.4.2 设计思路

①各模块中自带的培训评测功能。

②实训智能机器人及其现场通信系统功能。

5.5.4.3 各模块中自带的培训评测功能

应急培训模块自带的培训评测功能，能记录员工的培训过程，评估培训效果，自动给出培训考核分值。

培训模块为安全作业培训的考核提供培训结果的考核。各个培训模块在系统设计与研发过程中，将根据场景与操作任务过程的特征，人为与系统自动生成设置操作陷阱，若员工操作时发生了风险操作或因错误的操作导致发生事故，系统会将这些事故信息进行记录与反馈。

员工在应急培训模块中进行操作时，系统将记录员工在操作过程中犯下的错误，并记录操作评分、记录错误信息等内容，在操作结束后进行汇总并反馈给员工，让员工查看操作过程中犯下了哪些错误，同时将得分信息、操作错误信息等汇总到系统中，从而达到实现记录员工的培训过程，评估培训效果，并且自动给出培训考核分值的目的。

培训模块中自带的培训评测功能主要从以下两方面去设计实现:

(1) 培训内容与陷阱设置

在虚拟培训模块中，针对不同操作技能安排了不同的虚拟培训内容，员工根据工作要求，使用合适的工器具来完成任务。只能按照合理的顺序、合理的方法，才能完成操作技能的考核，否则将无法完成任务或记录任务失败。在操作技能考核的同时，将会加入风险问题的判断，在一些容易发生事故的操作中，加入事故陷阱设置，如果员工在操作时发生了错误操作，踩到陷阱中，则会发生事故，系统提示并记录相关事故信息。如根据“安全应急规章制度”规定，在进行验电操作时必须带好绝缘手套，若员工在操作过程中没有带绝缘手套而直接进行验电，就会发生触电事故，踩到预先设置好的陷阱中。

培训内容与陷阱的设置，使员工在进行工作任务的同时学会辨识风险，避免进行风险操作，否则在成绩回报时将会记录这些错误。

(2) 培训过程计分

虚拟培训模块是根据真实操作去设计开发的，整个过程模拟真实的操作流程，将整个任务划分为若干个操作阶段，如接受任务、现场勘查、签发工作票等。在这些操作阶段中，为每一个操作阶段设定一定的分值，当员工在顺利完成某一操作分段后，将会得到本分段的得分，并计入本次培训操作的总分中。如完成了接受任务分段，接受任务分段的得分将加入到操作总分中；当完成了现场勘查任务的分段，现场勘查任务分段的得分将累加到操作总分中，以此类推。

在设计操作阶段得分的同时，系统还有一系列的扣分模式设计。如在发生事故或进行风险操作时，系统将根据发生事故的严重程度，给予操作培训模块的员工一定的惩罚，从员工在本次操作累积的分数中扣除一定的分数作为事故的代价，从而降低最后的操作总评分。

当一次培训模块操作结束后，系统将根据阶段得分累积与事故扣分的综合情况，给出本次操作的最后评价得分。

在操作阶段累积得分与事故扣分两个模块的综合作用下，系统达到模块评分的目的，实现培训评测功能对员工操作的评测考核。

5.5.5 总结评价

当员工在操作虚拟培训模块时，如果发生操作事故，踩到系统预先设定的陷阱后，系统将会把本次事故的内容信息、扣分信息等内容进行记录，并且加入到错误信息目录中，进行错误信息的累积。

本次培训操作全部结束后，系统将会自动转入分数与操作记录信息统计界面，此时，本次操作中的风险事故信息会根据操作事故发生的顺序，依次罗列到统计界面中，使员工对本次操作中所犯的错误和进行过的风险操作一目了然，便于员工对自己操作过程中容易犯错、容易违反“安全应急规章制度”的操作内容进行了解，并在下一次的操作中避免该错误的发生。

5.5.6 应急知识宣传

应急知识宣传是运用各种符号传播一定的应急观念、知识、技能等以加强人们的应急安全意识和指导人们安全行动的行为。通过建立应急管理宣传平台，运用互联网嵌入技术，整合应急管理宣传部门（信息输出）、智慧宣传服务公益平台（信息存储、分析、推送）、潜意识心理学分析、传播媒介（智能移动终端）与第三方应用程序（APP 信息显示端）、媒体传播技术研发机构。应急管理宣传等部门将所要宣传的音频、视频、图像、文字等信息符号，通过互联网传输到全民应急管理宣传服务平台，当第三方应用程序使用过程中触发宣传信息显示，宣传平台将会根据移动智能终端的 ID，通过心理学智能评估分析后，将要宣传的信息符号推送给终端使用者，并留存该 ID 的宣传各项安全数据。

宣传平台架构分为五个模块：宣传教育、学习培训、分析优化、数据库管理、拓展介入。宣传平台有以下特点：

①接入互联网，搭载各种操作系统。智能移动终端拥有强悍的信息处理能力和精

准的人际交互方式。应急管理宣传平台拥有数量庞大且覆盖面极广的各类传播媒介终端，宣传次数可以实现指数级增长。

②被宣传对象不需要下载公益平台 APP，不影响 APP 整体功能，也不影响客户的体验，智慧宣传服务公益平台通过端口与 APP 链接，客户在使用 APP 时，通过不同的触发方式，将要宣传的信息传递给智能终端的用户。植入式宣传是把应急管理宣传服务具有代表性的视听宣传符号融入媒体中的一种宣传方式，给观众留下一定印象，以达到宣传目的。植入式宣传的内涵就是通过以植入的形式，用背景等周边信息和符号体系把受众引向宣传的主题。设法激活宣传对象安全潜意识，激发宣传对象的潜在需求，诱导民众心灵上的共鸣，将宣传置入“情景场”。

③激发潜意识，收集大数据。宣传内容的图片、视频、音频等宣传符号经过心理学加工，指数级宣传次数可达到激发被宣传者大脑中安全潜意识的效果。另外，每一个智能终端就是一个大数据收集终端，通过系统运营，数据积累，可为应急管理宣传大数据的可视化分析提供帮助，充当基础性数据源。

应急管理宣传平台的作用是通过可视的、持续的指数级安全宣传，激发个体安全潜意识，达到提高全民安全意识，减少各类事故发生率，最终实现降低人员伤亡与财产损失的目标。

5.6 应急演练

应急演练实现包括应急演练科目库管理、应急现场场景模拟管理、应急处置演练、演练全过程记录管理、应急演练评估五个子功能模块。应急演练的目的是检验实际应急响应能力和紧急处置能力。

5.6.1 应急演练科目库管理

5.6.1.1 业务介绍

应急演练科目库管理要求建立应急演练科目库，将事件状态按照事件发生（预警阶段）、事件发展（响应阶段）、局部事态恶化（响应阶段）、局部事态缓解（响应阶段）、总体事态平稳（响应结束）五种环节进行分类，并按照专项应急预案的分类如自然灾害类、事故灾难类、公共卫生事件类和社会安全事件类四种类型进行分解，对应急演练科目库进行管理。

5.6.1.2 功能说明

应急演练科目库管理分为科目的创建、修改、删除、查询等功能。

下面以某市电网大面积停电事件（事故灾难类）演练、事件发生（预警阶段）、事件发展（响应阶段）为例，建立演练科目。

预警阶段演练科目如表 5-5 所示：

表 5-5　预警阶段演练科目

阶段任务	责任部门与任务		处置措施
1. 风险监测	运检部门		运用运检智能管控平台等技术手段，加强运行设备状态监测、分析
	营销部门		加强重要用户用电风险监测与分析，特别是针对重大活动保供电期间可能发生的对社会产生较大影响的重要用户停电风险
	调控部门		（1）加强运行方式的安排，常态化开展电网运行风险评估，加强特殊运行方式监测，强化电网安控专业管理 （2）加强调度计划管理，做好电网负荷平衡，加强对风电场出力和水电厂水情的监测，及时掌握电能生产供应情况
2. 分析研判	运检部门		分析研判电网设备安全运行风险
	营销部门		分析研判对重要用户、大中型小区造成的影响
	调控中心		分析研判对变电站和线路造成的影响
	安全应急办		综合分析各专业部门的分析研判结果
3. 预警建议	安全应急办		向应急领导小组建议发布大面积停电事件Ⅰ级预警
4. 预警审核	应急领导小组		收到大面积停电预警建议，同意 / 不同意发布大面积停电预警
5. 发布预警	安全应急办		通过办公自动化系统、安全管理一体化平台、应急指挥管理系统、短信、微信平台等方式向公司相关单位发布预警信息
	办公室		根据应急办的信息及时向省级公司、市电力应急指挥部等部门报送大面积停电预警发布情况
6. 预警行动	办公室		做好信息报送准备工作： （1）密切关注事态，视情况加强本部和相关单位行政值班力量，收集汇总相关信息 （2）做好信息报送准备，并通知基层单位同步做好基层单位报送准备 （3）根据公司领导动员会讲话内容，报送应急处置措施部署、落实情况
	安全监察部门	应急办	（1）组织应急值班，制定应急指挥中心值班表，公告发布 （2）核查应急指挥中心常用清册更新情况 （3）督促调控中心组织电网运行、检修、营销、建设、信通等；按照“预警通知单”要求，落实相应的电网运行风险预警管控措施

续表

<table>
<tr><th>阶段任务</th><th colspan="2">责任部门与任务</th><th>处置措施</th></tr>
<tr><td rowspan="5">6. 预警行动</td><td>安全监察部门</td><td>应急办</td><td>（4）向省级公司安全监察部报告电网运行风险预警措施落实情况
（5）通知公司应急基干队伍做好集结，保持通信畅通，随时准备投入抢修</td></tr>
<tr><td rowspan="3">运检部门</td><td>设备监测与抢修</td><td>（1）在应急指挥管理系统中维护应急抢修队伍、物资、装备等相关信息
（2）组织运维、抢修人员 24 小时值班，有针对性地开展设备特巡
（3）协调做好电力应急装备调配，应急抢修队伍集结准备工作，保持各类抢修工作相关的备品备件、通信联络、事故处理工具在良好状态</td></tr>
<tr><td>输电运检</td><td>（1）根据运行设备状态监测、分析，针对可能导致大面积停电事件的重大设备隐患、自然灾害、外力破坏等风险，针对性地开展隐患特巡，及时消除隐患，加强风险管控
（2）梳理应急抢修物资数量、存放位置及状态，确保随时可调用
（3）根据预警信息做出预判，提前集结抢修队伍并待命，确保接到抢修指令后 1 小时内能出发
（4）充分发动保杆护线员等辅助巡线力量，开展隐患特巡清理工作
（5）根据预警信息做出预判，必要时提前调配第一梯队支援队伍至可能事发单位</td></tr>
<tr><td>变电运检</td><td>（1）根据设备状态在线监测、设备运行情况分析等，针对可能导致大面积停电事件的检修作业、重大变电设备缺陷、隐患等，开展针对性的设备特巡与隐患排查，及时发现设备缺陷、隐患并消除
（2）针对检修作业等可预知的大面积停电风险，制定针对性的风险管控措施，做好事故预案
（3）做好应急抢修物资数量、存放位置及状态梳理工作，确保随时可调用
（4）督促各单位根据大面积停电风险情况，确定需恢复有人值守的变电站，并做好人员调配、车辆检查以及相关后勤保障工作
（5）提前集结抢修队伍并待命，确保接到抢修指令后 1 小时内能出发
（6）协调做好电力应急人员、装备调配工作，必要时调配第一梯队支援队伍至可能事发单位</td></tr>
<tr><td colspan="2">营销部门</td><td>（1）增加客户服务值班力量，做好应急保障准备
（2）维护应急指挥管理系统中生命线工程用户、重要及重点保障用户、大中型小区清册等信息数据</td></tr>
</table>

续表

阶段任务	责任部门与任务		处置措施
6. 预警行动	营销部门		（3）制定落实生命线工程用户、重要及重点保障用户、大中型小区的客户安抚策略 （4）配合党建部在电视台、报纸、广播、网站、微博等媒体发布大面积停电信息 （5）组织开展可能受影响的生命线工程用户、重要及重点保障用户、大中型小区特巡，通知用户做好启动应急响应和使用自备应急保安电源准备
	调控部门		（1）加强电网运行风险管控，落实“先降后控”要求，合理安排运行方式，做好可能出现的大面积停电事件电网处置准备 （2）视实际电网运行情况及薄弱环节，做好事故预案及预想，做好有序用电先期准备工作 （3）检查重要变电站恢复至有人值守，值守人员应与监控员共同做好监盘工作 （4）检查备用调度系统运行正常，主网各类接线图等常用生产资料已更新并备份留存，满足随时启用备调的要求 （5）收集电网运行、发电信息、电煤供应等信息，及时向公司大面积停电应急领导小组报告，必要时向省级公司汇报预警信息并申请支援 （6）通知现场运维人员做好重点保障设备的特巡、特护工作，确保设备健康平稳运行 （7）检查调控值班场所远方遥控功能完好可用，通知自动化值班人员做好系统保障工作 （8）检查卫星电话等应急通信手段配置情况，必要时可提前利用应急电话与重要调度对象建立联系 （9）向分管领导汇报，尽量推迟有关片区的计划性停电检修工作，尽量保证电网全接线、全保护运行 （10）通知有关专业人员做好应急值班工作准备
	物资部门		（1）核实物资库存信息 （2）在应急指挥管理系统中做好数据维护工作 （3）联系协议供应商、运输商做好物资紧急配送准备
	后勤部门	物资与车辆保障	（1）做好后勤应急保障准备工作：综合服务中心向各单位下发《关于做好应对大面积停电事件后勤应急准备的通知》，落实后勤和车辆保障工作，后续视情况成立餐饮、住宿、车辆、医疗保障小组，储备后勤保障物资，安排值班车辆和驾驶员 （2）检查后勤应急物资：督促各单位按照《后勤应急物资管理实施细则》，做好后勤应急库存物资的清点工作，再次检查做好本单位应急人员餐饮、车辆、医疗服务等后勤服务保障准备，如有不足，及时组织补充

续表

阶段任务	责任部门与任务		处置措施
6. 预警行动	后勤部门	物资与车辆保障	(3) 做好车辆巡视检查工作: ①所有驾驶员手机保持24小时畅通 ②做好车辆出车前的三查三检工作，以及回归车辆的安全检查 ③督促各单位进一步对应急车辆认真开展安全检查，确保车况良好，车上应急配品、药品和干粮准备到位；同时，要做好接受全市统一调派的准备 ④向所有驾驶员动态发布道路交通、行车安全提醒等信息
		餐饮住宿保障	提前做好抢修复电后勤应急保障餐饮、住宿等准备工作: (1) 督促相关单位后勤对口管理部门主动与本单位应急办、生产抢修部门对接，提前做好本单位、外来支援抢修队伍后勤保障准备工作，明确后勤应急保障体系人员职责分工，按照200~300人的规模提前联系本地区大型餐饮和住宿等后勤保障点 (2) 编制好公司、外派支援兄弟单位的后勤应急保障方案（餐饮保障、住宿保障、医疗保障等方案）
		组建后勤应急保障领导小组	组建公司应对大面积停电事件后勤应急保障领导小组: (1) 地市级公司层面成立公司应对大面积停电事件后勤应急保障领导小组（职责：①接受公司应对大面积停电事件领导小组的领导，统一指挥公司后勤系统执行公司应急办的决策部署，做好抢险救援的后勤保障工作；②审核披露有关后勤应急保障工作重要信息） (2) 综合服务中心成立应对大面积停电事件后勤应急保障领导小组办公室（职责：①落实省级公司后勤部、公司应对大面积停电事件后勤应急保障领导小组布置的各项后勤保障工作，协调受灾单位后勤体系各专业开展后勤应急处置工作；组织落实跨地区后勤保障方案；②随时了解抢险救灾中后勤保障工作情况，开展信息搜集、统计汇总、上报工作）
		信息统计与通知	(1) 组建现场抢修后勤应急保障微信群，覆盖支援单位、受灾单位的全体后勤保障人员 (2) 按要求上报应对大面积停电事件后勤准备情况，督促本部后勤相关单位及各县级公司及时上报《后勤应急值班人员信息表》《后勤物资准备情况表》《备战车辆准备情况表》及有关后勤工作准备情况 (3) 督促相关单位在应急指挥管理系统中维护后勤应急物资、备战车辆等准备情况信息

续表

阶段任务	责任部门与任务		处置措施
6. 预警行动	宣传部门		（1）加强舆情监测，建立纵横向联络会商机制，部署专项舆情监测，针对大面积停电事件，部署地市级公司、县级公司两级并行的24小时专项舆情监测 （2）建立与公司相关专业部门、事件相关单位间的纵、横向的联络会商机制，确保新闻应急期间信息畅通 （3）做好各级宣传主管部门、新闻媒体的联络沟通。联络地市（县）级宣传（网信、网安）主管部门和媒体，相关地市（县）供电公司提前与市（县）级宣传（网信、网安）主管部门、驻地媒体和当地媒体联系，主动对接当地社区网络媒体等，获得理解支持，力争不出现负面报道和失实报道 （4）做好对外信息发布准备。指导相关部门（单位）做好对外信息发布准备，集结舆论引导队伍，编制引导脚本、准备新闻通稿
	信通部门		（1）信息通信系统风险监测：通过各类信息系统、通信网管系统及在线监测手段，实时监视通信系统线路、设备和业务的运行情况 （2）组织各运维班组和外围支撑队伍对公司管辖范围内通信站点的设备、电源、机房环境以及户外设施进行巡检，掌握信息通信网络运行情况，及时报公司信息通信生产值班台汇总 （3）收集信息通信系统、通信网及设备运行信息，及时向公司大面积停电应急领导小组报告，必要时向省信通信息、通信调度台汇报预警信息 （4）做好应急视频会议系统、电话会议系统调试及值班保障。做好信息通信应急装备准备、应急抢修物资、工器具检查，做好卫星电话调试 （5）组织各县级公司通信运维班组做好卫星电话调试；协调做好信息通信应急装备调配，组织开展应急抢修物资、工器具检查，确保能够随时投入使用 （6）通过应急指挥中心通知各部门做好应急集群手机、对讲机的使用准备
7. 预警调整与解除	安全应急办		预警调整或解除建议应急领导小组批准后，向事件相关单位发布预警调整或解除信息

响应阶段演练科目如表5-6所示：

表5-6　响应阶段演练科目

阶段任务	责任部门与任务		响应（行动）措施
1. 信息报告先期处置	运检部门		（1）向安全应急办汇报电网停电及负荷损失情况 （2）组织先期处置，开展电网事故处置和设施设备抢修

续表

<table>
<tr><th>阶段任务</th><th colspan="2">责任部门与任务</th><th>响应（行动）措施</th></tr>
<tr><td rowspan="3">1. 信息报告先期处置</td><td colspan="2">营销部门</td><td>（1）向安全应急办汇报停电用户数及相关情况
（2）组织先期处置，开展电网事故处置</td></tr>
<tr><td colspan="2">调控部门</td><td>（1）向安全应急办汇报电网停电及负荷损失情况
（2）组织先期处置，开展电网事故处置</td></tr>
<tr><td colspan="2">专项应急办</td><td>分析研判事件相关单位部门上报的情况，向专项应急领导小组提出大面积停电应急响应建议</td></tr>
<tr><td>2. 响应建议</td><td colspan="2">专项应急领导小组</td><td>收到大面积停电应急响应建议，同意（不同意）启动应急响应</td></tr>
<tr><td>3. 建议审核</td><td colspan="2">安全应急办</td><td>通过办公自动化系统、安全管理一体化平台、应急指挥管理系统、短信、微信平台等方式向公司相关单位发布响应指令</td></tr>
<tr><td>4. 发布响应指令</td><td colspan="2">办公室</td><td>获知事件信息后1小时内，应履行手续向省级公司、市应急局、市电力应急指挥部等单位报送事件初步情况</td></tr>
<tr><td>5. 信息初报</td><td colspan="2">办公室</td><td>对接政府部门：
（1）及时传达省、市政府有关领导批示意见以及政府相关部门提出的工作要求
（2）协调相关单位配合政府部门做好涉及大面积停电事件的信访维稳工作</td></tr>
<tr><td rowspan="2">6. 响应行动</td><td rowspan="2">安全监察部门</td><td>应急救援与事故报告</td><td>（1）组织应急救援：
①督促事发单位开展应急救援
②组织协调应急救援基干分队参与应急供电、应急照明、搭建现场指挥部等先期处置工作
（2）组织事故即时报告和续报：
①督促事发单位做好事故及时报告和续报，报告应包括事故发生时间、地点、单位、简要经过、伤亡人数或损失负荷（功率）、主设备损坏状况、应用系统故障和网络故障的初步情况，事故（事件）原因、等级的初步判断，对外信息报送及舆情状况等，内容简明清楚
②按照事故调查规程要求，采用电话、手机短信、电子邮件等方式在1小时内将即时报告上报至省级公司，并向接收方进行确认。即时报告后事故出现新情况的，及时补报</td></tr>
<tr><td>现场安全监督</td><td>（1）组建现场抢修安全监督网。建立三级（公司层面、部门层面、抢修队伍层面）安全监督网，配足、配强安全监督人员和现场督查装备
（2）组建现场抢修安全监督微信群。建立三级（公司层面、部门层面、抢修队伍层面）安全监督微信群，覆盖全体安全监督人员和随队安全员</td></tr>
</table>

续表

阶段任务	责任部门与任务		响应（行动）措施
6. 响应行动	安全监察部门	现场安全监督	（3）根据现场天气、环境和抢修作业风险等情况，发布安全公告、安全警示，发放安全提示短信、微信等
		组织事件调查	（1）督促事故发生单位严格保护事故现场。未经调查和记录的事故现场，不得任意变动 （2）督促事故发生单位安全监察部门或其指定的部门应立即对事故现场和损坏的设备进行照相、录像、绘制草图、收集资料 （3）成立事故调查组： ①查明事故发生的时间、地点、气象情况，以及事故发生前系统和设备的运行情况 ②查明事故发生经过、扩大及处理情况 ③查明与事故有关的仪表、自动装置、断路器、保护、故障录波器、调整装置、遥测、遥信、遥控、录音装置和计算机等记录和动作情况 ④查明事故造成的损失，包括波及范围、减供负荷、损失电量、停电用户性质，以及事故造成的设备损坏程度、经济损失等 ⑤调查设备资料（包括订货合同、大小修记录等）情况以及规划、设计、选型、制造、加工、采购、施工安装、调试、运行、检修等质量方面存在的问题 （4）事故调查组在事故调查的基础上，分析并明确事故发生、扩大的直接原因和间接原因。必要时，事故调查组可委托专业技术部门进行相关计算、试验、分析 （5）事故调查组在确认事实的基础上，分析人员是否违章、过失、违反劳动纪律、失职、渎职，安全措施是否得当，事故处理是否正确等 （6）根据事故调查的事实，通过对直接原因和间接原因的分析，确定事故的直接责任者和领导责任者
	运检部门	专业信息统计	（1）持续收集设备受损、抢修人员、备品物资、专用机具、仪器装备、技术支持等信息 （2）向公司应急领导小组和应急办报送设备受损、抢修人员、备品物资、专用机具、仪器装备、技术支持等统计信息 （3）按照应急办要求定期提供与专业工作简报有关的内容
		协调督促抢修复电工作	（1）协调督促事发单位编制在运设备设施现场抢修恢复工作方案，运检部组织审查，会同安全监察部、调控中心、营销部等部门开展专业处置及指导，以最快速度恢复供电，合理确保抢修方案 （2）组织抢修人员、备品物资、专用机具、仪器装备、技术支持等的支援和协调联动

续表

阶段任务	责任部门与任务		响应（行动）措施
6. 响应行动	运检部门	协调督促抢修复电工作	(3) 组织事发单位、支援单位做好在运设备设施现场抢修恢复工作方案的落实，加强抢修恢复过程中的安全管控 (4) 安排相关单位人员、协调有关专家参加公司或市电力应急指挥部成立的工作组并赶赴现场，参加现场指挥部，指导协调应急处置工作
		防御次生灾害	督促设备运维单位、支援单位排查治理现场安全隐患，防御次生灾害
		输电运检	故障信息收集：迅速组织开展灾损排查，并做好记录及图片拍摄。
			现场抢修复电工作：根据事发情况组织制定抢修复电计划及方案（灵活采取各种抢修方案缩短复电时间）、抢修队伍及物资安排、安全措施等内容
			抢修支援：持续收集设备受损、抢修人员、备品物资、专用机具、仪器装备、技术支持等信息，综合分析后调配支援队伍，并做好其他协调、指导工作
			防御次生灾害：督促设备运维单位、支援单位排查治理现场安全隐患，防御次生灾害
		变电运检	(1) 设备监控与故障隔离、恢复送电的操作准备 (2) 督促各单位恢复有人值守，运维人员立即开启综合自动化系统及辅助综合监控系统后台，开展一二次设备、设施的辅助监控，及时发现设备停电或异常情况
			加强过程跟踪，在发现设备异常、故障时应及时汇报上级部门、调度等相关单位，在保证人身安全的前提下，开展现场设备检查和应急处置，并汇报现场检查处理情况，必要时联系检修应急人员处理
			变电受损信息收集与处理： (1) 组织各单位汇总、评估变电站停电及受损情况，根据轻重缓急、现场人员和物资配备情况开展应急处置 (2) 若发现变电站受损严重，需要外部支援的，第一时间向上级部门提出支援请求 (3) 收集、跟踪设备受损、抢修人员与物资情况，综合分析后调配支援队伍，并做好协调、指导工作
			协调督促抢修复电工作： (1) 组织各单位及时制订抢修方案、派出骨干力量开展现场抢修，认真落实现场设备停电、验电、接地和围栏、围网等安全措施

续表

阶段任务	责任部门与任务		响应（行动）措施
6. 响应行动	运检部门	变电运检	（2）督促各单位开展抢修过程安全监督工作和抢修工作结束后的验收和复电工作 （3）督促事发单位、支援单位排查治理现场安全隐患，防御次生灾害
	营销部门	现场检查指导	（1）根据调控中心提供的停电范围，组织梳理所影响的生命线工程用户、重要及重点保障用户、大中型小区名单 （2）跟踪用户停送电和抢修进展情况，收集用户敏感诉求，做好客户安抚工作 （3）规范开展有序用电工作，保障关系国计民生的重要客户和人民群众基本用电需求 （4）跟踪大面积停电事件处置进展，收集汇总客户应急服务、抢修进展等相关信息 （5）及时向所影响的生命线工程用户、重要及重点保障用户、大中型小区通报突发事件情况 （6）组织用电检查、片区经理到岗指导生命线工程用户、重要及重点保障用户、大中型小区按照有关技术要求迅速启动自备应急电源，及时采取防范措施，防止发生次生衍生事故 （7）根据灾情和用户需求协调运检部门调配应急电源，向重要场所、重要用户、大中型小区提供必要的应急供电和应急照明支援 （8）根据响应等级，安排相关单位人员、协调有关专家参加公司或市电力应急指挥部成立的工作组并赶赴现场，参加现场指挥部，指导协调应急处置工作 （9）按照应急办要求定期提供专业工作简报有关内容 （10）适时在电子渠道推送停送电和抢修进展信息，及时响应电力微信、微博等渠道上客户停送电诉求，做好客户安抚
	调控部门		（1）做好管辖范围内设备的事故处置工作，必要时应合理调整电网运行方式，尽量确保用户正常供电 （2）做好故障设备隔离，尽快组织主网、重要输变电设备恢复送电，电网具备条件后，优先组织恢复重要用户供电 （3）有序组织主网、地区电网并行开展恢复送电工作，严禁发生非同期并列 （4）事故处置应遵循“先高压后低压”的原则，优先采用监控远方遥控的方式开展强送 （5）针对220kV变电站失压的处置，应遵循调规应急管理补充规定的有关要求执行 （6）备用调度应与主调同步值守，并在主调失去值守条件时，第一时间进行主备调切换

续表

<table>
<tr><th>阶段任务</th><th colspan="2">责任部门与任务</th><th>响应（行动）措施</th></tr>
<tr><td rowspan="4">6. 响应行动</td><td colspan="2">调控部门</td><td>（7）指导下级调控机构开展事故处置工作，必要时应给予支援，跟踪影响重要用户供电的下级电网事故处置进展情况
（8）监控员应加强信号过滤，第一时间梳理出影响送电的异常信号信息，并告知调度员
（9）按公司应急办要求定期提供工作简报有关内容
（10）负责按照汇报规定要求，向省调汇报电网跳闸情况及经公司应急办确认后的其他故障数据</td></tr>
<tr><td>物资部门</td><td>组织物资调配工作</td><td>（1）研判灾害类型和灾损情况，在临时仓储点提前储备抢修物资、常用救灾和后勤保障物资等
（2）安排专业人员现场建立应急物资保障组，现场受理物资需求，根据现场施工队伍数量、抢修进度和需求提报量等信息，预判物资需求
（3）利用库存调配、供应商协议储备、紧急采购等方式快速满足救灾和抢修需求；按照“先近后远、先利库后采购”的原则以及“先实物、再协议、后动态”的储备物资调用顺序执行调拨及采购，必要时向省调配中心提出跨市调配申请
（4）实行分层级供应模式，大件物资如水泥杆、配变、导线等由省物资调配中心统一调配；其他小件物资如铁件、金具、绝缘子等按照属地化原则，由支援队伍所属单位的物资部门配送到位
（5）持续收集抢修物资调配等信息，报送公司应急领导小组和应急办，按照应急办要求定期提供专业工作简报有关内容
（6）对运输情况进行实时跟踪和信息反馈，物资部定时收集、统计并上报全市应急物资供应情况，确保数据汇总统一出口</td></tr>
<tr><td rowspan="2">后勤部门</td><td>后勤设施设备安全工作</td><td>（1）组织做好公司办公调度大楼安全供电及安全保卫工作；所有后勤设施设备恢复到正常运行状态
（2）督促相关单位检查办公调度大楼供电、安保、消防等后勤设施设备，组织相关人员做好应急排班，每个重点巡视检查点落实责任人，对于发现的问题，立即组织人员整改或有效隔离，确保紧急情况下正确响应、有效处置</td></tr>
<tr><td>餐饮、住宿、医疗保障</td><td>指导相关单位根据省级公司后勤部、本单位生产部门了解到的生产抢修人员数，开展本区域酒店的预定工作，在衡量公司食堂供餐能力的基础上，与餐饮机构洽谈抢修人员用餐供应保障事宜，按照公司、外派支援兄弟单位的餐饮、住宿、医疗保障等方案开展后勤应急保障工作</td></tr>
</table>

续表

阶段任务	责任部门与任务		响应（行动）措施
6. 响应行动	后勤部门	交通、水、油等保障	指导相关单位与当地交警、消防、加油站等相关单位（部门）联系解决应急保障过程中遇到的交通和缺水、缺油问题
		外派支援抢修队伍准备工作	提醒各外派支援单位在前往相关单位支援出发前，按照抢修人员数量配备一定数量的后勤保障人员，并随队携带必要的后勤应急物资，物资种类可参考外派支援抢修队伍随身配品与材料
		组织召开抢修复电后勤应急保障工作现场动员会	（1）综合服务中心牵头组织召开抢修复电后勤应急保障工作现场动员会，成立现场应急指挥部及工作小组。收集汇总相关单位目前已开展抢修人员后勤应急保障的情况（主要是餐饮、住宿、车辆、医疗） （2）组建现场应急指挥部后勤领导小组、各抢修驻点、各支援抢修队伍、后勤保障支援者等
		按要求上报面对大面积停电事件后勤应急	（1）指导相关单位在保障人员安全的情况下，对损坏的后勤设施设备进行简单快速修复及采取临时有效的措施隔离 （2）督促相关单位后勤归口管理部门动态了解、掌握公司第一批外派支援兄弟单位抢修队人员、车辆数 （3）督促相关单位按时上报《后勤应急保障情况动态报告表》、事件简要情况及公司应对大面积停电事件后勤应急保障情况
		现场开展后勤应急保障工作	（1）综合服务中心牵头现场组织开展抢修人员餐饮、住宿、交通、医疗、后勤物资等后勤应急保障工作 （2）督促各支援抢修单位按照抢修复电后勤应急保障作业流程图配合做好支援抢修队伍的后勤应急保障工作
		后勤应急保障收尾工作	（1）督促受灾单位进行后勤物资回收、结算 （2）抢修任务结束，督促各支援抢修队伍开展返程车辆安全检查工作
	宣传部门	强化舆情分析报告	（1）深入、细致跟踪监测，分析新闻媒体、自媒体相关舆情及网民跟帖评论情况 （2）监测到重大、敏感信息（含市级以上新闻媒体负面、失实报道），视情况实时报告公司领导 （3）加强与省级公司外联部、政府宣传主管部门的沟通汇报
		多渠道做好客户安抚和舆论引导	（1）落实故障停电危机公关要求，由公司供电服务指挥中心、营销部等及时、持续发布客户安抚短信，开展重要客户安抚、小区客户安抚和抢修现场安抚等工作 （2）市、县级公司官博、官微根据品牌建设中心统一策划、统一口径、统一指挥，分阶段发布以下信息：停电事

续表

阶段任务	责任部门与任务		响应（行动）措施
6. 响应行动	宣传部门	多渠道做好客户安抚和舆论引导	件基本情况、抢修进展情况、抢修困难、预计复电时间、确切复电信息及其他客户安抚致歉信息等。合理引导客户复电预期、安抚网民情绪
		媒体报道、及新闻发布	(1) 对于影响范围广、社会较为关切的大面积停电事件，可以采用媒体通气会、新闻通稿应急发布等方式，争取在新闻媒体负面报道前、在网络形成大规模围观议论前，将大面积停电事件的新闻事实、发生原因、处置进展等信息对外发布 (2) 尽快与可能进行新闻报道的媒体沟通交流（包括网络媒体），力争让这些媒体等待我方正式新闻通稿出来后再发布信息，必要的话请求取消报道计划
	信通部门	通信支撑	(1) 应急指挥中心通信支撑：组织公司本部、县级公司及供电分中心做好应急视频会议系统、电话会议系统保障 (2) 现场通信支撑：组织公司本部、县级公司组织做好抢修作业现场应急通信支撑保障
		组织开展信息通信系统及设备抢修	(1) 分析停电对信息通信系统及保障工作的影响，加强风险防范，组织开展信息系统、通信设备抢修恢复工作 (2) 现场核实灾损情况，结合现场条件及时调整抢修恢复顺序 (3) 根据抢修方案及时调配抢修队伍、应急车辆、应急物资、备品备件、安全工器具、仪器仪表，开展灾后抢修工作 (4) 在抢修结束后，确认系统运行状态，并及时恢复或优化运行方式 (5) 在确认应急响应解除后，归还上级专业管理部门调配的资源，并对发现的问题进行总结和评估 (6) 需要其他专业配合抢修的，及时向本级应急指挥中心提出申请 (7) 依据现场抢修情况，向本级应急指挥中心提出抢修队伍、抢修物资等方面的支援申请 (8) 督促各县级公司、支援单位做好抢修现场的信息通信安全监督和安全隐患排查治理，防范次生灾害 (9) 针对严重损坏的设备设施，如短期内难以抢修恢复的，组织相关部门提出重建方案，按规定报批，提交本单位安排相应资金计划
		开展专业信息统计	持续收集相关单位信息通信工作开展情况等信息，报送公司应急领导小组和应急办，按照应急办要求定期提供专业工作简报有关内容

续表

阶段任务	责任部门与任务		响应（行动）措施
7. 响应结束	安全应急办		根据事件危害程度、救援恢复进展和社会影响等变化情况，组织分析研判，向大面积停电领导小组提出响应级别调整或响应结束建议
8. 建议审核	大面积停电领导小组		收到大面积停电应急响应调整或结束建议，同意（不同意）调整或结束大面积停电应急响应
9. 发布信息	安全应急办		发布响应级别调整信息

5.6.2 应急现场场景模拟管理

5.6.2.1 业务介绍

应急现场场景模拟管理包括对演练场景及场景任务进行管理。场景任务用于指导参演人员演练需要完成的任务，各参演单位的每个场景需要配置场景任务，本模块共设置了集团公司应急指挥中心、分部应急指挥中心、省级公司应急指挥中心、地市级公司应急指挥中心、县级公司应急指挥中心、新闻发布、抢救受灾群众、抢救档案资料、为铁路隧道抢修提供供电、抢修水电站、抢修变电站、抢修输电线路、为医院搭设应急供电线路、为灾民安置点建设配套供电设施、应急资源从支援地区调配到受灾地区、与政府部门沟通协调、为临时设在灾区的新闻中心调度中心等提供应急供电、调整电网运行方式 18 个场景任务。

5.6.2.2 功能说明

需要对场景任务库进行两方面的工作，一是不断完善场景任务库，通过收集各单位演练脚本、结合突发事件处置实际、各类事故资料等进行完善；二是要采取数学方法按照一定的规律、规则、属性，对场景任务进行梳理和归纳，如“水淹配电室”，这是一个具体的演练任务或演练场景，我们在完善清净任务库的时候需要对这条信息进行属性的分配，一般而言，属性会包括突发事件类型、事件处置阶段、信息获取渠道、信息发布对象、预计采取措施等，结合该条信息，其属性应包括：暴雨或台风、应急响应阶段、95598 或其他、营销或抢修人员、汇报或现场处置等。这些属性的作用主要是可以迅速与演练对象和目标相结合，如演练台风，可以以台风为关键词检索到本条信息，结合事件发展阶段；如响应，可以将本条信息归类到台风处置阶段的演练任务，再与参演人员结合，可以将其定向发送给营销部门，由其进行处置，再结合预期行动，对该应对方案进行评估，形成一个闭环。

(1) 初始场景的确定

初始场景是由“电力突发事件”和“承灾载体”共同确定的，在初始场景的确定中应充分分析“电力突发事件”对“承灾载体”的影响关系，特别是在特定电力突发事件的环境下，突发事件可能对不同类型承灾载体造成的损害，以及该损害对安全、稳定电力供应的影响后果。初始场景设计示例如表 5-7 所示。

表 5-7 初始场景设计示例

电力突发事件			承载载体			
事件类型	事件概况	事件影响	电网系统			
强对流天气	2022 年 5 月 28 日 8 时，A 省气象台发布强对流天气橙色预警，预计 5 月 28 ～ 29 日，A 省东南部地区将会陆续出现飑线风、强雷雨天气，预计 B1 市、B2 市降雨量可能达到 100mm	2022 年 5 月 28 日 12 时，A 省电网受飑线风、雷雨和外力破坏等因素影响，500kV BH5401、BM5403 双线故障跳闸，TL5455 线严重过载，×× 电厂需要紧急减负荷 2400MW，B1 市、B2 市被迫大面积拉限电	2022 年 5 月 28 日 13 时，B1 市 500kV×× 变电站 #1、# 2 主变遭雷击引起 #1、# 2 主变跳闸，事故造成 B1 市电网共 8 站 1 厂全停，失去负荷 2200MW，占 B1 市电网总负荷 41%。与此同时，B2 市电网 220kV 潘桥变由于大风刮起的漂浮物引起 220kV 母线短路故障全停；220kV 镇新 2305、镇乐 2306 线由于大吊机碰线同杆双线跳闸，事故共造成 B2 市电网 5 站 1 厂全停，失去负荷 1680MW，占 B2 市电网负荷 42%。本次停电造成 B1 市中心城区大面积停电，停电用户共计 ×× 户；B2 市所辖 ×× 县、×× 县、×× 县、×× 县受本次停电事件影响，停电用户供给 ×× 户	2022 年 5 月 28 日 20 时，500kV BH5401、BM5403 恢复运行，B1 市所辖 ××、×× 等区县已恢复送电。B2 市 220kV 潘桥完成消缺并恢复送电。截至目前，主网跳闸线路恢复 ×× 条，占停运总数的 40%，B1、B2 市停电负荷恢复 ××MW，停电用户数恢复 ×× 户，占停电用户总数的 30%	2022 年 5 月 29 日 8 时，500kVT L5455，220kV ZX2305、ZL2306 线恢复送电，220kV××、××、×× 三座变电站恢复运行。截至目前，主网跳闸线路恢复 ×× 条，占停运总数的 80%，B1、B2 市停电负荷恢复 ××MW，停电用户数恢复 ×× 户，占停电用户总数的 70%	2022 年 5 月 29 日 22 时，阶段性抢修工作完成，主网跳闸线路全部恢复，B1、B2 市超过 90% 的电力用户供电陆续恢复正常

续表

电力突发事件			承载载体			
事件类型	事件概况	事件影响	电网系统			
地震	—	2013年4月20日8时2分，四川省境内发生地震，成都震感强烈，据地震局通报，四川省雅安市芦山县发生7.0级地震，电网具体受灾情况不明	2013年4月20日11时，经初步统计，本次停电事件造成芦山县城中心城区大面积停电，芦山县人民医院、市政府、避难场、××自来水厂、××天然气厂等多个重要用户停电	截至2013年4月20日17时，已恢复用电负荷980MW，220kV雅名二线送电正常，500kV雅安站，220kV全雅一线、福雅线、雅名一二线5条线路成功恢复送电，雅安天全城区电网供电已恢复，芦山县供电正在恢复中	截至2013年4月21日7时，220kV变电站恢复1座，110kV变电站恢复5座，35kV恢复11座；220kV线路恢复送电5条，110kV线路恢复6条，35kV恢复30条，10kV恢复66条。因地震造成停电的18.66万客户中，恢复供电6.35万户，其中重灾区芦山县城县政府、县医院及新城区已恢复供电，天全县恢复近70%停电客户电力供应，宝兴县采用发电机解决了县城抗震抢险指挥部、医院等客户的供电	截至2013年4月21日18时，500kV变电站恢复2座，220kV变电站恢复2座，110kV变电站恢复15座，35kV变电站恢复20座；220kV线路恢复送电12条，110kV线路恢复20条，35kV恢复75条，10kV恢复120条。因地震造成停电的18.66万客户中，恢复供电14.88万户

续表

电力突发事件			承载载体			
事件类型	事件概况	事件影响	电网系统			
雨雪冰冻	2022年12月19日20时20分，中央气象台发布暴雪天气预报信息：受西伯利亚强冷空气影响，预计某地区将会出现持续雨雪冰冻天气，降水量预计达到30~40mm，最低气温降至零下5℃	2022年12月20日8时，××地区普降大雪，局部地区暴雪，××省境内××、××、××等地出现大范围电力设施受损灾情	2022年12月20日9时，××省电力公司应急指挥中心接调控中心汇报，××地区500kV线路跳闸1条，220kV线路跳闸5条，5座220kV××变电站全停，××省停电用户共计500余万户，占××省供电用户总数的20%	2022年12月20日15时，经过××省电力公司奋力抢修，截至目前，合计恢复负荷约××MW，恢复失压负荷比例约20%	2022年12月20日22时，截至目前，合计恢复负荷约××MW，恢复失压负荷比例约50%	2022年12月21日12时，根据气象预报，雨雪过程将于2h后结束。气温将回升至零上5℃
台风						
洪涝						
……						

(2) 任务场景设计

任务场景设计是情景任务库构建的关键，是应急管理对初始场景做出的反应。为了满足演练的需求，丰富情景任务库的内容，按照事件树分析法的原理，针对某种初始情景参演人员所采取的应急措施会产生“成功”或“失败”两种状态，不同状态将作为新的场景任务推送给参演人员进行处置，以此类推。这种方法充分体现了突发事件的变化性，增加了任务场景的深度，提高了应急演练的难度，可以有效减少演练中“演”的成分，增强“练”的效果。任务情景设计示例如表 5-8 所示：

表 5-8　任务场景设计示例

处置部门	任务	一级	
		情景	预期行动
营销部门	医院供电	【××医院】×月×日×时，××医院停电，由于该医院自备电源不足，向××供电公司提出应急保电申请 【××医院】×月×日×时，××医院自备电源无法启动，手术过程中发生停电，要求公司进行保电 ……	及时派出发电车
	机场供电	—	—
	政府办公大楼供电	—	—
	……	—	—
宣传部门	舆情应对	根据省级公司舆情监测中心通报，互联网上开始出现大量关于各种暴雪造成影响和破坏的文字、图片或视频，传言××供电公司发生多起因杆塔倒塔伤人、断线触电伤人事件	—
	新闻发布	—	—
安监部门	人员伤亡应对	一名配电抢修老同志在抢修过程中攀爬浮冰的配电水泥杆时，从 5m 高处摔下，脑部受伤，送医院抢救后处于昏迷状态。该职工家属质疑供电公司在如此恶劣的天气下还安排抢修是草菅人命，该同志在职工中很有威信，因此事造成抢修工作处于停滞状态	—
	信息报告至安监部门	—	—
运检部门	抢修队伍集结	根据电网受损情况，需要调集输电抢修人员 300~500 人，变电抢修人员 150 人、配电抢修人员 300~500 人	—
	输电抢修	220kV 崂马 I、II 线，220kV 马李线，220kV 马午线发生多次跳闸，强送成功，怀疑发生覆冰舞动现象	—

续表

处置部门	任务	一级	
		情景	预期行动
运检部门	变电抢修	—	—
信通部门	通信保障	—	—
办公厅	信息报告至政府应急办	—	—
应急处置领导小组	资源调配	大雪造成道路不通，一大型居民小区停电，近2000户居民无电，同时多部电梯被困，消防救援无法及时赶到。电梯内有老弱病残和危重病人。政府要求不惜一切代价尽早送电，而此时所有抢修人员均派出，已无人员可派，该如何处置	—

5.6.3 应急处置演练

5.6.3.1 业务介绍

应急处置演练在应急演练实施过程中可分阶段、分场景开展，以提升各个阶段、各场景环境下的实战能力。待完成各场景的演练后，可开展综合实战演练，既检验了应急处置工作的各个流程，又可实践综合能力。

5.6.3.2 功能说明

应急处置演练包括通用功能和业务功能。

(1) 通用功能

①地图查看：在地图上查看场景、资源、受灾点。

②场景切换：为参演用户提供观摩其他场景的功能。

③进度查看：查看受灾单位的任务完成情况，统计文本任务和场景任务信息。

(2) 业务功能

①先期处置：先期处置阶段的功能为文本任务的分配、回复。

②响应启动：响应行动阶段包括事件定级、启动应急和成立应急领导小组及办公室。事件定级是指新增事件定级，记录到数据。成立应急领导小组及办公室用来展现小组及办公室成员信息。

③响应行动：响应行动阶段的功能为任务分配、应急值班、启用应急指挥中心、指挥权转移、需求上报、资源调配。任务分配指响应行动可对文本任务及场景任务进行分配、执行、回复。需求上报指受灾单位可对上级单位进行需求上报，场景负责人都可对本单位的指挥人员提出需求上报。资源调配指上级单位根据受灾单位提出的需求单进行资源调配，支援单位进行支援。上级单位可调配的资源为本单位下属单位的资源减去已经支援给受灾单位的资源。

5.6.3.3 应急处置演练工作内容

(1) 演练脚本设计

演练脚本设计是指对每个演练项目中具体的演练脚本的设计。演练脚本包括演练事件流、演练事件消息、演练参与角色、演练角色期望行动等内容。主要实现：项目基本信息的管理、项目事件流的定义、事件消息的定义、事件参与角色的定义、期望行动的定义、项目数据的导入 / 导出等功能。

(2) 演练导调与控制

演练导调与控制是指系统对应急演练的进度进行干预，包括演练事件的切换、临时事件的插入等。演练导调与控制模块主要实现：演练事件流列表获取、演练事件的激活、演练临时事件的插入等功能。

(3) 演练场景推送与显示

演练场景推送与显示是指围绕演练事件的各种影音图像、三维仿真场景及地理信息等。演练场景推送与显示模块主要实现：影音图像的发布与点播、三维仿真场景的发布与访问、地理信息的并发访问与显示。

(4) 演练事件消息驱动

演练事件消息驱动指演练过程中，围绕情景事件输入的各种信息。演练事件消息驱动模块主要实现：事件消息的发送、临时事件消息的编写与插入等。

(5) 演练人员交互

演练人员交互是指在演练过程中，不同用户终端之间借助计算机网络进行的协同动作，交互类型包括：文字实时交互与语音实时交互。演练人员交互模块主要实现：用户一对一文字消息实时发送与接收、用户一对多的文字消息实时发送与接收、用户一对一的语音会话。

(6) 演练提问交互

演练提问交互是指应急演练过程中围绕演练事件，针对具体考核科目所需准备的应急提问信息，包括：提问题干、提问参考答案、提问适用范围、出题人等内容。演练提问交互模块主要实现：提问信息的新建、修改、删除、查询、分类浏览、发送和回答等功能。

(7) 应急资源调度

应急资源调度模型实现应急演练过程中，对应急资源的审批、发放和调配过程的模拟。

5.6.4 演练全过程记录管理

5.6.4.1 业务介绍

记录并查询应急演练启动、任务执行、退出情况，实现个人、团队及分组对抗三种模式的应急演练全过程、多维度录制，实现自动回放、定时定点回放、全局展示和局部扩大回放功能，既对参演人员演练过程有了详细记录，也可以对演练评估进行有效支撑。

5.6.4.2 功能说明

演练全过程记录管理记录演练实际情况，包括人员、场地等信息以及演练日志功能。演练日志是指演练过程中参演学员所有的操作记录、学员提交的提问答案以及学员提交的学员行动计划等内容。演练日志模块主要实现：学员终端操作录屏、学员文字消息交互日志、学员语音会话录音、学员回答提问日志、学员行动提交日志。

5.6.5 应急演练评估

5.6.5.1 业务介绍

演练评估主要将评估指标与教学大纲、教学指标进行匹配和管理，分为学员评估与教学评估两部分。学员评估主要是针对每位参与应急模拟演练的学员在演练过程中的表现情况实时记录存储，应急演练结束后进行评估。评估参考内容包括：期望行动和学员实际行动对比情况、学员交互情况、回答提问情况、消息浏览情况、学员操作记录等；教学评估主要是针对每步教学环节进行记录，和预期的效果进行对比分析，来得出本次应急演练课程的教学评估。

5.6.5.2 功能说明

专家或领导根据记录对应急演练进行评估。演练结束后，系统提供查询演练实际情况，查询被培训人员的培训成绩，查询应急演练全过程，查询专家或领导对应急演练的评估情况。响应结束后，可对演练进行评估，评估分为专家的手动评估和系统的自动评估。专家组根据评估模板进行评估，实现手动评估的维护。系统根据演练的数据进行自动评估，生产评估报告。评估报告包含演练信息、参演单位的演练日志、演练任务。

演练评估模块主要实现：评估参考内容的管理，评估员点评、评分记录，评估结果展示和输出等内容。

5.7 应急资源

我国电力系统都配备一定的应急资源，以应对无法预知的事故。电力应急资源主要包括以下四个方面：

①人员：主要包括应急管理人员、应急基干分队、应急抢修队伍。

②应急通信：主要包括卫星通信车、卫星电话等。

③应急物资：主要包括应急救灾物资、应急抢修工器具、电网抢修材料、电网抢修设备等。

④应急装备：主要包括应急发电车 / 机以及照明设备、应急救援特种装备（如后勤保障类车辆、无人机、飞行器、冲锋舟、橡皮艇、充电方舱等）。

5.7.1 应急物资

(1) 业务介绍

电力应急物资包括电力抢修设备、电力抢修材料、应急抢修工器具和应急救灾物资四大类。按照上级单位确定的应急物资储备定额、技术规范要求，组织开展应急物资储备工作，确保应急救灾物资的技术标准规范统一。

(2) 功能说明

应急物资模块可增加、删除、修改和查询下属各级单位应急物资信息。按应急物资仓库，可查询第一级单位应急物资储备库、区域应急物资储备库、二级单位中心库、三级单位周转库、四级单位仓储店和其他类型应急物资仓库。按照省、地市、县三级单位，可查询物资仓库信息中包括应急仓库名称、仓库级别、所属单位、联系人、联系电话、详细地址以及各应急物资具体信息。

通过数据库查询，在突发事件发生时，可快速获取应急物资名称、所属单位、所属仓库、(额定) 库存数量、物资类型、出厂日期等信息，及时调拨应急物资，有效开展救援和抢修恢复工作。

通过建立应急物资储备管理信息化模块，实现应急物资信息及时、准确的管理，提供强大的统计分析和互动功能，为合理高效调配应急物资提供支持、建立快速反应的联动机制提供技术手段、完善应急物资储备方案提供可靠支持。

5.7.2 应急队伍

(1) 业务介绍

省级电力应急队伍以 220kV 及以上输变电设备，地市级电力应急队伍以 220kV 及以下输变配电设备的安装和检修为主要专业，同时兼顾社会应急救援需要。应急队伍数量根据管理模式和地域分布特点确定。应急队伍人员数量根据其所属单位设备运行维护管理模式、电网规模、区域大小和出现大面积电网设施损毁的概率等因素综合确定。省级电力应急队伍中输、变电专业人员数量原则上按 3∶1 配备。应急队伍的人员构成和装备配置符合主辅专业搭配、内外协调并重、技能和体能兼顾、气候和地理环境适应性强等要求。

随着国家应急体制、机制的改革，专业应急救援队伍在重大灾难和事故处置中的作用越来越凸显。近年来，各电力企业高度重视应急救援基干分队建设，每年组织开展应急队伍培训和应急演练，加强应急装备投入。

基干分队是在突发事件发生后电力行业的一支先遣队伍，要求能够第一时间迅速到达现场，熟练开展人员抢救、灾情分析和研判。基干分队是突发事件处置的一支核心队伍，可以为该单位应急处置提供临时电源供给、后勤和信息通信保障、为应急处置和领导决策提供专业依据。需要履行社会责任，参与社会救援任务，为地震、地质灾害、自然灾害各类综合应急救援提供电源保障。因此，目前的应急基干分队，就是

一支电力行业的专职应急救援队伍。

依据《生产安全事故应急条例》相关规定，国家鼓励和支持生产经营单位建立提供社会化应急救援服务的应急救援队伍。

应急专家队伍主要为应急工作提供决策建议、专业咨询、理论指导和技术支持。主要包括：a. 根据有关工作安排，开展或参与调查研究，收集国内外应急管理资料和信息，对应急工作提出意见和建议。b. 受委托对突发事件进行分析、研判，必要时参加现场应急处置、事后调查评估等工作，提供决策建议、专业咨询。c. 为应急管理工作的开展提供技术支持，参与有关研讨评审、能力评估及监督检查等工作。d. 参与应急管理宣传和培训工作。e. 参与应急预案及应急管理有关规章制度、标准、文件的编制和审议。f. 完成交办的其他应急管理相关工作。

应急专家分为“自然灾害、事故灾难处置应对”“公共卫生与社会安全事件处置应对”两大类。其中，“自然灾害、事故灾难处置应对”类专家又分为三组，分别为电力应急管理与自然灾害、事故灾难处置应对组，水、火发电厂应急管理与自然灾害、事故灾难处置应对组，煤与非煤矿山应急管理与自然灾害、事故灾难处置应对组。应急专家专业领域主要包括以下两类：

①自然灾害、事故灾难处置应对：气象（洪水、台风、雨雪冰冻）、地震、地质、生物灾害和森林火灾等；变电、输电、配电、调度运行、高压试验、继电保护、通信与自动化、低压照明、规划设计、网络信息、环境保护（含核与辐射）等；发电（热机、电气、热工自动化、水工、化学、燃料等）；煤矿（采煤、掘进、机电、运输、通风、防治水）；施工（土建、吊装、设备安装等）；消防、交通（航空、水运、道路等）；应急技能及装备使用（灾害救援、船艇驾驶、自救与互救、拓展训练与野外生存，以及发电、炊事、净水、探测、破拆等装备的使用）。

②公共卫生、社会安全事件处置应对：传染疫情、职业危害、食品安全、医学救援等，新闻、外事、安保、营销（保电）等，法律、人力资源、财务、保险、物资、思政、信访维稳等。

(2) 功能说明

应急队伍模块按各级单位，分为应急基干分队、应急抢修队伍和应急专家队伍。

通过应急基干分队模块，可以快速获取应急队伍名称、所属单位、负责人及联系电话、队伍人数、专业类型、装备配置等信息，还可获知应急队伍驻地地址和经纬度，实现突发情况下应急队伍的快速有效调度指挥；应急抢修队伍模块录入了队伍名称、所属单位、专业、成立时间、队伍数量、队伍职能、驻地地址、负责人及其联系电话等信息，电力突发事件发生后，通过该模块可全面掌握各级、各单位应急抢修队伍动态，快速调配抢修人员进行抢修恢复作业，保障快速恢复供电。应急专家队伍模块录入了电力系统各级单位应急专家信息，包括姓名、性别、学历、健康状况、工作单位、职务、专业特长、联系方式和是否在聘等信息，对完善专家参与应急决策工作机制有重要意义。

5.7.3 应急装备

5.7.3.1 业务介绍

应急装备分为十六大类(应急电源、照明类，应急通信类，运输车辆类，单兵装备类，医疗救护类，应急综合类，后勤保障类，行动营地搭建类，台风、防汛救援类，高空绳索救援类，危化品救援类，地震救援类，电缆隧道救援类，山火救援类)，三十八中类(电源类、卫星通信类、公网通信类、辅助通信类、人员运输类、物资转运类、车辆保障类、个人防护类、携行类、餐饮保障类、宿营保障类、救援保障类、生命救助类、医疗保障类、担架类、机动器械类、手动器械类、仪器仪表类、生活保障类、安全保障类、营帐类、办公保障类、特种车辆类、内涝救援类、水上救援类、救援支架类、绳索类、操作器械类、生命探测仪器、破拆类、顶撑支护类、灭火处置类、氧气供应类、抢修环境搭建类、火情检测类、灭火类、脱困类、变电站防火类)。其中，电网除融冰装置和应急发电车对于电力应急抢修至关重要。

①电网除融冰装置。输电系统的架空线路横跨大江南北，在冬季经过一些气候环境恶劣的地区易导致架空线路覆冰。架空线路覆冰问题在许多寒冷的地区尤为受到重视，当积冰重量超过输电线路或输电塔的机械阈值时，会导致线路断裂、塔体倒塌，致使电力输送中断，对输电系统造成灾难性的破坏，给人民生活带来不便，社会经济将遭受重创。目前电网防冰的方法可分为三类：热力防冰、被动防冰、其他防冰；针对线路覆冰已经形成的情况，融冰方法主要有三种：热力融冰、机械除冰、其他除冰。机械除冰主要有三种，分别为 Adhoc 法、滑轮铲刮法和强力振动法。机械除冰偶然性大，操作危险，线路容易受到覆冰不均匀产生的张力导致导线断裂、杆塔坍塌，故机械除冰逐渐被弃用。其他除冰有高频融冰、激光融冰等，但目前处于理论阶段，尚未进行工程应用，其效果有待考证。

②应急发电车。应急发电车是一个独立的发电装置，用来为重要负荷在紧急情况下提供应急供电。当发生电力中断时，应急发电车可以在一定程度上减小电力中断带来的生命和财产损失，为各种用电设备提供可信的备用电源保障，在抢险救灾、野外军事演习、电力抢修、突发事件提供后勤供电等方面发挥着重要的作用，是城市应急供电系统的重要措施之一。

5.7.3.2 功能说明

通过数据库查询可快速获知各类装备数量、所属单位(总部或各分部)、所属应急基干队伍，为应急装备调配提供可靠数据支撑。

(1) 应急融冰装置模块

应急融冰装置模块录入了本单位的各类应急融冰装置，主要包括主网移动式、主网固定式、农配网等，系统记录了各类装置的名称、类型、型号、数量、编号、所属单位、联系人及联系电话，当雨雪冰冻灾害发生时，通过系统查询快速获知距离最近且可使用的融冰装置，及时消除线路覆冰，避免舞动、跳闸、倒杆断线、大规模停电等事故的发生。利用该模块，上级单位可查看下级单位应急装备信息。

(2) 应急照明装置模块

应急照明装置模块录入了各级单位的各类应急照明装置，包含装置名称、型号、数量、容量、编号、所属单位、联系人及其联系方式等信息，应急照明装置不仅可以用于电力突发事件现场抢修救援中，在大量社会突发事件应急支援中也起到了至关重要的作用。通过本系统可以及时获取应急照明装置相关信息，快速支援应急救援。

(3) 应急发电机和应急发电车模块

应急发电机和应急发电车模块分别录入了各级单位的各类应急发电机和应急发电车，通过系统能够快速获得所有应急发电机名称、型号、数量、编号、发电容量、发电小时数、所属单位、驻地、联系人及其联系电话，确保突发事件处置中的供电保障。

(4) 大型抢修设备

大型抢修设备模块按总部、分部、各省、地市、县级单位划分，录入了所有大型抢修设备相关信息，通过系统可快速获取设备名称、规格、型号、数量、所属单位信息，确保电网抢修恢复供电。

5.8 应急能力评估

5.8.1 业务介绍

电力企业的应急管理能力评估需要明确、清楚的指标内容及要求，因此应急管理指标体系是电力企业应急管理能力评估的基础性、重要性工作。

国外开展应急评级能力评价的研究相对较早，而且大部分都已经构建了较为完善的应急能力评估系统，其中以美国、澳大利亚、日本最具代表性。美国应急能力评估在全世界开展较早，美国也是世界上首个开展政府应急能力评估的国家，其评估存在于四个层面中，首先是对所具有的应急准备能力展开评测，其次是对应急减缓计划所具有的综合能力表现如何展开评测，再次是对其所具有的保障能力如何进行评测，最后是对其整个体系展开评测。其评估重点是：主要存在于四个领域中，首先是13项应急管理职能，其次是也需要重点关注到56个应急基本要素，此后则是具有影响相对较大的209个应急属性，最后则是关联性较大的1014个应急评估指标，这些内容既包括了职能部门也包括了民间全方位应急能力系统。

2000年，美国的联邦应急管理署（FEMA）结合国家战略的实际情况，又对其应急能力评估系统进行了完善修正，由要素、属性和特征构成三级评估指标体系，仅在表达方式、政府层级和细致程度上稍有变化。澳大利亚应急管理署（EMA）负责所有种类的灾害，主要通过援助计划来实现，能够满足绝大多数的重大紧急事件和灾害。电力的应急评估指标主要是区域黑启动程序（LBS），其评价指标包含发电机组安全停机能力、厂用电供电能力、嵌入式机组重启能力、风力发电机组重启能力等10项内容。采用问答的方式进行评估，通过评估可分析黑启动方式的优势和问题。“防灾能力与危机管理应对能力”在国际上拥有着较高的知名度，这是日本对其本国所采用的应急能力在具体评估时所称呼的方式，其包括的范畴是较多的，既包括危险层面以及灾害减轻层面的相关评估工作，也包括后继食品装备各种类型资源的评估等。

全面规范和推动应急能力评估工作，建立覆盖电力应急各个环节的应急能力评估动态管理体系，既是应急能力评估方法发展的客观需要，也是现代企业应急管理发展的必然要求。现代社会中，电力行业的应急能力建设对国民经济和人民生活有着举足轻重的影响，做好应急能力建设工作始终是电力企业的永恒话题。应急能力评估方法经过多年在电力企业的广泛应用和发展，其对应急能力建设的促进作用得到普遍认同：通过开展应急能力评估，电力企业可以掌握企业在预防与应急准备方面的建设情况，了解企业生产环节的重大风险，制订突发事件应对方案，对一个单位或一个系统应急能力建设的现状和水平进行查评诊断。

应急能力评估系统模块能够规范应急能力评估流程，提高应急能力评估效率，发挥应急能力评估作用，提升应急管理水平。

(1) 规范安全性评价流程

通过建立完整、规范的滚动式“自评估、专家评估、整改、复评”的工作流程，使公司应急能力评估工作标准化、系统化、常态化和动态化管理，全面规范应急能力评估管理工作。

(2) 提高应急能力评估效率

系统应急能力评估过程中的自动计分、实时汇总查评数据、自动关联查评依据、自动形成整改计划、实施问题整改跟踪和闭环反馈等功能，降低了评价人员的工作强度，提高了应急能力评估工作效率，使应急能力评估数据更具准确性。

(3) 发挥应急能力评估作用

通过对应急能力评估历史数据的科学统计与分析，对问题进行分类，结合企业的类型、发生问题的区域、次数、设备的类型等多方面的数据，为企业应急管理提供有益的决策支持。

(4) 提高应急管理水平

通过对电力应急能力评估历史数据的数据共享，专家在进行评价工作时可随时查询其他企业的相关历史数据，从而更有针对性地发现企业的应急管理不足，不断提升应急管理水平。

为落实国家相关文件要求，进一步推进企业应急管理体系和应急能力现代化建设，各级单位组织开展应急能力建设自评估工作，提出问题和整改建议，自查自改后由上级单位组织应急领域的专家，根据《发电企业应急能力建设评估规范》(DL/T1919—2018)、《电网企业应急能力建设评估规范》(DL/T1920—2018)、《电力建设企业应急能力建设评估规范》(DL/T1921—2018) 开展应急能力建设专家评估。三项标准分别以发电企业、电网企业、电建企业为评估主体，以“一案三制”为核心，以应急能力的建

设和提升为目标，从预防与应急准备、监测与预警、应急处置与救援、事后恢复与重建等方面，对突发事件综合应对能力进行评估，查找企业应急能力存在的问题和不足，指导企业建设完善应急体系。

以《电网企业应急能力建设评估规范》为例，预防与应急准备主要包括8个二级指标：法规制度、应急规划与实施、应急组织体系、应急预案体系、应急培训与演练、应急队伍、应急指挥中心和应急保障能力；监测与预警主要包括3个二级指标：监测预警能力、事件监测和预警管理；应急处置与救援主要包括6个二级指标：先期处置、应急指挥、现场救援、信息报送、舆情应对和调整与结束；事后恢复与重建主要包括3个二级指标：后期处置、应急处置评估和恢复重建。

应急能力建设专家评估由静态查评和动态查评两部分组成，主要针对应急管理工作的预防与应急准备、监测与预警、应急处置与救援、事后恢复重建四个方面进行查评，以动静结合的方式检验应急管理及救援处置能力的水平。

静态查评主要采用检查资料、现场勘查等方法。检查的资料包括应急管理工作的预防与应急准备、监测与预警、应急处置与救援、事后恢复重建等方面的文件和资料；现场勘查对象应包括应急装备、物资、应急指挥中心等。静态评估标准分1000分，其中一级评估指标中预防与应急准备500分（占50%），监测与预警100分（占10%），应急处置与救援300分（占30%），事后恢复与重建100分（占10%）。

动态查评是通过访谈、考问、考试以及演练等形式，检验各级人员对应急管理知识的掌握程度，通过桌面推演和实战演练检验各级人员应对突发事件的能力。

应急能力建设评估总分1200分。其中，静态查评1000分，动态查评200分。最终得分结果录入专家评估管理模块。动态评估标准分200分，其中访谈10分（占5%），考问40分（占20%），考试50分（占25%），演练100分（占50%）。

专家组根据评估情况撰写评估报告，对企业应急能力给出评估得分，并对总体情况和每个二级指标评估结果进行说明，总结评估过程中发现的亮点和不足，并针对存在的问题提出整改建议和意见，形成应急能力建设评估报告。

5.8.2 功能说明

5.8.2.1 模块架构和操作业务流程概述

应急能力评估模块主要包括自评估管理、专家评估管理、评估报告管理、评估任务管理、评估标准管理和试题库管理六个部分，如图5-10所示，具体流程如图5-11所示。

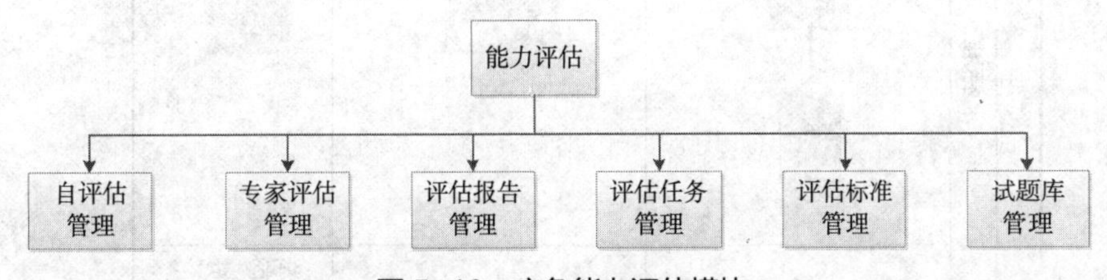

图5-10 应急能力评估模块

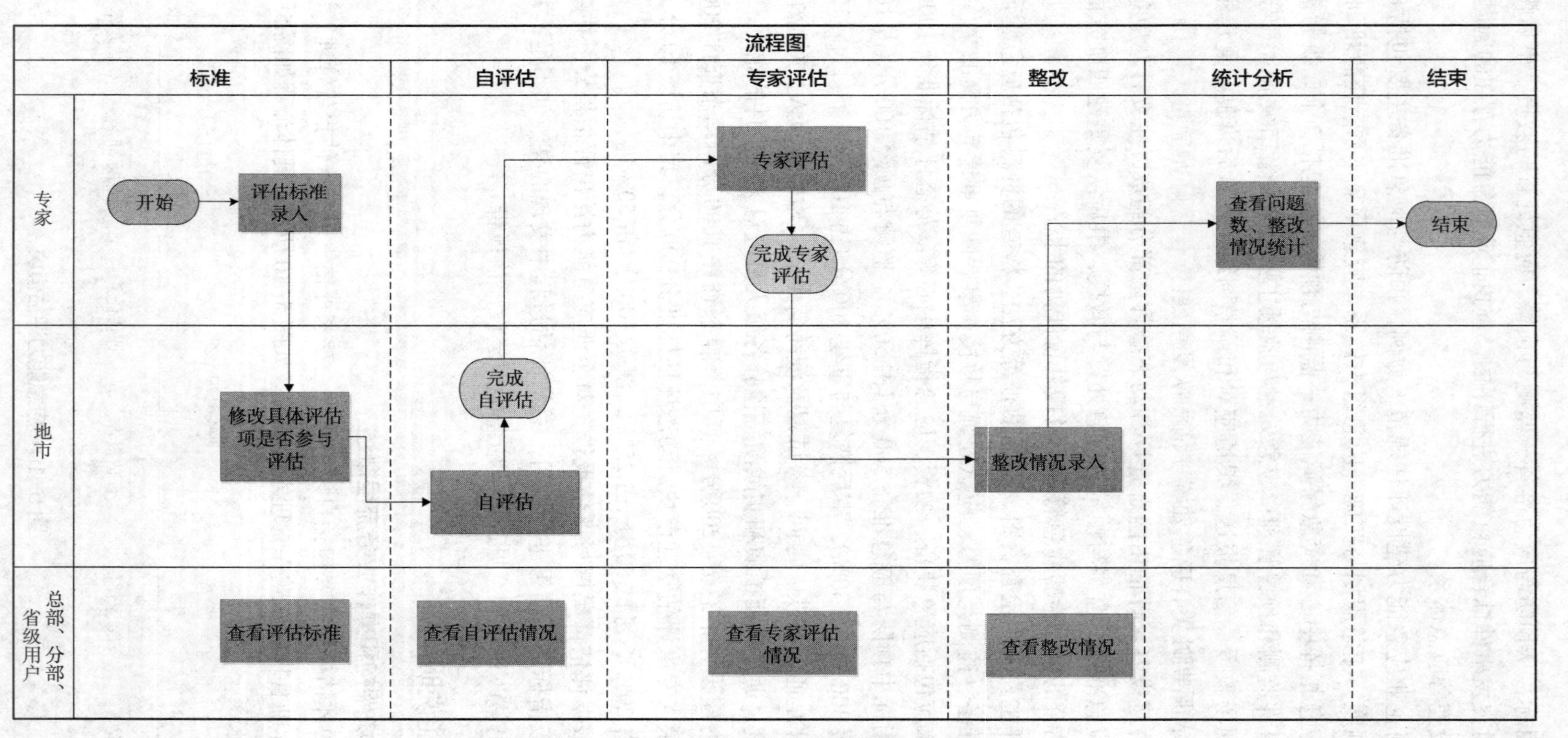

图 5-11 应急能力评估模块操作业务流程

①自评估管理。自评估管理模块对各级单位自评估得分情况进行记录管理。

②评估任务管理。评估任务管理模块记录了各单位应急能力建设评估工作进展情况，通过系统可查询到各单位评估开始时间、结束时间、关联标准、分数等。

③试题库管理。试卷分为管理岗、员工岗两大类，录入试卷名称、试卷分类、试卷答案等相关信息，为专家动态评估的考试环节提供试题库。

5.8.2.2 具体功能介绍

(1) 用户层级和权限

表 5-9 给出系统登录不同用户层级拥有的操作权限。

表 5-9 不同用户层级的操作权限

用户层级	用户权限
总部级单位	总体情况（评估进度、得分情况、问题出现情况、整改情况） 评估详情（自评估情况、专家评估详情、评估报告、专业分析） 整改详情（整改进度、整改情况统计） 统计分析（得分统计、指标统计、问题库） 基础数据维护（评估标准、专家信息、评估专家分配、评估进度管理）
地区级单位	总体情况（评估进度、得分情况、问题出现情况、整改情况） 评估详情（自评估情况、专家评估详情、评估报告、专业分析） 整改详情（整改进度、整改情况统计） 统计分析（得分统计、指标统计、问题库） 基础数据维护（评估标准、专家信息、评估专家分配、评估进度管理）
省级单位	总体情况（评估进度、得分情况、问题出现情况、整改情况） 评估详情（自评估情况、专家评估详情、评估报告、专业分析） 整改详情（整改进度、整改情况统计） 统计分析（得分统计、指标统计、问题库） 基础数据维护（评估标准、专家信息、评估专家分配、评估进度管理）
地市级单位专家	自评估、专家评估详情、评估报告、问题库、专业分析、整改进度、评估标准
地市级单位专责	专家评估、自评估详情、评估报告、问题库、专业分析、评估标准、评估专家分配、评估进度管理

(2) 整体功能

可对所属单位的评估进度、得分情况、问题出现情况、整改情况、评估情况进行统计分析。进入评估进度页面，查看所有所属单位的评估进度；点击详细信息，列表展示所有所属单位的评估进度；进入得分情况页面，查看所有所属单位的得分情况，点击详细信息，列表展示所有所属单位的得分情况；进入问题出现情况页面，查看所有所属单位的问题，点击详细信息，列表展示所有所属单位的问题出现情况，点击重点问题排名按钮，查看所有评估项中问题出现最多的前十名；进入整改情况页面，查看所有所属单位的整改情况，点击详细信息，列表展示所有所属单位的整改情况，点击重点问题排名按钮，查看所有单位中未整改最多的前十名；进入评估情况页面，点击各级单位菜单，可查看该单位下所有所属单位的评估进度，点击所属单位，查看该单位的自评情况、专家评估情况、评估报告、专业分析。

(3) 总部级单位用户操作功能

总部级用户登录系统后，可以参照基础数据维护—评估标准（行标）流程对所属下级单位进行静态和动态标准录入；可选中一条指标，进行修改和删除操作；在动态标准录入模块。

(4) 地市级单位用户操作功能

可决定本级标准是否参评修改。地市级单位用户登录系统后，通过评估标准（行标）模块进入静态 / 动态标准维护界面，在本界面可以修改本条款是否参评。

地市级单位用户可使用系统开展自评估。用户登录系统后，进入静态自评估维护界面，在该界面可查看应急能力自评估管理，对比评估标准，对参与评估的评估项进行评估；也可通过明细查看界面，查看所有评估项明细信息。

本系统有评估报告库和问题库。一方面可以随时上传、查看和下载评估报告，另一方面具有问题库管理功能，随时将评估发现的问题录入综合数据库，用户登录系统后，可以查看和导出问题库信息。

用户可在本系统进行整改进度管理。系统对有问题的评估项进行整改记录，用户可随时修改进度完成情况；同时具有图表分析功能，用户可通过该功能更直观地查看整改进度的总体情况。

(5) 地市级单位专家用户操作功能

专家用户可通过系统中专家评估维护页面，查询专家评估结果；可通过系统对被评单位进行评估打分，也可查看所有评估项信息；系统具有专业分析功能，进入专业分析页面，将自动生成雷达图分析各项得分情况；系统还可为评估项进行专家分配、对评估进度进行管理等。

5.9 系统管理

系统管理包括数据字典管理、组织机构管理、用户管理、权限管理、日志管理、基础代码管理、数据迁移管理等子功能模块。

5.9.1 数据字典管理

5.9.1.1 业务介绍

数据字典管理是指本系统中各类数据描述的集合，有助于开发人员对系统数据进行解析，同时实现数据字典的动态配置。

5.9.1.2 功能说明

数据字典管理模块由系统管理员权限人员采用手动录入方式进行维护，实现对信息系统中下拉菜单的内容项、参数配置等信息的管理。

该模块默认按照创建时间以列表形式分页显示数据字典的名称、编码、排序、字典项。其中字典项以二级弹窗的形式分页显示字典项的字典名称、字典值、排序、说明。

(1) 数据字典

创建数据字典页面需要填写的信息主要有：上级类型、字典名称、字典编码。

查询功能可根据数据字典的名称、编码等查询条件进行模糊查询，查询结果以列表形式显示。

编辑功能可实现对数据字典的字典名称、字典值、排序、说明等信息进行修改操作。

删除功能可实现对一个或多个数据字典数据在数据库中的批量删除，删除后无法恢复。

(2) 数据字典项

创建字典项页面需要填写的信息主要有：字典名称、字典值、排序、说明。

查询功能可根据字典项的名称等查询条件进行模糊查询，查询结果以列表形式显示。

编辑功能可实现对字典项的字典名称、字典值、排序、说明等信息进行修改操作。

删除功能可实现对一个或多个字典项数据在数据库中的批量删除，删除后无法恢复。

5.9.2 组织机构管理

5.9.2.1 业务介绍

组织机构管理是对系统涉及单位信息的管理维护，实现系统单位信息的准确性，以确保系统中依赖或关联数据的正确展示。

基于应急指挥信息系统为二级部署四级应用的部署模式，一级部署系统对集团总部、省级公司、地市级公司、县级公司的组织机构信息进行统一管理，二级部署系统对省级公司、地市级公司、县级公司的组织机构信息进行统一管理，二级部署系统定期向一级部署系统同步更新组织机构数据，以确保一级部署系统中组织机构数据的完整性、准确性。

5.9.2.2 功能说明

组织机构管理是通过树形结构设计对系统涉及的单位、部门、岗位等组织信息进行统一管理，以实现系统中单位组织信息的展示，并为用户、角色等权限控制对象提供数据支撑。

该模块需要梳理集团总部、省级公司、地市级公司、县级公司等单位上下层级关系，并采用典型的树形结构进行数据存储，实现对电力企业各单位的组织机构进行统一维护。该功能按照单位层级以树形结构的形式显示组织机构的名称、组织编码、组织类型、组织等级、状态。

创建组织机构页面需要填写的信息主要有：上级组织、单位名称、编码、组织类型、组织等级、地址、联系人、电话、电子邮箱、状态。

查询功能可根据单位的名称、编码、等级等查询条件进行模糊查询，查询结果以列表形式显示。

编辑功能可实现对单位的上级组织、单位名称、编码、组织类型、组织等级、地址、联系人、电话、电子邮箱、状态等信息进行修改操作。

删除功能可实现对一个或多个组织机构数据在数据库中的批量删除，删除后无法恢复。

数据同步功能可实现二级部署系统向一级部署系统同步最新的组织机构数据信息，实现一级系统组织机构数据的更新。

5.9.3 用户管理

5.9.3.1 业务介绍

用户管理是对系统使用人员创建的账号信息进行管理维护，以确保系统使用人员可以正常登录并使用系统功能。

基于应急指挥信息系统的部署模式为二级部署四级应用，系统需对集团总部、省级公司、地市级公司、县级公司的使用人员建立账号，提供服务于整个信息系统统一的用户管控机制。

用户管理以集成统一权限平台系统为主，同时为了更方便移动端用户注册操作，提供二维码邀请等快速注册的方式，实现系统用户来源的多样化、操作的便捷化。

5.9.3.2 功能说明

用户管理是在相应的组织机构信息下创建用户并进行关联，实现对系统使用人员创建的账号信息进行管理维护。

该模块依赖树形组织机构，点击显示该单位下相应的用户信息，默认按照用户名称以列表的形式显示用户的姓名、账号、用户状态、所属单位、有效期。

创建用户页面需要填写的信息主要有：姓名、账号、手机号码、用户状态、所属单位、电子邮件备注。

查询功能可根据用户的名称、账号、状态等查询条件进行模糊查询，查询结果以列表形式显示。

编辑功能可实现对用户的姓名、账号、手机号码、用户状态、所属单位、电子邮件备注等信息进行修改操作。

删除功能可实现对一个或多个用户数据在数据库中的批量删除，删除后无法恢复。

登录解锁功能可对一个或多个锁定的用户进行解锁操作，以实现用户状态的解锁。

批量修改有效期功能可对一个或多个过期的用户进行更新有效期的操作，以实现用户有效期的更新。

修改密码功能可对一个用户进行密码更新或多个用户进行批量密码更新。

5.9.4 权限管理

5.9.4.1 业务介绍

基于应急指挥信息系统的部署模式为二级部署四级应用，对集团总部、省级公司、地市级公司、县级公司用户的访问权限进行控制，提供服务于整个信息系统的统一的权限控制机制，对系统用户和角色进行统一管理，并能建立用户、角色等权限控制对象和部门、员工、岗位等组织机构对象的关联关系。设计资源访问控制方案，验证用户访问权限，根据系统访问控制策略对受限资源实施访问控制，限制客户不能访问到未授权的数据，如图 5-12 所示。

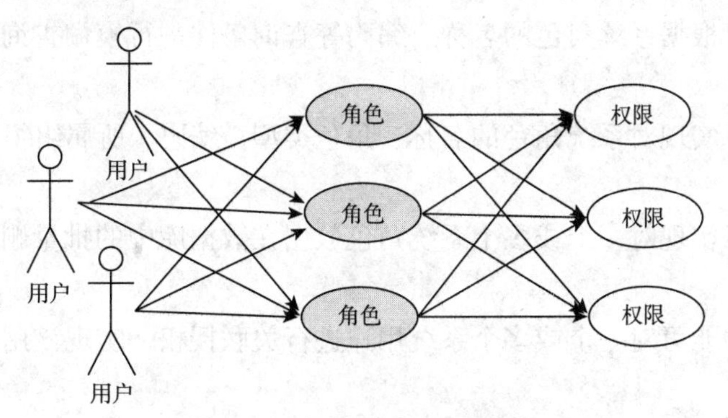

图 5-12 数据权限管理图

(1) 权限时效性管理

由于权限是有时效性的，所以在基于权限的访问控制中，用户对于授予他的权限的使用也是有时效性的。用户通过账号登录系统后，会通过权限时效过滤器查询出账号所拥有的权限，从而显示和使用所拥有的功能。

(2) 工作移交及权限迁移管理

工作移交及权限迁移管理分为分级授权、角色委托和分级管理。

分级授权：包括表单、应用场景、流程等多层次和业务模型、业务对象、对象属性等多粒度的权限分配，控制策略采用覆盖叠加原则，即位于上层的授权直接覆盖下层的授权，或与下层的授权叠加后取交集，形成最终的安全控制策略，以满足精细化、实用化的权限控制需求。

角色委托：用户可以使用 B/S 界面将自身拥有的角色委托给其他用户，以便因某种原因无法处理相关事务时，能由指定人员代理。用户可设置“信任委托”，使被委托人将角色再委托给其他人。针对委托角色可设置时限，到期后由系统自动收回权限，也可由用户自行收回。当用户收回委托的角色时，所有被委托后才拥有指定角色的用户的权限都被收回，被委托用户正在代办的任务也被同时收回。

分级管理：某些用户可作为系统角色管理员，将自身可以管理的角色分派给他人，从而实现系统角色的分级管理。

5.9.4.2 功能说明

权限管理是建立用户、角色、菜单等权限控制对象和部门、员工、岗位等组织机构对象的关联关系，并对系统菜单和角色进行统一控制管理。

(1) 系统角色

系统角色管理是根据业务类型创建不同的系统角色，并赋予不同的操作权限，实现用户操作权限的控制。该模块依赖树形组织机构，点击显示该单位下相应的系统角色信息，默认按照系统角色名称以列表的形式显示系统角色的名称、类型和编码。创建系统角色页面需要填写的信息主要有：名称、角色类型、编码、所属组织。

查询功能可根据系统角色的名称、编码等查询条件进行模糊查询，查询结果以列表形式显示。

编辑功能可实现对系统角色的名称、角色类型、编码、所属组织等信息进行修改操作。

删除功能可实现对一个或多个系统角色数据在数据库中的批量删除，删除后无法恢复。

授权用户功能可对一个或多个系统用户进行关联授权，实现该用户拥有该角色的操作权限。

权限变更功能可对关联的系统菜单进行修改，实现对系统角色关联的系统菜单操作权限的调整。

(2) 系统菜单

系统菜单管理是对系统中可根据权限进行动态授权显示的可视化页面的链接信息进行管理，该模块默认按照菜单名称排序以列表的形式显示系统菜单的名称、业务编码、关联节点、类型、状态。创建系统菜单页面需要填写的信息主要有：名称、业务编码、关联节点、类型、菜单链接、状态。

查询功能可根据系统菜单的名称等查询条件进行模糊查询，查询结果以列表形式显示。

编辑功能可实现对系统菜单的名称、业务编码、关联节点、类型、菜单链接、状态等信息进行修改操作。

删除功能可实现对一个或多个系统菜单数据在数据库中的批量删除，删除后无法恢复。

5.9.5 日志管理

5.9.5.1 业务介绍

系统日志管理主要包括系统运行日志和系统用户操作日志，其中系统运行日志主要是对系统运行过程中产生的提示、错误等信息以文件的形式进行存储，方便系统运维人员进行系统运行状态监测以及异常问题排查；系统用户操作日志主要是对系统中一些重要、敏感、特殊的操作添加用户操作记录，方便系统管理员对系统用户的操作进行监控，同时也方便系统管理员对用户的操作记录进行统计分析。

5.9.5.2 功能说明

用户操作日志管理是对系统中一些重要、敏感、特殊的模块添加用户操作记录进

行管理维护，该模块默认按照记录时间倒序以列表的形式显示用户操作日志的模块名称、操作用户、操作账号、IP 地址、类型、状态。

查询功能可根据用户操作日志的模块名称、操作用户、类型、状态等查询条件进行模糊查询，查询结果以列表形式显示。

5.9.6　应用及运行监控

5.9.6.1　应用监控

应用监控指标主要反映信息系统的使用状况，包括业务量指标和业务质量指标两个部分。业务量指标包括运行故障数、数字预案数、文件条数、记录数等；业务质量指标包括功能范围、使用频度、流程时长、覆盖率、完整率、准确率等。

5.9.6.2　运行监控

针对电力应急指挥信息系统运行与应用情况，系统需满足 11 个运行监控指标，具体监控指标如表 5-10 所示。

表 5-10　运行监控指标

序号	名称	含义
1	注册用户数	当前时刻，信息系统中注册的用户总数（单位：人）
2	在线用户数	当前时刻，在线使用系统的用户人数（单位：人）
3	日登录人数	从零点到当前时刻为止，已经登录过系统的人数（单位：人）。当日同一个人使用相同账号登录多次只作为一人计算，不同的人使用多个账号登录认定为多个人
4	累计访问人次	从系统正式运行到当前时刻，累计访问系统的人次数（单位：人次）
5	页面会话连接数	当前时刻，信息系统对外提供的页面连接会话个数（单位：个）
6	系统服务响应时长	当前时刻，模拟信息系统核心服务，从页面请求服务开始到后台处理完成并响应页面为止，所消耗的时间的总和（单位：ms）
7	系统健康运行时长	信息系统从最近一次可以正常提供业务服务时刻起到当前时刻的差值，任何原因导致业务服务终止后该值清零（单位：s）
8	业务应用系统占用表空间大小	所有业务数据已占用的表空间大小的总和（单位：MB）
9	数据库平均响应时长	5min 内的系统数据库访问时间的平均值（单位：ms）
10	日登录人员名单	从零点到当前时刻为止，已经登录过系统的人员名单
11	在线人员名单	当前时刻信息系统处于在线状态的人员名单，包含下列内容：用户统一标识、公司名称、子公司名称、部门名称、用户姓名等

6 监测预警功能模块

电网灾害预警管理过程可以理解为一种随灾害态势演化特征而采取有效应对的连续决策过程。近些年来，智能感知技术发展迅速，取得了长远的进步，为电网灾害预警提供了多种方式和手段。电力设备智能感知技术需考虑状态、环境、任务、安全规范等因素协同完成作业任务，这就涉及协同技术研究。通过电网设备智能感知技术可获得设备实时数据，而可视化技术可为应急指挥人员提供辅助。

近年来，电力应急数据可视化技术有了长足的发展。电力系统是一个非常庞大、非常复杂的网络系统，随着计算机的信息存储能力迅速提高，电网数据信息量成倍增加，面对如此海量数据，可视化预处理阶段的数据分类和整理就显得尤为迫切和重要。加之人们对电力应急数据直观展示的要求越来越高，可视化技术的优势随之凸显出来。可视化是各种学科融汇交织产生的一个新的研究方向，是当前研究的热点，它以一种可视、可交互的界面得到了用户青睐。在对数据形象、直观地处理方面，可视化技术有着高效的数据分析和数据处理功能，人们可以方便、有效地从大量突发事件现场信息、电网受损及恢复情况信息、电网基础信息、气象信息等多源信息中获取所需信息，挖掘数据背后隐藏的规律与联系，有着高效的数据处理和数据解释功能。可视化技术在数据挖掘中有着重要的实用价值和研究意义，它结合了人机交互方式，利用计算机的图像处理能力，变抽象为具象，将抽象、复杂的信息转换为简洁、清晰的图形或图像，使人们可以更加直观地感受数据所要表达的含义，发现数据背后隐藏的关联及模式，是一种直观、简便、形象的分析方法。通过一张简洁的图我们可以得到大量信息，这相当于大量数据的描述，所以对于处理和理解海量数据来说，可视化是最合适的方法了。一般来说，数据可视化是将数据信息从数据形式映射到视觉形式：将数据过滤，去掉冗余数据，做数据预处理操作，然后将预处理后的数据映射为可直观感受的界面形式，绘制成图形、图像形式，将数据信息转换为可以被计算机理解的数据类型，即映射的操作，实现人机交互可视化效果图显示的目标，根据人们的不同需求，可以通过人机界面做各种操作，如数据的交换、映射以及图形的变换等。这个过程涉及数据的过滤、处理、绘制和展示，将数据信息进行绘制、转换，在视图中映射数据，数据信息最终以视图形式进行可视化展示，通过用户的视觉系统，呈现给人们。将数据信息进行可视化展示的流程图如图 6-1 所示。

图 6-1 可视化展示流程图

可视化在电力应急数据分析中同样具有重要的研究价值，通过可视化分析，为应急处置、辅助应急指挥提供重要的参考。随着物联网的普及和发展，以及全球能源互联网建设的不断深入，电力应急数据的特征也变得越来越明显，给电力应急数据的可视化研究提出了更高的要求。首先，作为电力应急数据的重要组成部分的调度、运检、营销、物资等电网基础数据每天海量产生，并且数据的增长速度变得越来越快，毋庸置疑，要将这些海量的数据进行可视化场景展示，是一项十分困难且具有很大挑战性的工作。其次，电网基础数据以格式化数据为主，但突发事件现场多源信息更多的以视频、图片、语音等半结构化或非结构化的形式展现，这就使电力应急数据半结构化、结构化、非结构化数据并存的现象越来越明显，给数据的可视化增加了难度。再次，在应急指挥过程中，对突发事件现场信息搜集的时效性要求很高，电网调度等信息甚至需要达到秒级的实时性要求。最后，可视化分析研究需要更加深入，同时针对电力应急数据的可视化分析展示及应用研究需要投入更多研究力量。

6.1 电力运行故障监测

6.1.1 变电设备故障监测

6.1.1.1 业务介绍

基于在线监测系统对输变电设备进行状态监测和故障诊断，可以有效提升故障诊断检修的效率，并使故障处理提前化，最大限度地为电力系统的可靠运行提供保障。一般地，变电设备故障具有以下七种常见类型：运行温升引起的电气故障、电动力引起的电气故障、电接触引起的电气故障、湿度引起的电气故障、电压偏移引起的电气故障、负载不对称引起的电气故障和电弧引起的电气故障。

6.1.1.2 功能说明

系统具备变电设备故障信息统计展示的功能，可展示每日变电故障次数折线图、每日变电故障次数直方图。图中任意一节点包含了故障原因、故障设备、故障记录人、故障责任人、故障发生时间、故障结束时间、故障类型与运行单位、供电电压等信息。

6.1.2 输电设备故障监测

6.1.2.1 业务介绍

作为电力系统的重要组成部分，输电设备是一种将电力用户与供电系统连接在一起的电力传输设施，其运行安全与否直接决定着电力系统的运行质量。但是由于输电设备长期暴露在野外，在其运行过程中存在诸如鸟害、雷击、覆冰等安全隐患，这些都影响了输电设备的运行效率（图 6-2）。

图 6-2　输电线路安全隐患

6.1.2.2　功能说明

系统具备输电故障信息统计展示的功能，可展示每日输电故障次数折线图、每日输电故障次数直方图。图中任意一节点包含了故障原因、记录人、责任人、故障发生时间、故障结束时间、故障类型与运行单位、供电电压等信息。

另外，系统还包含了微风震动预警、线路覆冰预警、图像预警、导线舞动预警、导线弧垂预警、导线温度预警、绝缘子污秽预警、杆塔倾斜预警、微气象预警、线路风偏预警等信息。

6.1.3　配电设备故障监测

6.1.3.1　业务介绍

一直以来，配电设备的关键状态监测以及评价技术都是行业内被重点关注的问题。配电设备是电力系统中最重要的组成部分之一，包括高压配电柜、低压开关柜、线路、断路器、配电盘等关键设备。一般地，配电设备常见故障有以下四方面：环境因素引起的故障、外力破坏造成的故障、自身设备造成的故障、用户设备造成的故障。

6.1.3.2　功能说明

系统具有配电故障信息及用户数量进行统计展示的功能。可展示每日配电故障次数折线图、每日配电故障次数直方图。图中任意一节点包含了故障原因、记录人、责任人、故障发生时间、故障结束时间、故障类型与运行单位、供电电压等信息。

6.1.4　信息通信设备故障监测

6.1.4.1　业务介绍

电力通信设备故障监测是通过收集各种监控设备中的信息来识别故障发生的地理位置和类型等有效信息的过程。电力通信设备故障监测技术具有重要的实际意义，一般地，电力系统信息通信常见故障有以下五方面：集成度高且易被干扰、信息传输受阻、机构繁杂，扩建不均衡、电源故障。

6.1.4.2 功能说明

系统具备信息通信设备故障监测的功能，可展示每日信息通信故障次数折线图、每日信息通信故障次数直方图。图中任意一节点包含了故障原因、记录人、责任人、故障发生时间、故障结束时间、故障类型与运行单位、通信设备类型等信息。

6.1.5 用户侧故障监测

6.1.5.1 业务介绍

通常情况下，当电网故障发生时，客服中心会最先接到客户的电话，并且在故障最初发生的几分钟内话务量会集中增多。由于同一变压器引起的不同地址用户的报修突增缺乏有效分析工具，客服专员只能大量下发故障工单，重复派发的工单会给中心业务受理效率和基层供电单位的工单转派与抢修处理带来较大的压力。若将设备故障、客户投诉等信息综合考虑、综合处理，则能够有效、准确地监测用户侧故障。

6.1.5.2 功能说明

系统可展示对不同类型舆情监测结果，具体功能如表 6-1 所示。

表 6-1 舆情监测系统功能

序号	功能项	描述
1	初始化	根据当前登录人所在部门，加载舆情信息
2	舆情信息搜集	提供根据配置网站和关键字等信息对舆情信息进行搜集的功能
3	舆情信息展示	提供根据搜索类型和关键字等信息对舆情信息进行展示的功能
4	舆情信息查询	提供按舆情信息标题、发布日期、关键字、来源（网站）等查询条件及其组合条件查询舆情信息的功能，相关条件支持模糊查询
5	舆情信息查看	提供对舆情信息标题的点击查看功能

6.1.6 电力突发事件监测

6.1.6.1 业务介绍

电力运行突发事件是指突然发生的，造成或者可能造成电力系统故障，使得系统不能稳定运行和正常供电，需要采取相关措施予以应对的紧急事件。电力突发公共事件的发生会对电力系统造成巨大影响并且严重影响社会生活的有序进行。电力系统作为暴露于环境中的公共设施，其比较容易受社会环境和自然环境的双重影响，并且一旦电力系统出现问题同样会对其周边的社会环境和自然环境造成危害。

6.1.6.2 功能说明

系统具备电力突发事件监测的功能，可展示电力突发事件种类、发生地点、发生原因、处置情况、影响范围、处置人、责任人、责任单位、预警与响应信息等。

6.2 公共信息监测

系统可将常规气象信息、台风、雨雪冰冻、洪涝、山火、地震、地质灾害、专业卫星、灾害预警、交通路况、社会突发事件、重要活动事件、电力舆情、电视台（央视、地方电视）等接入，完成分析与判断。

6.2.1 常规气象监测

6.2.1.1 业务介绍

气象预报信息接入包括风速、风向、雨量、气温、气压、湿度等，日常气象信息来源于国家气象局或专业气象网站。应急指挥信息系统整合、分析和梳理各类气象资源信息，通过系统的图形化展示模块，实现各类气象资源信息基于GIS平台进行直观展示。

6.2.1.2 功能说明

在系统中，可点击地图上的各级行政区域来查看该地区的即时具体气象信息和预报的气象数据信息；各地区的历史气象信息数据会存储到数据库中，用户可以随时通过页面上的查询功能进行历史气象信息查询；此外，系统提供不同维度的气象数据比对功能，用户可查看某地区全年的气象信息、某一气象灾害在不同地区的发生频率等。

6.2.2 台风监测

6.2.2.1 台风路径

(1) 业务介绍

台风形成后，一般会移出源地并经过发展、减弱和消亡的演变过程，台风由外围区、最大风速区和台风眼三部分组成。外围区的风速从外向内增加，有螺旋状云带和阵性降水；最强烈的降水产生在最大风速区，它与台风眼之间有环形云墙；台风眼位于台风中心区，最常见的台风眼呈圆形或椭圆形状。实时展示台风路径，能够及时为灾害应对与防御提供指导和辅助。

(2) 功能说明

展示当前活跃台风，并播放活跃台风路径，展示台风节点实时信息，包括风力、风向、移动速度、风圈半径等信息，绘制台风的10级风圈包络线。系统中可点击台风路径节点，绘制当前节点风圈，风圈级别显示控制可在台风面板风圈栏勾选控制。点击风圈可查询风圈范围内的电网设备及重要用户。

6.2.2.2 实时气象

(1) 业务介绍

实时气象包括天气情况及气象信息，系统实时整合、分析和梳理各类实时气象信

息，实时气象信息的展示能够缩短从气象观测到灾害防御与应对部署之间的时间，有利于降低灾害损失。

(2) 功能说明

系统实现了对各地市实时气象信息的展示和管理，包括新建、删除、编辑、Excel导出、查询、查看详情等功能，可展示完整、及时、稳定、准确的气象数据，包括地面气象站观测资料、高空气象观测资料、卫星观测资料、气象辐射相关资料、雷达资料及数值预报等。

6.2.2.3 天气预报

(1) 业务介绍

天气预报信息接入包括风速、风向、雨量、气温、气压、湿度等，应急指挥信息系统整合、分析和梳理各类气象资源信息，通过系统的图形化展示模块，实现各类气象资源信息基于GIS平台进行直观展示。

(2) 功能说明

系统中可点击地图上的各级行政区域来查看该地区的即时具体气象信息和预报的气象数据信息；各地区的历史气象信息数据会存储到数据库中，可以随时通过页面上的查询功能进行历史气象信息查询；此外，系统提供不同维度的气象数据比对功能，可查看某地区全年的气象信息、某一气象灾害在不同地区的发生频率等。

6.2.2.4 卫星云图

(1) 业务介绍

卫星云图一般可分为红外线卫星云图、可见光卫星云图以及色调强化卫星云图。一般地，从卫星云图上可以看出不同天气系统云场分布的范围，识别各种云状的特点。卫星云图可为暴雨和强对流天气预报提供辅助。

(2) 功能说明

系统实现了对卫星云图的播放管理，包括播放、停止、暂停、设置刷新时间、查询等功能，接入了由气象卫星自上而下观测到的地球上的云层覆盖和地表面特征的图像。接收的云图主要有红外云图、可见光云图及水汽图等。

6.2.2.5 雷达图

(1) 业务介绍

气象雷达通过方向性很强的天线向空间发射脉冲无线电波，它在传播过程中和大气发生各种相互作用。气象雷达回波不仅可以确定探测目标的空间位置、形状、尺度、移动和发展变化等宏观特性，还可以根据回波信号的振幅、相位、频率和偏振度等确定目标物的各种物理特性。此外，还可利用对流层大气温度和湿度随高度的变化而引起的折射率随高度变化的规律，由探测得到的对流层中温度和湿度的铅直分布求出折射率的铅直梯度，并通过分析无线电波传播的条件，预报雷达的探测距离，也可根据雷达探测距离的异常现象（如超折射现象）推断大气温度和湿度的层结。

(2) 功能说明

系统实现了对24小时内雷达图的播放管理，包括播放、停止、暂停、设置刷新时间、查询等功能，可以随时通过页面上的查询功能进行雷达图信息查询。

6.2.2.6 历史台风

(1) 业务介绍

系统集成了历史台风信息，可实时查询某一区域历史台风编号、台风路径及持续时间等，对于应急指挥人员有重要的指导与辅助意义。

(2) 功能说明

系统中可在GIS地图上连接各点，展示台风完整路径，当用户点击各台风路径点时可对风圈范围影响设备进行查询。同时，点击各台风路径点可展示当前时间点的台风预报路径。另外，在地图页面底部提供历史台风查询组件，输入台风编号、名称均可模糊查询，在地图上绘制选中历史台风的路径。

6.2.2.7 历史台风匹配

(1) 业务介绍

系统可实时查询与匹配当前台风强度、路径相似的历史台风信息，包括台风路径、影响范围、灾损情况等，对于应急辅助决策提供重要支撑。

(2) 功能说明

系统默认根据最近的活跃台风查询出和该台风相类似的历史台风，并对台风信息、受损信息、抢修投入资源和调配信息进行查看；当用户选择台风时，查询出当前台风相类似的历史台风。

6.2.2.8 供电范围分析

(1) 业务介绍

系统可展示某一电源点供电范围，包括变电站、重要用户自备电源等供电范围。

(2) 功能说明

可在地图上框选区域范围查询范围内的电网设备，查询结果在左侧数据面板展示，点击查询结果可对设备进行供电范围分析。点击分析结果数据，放大地图到可显示该设备等级，并弹出设备基本信息悬浮框。同时根据需要可分类统计供电末端至查询设备间所有设备的信息。

在系统中维护各重要用户供电变电站电源情况，在进行供电范围分析时能够按照重要用户电源情况将供电范围内的重要用户进行综合统计。

6.2.2.9 电源追溯分析

(1) 业务介绍

根据电力设备信息可追溯到其电源的位置与供电路径，可以快速对电网中各种重要负荷的供电通道进行梳理并形成保电通道和设备集，为重要负荷保电保障提供有力支撑，还可以帮助调度人员更为全面、迅速地掌握电网结构，为电网安全稳定运行提供保障。

(2) 功能说明

在地图上拖动绘制分析范围，查询该范围内电力设备，左侧面板显示查询结果，单击列表内的设备，对该设备进行电源追溯分析。点击分析结果列表中设备，可对设备进行定位。

系统可根据当前电网拓扑结构计算出该设备的电源端设备，突出显示供电路径。同时根据需要分类统计电源端至查询设备间的所有设备信息。

6.2.2.10 预警信息

(1) 业务介绍

气象部门会根据台风路径划定台风24小时警戒线和48小时警戒线，其意为台风会在24（48）小时内登陆。进入24小时警戒线以后，气象部门会每个小时对台风进行监测，密切注视台风动向，并随时通报台风的实际情况。

(2) 功能说明

台风越过24/48小时警戒线时，系统自动发送短信通知有关人员；台风即将登陆时，及时发布台风预警信息，提前做好防范准备。读取当前实时台风发布的预警信息，并根据发布经纬度定位，以短信图标展示位置信息，鼠标经过短信图标时弹出详细信息悬浮框，悬浮框内容为预警的具体信息。

6.2.3 灾害预警监测

(1) 业务介绍

灾害预警信息接入主要包括洪涝、风灾、冰灾、雷电、污闪等气象灾害、森林火灾、地震地质灾害三类。

洪涝灾害是一种由于持续性强降水、冰雪融化、风暴潮等灾害天气引起的河流泛滥、山洪和积水等自然灾害。在洪涝灾害下，电力设备容易发生倒塌、断线等永久性故障，导致部分线路传输功率超越限额，严重威胁电网的安全稳定运行。风灾（强风、台风等）也是一种严重影响电力系统安全稳定运行的气象灾害。严重的风灾会直接导致输电线路发生杆塔倾倒和断线，其中以台风灾害最为显著，台风会引发电网发生大规模的群发性跳闸，并且多是永久性故障。台风往往伴随暴雨，阻碍电网的抢修和故障恢复。电力系统冰灾主要指在雨雪天气下使电力设备覆冰、裹雪，进而损毁电力设备，导致电网大面积停电的现象。覆冰是最容易引起输电线路发生群发性跳闸和永久性故障的灾害类型，输电线路或电力设备的覆冰会增大杆塔的载荷，当其超过设备自身的设计限额时，就会导致输电线路舞动、冰闪、金具损坏甚至输电线路倒塔、断线等恶性事故。雷电属于一种雷声和闪电相伴产生的局部强对流天气，经常和大风、暴雨和冰雹等同期发生。雷电活动通常会引发输电线路闪络跳闸，雷电强度越高，就越容易导致电网雷击事故，其中包括瞬时性故障和永久性故障。森林草原火灾容易在干旱或者干燥的天气发生，覆盖范围往往很大，引发的电网事故主要以群发性跳闸和永久性故障为主，严重的山火事故会使电网损失大量的负荷，致使厂站全停甚至系统解

列。近几十年来，全世界范围内地震灾害频发，其中具有破坏性的大地震虽然只占小部分，但其危害性极大。历次大地震的震害表明，电力系统在地震中一旦遭受破坏，不仅造成巨大的直接或间接经济损失，影响人民群众的正常生活和社会生产，还给震后的抗震救灾和应急救援带来极大困难。滑坡灾害在我国大陆地区具有整体分布广泛、区域高度集中的特点，在中部和中西部等地区滑坡活动尤其强烈。这些地区山区丘陵众多，地形地貌复杂，输电线路多于野外分布，点多、线长、面广，易受滑坡等自然灾害侵袭，其安全可靠运行受到严重威胁，如图 6-3 所示。

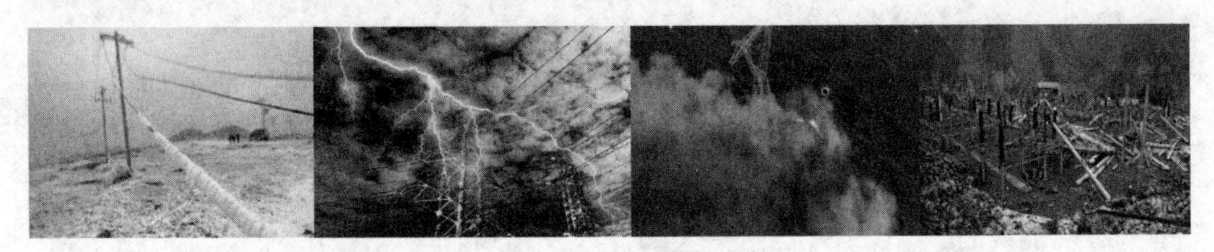

图 6-3　灾害造成电力设备损毁

(2) 功能说明

灾害信息来源于相关灾害检测机构或专业的灾害信息网站。应急指挥信息系统整合、分析和梳理各类灾害信息，结合灾情数据统计功能，通过系统的图形化展示模块，实现各类灾害灾情信息基于 GIS 平台进行直观展示。用户在应急指挥信息系统中，可点击地图上的各级行政区域即时查看该地区的具体灾害信息和灾害预报信息；同时各地区的历史灾害信息和灾情数据会存储到数据库中，用户可以随时通过页面上的查询功能进行历史灾害和灾情查询；此外系统提供不同维度的灾害灾情数据比对功能，用户可查看某地区全年的灾害灾情信息、某一灾害在不同地区的发生频率等。

6.3　灾情预测分析

通过对灾害预警功能的延伸和扩展可实现灾害对电网影响的预判能力。综合预测分析主要对事态发展和后果进行模拟分析，预测可能发生的对电网造成的影响，确定事件可能的影响范围、影响方式、持续时间和危害程度等，根据预警级别系统给出告警信息，并通过短信平台自动发送到相关人员的手机。

根据具体突发事件的基本情况和可能涉及的因素，如发生时间、地点，电网影响情况、涉及的供电范围，以及专业灾害预测信息，结合相应的电网资源与运行信息、应急资源信息等，得出预测分析的结论，即突发事件对区域内的输电线路、变电站、杆塔等电网设施以及相关重要用户等影响目标造成损失的严重性或严重程度。通过接入电网资源信息数据，对这些影响目标的详细属性信息进行汇总、浏览、查看，并可在 GIS 地图标绘输电线路、变电站、杆塔、重要用户受影响目标的经纬度坐标、地理

位置、周围环境等信息，有助于指挥人员做出应急决策。

通过各省接入所在省气象局的气象预报、灾害（台风、雷电、强降雨、泥石流、冰灾等）信息，集团总部接入国家气象局的数据，在地图上图形化地展示地区气象情况。利用气象基础数据，通过专业建模分析，对暴雨、雷电、冰雹、大雾、雷雨大风及其诱发的地质灾害，汇总出灾害天气下的电力设备，并对可能会受灾害天气影响的电力设备进行GIS定位。逐步实现定时、定点、定量化的短时临近预报和快速的预警发布服务，并根据电网实际情况提出线路覆冰预警、火险预警、雷电预警、高温预警等预警信息。对于台风，接入气象台的台风实时、预报信息，实现对台风的预报路径绘制、预报路径下的电力设备预警，以及十二级风圈下的220kV以上电力设备进行自动预警。

通过整合地理基础信息、电网基础信息、台风信息、气象信息、地质灾害信息、雷电实时监测信息、小水电监测系统等信息，应急指挥信息系统科通过预想事故模型，计算生成预想事故集，并对预想事故集进行排序，这个预想事故集反映了正在发生或可能将要发生的灾害对电网可能产生的故障。

通过等值线算法计算网格，生成预警等级色斑图，在GIS地图上展示气象灾害、滑坡泥石流危险区、震中空间位置、震断裂带等信息的色斑图。对影响范围（如影响线路等）分析站点周边环境和影响线路内的防护目标、重点保障单位、应急资源等信息，将GIS地图以色块方式直观展示，辅助实现事件的早期研判和预警，并给出风险级别。根据当前处置的突发事件的综合预测结果，结合数据库和地理信息系统进行分析，得出突发事件可能影响到的区域内的变电站、输电线路、杆塔等电网设施，以及输电线路、变电站等连接的相关重要用户等影响目标。通过接入电网资源信息数据，对这些影响目标的详细属性信息进行汇总、浏览、查看，并可在地理信息系统中做标绘，从而直观准确定位和查看输电线路、变电站、杆塔、重要用户等影响目标的经纬度坐标、地理位置、周围环境等信息，便于辅助决策指挥。

实时气象灾害可根据等级标记在地图上用气象台标准的灾害预警图标与颜色标注出气象灾害的类型与等级，并在图标旁加上灾害说明与等级信息。预警信号总体上分为四级（Ⅳ、Ⅲ、Ⅱ、Ⅰ级），按照灾害的严重性和紧急程度，颜色依次为蓝色、黄色、橙色和红色，同时以中英文标识，分别代表一般、较重、严重和特别严重。根据不同的灾种特征、预警能力等，确定不同灾种的预警分级及标准。

线路覆冰预警主要包括监测点覆冰厚度监测、24小时覆冰预警等级预报、48小时覆冰预警等级预报、覆冰线路预警、线路图像监测等。

火灾预警建立各气象因子与森林火灾关系的数学模型，实现功能包括火险预警、线路火险预警、卫星遥感火点、火险等级预警、历史火区图。

雷电预警结合GIS对雷电落雷范围内的电力设备进行空间分析，并对可能会受灾害天气影响的电力设备进行定位。

高温预警根据气象监测的降雨量、温度、湿度等气象信息绘制区域高温等值线与色斑图，对高温区域下的电网设备进行空间分析与预警。

风灾预警主要包括：风区分布图、风灾等级图、大风预报、统计模型预报、预报结果查询、回报结果查询、数值型预报、台风灾害预警、风灾等级预警、台风短信预警等。

系统对灾害发生位置数据解析后，还可将灾害与故障信息以报表形式进行展现。

系统可根据设备运行信息和具体的气温、风速等信息，提出可行的计算方法，自动计算输电线路理论张力并关联显示。

6.4 预警管理

预警管理涉及事件关联、预警分级、预警发布、预警行动、预警级别调整、预警解除等几个阶段，现以电力企业为例，做逐一分析。

6.4.1 事件关联

6.4.1.1 业务介绍

预警信息与前期创建的突发事件信息进行关联，事件的来源是突发事件信息或者来自系统接入的预警信息。若当事件信息来源于预警信息时，应根据该预警信息对突发事件进行关联并补充详细内容。

6.4.1.2 功能说明

事件管理包括事件信息的增加、修改、删除、查询、导出、启动预警、启动响应、事件续报、衍生事件查看、上报、下发等功能。

突发事件页面以3个页签分别显示本单位创建、上级单位下发、下级单位上报的突发事件，每个页签以列表形式显示所有突发事件的名称、发生时间、类型、创建单位、是否启动预警、是否启动响应、下发状态，默认按照发生时间进行排序。根据事件名称可查看事件详情。若已启动预警、启动响应，则可查看预警命令、响应命令详情。

事件管理还可以对已有事件进行续报，续报包括对已有事件的相关信息的续报，以及已有事件衍生事件的首报，能够将它们相互关联。当事件发展到一定程度，需要相关人员进行综合研判是否启动预警或者直接启动响应。

另外，当突发事件来临时，电力企业集团总部或者相关的下属二级单位可根据突发事件的类型、级别等要素，关联相关的报表模板，填报单位，设置填报报表的开始时间和结束时间，填报周期等。根据突发事件的发生、发展过程，在整个信息报送统计过程中，有可能会改变报表模板，或增加模板，或减少模板，或改变模板的内容，此时需要重新将事件与报表模板关联，重新下发并进行任务分发，再经过填报、汇总后上报，此过程按照填报周期循环操作，直至事件结束。电力企业预警报送模版如图6-4所示。

电力XX公司XXXX预警响应行动日报

（第XX期）

20XX年XX月XX日XX时

一、XXX事件（风险）情况

1. 当前情况和发展趋势

目前，XXXX已……，根据XXXX预报，XXXX将会……，影响持续到XX月XX日。

2. 已造成的影响情况

对设备、电网、供电的影响，损失的范围、程度等。

二、采取措施情况

1. 预警响应措施

是否发布预警、预警级别、指挥中心互联、部门值班和现场巡视、安排等情况。

2. 应急准备情况

包括电网运行、抢修准备、客户服务等方面。

三、下一步工作安排

针对XXX事件，电力XX公司将…………

四、工作建议或请求事项

…………………

图6-4 电力企业预警报送模板

6.4.2 预警分级核定

6.4.2.1 业务介绍

预警级别核定主要是根据突发事件预测结果和预警分级指标，确定预警发布的级别。预警级别分为I级（特别重大）、II级（重大）、III级（较大）、IV级（一般）四个级别，分别用红、橙、黄、蓝四个颜色表示，在各类突发事件应急预案中，预警级别的判定标准进行了规定。以大面积停电事件为例，大面积停电事件预警分为一级、二级、三级和四级，依次用红色、橙色、黄色和蓝色表示，一级为最高级别。预警级别确定可由应急领导小组研判决定或根据大面积停电事件等级确定，即当可能发生特别重大、重大、较大、一般大面积停电事件时，分别对应一级、二级、三级、四级预警。

在应急处置过程中，应急值班人员根据应急预案中对 预警级别的判定标准、历史案例、省级公司的有关规定等对专业预测预警结果、综合预测结果、影响目标分析结果等进行核定，确定突发事件的预警级别。

6.4.2.2 功能说明

系统可向应急值班人员推送事件概况、预警级别建议信息，应急值班人员通过系统点击确定预警级别，确定后系统向应急指挥部有关专家和领导自动推送，完成预警审批。

6.4.3 预警发布

6.4.3.1 业务介绍

预警定级经应急指挥部有关领导和专家进行审批通过后，可发布预警级别及相关信息和预警措施，组织相关单位启动预警响应。

6.4.3.2 功能说明

应急值班人员完成预警分级核定后，报送应急指挥部有关领导和专家进行审批，经审批同意后，可通过应用系统、短信平台等手段向有关部门、应急队伍等发布突发事件预警信息。

对于各气象灾害的预警发布过程，可通过接入气象局的气象预报、灾害（台风、雷电、强降雨、泥石流、冰灾等）信息，在地图上图形化地展示地区气象情况。并可利用气象基础数据，通过专业建模分析，对暴雨、雷电、冰雹、大雾、雷雨大风及其诱发的地质灾害，汇总出灾害天气下的电力设备并对可能会受灾害天气影响的电力设备进行 GIS 定位。逐步实现定时、定点、定量化的短时临近预报和快速的预警发布服务，并根据电网实际情况，提出线路覆冰预警、火险预警、雷电预警、高温预警等预警信息。对于台风，接入气象台的台风实时、预报信息，实现对台风的预报路径绘制、预报路径下的电力设备预警，以及十二级风圈下的 220 kV 以上电力设备进行自动预警。

预警管理提供预警信息来源管理，可通过预警信息来源直接生成预警通知，生成的预警通知可发布到单位，通过通讯录中的常用联系人手机号码联系到个人。起草后的预警通知，可自动提交至相关人员审核、签发。预警发布部分系统功能描述具体如表 6-2 所示。

表 6-2 预警发布系统功能表

序号	功能项	描述
1	信息来源	可对信息来源进行维护以及生成预警通知
2	新增（信息来源）	新增一条信息来源
3	修改（信息来源）	修改一条信息来源
4	删除（信息来源）	删除一条信息来源
5	生成预警通知	可根据信息来源的数据生成一条预警通知
6	启动应急响应	根据事件启动响应
7	起草	起草预警通知
8	修改（起草）	修改信息
9	发布（起草）	发布预警通知，启动发布功能

续表

序号	功能项	描述
10	发起审核（起草）	预警通知单如果需要审核则将发送给填写的审核人进行审核
11	审核	可对保存后的预警通知信息进行审核，可录入审核意见
12	发布预警（审核）	发布预警通知，启动发布功能
13	审核（审核）	填写审核意见后将预警通知单状态审核通过并上传盖章扫描件
14	发起签发（审核）	填写审核意见后将预警通知单状态审核通过并上传盖章扫描件，然后进入待签发状态
15	签发	可对保存后的预警通知信息进行签发，可录入签发意见
16	发布预警（签发）	发布预警通知，启动发布功能
17	签发（签发）	签发预警通知
18	发布	将预警通知信息发布到单位
19	发布预警（发布）	对所选事件进行发布，可查看并选择核对主送单位、抄送单位、抄报人的通知方式和通知内容
20	上报（发布）	给上级单位上报预警通知
21	预警措施	分为下级上报的预警措施、本单位的预警措施，以及集团总部的预警措施。可以对措施进行 GIS 定位
22	事件状态展示（预警措施）	通过图形及颜色形象展示当前事件的预警级别和响应级别
23	启动应急响应（预警措施）	将事件从预警状态改为响应状态
24	预警级别调整（预警措施）	调整当前事件的预警级别
25	增加措施（预警措施）	增加一个新的在进行的措施
26	修改措施（预警措施）	修改选中措施的基本信息
27	删除措施（预警措施）	删除选中的预警措施
28	预警查询	查询并查看预警通知信息
29	应急事件	事件为已在本系统启动预警或响应地信息；可查询历史信息
30	增加事件	增加一条预警信息
31	修改事件	修改选中的预警信息
32	删除事件	删除选中的预警信息
33	查询事件	通过条件查询预警信息
34	生成预警通知	进入生成预警通知的流程
35	启动应急响应	将信息转为事件并更改为响应状态

6.4.4 预警行动

6.4.4.1 业务介绍

进入预警期后，各部门、各单位开展预警行动，电力应急预警行动措施主要包括以下十二方面：

①及时收集、报告有关信息，开展应急值班，做好突发事件发生、发展情况的监测和事态跟踪工作；加强与政府相关部门的沟通，及时报告事件信息；

②组织相关部门和人员随时对突发事件信息进行分析评估，预测发生突发事件可能性的大小、影响范围和严重程度以及可能发生的突发事件的级别；

③加强对电网运行、重点场所、重点部位、重要设备和重要舆论的监测工作；

④采取必要措施，加强对关系国计民生的重要客户、高危客户及人民群众生活基本用电的供电保障工作；

⑤核查应急物资和设备，做好物资调拨准备；

⑥专项应急办组织有关职能部门根据职责分工协调开展应急队伍、应急物资、应急电源、应急通信、交通运输和后勤保障等处置准备工作；

⑦做好新闻宣传和舆论引导工作；

⑧做好启动应急协调联动机制的准备工作；

⑨应急领导小组成员迅速到位，及时掌握相关事件信息，研究部署处置工作；

⑩应急队伍和相关人员进入待命状态；

⑪专项应急领导机构做好启动应急响应的准备工作；

⑫做好成立现场指挥机构（临时机构）的准备工作。

电力企业及下属单位针对预警信息和影响预测，开展预警响应行动，采取做好事态跟踪、应急值班、应急队伍待命、物资调拨准备、舆论引导、启动应急响应等各方面准备措施。系统具备对事态发展和后果进行模拟分析的功能，预测可能发生的对电网造成的影响，确定事件可能的影响范围、影响方式、持续时间和危害程度等，根据预警级别系统给出告警信息，并通过短信平台自动发送到相关人员的手机，实现预警行动与相关措施的精准推送。

6.4.4.2 功能说明

按预案流程处置预警、任务提醒、内容记录、预警通知生成等。按预案流程处置预警指在事件信息启动预警并选择按预案预警流程处置后，按照预案中的预警处置流程进行处置，主要包括预警发布、预警行动、预警调整、预警结束等关键子节点。预警处置流程以流程图形式展示，流程到达哪个节点会以高亮显示，点击流程图中的节点后可显示该节点相关的部门责任人需要完成的任务，任务按部门以并行状态存在。该节点处置任务结束后可以由相关责任人确认其负责的任务已经完成，也可以有权限操作确认该节点完成的人员统一确认该节点完成，然后激活下一节点。节点及节点任务及相关内容可以增加、删除、修改。处置任务提醒指到达流程相关节点后，系统自

动将该节点所涉及人员的工作内容通过短信、邮件或传真分别发送至相关人员，提醒相关人员及时做好应急处置工作。处置内容记录指在流程的每一节点，可以记录该节点处置的相关内容，记录填报人可以由有该权限的任何人员完成，记录内容分为两种方式，一类为报表形式记录，主要是填报所涉及报表所要求填报的内容，可以与GIS结合进行展示；另一类为该节点处置内容的描述，包括文档、电话录音、视频文件、文字描述、图片（图片来源可以是在GIS上标绘后保存的图片，标绘时可以录入相关文字描述内容）等。处置流程节点及节点内相关处置内容可以增加、修改、删除、查询、导出。预警通知生成指系统根据填报的预警信息按预案格式生成相关预警通知，能够导出、打印，作为附件进行发布。

启动预警时需要填写相应的预警信息，包括突发事件概述、预警类型、预警来源、预警级别、预警区域或影响范围、预警期起始时间、影响估计及应对措施、发布单位和时间、主送单位等信息，并修改预警状态，进入预警处置流程各环节。

系统具有定向发布预警通知功能。自动生成预警措施，并根据突发事件类型和事件范围，差异化推送给相关人员。短信预警平台包括对事态发展和后果进行模拟分析，预测可能发生的对电网造成的影响，确定事件可能的影响范围、影响方式、持续时间和危害程度等功能，并根据预警级别系统给出告警信息，通过短信平台自动发送到相关人员的手机。

各个相关负责资源调度的单位在执行过程中，随时把执行情况通过系统反馈到应急指挥信息系统，指挥部根据现场情况及时进行预案的调整，并对资源调度到位情况进行统计、备案。

6.4.5 预警级别调整

6.4.5.1 业务介绍

根据事态发展变化，经分析研判，由应急领导小组批准后，按照新的预警级别开展应急处置。按照“谁启动、谁结束”的原则，由预警启动通知的发布部门发布预警调整通知。预警调整命令主要包括文件号、签发人、签发时间、主送部门（下级单位）、预警类型、调整说明、有关措施要求、抄报、应急预案等内容。

预警调整不是预警流程的必要阶段，而是根据应急处置的需要对预警级别进行调整。在系统中预警专题页面预警调整功能按钮调出预警调整页面，实现预警级别变更、发布通知、签收统计、上报等功能。

6.4.5.2 功能说明

预警调整页面需要填写的内容主要有：调整后级别、调整说明、附件、是否短信通知。调整后级别从下拉框控件中选择Ⅰ、Ⅱ、Ⅲ、Ⅳ级。可选择与预警调整有关的多个资料（如预警调整命令正式文件、领导批示等）上传至系统。若选择短信通知，则在发布预警调整命令时，系统利用通信录和短信平台，向主送部门（下级单位）有关的应急工作联系人发送短信通知，提醒其预警级别已经进行了调整，尽快按照新级别要求的措施开展应急处置工作。

预警调整命令发布后，各部门用户（下级单位管理员账号）收到待办提醒，处理状态为未签收，可查看预警调整命令的详细信息和相应的工作任务，并填写签收意见。在回复签收意见后，该预警调整命令的签收状态显示为已签收，并根据系统推送的新的工作任务开展应急处置工作。专项应急办（即管理员账号）可查看每个接收部门（下级单位）是否已签收、签收人、签收意见、签收时间。

可将预警调整命令执行上报操作，将预警调整情况向上级单位报告。上级单位在预警页面的下级单位上报页签可看到新消息角标提醒，点击进入后可查看下级单位上报的预警调整的详细信息。

6.4.6 预警解除

6.4.6.1 业务介绍

风险得到有效控制，事故隐患消除后，经分析研判，由应急领导小组批准后，宣布预警结束。按照“谁启动、谁结束”的原则，由预警启动通知的发布部门发布预警结束通知。预警结束命令主要包括文件号、签发人、签发时间、主送部门（下级单位）、预警类型、预警级别、结束说明、后期恢复阶段工作要求、抄报、应急预案等内容。

6.4.6.2 功能说明

在系统中预警专题页面预警结束功能按钮调出预警结束页面，实现预警结束命令的新建、发布、撤回、修改、删除、上报、签收统计等功能。预警结束页面需要填写的内容主要有：预警结束说明、附件、是否短信通知。可选择与预警结束有关的多个资料（如预警结束命令正式文件、领导批示等）上传至系统。若选择短信通知，则在发布预警结束命令时，系统利用通信录和短信平台，向主送部门（下级单位）有关的应急工作联系人发送短信通知，提醒其预警已经结束，可解除采取的应急处置措施。

预警结束命令发布后，突发事件状态变更为预警结束，仍可在预警专题页面进行值班日报填报上报、数据报表填报统计、应急资源调配情况查看、信息报送、信息发布等各项操作。

预警结束命令发布后，各部门用户（下级单位管理员账号）收到待办提醒，处理状态为未签收，可查看预警结束命令的详细信息和相应的工作任务，并填写签收意见。在回复签收意见后，该预警结束命令的签收状态显示为已签收，并根据系统推送的新的工作任务开展后续工作。专项应急办（即管理员账号）可查看每个接收部门（下级单位）是否已签收、签收人、签收意见、签收时间。

可将预警结束命令执行上报操作，将预警结束情况向上级单位报告。上级单位在预警页面的下级单位上报页签可看到新消息角标提醒，可查看下级单位上报的预警结束的详细信息。

7　应急处置功能模块

7.1　应急一张图

GIS 通过对地理数据的集成、存储、检索、操作和分析，生成并输出各种地理信息，从而为电力、土地利用、资源管理、环境监测、交通运输、经济建设、城市规划以及政府各部门行政管理等提供新的知识，为工程设计和规划、管理决策服务。

电网 GIS 平台构建电网结构模型，实现电网资源的结构化管理和图形化展现，为应急管理业务应用提供电网图形和分析服务。GIS 集成至应急系统中，主要应用在查询定位、最短路径分析、应急专题图、范围分析、故障分析、联通、电源追溯、供电半径分析、停电范围分析、隔离分析、线路检查等方面。

以 GIS 为基础，面向应急管理和决策层的地理信息标绘与应急事件在线会商系统，主要用于省级公司、安全生产相关部门在应急过程中，对事件的发展态势和指挥方案进行标绘和与各级有关部门进行在线协同应急会商的工作，提高管理和科技人员对应急事件的判断和处置协调能力。建立此系统的主要目的是提高省级公司和各级有关部门对应急事件的总体把握，科学分析事件发展态势，进行有效的协同指挥和协同处置。基于地理信息和事件信息，进行资源、装备、队伍的有效资源配置。

基于 GIS 的图形化应急指挥主要包括应急事件态势标绘、应急事件态势趋势分析、应急事件态势再现、协同标绘、标绘内容同步、文字 / 语音 / 视频通信、抢险作战指挥专题图、灾损信息的综合展示、辅助指挥方案展示、典型灾害展示等功能模块。

7.1.1　现场重要信息汇集

7.1.1.1　业务介绍

应用智能移动终端、灾情勘查无人机、智能感知终端、统一视频、人工报送等方式，将现场照片、音视频等重要信息传输至应急指挥信息系统进行展现。无人机自动检测主要从远距离对电力设施设备的损毁情况进行快速侦察，对于特高压杆塔损毁、变电站整体淹没等严重场景在无人机端进行快速的识别。

7.1.1.2　功能说明

以变电站为例，系统中现场信息汇集如下所示。

①变电站列表：选择变电站视频菜单，查询出变电站列表，编辑操作按钮可编辑该变电站对应的统一视频平台编码。

②摄像头定位：选择列表中变电站名称的链接，根据摄像头定位将变电站定位到地图中显示。

③视频播放：双击摄像头图标，弹出视频页面。

7.1.2 应急事件态势标绘

7.1.2.1 业务介绍

应急处置时，需要在 GIS 地图上表示应急突发事件态势信息，简洁直观地采用应急标识反映事件态势。电网态势标绘是对电网应急救援现场随时间变化的应急态势进行动态标注分析，在地理信息系统的基础上，结合应急管理理论，利用空间分析的相关技术，使用图形符号标绘应急指挥部署和应急处置方案，救护、抢险行进路线和救援经过等，形成专业的态势图。

7.1.2.2 功能说明

系统中应急事件态势标绘涉及的对象要素包括基础地理数据、电力相关的设备设施数据、救灾队伍、救灾物资等，非常多，且大部分是动态变化的。电网应急事件态势标绘图主要是由应急底图与应急趋势图组成，其中应急底图即为常规 GIS 系统中的基础地理信息数据，包含大地测量控制数据、正射影像数据、高程数据等，相关的显示与表达可以参照通用的基础地理信息表示方法。

系统中应急态势图中的应急态势元素主要包括三大类（图 7–1）：

一是应急事件没发生时所做的预防措施，如储备物资、相关人员等；

二是应急事件发生时所采取的应急措施，如物资调度、救援人员、救援路线、交通情况等；

三是应急事件本身的属性，如发生地点、影响范围、持续时间等。

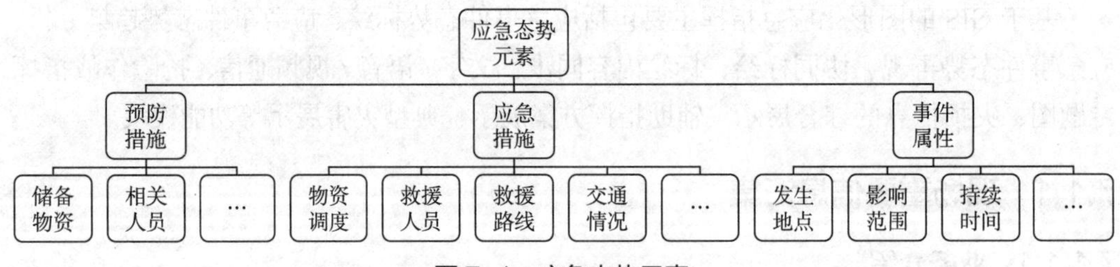

图 7–1　应急态势元素

7.1.3 应急事件态势趋势分析

7.1.3.1 业务介绍

当电力突发事件发生后，面对混乱的救灾现场，快速、合理、有效的救援部署尤为重要，需通过电网应急事件态势趋势分析得到科学高效合理的应急决策。

7.1.3.2 功能说明

系统可针对灾情发展、应急救援、电网应急事件态势趋势开展分析，使应急决策整体上趋于最优化，并自动展示可供参考的电网应急事件态势趋势分析数据，有效地支持整个应急救灾行动。对应的态势标绘图包括了突发事件处置过程中的关键时间点的状态，以及针对此类事件应该派遣的应急救援队伍、车辆、人员疏散路线等信息。

7.1.4 应急事件态势再现

7.1.4.1 业务介绍

根据相关的历史经验和现有的资源可以生成相应的应急事件态势标绘和态势重现，应急事件态势再现包括记录近年来发生的波及到电力系统安全的突发事件。

7.1.4.2 功能说明

对应的态势标绘图包括了突发事件处置过程中的关键时间点的状态，以及针对此类事件应该派遣的应急救援队伍、车辆、人员疏散路线等信息，实现对事件发生、发展的过程记录查询回放，展现形式可以基于幻灯片的动画播放。

7.1.5 协同标绘

7.1.5.1 业务介绍

在应急处置过程中，参与事件处置的多层面(集团总部与省级公司、地市级公司和县级公司)、多个单位和部门可以远程参与协同标绘、协同作业，包括基于地图的协同会商、基于视频的协同会商、基于文字及图片的协同会商，在同一张地图上进行协同标绘，共同分析事件态势的发展，并提供对各参与会商单位标绘信息的控制管理功能。

7.1.5.2 功能说明

系统可实现多客户端实时或异步地图标绘、地图编辑等操作，无缝地交换、协调多用户在同一地图上协同会商功能。协同标绘的标绘符号主要包括应急信息符号、防护目标符号、保障资源符号、军标标绘、文字标绘等内容。

参与协同者可以对地图进行浏览、查询分析等操作，可以控制标绘内容的显示。用户在协同标绘过程中，可以分部门、分地方查看和管理标绘内容。省级公司、地市级公司与县级公司在地图上进行协同会商，可保存作战图，并发送给集团总部领导查看，集团总部领导可导入作战图，在作战图上进行修改保存等操作。

7.1.6 标绘内容同步

7.1.6.1 业务介绍

集团总部、省级公司、地市级公司与县级公司在地图上进行协同会商，可保存GIS 地图，同时，四个层面的应急人员都可看到 GIS 地图上的标绘内容，并可以在GIS 地图上进行修改保存等操作。

7.1.6.2 功能说明

系统 GIS 地图同步显示所有标绘内容，每一步操作完成后，其他客户端都会同步标绘内容和标绘符号，所有的标绘内容和标绘符号都会保存在服务器上，可以直接使用同步功能，获取所有服务器端的符号。

7.1.7 文字 / 语音 / 视频通信

7.1.7.1 业务介绍

为了更清晰地进行突发事件状况的沟通，结合移动应急业务，各参加协同的客户端用户之间成立会商会议组，实现文字、语音、视频通信，便于实时掌握事故现场的发展动态，满足集团总部应急指挥中心、省级公司应急指挥中心、地市级公司应急指挥中心、县级公司应急指挥中心与多个部门以及事件现场基于无线和有线网络的文字 / 语音 / 视频的会商功能。

7.1.7.2 功能说明

系统中可对会商会议内容进行控制管理，其中包含会议创建、删除会议、修改会议属性、指定发言人、解散会议、邀请加入会议、申请加入会议、申请发言、退出会议、停止发言等功能，包括会商内容的分级管理、在线用户之间文字聊天等功能。

会商内容的分级管理：满足参与会商单位按需提取相关会商内容，实现突发事件现场视频、图像、发展态势等信息的共享，辅助参加会商各单位对现场情况分析、决策。

在线用户之间文字聊天：各客户端之间可以使用文字聊天，可以设置自己使用的字体大小、颜色、样式等；可以发送包含图片的消息。服务器端会保留所有的通讯记录。参加会商的会议发言人可以向会议组所有成员发送自己的音、视频数据流，会议组所有成员接收会议发言人的音、视频数据流，并在视频窗口中实时播放，实现应急会商过程中的音、视频交流。

7.1.8 抢险作战指挥专题图

7.1.8.1 业务介绍

该专题图是在集团总部应急指挥中心、省级公司应急指挥中心、地市级公司应急指挥中心、县级公司应急指挥中心及应急抢险救灾现场之间共享的专题图，为领导决策和指挥调度过程提供直观的决策参考，能够帮助应急指挥者进行电网突发应急事件态势标绘和协同规划，进而快速做出决策，是应急指挥者感知事件态势和共享事件态势最有效的功能。

7.1.8.2 功能说明

系统中抢险作战指挥专题图包括地理信息、事件信息、标绘内容、应急救援力量分布图、人员疏散路线图、应急救援物资调运图等，可实时展示地理与位置信息、事件发展态势、各级指挥人员标绘内容、应急救援力量派遣情况、资源调配情况等。

7.1.9 灾损信息的综合展示

7.1.9.1 业务介绍

系统可展示电力突发事件对于电力系统的影响，包括影响区域、受损设备、受损程度、停电范围等信息，为应急指挥人员提供辅助。

7.1.9.2 功能说明

系统可实现当前处置的突发事件相关的电力设备运行情况及受损情况，利用文字、图表、地图标绘等信息综合展示。通过灾损的设备数据，结合接线图中的设备图形，以及设备拓扑连接关系，基于主网停电范围分析的规则算法，系统可实现主网停电范围分析功能，并将当前开关所影响的停电范围及停电设备以高亮方式进行绘制展示，对灾害发生时的时间断面汇总所有主网故障开关信息进行整合分析，形成全网灾损图，应急人员可直观查看受灾影响范围，方便应急人员选择合理的恢复供电的倒闸操作顺序和路径，提高应急响应效率。

7.1.10 辅助指挥方案展示

7.1.10.1 业务介绍

系统可通过突发事件演化趋势以及应急救援情况，自动生成应急决策建议，辅助应急指挥。

7.1.10.2 功能说明

系统对受损的输、变、配设备抢修进行优先级分析，能够按照先主网后配网、先城市后农村、先重要用户后一般用户几种方式相结合的原则，合理安排抢修计划，实现快速、有效进行抗灾抢险复电工作。系统中将在 GIS 地图上综合展示辅助指挥方案相关内容。

7.1.11 典型灾害展示

典型灾害展示实现台风专题图、雨雪专题图、地震专题图、雷电分布专题图、覆冰专题图、泥石流专题图、洪涝专题图、30/50/100 年一遇冰区专题图、火险专题图、污秽专题图、铁路 / 公路专题图 11 种专题图，作为典型灾害展示。

台风专题图：根据气象局提供的台风各个时间点位置信息，在地图上连接各点，展示台风完整路径，并对每个路径点风圈范围影响设备进行查询。同时，点击各台风路径点可展示当前时间点的台风预报路径。台风专题图包括台风路径、卫星云图、雷达图、全网站线、灾情速递、灾损感知，其中台风路径可以查看当前台风的实时路径、预测路径、台风风速、气压、移动速度等信息；卫星云图可以查看当前情况下的卫星云图信息，叠加显示卫星云图辅助判断当前台风发展趋势；雷达图可以查看当前情况下的雷达图信息，叠加显示雷达图辅助判断当前台风发展趋势；全网站线可以展示电网 GIS 站线信息，通过台风经过路径以及预测路径可以分析变电站、线路、台区用户的受影响情况，并能够预测台风发展路径的灾损情况；灾损速递分为信息快报和险情速递，信息快报主要是通过固定的信息模板报送当前的灾损信息；险情速递主要是通过移动端实现现场险情的快速报送；灾损感知分为灾损感知统计和灾损感知明细，通过无人机拍摄的画面，智能判断当前设备的灾损情况。

雨雪专题图：展示大雨、大雪天气灾害情况。包括暴雨灾损预测、卫星云图、雷达图、全网站线、灾情速递、灾损感知，其中暴雨灾损预测可以查看当前的降雨地区、有效降雨量、降雨灾害概率等信息；卫星云图可以查看当前情况下的卫星云图信息，叠加显示卫星云图辅助判断当前降雨发展趋势；雷达图可以查看当前情况下的雷达图信息，叠加显示雷达图辅助判断当前降雨发展趋势；全网站线可以展示电网 GIS 站线信息，通过降雨范围及预测降雨量可以分析变电站、线路、台区用户的受影响情况；灾损速递分为信息快报和险情速递，信息快报主要是通过固定的信息模板报送当前的灾损信息；险情速递主要是通过移动端实现现场险情的快速报送；灾损感知分为灾损感知统计和灾损感知明细，通过无人机拍摄的画面，智能判断当前设备的灾损情况。

地震专题图：展示地震灾害信息，以不同颜色显示地震灾害等级信息。地震信息可以通过筛选条件查看 3 天、7 天、15 天不同时间段的各类地震信息，还可以通过筛选条件查看 4.0 级以下、4.0～6.0 级、6.0 级以上地震信息；震情速递可以查看当前地震发生的区域（含经纬度信息）、预测设备受损信息（含变电站、杆塔信息）；卫星云图可以查看当前情况下的卫星云图信息，叠加显示卫星云图辅助判断当前天气情况；雷达图可以查看当前情况下的雷达图信息，叠加显示雷达图辅助判断当前天气发展趋势；全网站线可以展示电网 GIS 站线信息，通过地震信息可以分析变电站、线路、台区用户的受影响情况；灾损速递分为信息快报和险情速递，信息快报主要是通过固定的信息模板报送当前的灾损信息；险情速递主要是通过移动端实现现场险情的快速报送；灾损感知分为灾损感知统计和灾损感知明细，通过无人机拍摄的画面，智能判断当前设备的灾损情况。

雷电分布专题图：展示雷电分布区域和落雷地点；其全网站线可以展示电网 GIS 站线信息，通过雷电范围及雷电情况可以分析变电站、线路、台区用户的受影响情况；灾损速递分为信息快报和险情速递，信息快报主要是通过固定的信息模板报送当前的灾损信息；险情速递主要是通过移动端实现现场险情的快速报送。

覆冰专题图：根据在线监测系统提供的数据，按行政区划绘制覆冰情况，以不同颜色展示覆冰等级情况。在线监测系统提供覆冰数据，包括降雪灾损预测、卫星云图、雷达图、全网站线、灾情速递、灾损感知，其中降雪灾损预测可以查看当前的降雪地区、覆冰厚度、单位长度总负载率等信息；卫星云图可以查看当前情况下的卫星云图信息，叠加显示卫星云图辅助判断当前降雪发展趋势；雷达图可以查看当前情况下的雷达图信息，叠加显示雷达图辅助判断当前降雪发展趋势；全网站线可以展示电网 GIS 站线信息，通过降雪范围及预测降雪情况可以分析变电站、线路、台区用户的受影响情况；灾损速递分为信息快报和险情速递，信息快报主要是通过固定的信息模板报送当前的灾损信息；险情速递主要是通过移动端实现现场险情的快速报送；灾损感知分为灾损感知统计和灾损感知明细，通过无人机拍摄的画面，智能判断当前设备的灾损情况。

泥石流、洪涝专题图：展示泥石流、洪涝灾害情况，包括滑坡灾损预测、卫星云

图、雷达图、全网站线、灾情速递、灾损感知，其中滑坡灾损预测可以查看当前的降雨滑坡地区、滑坡灾害概率等信息；卫星云图可以查看当前情况下的卫星云图信息，叠加显示卫星云图辅助判断当前降雨发展趋势，分析引发滑坡的可能性；雷达图可以查看当前情况下的雷达图信息，叠加显示雷达图辅助判断当前降雨发展趋势，辅助分析滑坡情况；全网站线可以展示电网GIS站线信息，通过降雨引发滑坡可以分析变电站、线路、台区用户的受影响情况；灾损速递分为信息快报和险情速递，信息快报主要是通过固定的信息模板报送当前的灾损信息；险情速递主要是通过移动端实现现场险情的快速报送；灾损感知分为灾损感知统计和灾损感知明细，通过无人机拍摄的画面，智能判断当前设备的灾损情况。

30/50/100年一遇冰区专题图：展示30/50/100年一遇公司系统内各地方的冰区图。

火险专题图：火险情况展示。

污秽专题图：根据污秽预警模型计算出污秽数据，绘制出污秽区域。气象局提供天气预报信息，并获得污秽预警模型。

铁路/公路专题图：可叠加显示突发事件影响区域、电网设备设施相关信息及全国铁路、公路信息。

7.2 应急响应管理

7.2.1 突发事件

应急处置过程是围绕突发事件开展的，在系统中要先创建突发事件，然后将应急处置过程与突发事件进行关联。如果突发事件对电力设施造成损坏以前具有监测预警过程（例如台风、雨雪冰冻等气象灾害），则直接将应急处置过程与前期创建的事件进行关联即可。如果突发事件发生前没有进行监测预测，而是突然对电力设施造成损坏（例如地震灾害、人身伤亡等事件），则要在系统中先创建一个突发事件，再将应急处置过程与事件进行关联。

无监测预警过程的突发事件在创建时需要填写的内容主要有：事件名称、事件类型、发生时间、事件等级、影响地区、影响单位、内容摘要、附件、应急预案。事件类型是指自然灾害、事故灾难、公共卫生、社会安全4类及其所属的细分类，如自然灾害类还包含气象灾害、地震灾害、地质灾害、水旱灾害、海洋灾害和生物灾害等。发生时间在日期和时间控件中进行选择，具体到几月几日几时几分。事件等级包括特别重大、重大、较大、一般、其他共5个等级。影响地区从全国行政区域控件中进行选择，具体到县级。影响单位从本单位组织机构树中进行选择，包括所属各级单位。内容摘要是事件的简要叙述，有字数限制。附件控件可选择与突发事件有关的多个资料（事故报告、照片等）上传至系统。应急预案是指与该突发事件相对应的专项应急预案，在下拉框控件的专项预案列表中进行选择。

7.2.2 应急响应启动

7.2.2.1 业务介绍

突发事件发生后，电力企业在做好信息报告的同时，立即开展先期处置，采取下列一项或者多项应急措施：立即组织应急救援队伍和工作人员营救受伤害人员；根据事故危害程度，疏散、撤离、安置、隔离受到威胁的人员，及时通知可能受到影响的周边单位和人员；调整电力运行方式，保障电力系统安全稳定运行，尽快恢复用户供电；遇有电力瓦解极端情况时，应立即按照电力黑启动方案进行电力恢复工作；立即采取切断电源、封堵、隔离故障设备等措施，避免事故危害扩大；组织勘察现场，制定针对性抢险措施，做好安全防护，全力控制事件发展；控制危险源，标明危险区域，封锁危险场所，防止次生、衍生灾害发生；维护事故现场秩序，保护事故现场和相关证据；如引发社会安全事件，要迅速派出负责人赶赴现场开展劝解、疏导工作。

应急响应一般分为Ⅰ、Ⅱ、Ⅲ、Ⅳ级，Ⅰ级为最高级别。按照突发事件的等级，启动相应等级应急响应。

电力企业专项应急办接到有关部门或下级单位突发事件信息报告后，会同有关部门（下级单位）立即核实事件性质、影响范围与损失等情况，研判突发事件可能造成重特大损失或影响时，立即向本单位分管领导报告，提出应急响应类型和级别建议，经批准后，由专项应急办发布应急响应启动命令。应急响应启动命令主要包括文件号、签发人、签发时间、主送部门（下级单位）、响应类型、启动时间、响应级别、事件摘要、有关措施要求、抄报、应急预案等内容。

7.2.2.2 功能说明

如果在预警阶段事态愈加严重，已经对电力设施造成损坏，达到应急预案规定的应急响应启动条件，则在预警管理页面启动应急响应。如果事件在无监测预警的情况下突然发生，达到应急响应启动条件，则在突发事件页面启动应急响应。也可由专项应急办（即管理员账号）在应急响应页面新建应急响应，在应急响应创建页面要与突发事件进行关联，创建完成后启动应急响应，进入应急响应专题页面。

电力应急指挥信息系统中应急响应阶段的一般流程按顺序依次是：先期处置、信息初报、响应建议、建议审核、发布响应、应急会商、响应行动、信息发布、响应结束。

系统根据数字预案内容自动生成应急响应流程图，同时根据系统中预设的该预案各部门（下级单位）职责，自动向有关部门（下级单位）定向推送应急响应启动提示和各流程阶段的工作任务。应急响应的流程管理功能由专项应急办（即管理员账号）进行维护，各部门用户负责维护本部门有关的应急响应工作任务。系统会自动提醒各部门（下级单位）用户当前有待办任务，在“我的待办”模块可查看待办任务详情，开展职责范围内应急处置工作。相关部门（下级单位）在当前流程的工作任务完成后，填写任务完成情况，并利用提交功能，提交给专项应急办（即管理员账号）或上级单位专项应急办

(即管理员账号)，该任务的状态变更为“已完成”。在各流程阶段，专项应急办(即管理员账号)利用“工作任务统计”按钮，可查看当前及以往流程中各相关部门(下级单位)反馈的工作任务完成情况。完成当前流程的所有关键任务后，系统自动进入下一流程。专项应急办(即管理员账号)也可执行“跳过”操作，直接结束当前流程进入下一流程。若发现工作失误，也可执行“回退”操作，回退到前一流程，对工作失误的部门(下级单位)工作任务填写退回意见并退回到相应的部门(下级单位)，部门(下级单位)收到后重新填写工作任务完成情况并再次提交。

应急响应页面以3个页签分别显示本单位、上级单位下发、下级单位上报的应急响应信息。本单位页签以列表形式显示本单位以往启动应急响应的名称、当前状态、启动时间、牵头处置部门等信息，按照启动时间进行排序。当前状态包括已启动、已结束。上级单位下发页签以列表形式显示应急响应名称、发布单位、处理状态、启动时间、结束时间等信息，按照启动时间进行排序。结束时间默认显示为空，在响应结束后显示。处理状态包括未签收、正在处理、已完成。下级单位上报页签以列表形式显示应急响应名称、发布单位、启动时间等信息，按照启动时间进行排序。结束时间默认显示为空，在响应结束后显示。

在先期处置流程阶段，各相关部门填写本部门先期处置任务完成情况并提交给专项应急办(即管理员账号)，下级单位管理员账号填写本单位先期处置任务完成情况并提交给上级单位，由专项应急办(即管理员账号)决定是否进入信息初报流程。

在信息初报流程阶段，各有关部门(下级单位)及时收集整理最新事件概况、应急处置进展，填写该流程任务完成情况，以附件上传收集整理的信息，提交给专项应急办(即管理员账号)/上级单位，由专项应急办(即管理员账号)决定是否进入响应建议流程。

在响应建议流程阶段，各相关部门依据相应预案填写工作任务完成情况(即应急响应工作建议)，提交给专项应急办(即管理员账号)，专项应急办(即管理员账号)研究提出最终应急响应建议后进入建议审核流程。

在建议审核流程阶段，专项应急办(即管理员账号)根据专项应急领导小组启动应急响应的批准命令，在系统中输入专项应急领导小组的意见，进入发布响应流程。

在发布响应流程阶段，进入应急响应命令功能界面，由专项应急办(即管理员账号)填写应急响应启动命令内容，并发布至有关部门(下级单位)。

应急响应启动命令发布可实现对启动应急响应命令的新建、发布、撤回、修改、删除、上报、地图定位、签收统计等功能。

新建应急响应启动命令需要填写的内容主要有：应急响应名称、文件号、签发人、签发时间、主送部门(下级单位)、事件名称、响应类型、启动时间、响应级别、事件摘要、有关措施要求、抄报、应急预案、附件、是否短信通知。在预警管理页面和突发事件页面启动应急响应时，系统将自动显示关联的突发事件名称、响应类型、事件摘要和相应的专项应急预案，不必再次填写。事件名称从下拉框控件中选择已经创建的突发事件名称，即该应急响应与某个突发事件进行关联。主送部门(下级单位)从本单位组织机构树中进行选择。响应类型是指自然灾害、事故灾难、公共卫生、社会安全4类及其所属的细分类，如自然灾害类中的气象灾害，从下拉框控件中进行选择。启动时间默认与签发时间相同。响应级别从下拉框控件中选择Ⅰ、Ⅱ、Ⅲ、Ⅳ级，Ⅰ级为最高级别。应急预案在下拉框控件中选择需要启动的专项预案。附件控件可选择与启动应急响应有关的多个资料（如启动应急响应命令的正式文件、领导批示等）上传至系统。

应急响应启动命令发布后，突发事件状态变更为应急响应。各部门用户（下级单位管理员账号）收到待办提醒，处理状态为“未签收”，可查看应急响应详细信息和相应的工作任务，并填写签收意见。在回复签收意见后，该应急响应的签收状态显示为“已签收”，并根据系统推送的各阶段工作任务开展应急处置工作。专项应急办（即管理员账号）可查看每个接收部门（下级单位）是否已签收、签收人、签收意见、签收时间。在发布应急响应启动命令时，若选择短信通知，则系统利用通信录和短信平台，向主送部门（下级单位）有关的应急工作联系人发送短信通知，提醒其已经启动应急响应，尽快开展应急处置工作。

若由于应急响应启动命令内容有误或不再需要启动响应等原因，可执行撤回操作，对命令内容进行修改后再次发布或删除。

可将启动的应急响应命令执行上报操作，将应急响应启动情况向上级单位报告。上级单位在应急响应页面的下级单位上报页签可看到新消息角标提醒，可查看下级单位上报的应急响应详细信息。

应急响应专题页面的地图定位功能可根据启动应急响应电力企业的经纬度，在GIS地图上以图标显示该应急响应的地理位置。

7.2.3 应急响应行动

7.2.3.1 业务介绍

电力企业启动应急响应后，立即成立应急指挥部，通知相关部门、人员、事发单位立即到岗到位，并组织启动应急指挥中心及相关信息支撑系统，开展应急值班。专项应急办根据不同应急响应级别的处置措施，组织开展应急处置工作，并向政府有关部门报送事件快报。

接到突发事件应急响应通知后，指挥长（牵头部门主要负责人）、指挥部成员、工作组成员、事发单位及涉及单位有关人员应在规定的工作时间、非工作时间内到达应急指挥中心值守。出差、休假等不能参加的人员，由临时代理其工作的人员参加。

信息通信部门及技术支撑单位在30min内启动应急指挥中心。事发下级单位在30min内实现与上级单位应急指挥中心互联互通，并说明事件简要情况，提供电力系统主接线图等资料。

事发现场第一时间成立现场指挥部，利用4G/5G移动视频、应急通信车、各类卫星设备等手段实现与事发单位、上级单位应急指挥中心的音、视频互联互通，具备应急会商条件。

各有关部门（下级单位）及时收集整理最新事件概况、应急处置进展，为第一次应急会商做好准备。

应急指挥中心启动后，电力企业与事发下级单位及事发现场召开首次视频会商。事发下级单位、事发现场分别汇报事件灾损情况、应急处置进展、次生衍生事件、抢修恢复、客户供电、舆情引导、社会联动，以及需要协调的问题等；应急指挥部各工作组成员部门按照职责分工汇报工作开展情况及下一步安排。总指挥组织研讨后续应急处置措施，并对有关部门（下级单位）提出工作要求。指挥长视情况组织开展后续视频会商，原则上每天开展一次视频会商，直至响应结束。

由指挥长负责组织相关工作组在应急指挥中心开展24h联合应急值班，做好事件信息收集、汇总、报送等工作，并按照日报编制周期要求，结合事发下级单位日报信息，编制本单位应急值班日报。事发下级单位在本单位开展应急值班，及时收集、汇总事件信息，按照日报编制周期要求，形成本单位应急值班日报，并上报上级单位。

根据应急响应级别，应急指挥部采取相应的指挥协调措施。例如，Ⅰ级应急响应的指挥协调措施有：启用应急指挥中心，召开首次会商会议，就有关重大应急问题做出决策和部署；开展24h应急值班，做好信息汇总和报送工作；总指挥负责在电力企业指挥决策；委派相关副总指挥作为现场工作组组长带队赴事发现场指导处置工作；对事发单位做出处置指示，责成有关部门立即采取相应应急措施，按照处置原则和部门职责开展应急处置工作；与政府职能部门联系沟通，做好信息发布及舆论引导工作；跨区域调集应急队伍和抢险物资，协调解决应急通信、医疗卫生、后勤支援等方面问题；必要时请求政府部门支援；将处置情况汇报应急领导小组。Ⅱ级应急响应的指挥协调措施有：启用应急指挥中心，召开首次会商会议，就有关重大应急问题做出决策和部署；开展24h应急值班，做好信息汇总和报送工作；总指挥负责在电力企业指挥决策；必要时委派相关副总指挥作为现场工作组组长带队赴事发现场指导处置工作；将处置情况汇报应急领导小组。

7.2.3.2 功能说明

应急响应专题页面实现成立应急指挥部、应急会商、值班排班查看、值班日报填写、日报统计查阅、工作任务完成情况查看、数据报表填写及上报、即时信息、现场图片、现场视频、辅助决策、应急资源调配、信息报送、信息发布、应急响应级别调整、应急响应结束等功能。

应急响应专题页面在最上方显示突发事件名称、应急响应名称及级别、响应启动时间。应急响应名称及级别的字体颜色与响应级别一致，例如响应级别为Ⅲ级，则字体颜色为黄色。点击事件名称显示突发事件详细信息，点击响应名称显示应急响应详细信息。

应急响应专题页面分为三个区域：功能区、GIS区、看板区。

(1) 功能区

功能区页面以流程图形式显示各流程阶段，包括已经开展的先期处置、信息初报、响应建议、建议审核、发布响应，正在开展的应急会商，以及后续开展的响应行动、响应调整、响应结束。

成立应急指挥部功能按钮自动调出应急组织模块，创建应急指挥部和现场指挥部。在专题页面可查看应急领导小组、专项应急领导小组、应急指挥部、现场指挥部的组织架构图。

应急会商功能实现电力企业与下级单位事发现场的音、视频会议，并记录历次会议的相关部门（下级单位）汇报资料及会商结果。应急会商功能按钮调出应急会商模块，经过与会商单位进行调试联通后，可将对方会议视频投放到应急指挥中心大屏幕。参与会商的相关部门（下级单位）在此模块上传会议资料并报送给专项应急办（即管理员账号）。专项应急办（即管理员账号）可查看下载相关部门（下级单位）报送的会议资料，并在会议结束时录入会商结果。该功能可查看下载历次应急会商的会议资料及会商结果。

值班排班功能按钮调出值班排班模块，按照应急值班工作计划，显示当天及未来两周内每天的值班人员安排，包括带班主任、值班人员的所在部门及姓名，可显示以往的值班信息。

应急响应相关部门（下级单位）按照值班日报模板及编写分工，负责编写本部门（下级单位）日报的相关内容，由专项应急办（即管理员账号）汇总整理，编制电力企业值班日报。

值班日报填写功能按钮调出值班日报模块，系统自动显示当前的日报日期和时段，核实无误后，第一期日报在设定的日报模板基础上填写应急响应情况，后期日报在上一期日报基础上进行修改，填写当前应急处置工作进展情况，保存为当期日报。可按日期和时段查看往期日报，也可查看设定的日报模板。

应急响应相关部门用户完成本部门日报后，利用上报功能，上报给专项应急办（即管理员账号）。下级单位专项应急办（即管理员账号）在编写完成本单位值班日报后，利用上报功能，系统自动显示上级单位名称，核实无误后，将本期日报上报给上级单位专项应急办（即管理员账号）。

日报统计功能按钮调出日报统计模块，专项应急办（即管理员账号）可对相关部门（下级单位）上报的值班日报进行统计、查看。系统根据日期及时段自动统计相关部门（下级单位）的上报情况，包括应上报、已上报、未上报、按时上报、超时上报部门（下级单位）的数量，数量为超链接模式，点击超链接查看相应上报状态的部门（下级单位）名称。还可针对某期日报，以列表形式显示每个应上报部门（下级单位）的上报状态，包括已上报、未上报、按时上报、超时上报，默认按照应上报部门（下级单位）的内部序号进行排序，点击已上报部门（下级单位）的附件可查看和下载日报。

在应急会商流程阶段，由专项应急办（即管理员账号）填写应急会商开展情况后进入响应行动流程阶段。

在响应行动流程阶段，各有关部门（下级单位）根据相应的行动措施填写该流程阶段工作任务完成情况，提交给专项应急办（即管理员账号）/ 上级单位，由专项应急办（即管理员账号）决定是否进入响应调整流程。

工作任务统计功能按钮调出工作任务完成情况查看模块，专项应急办（即管理员账号）可查看应急会商、响应行动等当前流程及以往流程中各相关部门（下级单位）反馈的工作任务完成情况。

即时信息区域显示事发及有关单位上报的最新即时信息的标题，点击标题可查看即时信息详情，点击更多按钮显示所有即时信息。下级单位在该模块可向上级单位上报即时信息，即时信息主要内容包括信息标题、主要内容、附件，附件可以是文档、图片格式，可同时上传多个附件。

现场图片区域显示事发及有关单位上报的最新现场图片缩略图，光标经过图片显示图片的相关信息，点击图片可查看图片放大后的原图，点击更多按钮显示所有现场图片，可更直观地了解现场灾损情况。下级单位在该模块可向上级单位上报现场图片；现场人员可也利用移动应急应用即时上传现场图片。上传现场图片的同时需要填写图片的相关信息，如地理位置、设备名称、拍摄时间、受损情况等。

现场视频区域显示事发及有关单位上报的最新现场视频的封面，光标经过视频显示视频的相关信息，点击封面可播放视频，点击更多按钮显示所有现场视频。下级单位在该模块可向上级单位上报现场视频；现场人员可也利用移动应急应用即时上传现场视频。上传现场视频的同时需要填写视频的相关信息，如地理位置、拍摄时间、受损情况等。

（2）GIS 区

GIS 区实现二维或三维电力专题地图，辅助开展电力应急处置工作。

（3）看板区

看板区对功能区的电力设施运行、灾损、恢复、投入力量等数据进行汇总分析，以灵活多样的图形、图表等可视化形式进行更加清晰、直观、生动的展示，辅助开展灾情应急处置工作。可视化数据定时（每 5min）自动刷新一次。

下面以台风灾害为例，介绍实时看板各个区域的展示信息。

灾情区域展示灾害的详细信息，展示台风名称、编号、级别、是否登陆、（预测）登陆地点、（预测）登陆时间、最大风速、（预测）影响范围等数据，点击数据可在 GIS 地图上直观展示，受台风影响的区域以某种颜色突出展示。

电力运行情况区域展示灾害对电力的影响信息，包含员工伤亡情况、负荷情况、累计停运配电台区及停电用户数量、变电站停运及恢复数量、主网线路（35kV 及以上）停运及恢复数量、配网线路（10kV）停运及恢复数量六个子区域。

员工伤亡情况子区域展示台风影响区域的电力企业员工伤亡总数，以及死亡人数、失踪人数、重伤人数、轻伤人数，并以饼状图形式展示台风影响区域各省的伤亡人数比例。点击各数据，分别展示受台风影响各省的伤亡总数、死亡人数、失踪人数、重伤人数、轻伤人数。

负荷情况子区域以24h折线图的形式分别展示台风影响区域的今日总负荷和昨日总负荷，用不同颜色区分，并展示损失总负荷及主动拉停减供总负荷数值，单位为MW。点击负荷曲线，用不同颜色分别展示受台风影响各省的今日负荷曲线和昨日负荷曲线，点击各省按钮进行切换。点击损失总负荷数值，展示受台风影响各省的损失负荷数值。点击主动拉停减供总负荷数值，展示受台风影响各省的主动拉停减供负荷数值。

配电台区子区域展示累计停运配电台区数量、已恢复数量、未恢复数量，并以环状图形式展示已恢复和未恢复数量。点击各数据，分别展示受台风影响各省的停运配电台区数量、已恢复数量、未恢复数量。点击环状图，分别以环状图形式展示受台风影响各省的配电台区已恢复和未恢复数量。

用户子区域展示累计停电用户数量、已恢复数量、未恢复数量，并以环状图形式展示已恢复和未恢复数量。点击各数据，分别展示受台风影响各省的停电用户数量、已恢复数量、未恢复数量。点击环状图，分别以环状图形式展示受台风影响各省的停电用户已恢复和未恢复数量。

变电站子区域展示累计停运变电站数量、已恢复数量、未恢复数量。点击变电站区域数据分别展示台风影响区域500kV及以上、220kV、110kV、35kV电压等级停运变电站数量，并以4个柱状图形式展示受台风影响各省的各电压等级停运变电站数量。

主网线路（35kV及以上）子区域展示累计停运主网线路数量、已恢复数量、未恢复数量。点击主网线路区域数据，分别显示台风影响区域500kV及以上、220kV、110kV、35kV停运线路数量，并以4个柱状图形式展示受台风影响各省的各电压等级停运线路数量。

配网线路（10kV）子区域展示累计停运配网线路数量、已恢复数量、未恢复数量，并以环状图形式展示已恢复和未恢复数量。点击各数据，分别展示受台风影响各省的停运配网线路数量、已恢复数量、未恢复数量。点击环状图，分别以环状图形式展示受台风影响各省的停运配网线路已恢复和未恢复数量。

抢修力量准备（投入）情况区域包含的内容有抢修队伍数量、抢修车辆数量、大型抢修机械数量、发电车数量、发电机数量、应急照明设备数量六个子区域。点击各数据，分别展示受台风影响各省的抢修队伍数量、抢修车辆数量、大型抢修机械数量、发电车数量、发电机数量、应急照明设备数量。当电力设施未受台风影响时，标题展示“抢修力量准备情况”；当电力设施已受台风影响时，标题展示“抢修力量投入情况”。

7.2.4 应急数据统计

7.2.4.1 业务介绍

突发事件处置过程中涉及大量突发事件信息，这些信息包括但不限于如下内容。

①线路跳闸统计：对线路跳闸情况进行统计。

②变电站、母线全停统计：对变电站、母线全停情况进行统计。

③受影响的地区、用户停电统计。

④电网负荷损失数据统计：对电网负荷损失数据进行实时统计。

⑤人员情况统计：应急过程中人员相关情况统计，主要是对人员伤亡情况进行统计，如职工伤亡情况统计、应急支援人员统计等。

⑥应急装备统计：应急过程中装备相关情况统计，主要是对装备使用情况和调配情况进行统计，如应急发电装备调集情况统计。

应急数据统计流程：一旦启动应急响应，由专项应急办编制灾损恢复数据报表模板，下发给各相关部门（下级单位），由相关部门（下级单位）依据模板汇总统计本单位直管及所属下级单位的电力灾损恢复数据后进行数据填报，并上报给专项应急办（上级单位），专项应急办可审核、统计相关部门（下级单位）上报的应急数据，如果审核不通过可退回给相关部门（下级单位）重填。下级单位专项应急办还可将模板再转发至本级单位相关部门（下级单位）进行填报。应急处置过程中，有可能会改变报表模板，或增加模板，或减少模板，或改变模板的内容，再重新下发上报。此过程按照填报周期循环操作，直至事件结束。

电力突发事件应急处置典型数据统计表如表 7-1 至表 7-14 所示。

表 7-1　重点监测电厂情况表

日期：×××× 年 ×× 月 ×× 日

序号	所属单位	电厂名称	供煤总量		耗用情况		库存	可用天数
			当日	本月累计	当日	本月累计		

表 7-2　变电站停运及恢复情况表

日期：×××× 年 ×× 月 ×× 日

序号	所属单位	500kV 变电站						220kV 变电站						110kV 变电站	35kV 变电站
		变电站总数量	当日停运数量	累计停运数量	当日恢复数量	累计恢复数量	累计恢复率（%）	变电站总数量	当日停运数量	累计停运数量	当日恢复数量	累计恢复数量	累计恢复率（%）	……	……
总计															

表 7-3　输电线路停运及恢复情况表

日期：×××× 年 ×× 月 ×× 日

序号	所属单位	500kV 输电线路						220kV 输电线路						110kV 输电线路	35kV 输电线路
		输电线路总数量	当日停运数量	累计停运数量	当日恢复数量	累计恢复数量	累计恢复率（%）	输电线路总数量	当日停运数量	累计停运数量	当日恢复数量	累计恢复数量	累计恢复率（%）	……	……
总计															

表 7-4　输电线路倒塔及恢复情况表

日期：×××× 年 ×× 月 ×× 日

序号	所属单位	500kV 输电线路					220kV 输电线路					110kV 输电线路	35kV 输电线路
		当日倒塔数量	累计倒塔数量	当日恢复数量	累计恢复数量	累计恢复率（%）	当日倒塔数量	累计倒塔数量	当日恢复数量	累计恢复数量	累计恢复率（%）	……	……
总计													

表 7-5　输电线路断线及恢复情况表

日期：×××× 年 ×× 月 ×× 日

序号	所属单位	500kV 输电线路					220kV 输电线路					110kV 输电线路	35kV 输电线路
		当日断线数量	累计断线数量	当日恢复数量	累计恢复数量	累计恢复率（%）	当日断线数量	累计断线数量	当日恢复数量	累计恢复数量	累计恢复率（%）	……	……
总计													

表 7-6 低压线路、电杆受损及恢复情况表

日期：×××× 年 ×× 月 ×× 日

序号	所属单位	低压线路					低压电杆				
		当日受损（km）	累计受损（km）	当日恢复（km）	累计恢复（km）	累计恢复率（%）	当日倒杆数量（基）	累计倒杆数量（基）	当日恢复数量（基）	累计恢复数量（基）	累计恢复率（%）
总计											

表 7-7 配电台区、用户停电及恢复情况表

日期：×××× 年 ×× 月 ×× 日

序号	所属单位	配电台区					用户				
		当日停电台区数量	累计停电台区数量	当日恢复台区数量	累计恢复台区数量	累计恢复率（%）	当日停电台区数量	累计停电台区数量	当日恢复台区数量	累计恢复台区数量	累计恢复率（%）
总计											

表 7-8 变电站受灾全停明细表

日期：×××× 年 ×× 月 ×× 日

序号	变电站受灾全停情况							抢修情况			
	所属单位	变电站名称	电压等级	停运负荷（万 kW）	停运起始时间	停电范围	影响重要用户（户数、用户名称）	抢修单位	抢修人数	计划完成时间	恢复运行时间

表 7-9　变电站主设备受灾停运明细表

日期：××××年××月××日

序号	变电站受灾全停情况									抢修情况			
	所属单位	变电站名称	电压等级	主变停运（台）	主设备损坏（台相）	停运负荷（万 kW）	停运起始时间	停电范围	影响重要用户（户数、用户名称）	抢修单位	抢修人数	计划完成时间	恢复运行时间

表 7-10　35kV 及以上输电线路受灾停运明细表

日期：××××年××月××日

序号	所属单位	线路名称	受损情况	计划完成时间	施工单位

表 7-11　电网负荷损失情况统计表

日期：××××年××月××日

序号	单位名称	损失负荷（万 kW）			损失电量（万 kWh）
		事故前负荷	损失负荷	损失率（%）	
总计					

表 7-12　员工伤亡情况统计表

日期：××××年××月××日

序号	单位名称	员工总数	死亡人数	失联人数	受伤人数	其中：重伤人数
总计						

表 7-13 应急支援人员统计表

日期：××××年××月××日

序号	被支援单位名称	支援单位名称	已到达人数	在途中人数	已集结待命人数
总计					

表 7-14 应急发电装备支援情况统计表

日期：××××年××月××日

序号	被支援单位名称	支援单位名称	调集		其中：到达		其中：投入救灾	
			数量（台）	总容量（kW）	数量（台）	总容量（kW）	数量（台）	总容量（kW）
总计								

7.2.4.2 数据报表系统

数据报表系统总体结构由报表处理系统、报表管理系统两部分组成。其中报表处理系统由多个可被复用的细粒度报表组件与报表处理引擎构成，负责生成最终的填报与统计报表。报表管理系统由一系列的管理功能组成，用以使用报表组件来配置管理事件相关的报表结构，并对报表组件进行管理维护。

报表处理系统是按照报表组成结构定义进行报表组件组装的技术实现部分，它主要由一组报表组件和一个报表处理引擎组成。

报表组件是组成报表的最小原子颗粒，是将数据报表模板进行分析后抽象而成，用以提供报表管理系统进行报表结构定义重复使用，一个报表数据对应多个报表组件，只有当所有报表组件均完成填报后才能上报，以保证报表结构的完整性。

报表处理引擎为报表组成结构提供技术支撑，驱动原子组件构成最终满足电力企业需要的报表，用来实现报表的填报与统计功能。

报表管理系统负责对电力企业需要下发的数据报表进行配置、管理，其中主要的功能包括：报表事件关联维护、报表基本信息定义、报表组成结构配置、报表组件维护等管理功能。

报表事件关联维护主要是将具体发生的事件与电力企业针对该次事件下发的统计报表建立关联关系，从而使有关部门（下级单位）可以通过事件查询到需要填报的报表，一个事件对应多个报表。

报表基本信息定义用以定义需要填报的报表的基本信息，包括：报表名称、需填报的周期、报表下发时间、报表相关的事件类型、事件名称以及报表的类型、状态等信息。

报表组成结构配置将报表组件通过可视化的定义方式，按照电力企业下发的统计报表进行组合配置，通过重用现有的报表组件，减少报表创建工作量与工作时间，从而实现快速应变电力企业的数据统计需求。

报表组件维护为报表组件提供管理功能，包括对报表组件的含义说明、参数配置说明、组件保存位置等信息的维护。

7.2.4.3 功能说明

在应急响应专题页面，应急数据统计功能按钮调出应急数据统计模块，具有自定义报表模板、事件关联报表、报表模板下发、数据填报、数据统计、历史记录查询功能。应急数据统计模块以两个页签分别显示本单位、上级单位下发的应急数据报表。

应急数据报表的维护、统计、查询功能由专项应急办（即管理员账号）负责，数据填报、上报功能由相关部门用户（下级单位管理员账号）负责。

(1) 自定义报表模板

报表基本数据配置页面主要是维护报表基本数据表中的内容，包括报表编号、报表名称、事件类型、报表状态、填报权限、上报报表名称、统计报表名称、报表描述等（表 7-15）。在页面中选择一行，执行“插入”操作，页面自动在选中行的上一行加一条空数据，填写相应数据项，再执行“保存”操作，即可将数据存入数据库。执行“添加”操作，页面的最后一行加一条空数据，填写相应数据项，再执行“保存”操作，即可将数据保存入数据库。在页面中选择一行，执行“删除”操作，可将所点中的这行数据删除，再点击“保存”按钮，所选择的这行数据在数据库中删除。

表 7-15 报表基本数据配置

序号	报表编号	报表名称	事件类型	报表状态	填报权限	上报报表名称	统计报表名称	报表描述
1	2	缺煤停机表	冰灾	启用	地市级公司填报	F_coalShutdown	R_coalShutdown	省级公司每日7、19点上报
2	5	变电站停运及恢复情况表	冰灾	启用	地市级公司填报	F_substationStop	R_substationStop	地市级公司每日7、19点上报
3	9	停运及恢复情况表	冰灾	启用	地市级公司填报	F_lineStop	R_lineStop	地市级公司每日7、19点上报

报表结构数据配置页面主要是维护报表结构数据表中的内容，包括报表名称、结构序号、结构名称、结构参数、父结构编号等（表 7-16）。在页面中选择一行，执行“插入”操作，页面自动在选中行的上一行加一条空数据，填写相应数据项，再执行“保存”操作，即可将数据存入数据库。执行“添加”操作，页面的最后一行加一条空

数据，填写相应数据项，再执行“保存”操作，即可将数据存入数据库。在页面中选择一行，执行“删除”操作，可将所点中的这行数据删除，再点击“保存”按钮，所选择的这行数据在数据库中删除。系统默认在最后一行对前行的数据进行求和计算，还可以可视化形式对报表组件进行组合配置，自定义小计、最大值、最小值、平均值、百分率等结构数据。

表 7-16 报表结构数据配置

序号	报表名称	结构序号	结构名称	结构参数	父结构编号
1	变电站停运及恢复情况表	1	变电站停运及恢复情况	TB_SUBSTATION	0
2	变电站停运及恢复情况表	2	500(330) kV 变电站	500(330)	1
3	变电站停运及恢复情况表	3	220kV 变电站	220	1
4	变电站停运及恢复情况表	4	110kV 变电站	110	1

(2) 事件关联报表

事件与报表关系配置页面主要是维护事件与报表关系数据表中的内容，包括事件名称、报表名称、事件类型、报表状态、启用人、启用时间、禁用人、禁用时间等（表7-17）。其中，事件名称默认显示当前事件名称。在页面中选择一行，执行“插入”操作，页面自动在选中行的上一行加一条空数据，填写相应数据项，再执行“保存”操作，即可将数据存入数据库。执行“添加”操作，页面的最后一行加一条空数据，填写相应数据项，再执行“保存”操作，即可将数据存入数据库。在页面中选择一行，执行“删除”操作，可将所点中的这行数据删除，再点击“保存”按钮，所选择的这行数据在数据库中删除。事件与报表关联后，报表的下发状态为“未下发”。

表 7-17 事件与报表关系数据表

序号	事件名称	报表名称	事件类型	报表状态	启用人	启用时间	禁用人	禁用时间
1	2020 年 12 月冰灾	输电线路停运及恢复情况表	冰灾	启用	张三	2020-12-16	张三	2020-12-31
2	2020 年 12 月冰灾	倒塔及恢复情况表	冰灾	启用	张三	2020-12-16	张三	2020-12-31
3	2020 年 12 月冰灾	变电站停运及恢复情况表	冰灾	启用	张三	2020-12-16	张三	2020-12-31

(3) 报表模板下发

系统根据当前事件名称，自动显示已关联的报表名称，选中需要下发的报表，执行“下发”操作，选择接收部门（下级单位），将所选的报表模板下发给相应的部门（下级单位）。不同的报表可以下发给不同的接收部门（下级单位）。下发成功后，下发状态变更为“已下发”，并可查看报表模板的下发详细信息，包括“下发时间”“下发人”“接收单位”“下发状态”。下发状态有未下发、下发成功、下发失败。系统会自动提醒接收部门（下级单位）用户当前有待办任务，在“我的待办”模块新的待办任务突出显示，处理状态为“未签收”，点击可查看待办任务详情，并填写签收意见。在回复签收意见后，报表的签收状态显示为“已签收”。专项应急办（即管理员账号）可查看每个接收部门（下级单位）是否已签收、签收人、签收意见、签收时间。在下发应急数据报表时，若选择短信通知，则系统利用通信录和短信平台，向接收部门（下级单位）有关的应急工作联系人发送短信通知，提醒其按时报送数据报表。

(4) 数据填报

相关部门用户（下级单位管理员账号）在规定的报送时间和周期内在填报表中填报应急数据，系统自动显示当前的报表日期和时段，核实无误后，第一期报表在报表模板基础上填写有关数据，后期报表在上一期报表基础上进行数据的修改，填写当前的应急数据，保存为当期报表。可按日期和时段查看往期报表。相关部门用户完成本部门报表后，利用上报功能，上报给专项应急办（即管理员账号）。下级单位专项应急办（即管理员账号）在编写完成本单位报表后，利用上报功能，系统自动显示上级单位名称，核实无误后，将本期报表上报给上级单位专项应急办（即管理员账号）。本期报表上报后，上报状态显示为“已上报”。如果报表编制完成后保存，则上报状态显示为“未上报”。

(5) 数据统计

专项应急办（即管理员账号）在应急数据统计页面，可对相关部门（下级单位）上报的应急数据进行统计、查看并存为Excel文件。选择“报表名称”，执行查询操作，默认显示最近一期报表数据，系统按照自定义结构数据计算逻辑，自动对各相关部门（下级单位）上报的数据进行总计、小计、最大值、最小值、平均值、百分率等数学统计（表7-18）。执行“存为Excel”操作，可将显示的报表数据保存到本地计算机Excel文件中。选择“统计起止时间”还可查询往期报表。系统还可根据日期及时段自动统计相关部门（下级单位）的上报情况，包括应上报、已上报、未上报、按时上报、超时上报部门（下级单位）的数量，数量为超链接模式，点击超链接查看相应上报状态的部门（下级单位）名称。还可针对某期报表，以列表形式显示每个应上报部门（下级单位）的上报状态，包括已上报、未上报、按时上报、超时上报。默认按照应上报部门（下级单位）的内部序号进行排序。

表 7-18 统计报表

序号	所属单位	220kV 变电站						110kV 变电站					
		总数	当日停运数量	累计停运数量	当日恢复数量	累计恢复数量	恢复率（%）	总数	当日停运数量	累计停运数量	当日恢复数量	累计恢复数量	恢复率（%）
1	×× 电力公司	12	1	3	0	1	33.33	25	3	6	1	3	50.00
2	×× 电力公司	8	0	2	1	1	50.00	15	2	5	1	2	40.00
3	×× 电力公司	9	2	5	2	4	80.00	20	0	6	2	4	66.67

(6) 报表模板更改

在应急数据统计全过程中，如果要更改报表模板，在修改报表结构数据后，需要重新将事件与报表模板关联，重新下发，下级单位重新进行任务分发，基层单位收到新版报表模板后进行填报，经过逐层填报、逐层汇总即可。如果要新增报表，在自定义新的报表模板后与事件进行关联，下发给相应的接收部门（下级单位）即可。如果要删除报表，在事件与报表关系配置页面中对相应的报表执行禁用操作即可，该报表的状态变更为禁用状态，接收部门（下级单位）对该报表不可用。

7.2.5 应急资源调配

7.2.5.1 应急资源调配管理

针对发生的突发事件，经过应急能力评估，若判断在本单位处置能力范围内，则调配本单位应急资源开展应急处置；若判断超出本单位处置能力，则向上级单位提出救援请求，上级单位经过研判后调配应急资源，协助事发下级单位开展应急处置。电力企业应急资源调配流程如图 7-2 所示。

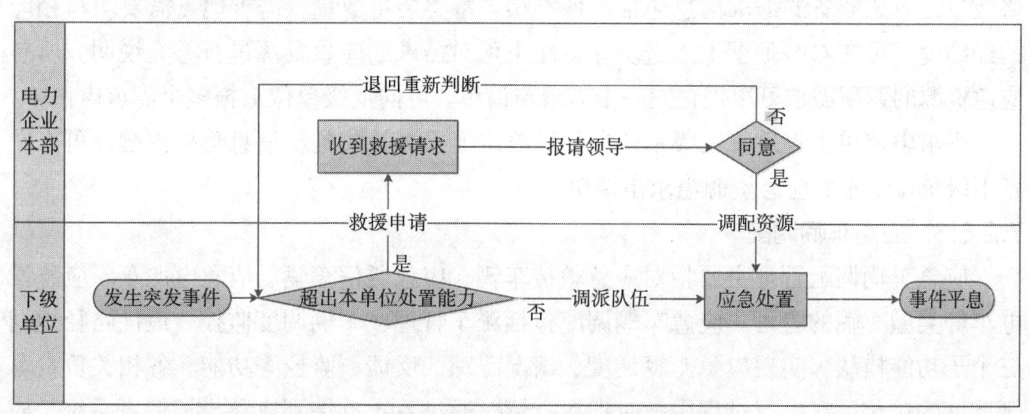

图 7-2 电力企业应急资源调配流程图

结合GIS技术，在地图上展现各类应急资源在各区域的分布情况，可以进行实时检索和查询定位。应急资源调配态势是在GIS地图上直观了解整体应急资源态势的概况，主要是对动态过程中的应急资源数据进行分析，处于储备状态的应急资源不必在态势查询时标绘出来。应急资源调配态势分析是从动态上对各类应急资源所处的不同状态上（储备、待运、在途、到位等）的空间分布情况、数量的实时统计分析，在应急处置中可实现各类应急资源当前调配情况在地理图上的态势标绘。应急资源态势数据有表格化与图形化两种表现方式，在态势分析图查询时可互动操作、相互查询数据及定位。

应急资源调配态势数据的维护有两种方式：一是采用文本表格方式进行态势数据的编辑、增加、修改、删除；二是在GIS地图上采用直观图形方式进行态势数据的编辑，增加、修改（移动态势起止点）、删除。

对某类或某几类应急资源的当前调配态势在地图上可视化显示，形成应急资源调配态势图，便于制作工作专题图、汇报文件等。在当前应急事件下，选择应急资源类型、态势时间、资源状态，即可查询当时该类资源调配态势图，并可导出、打印，且态势动态保存可追溯历史态势。还可实现对各类应急资源保障支援机构的位置与保障态势的监控。

7.2.5.2 应急资源调配需求

在应急响应专题页面“应急资源调配”功能页面实现对各类应急资源的可视化调配管理。事发单位结合各类应急资源需求预测数据，在系统中填报应急车辆、应急队伍、应急专家、应急物资、应急装备等资源的调配需求，上报给上级单位。

新建应急资源需求申请单需要填写的内容主要有：需求地点、需求说明、需求单位联系人、需求单位联系电话、备注，系统根据用户所在单位自动显示需求单位名称。需求页面中，应急车辆的需求信息包括需求车辆类型、每类型车辆数量；应急队伍的需求信息包括需求队伍专业、每专业队伍数量、每专业人数；应急专家的需求信息包括需求专家专业、每专业人数；应急物资的需求信息包括物资类型、规格、每类每规格数量；应急装备的需求信息包括装备类型、每类装备数量。需求地点需要填写相应的经纬度，可在GIS地图上点选。在备注中可对需求的应急资源进行补充说明。所有应急资源的调配需求可填报在同一个需求申请单。可向上级单位上报多个需求申请单。

需求申请单上报后，上级单位在下级单位上报页签收到新消息角标提醒，可查看各下级单位上报的应急资源需求申请单。

7.2.5.3 应急车辆调配

应急车辆调配管理主要指对应急救援车辆、应急通信车辆、应急电源车、应急发电车等类型车辆的管理。应急车辆调配包括派车管理、车辆调度监控、最优路径规划三个子功能模块，实现应急车辆调度、情况跟踪、反馈、监控等功能。各相关负责车辆调度的单位，在执行过程中随时把执行情况通过系统反馈到应急指挥信息系统，应急指挥部可对应急车辆调度到位情况进行实时统计分析。

(1) 派车管理

专项应急办（即管理员账号）在应急资源需求申请单中，应用“车辆查询”功能，调用GIS平台可以很直观地查询到抢修物资所在地、待抢修地点等特殊位置附近区域内满足需求的车辆以及车辆详细信息，可以在抢修过程中及时地征调到最合适的车辆，为抢修指挥提供支持，提高抢修效率，减少损失。光标经过车辆图标时显示车辆信息悬浮框，悬浮框中的信息包含车辆名称、车牌号、所属单位、联系人、联系人电话。该模块还可在地图上定位显示本单位（含所属下级单位）所有该类型的应急车辆。

派车单管理包括对应急车辆的调配单流程管理的功能。由专项应急办（即管理员账号）根据下级单位的车辆需求及周边可用车辆信息，在应急资源需求申请单页面，应用“车辆调配”功能，可进行车辆调配单的管理，经电力企业领导批准，下发给车辆所属单位，由车辆所属单位统一联系需求单位负责人进行派车。在新建应急车辆调配单页面，系统根据应急车辆需求申请，自动显示需求单位、需求车辆类型、每类型车辆数量、需求地点、需求说明、需求单位联系人、需求单位联系电话，需要填写的内容主要有车辆名称、车牌号、所属单位、车辆救援任务、备注，具体车辆可在GIS地图上点选后自动填写车辆名称、车牌号、所属单位。一个车辆调配单中可填写多个应急车辆的调配信息。在下发应急车辆调配单时，可选择短信通知，系统利用通信录和短信平台，向车辆所属单位有关的应急工作联系人发送短信通知。

(2) 车辆调度监控

车辆所属单位在系统中可收到任务待办提醒，在“我的待办”模块可看到突出显示的新的待办任务，此时任务的处理状态为“未签收”。查看待办任务详情后填写签收意见，任务的签收状态显示为“已签收”。专项应急办（即管理员账号）可查看每个车辆所属单位是否已签收、签收人、签收意见、签收时间。车辆所属单位在调配相应的车辆后，在应急车辆调配单中填写、反馈应急车辆调配情况。GIS地图上显示从车辆位置到需求地点的趋势箭头。

车辆集中调度功能与车辆调度管理系统具备数据接口，依据调配车辆信息，专项应急办（即管理员账号）在车辆调配单中可查询抽取调配车辆各个时间点的地理坐标信息，实现车辆定位、跟踪、轨迹回放等监控功能，并建立车辆与抢修队伍的关联，从而实现对抢修队伍的集中监控。

从车辆调度管理系统的数据接口获取车辆当前的地理坐标，在GIS地图上实时更新车辆所在位置，实现对调配车辆的实时跟踪，点击车辆可查看车辆详细信息和车辆调配单详细信息。

从车辆调度管理系统的数据接口获取车辆某个时间段的地理坐标信息，根据各个时刻地理坐标，按照时间先后顺序模拟显示车辆在GIS地图上的运行轨迹。轨迹回放功能需要在时间面板中选定时间区间，显示在该时间段内的车辆轨迹。轨迹回放没有加速、减速、正常播放以及暂停功能按键。

(3) 最优路径规划

最优路径规划管理是通过加载了电网设备数据的移动应急终端，接受车辆所属单位相关指令，确定抢修工作目标电力设备，通过移动应急终端智能导航 GIS 快速查询定位功能，迅速定位到目标设备，并结合 GPS 锁定的车辆当前位置信息，提交到应急指挥信息系统，结合最新的道路网数据进行车辆行驶路径的规划。系统提供多种方案备选：距离最短、道路等级、路口最少等，驾乘人员根据实际情况选择最佳方案，开始导航。

7.2.5.4 应急队伍调配

应急队伍调配包括应急队伍调配管理、队伍调度监控两个子功能模块，实现应急队伍调度、情况跟踪、反馈、监控等功能。各相关负责队伍调度的单位，在执行过程中随时把执行情况通过系统反馈到应急指挥信息系统，应急指挥部可对应急队伍调度到位情况进行实时统计分析。

(1) 队伍调配管理

专项应急办 (即管理员账号) 在应急资源需求申请单中，应用“队伍查询”功能，可调用 GIS 平台直观展现相应需求专业的应急队伍在各区域的分布情况、抢修地点附近区域内满足需求的应急队伍以及队伍详细信息，可以在抢修过程中及时征调到最合适的队伍，提高抢修工作效率。光标经过队伍图标时显示队伍信息悬浮框，悬浮框中的信息包含队伍名称、队伍专业、队伍人数、所属单位、联系人、联系人电话。

队伍调配单管理包括对应急队伍调配流程管理的功能。由专项应急办 (即管理员账号) 根据下级单位的应急队伍需求及周边可用队伍信息，在应急资源需求申请单页面，应用“队伍调配”功能，提出队伍调配申请，经电力企业领导批准，下发给相应专业的队伍管理单位。队伍管理单位收到待办提醒，由各专业队伍管理单位统一联系需求单位联系人进行队伍调配。在新建应急队伍调配单页面，系统根据应急队伍需求单自动显示需求单位、需求队伍专业、每专业队伍数量、每专业人数、需求地点、需求说明、需求单位联系人、需求单位联系电话，需要填写的内容主要有队伍名称、队伍专业、所属单位、分配人数、救援任务、备注，具体队伍可在 GIS 地图上点选后自动填写队伍名称、队伍专业、队伍人数、所属单位，可对调配的队伍人数进行调整。一个队伍调配单中可填写多个不同专业应急队伍的调配信息。在下发应急队伍调配单时，可选择短信通知，系统利用通信录和短信平台，向队伍所属单位有关的应急工作联系人发送短信通知。

(2) 队伍调度监控

各队伍所属单位在系统中可收到任务待办提醒，在“我的待办”模块可看到突出显示的新的待办任务，此时任务的处理状态为“未签收”。查看待办任务详情后填写签收意见，任务的签收状态显示为“已签收”。专项应急办 (即管理员账号) 可查看每个队伍所属单位是否已签收、签收人、签收意见、签收时间。队伍所属单位调配相应的队伍及乘坐车辆，在应急队伍调配单中填写、反馈应急队伍调配情况及乘坐车辆信息。

GIS 地图上显示从队伍位置到需求地点的趋势箭头。

结合 GIS 平台，利用队伍乘坐车辆定位装置，专项应急办（即管理员账号）在队伍调配单中可查询和抽取队伍乘坐车辆各个时间点的地理坐标信息，在 GIS 地图上实时更新队伍所在位置，实现对调配队伍的实时跟踪，点击队伍图标可查看队伍详细信息和队伍调配单详细信息。还可对各应急队伍的当前状态进行实时统计，显示待命、在途、到位状态的队伍数量和空间分布，在应急处置中可对各类应急队伍当前调配状态在 GIS 地图上进行态势标绘，实现应急队伍调配态势可视化显示。

7.2.5.5 应急专家调配

应急专家调配包括专家调配管理、专家调度监控两个子功能模块，实现应急专家调度、情况跟踪、反馈、监控等功能。各相关负责专家调度的单位，在执行过程中随时把执行情况通过系统反馈到应急指挥信息系统，应急指挥部根据现场情况对应急专家调度到位情况进行统计、备案。

(1) 专家调配管理

专项应急办（即管理员账号）在应急资源需求申请单中，应用“专家查询”功能，可调用 GIS 平台直观展现所需求专业的应急专家在各单位的分布情况、抢修地点附近区域内满足需求的应急专家以及专家详细信息，可以在抢修过程中及时地征调到最合适的专家，提高抢修工作效率。利用系统的融合通信功能，可实时接通专家手机号，询问专家是否能及时赶赴事发现场进行支援。

专家调配单管理包括对应急专家调配流程管理的功能。在确认专家可及时支援后，由专项应急办（即管理员账号）在应急资源需求申请单页面，应用“专家调配”功能，提出专家调配申请，经电力企业领导批准，下发给相应专业的专家管理单位。专家管理单位收到待办提醒，由各专家管理单位统一联系需求单位联系人进行专家调配。在新建应急专家调配单页面，系统根据应急专家需求单自动显示需求单位、需求专家专业、每专业人数、需求地点、需求说明、需求单位联系人、需求单位联系电话，需要填写的内容主要有专家姓名、专家专业、所属单位、救援任务、备注，具体专家可在 GIS 地图上点选后自动填写专家姓名、专家专业、所属单位。一个专家调配单中可填写多个不同专业应急专家的调配信息。在下发应急专家调配单时，可选择短信通知，系统利用通信录和短信平台，向专家所属单位有关的应急工作联系人发送短信通知。

(2) 专家调度监控

各专家所属单位在系统中可收到任务待办提醒，在“我的待办”模块可看到突出显示的新的待办任务，此时任务的处理状态为“未签收”。查看待办任务详情后填写签收意见，任务的签收状态显示为“已签收”。专项应急办（即管理员账号）可查看每个专家所属单位是否已签收、签收人、签收意见、签收时间。专家所属单位调配相应的专家及乘坐车辆，在应急专家调配单中填写、反馈应急专家调配情况及乘坐车辆信息。GIS 地图上显示从专家所属单位到需求地点的趋势箭头。

结合 GIS 平台，利用专家乘坐车辆定位装置，专项应急办（即管理员账号）在专家调配单中可查询抽取专家乘坐车辆各个时间点的地理坐标信息，在GIS地图上实时更新专家所在位置，实现对调配专家的实时跟踪，点击专家图标可查看专家详细信息和专家调配单详细信息。还可对各应急专家的当前状态进行实时统计，显示待命、在途、到位状态的专家数量和空间分布，在应急处置中可对各类应急专家当前调配状态在GIS地图上进行态势标绘，实现应急专家调配态势可视化显示。

7.2.5.6 应急物资调配

应急物资调配包括物资调配管理、物资调度监控、物资补给管理三个子功能模块，实现应急物资调度、情况跟踪、反馈、监控等功能。各相关负责物资调度的单位，在执行过程中随时把执行情况通过系统反馈到应急指挥信息系统，应急指挥部根据现场情况对各类应急物资调度到位情况进行统计、备案。

(1) 物资调配管理

应急指挥信息系统与物资管理系统具备数据接口。专项应急办（即管理员账号）在应急资源需求申请单中，应用“物资查询”功能，可调用GIS平台直观展现储存需求种类应急物资的仓库在各区域的分布情况、抢修地点附近区域内满足需求的应急物资仓库以及仓库内相应种类储备状态的物资详细信息，可以在抢修过程中就近及时地征调到最合适的物资，提高抢修工作效率。光标经过仓库图标时显示仓库信息悬浮框，悬浮框中的信息包含仓库名称、所属单位、仓库级别、地理位置、联系人、联系人电话及物资明细和视频链接，可查看仓库内的物资明细清单和仓库实时视频。

物资调配单管理包括对应急物资调配流程管理的功能。由专项应急办（即管理员账号）在应急资源需求申请单页面，应用“物资调配”功能，提出物资调配申请，经电力企业领导批准，下发给相应专业的物资管理单位。物资管理单位收到待办提醒，由各物资管理单位统一联系需求单位联系人进行物资调配。在新建应急物资调配单页面，系统根据应急物资需求单自动显示需求单位、物资种类、物资名称、每类物资数量、需求地点、需求说明、需求单位联系人、需求单位联系电话，需要填写的内容主要有物资类型、规格、每类每规格数量、所属单位、救援任务、备注，具体物资可在GIS地图上点选应急物资仓库，选择相应的物资类型、规格，自动显示每类每规格数量、物资所属单位，可对调配的每类每规格数量进行调整。一个物资调配单中可填写多个不同专业应急物资的调配信息。在下发应急物资调配单时，可选择短信通知，系统利用通信录和短信平台，向物资所属单位有关的应急工作联系人发送短信通知。

(2) 物资调度监控

各物资所属单位在系统中可收到任务待办提醒，在“我的待办”模块可看到突出显示的新的待办任务，此时任务的处理状态为“未签收”。查看待办任务详情后填写签收意见，任务的签收状态显示为“已签收”。专项应急办（即管理员账号）可查看每个物资所属单位是否已签收、签收人、签收意见、签收时间。物资所属单位调配相应的物资及运输车辆，在应急物资调配单中填写、反馈应急物资调配情况及运输车辆信息。GIS地图上显示从物资仓库到需求地点的趋势箭头。

结合 GIS 平台，利用物资运输车辆定位装置，专项应急办（即管理员账号）在物资调配单中可查询抽取物资运输车辆各个时间点的地理坐标信息，在 GIS 地图上实时更新物资所在位置，实现对调配物资的实时跟踪，点击物资图标可查看物资详细信息和物资调配单详细信息。还可对各应急物资的当前状态进行实时统计，显示储备、待运、在途、到位状态的物资数量和空间分布，在应急处置中可对各类应急物资当前调配状态在 GIS 地图上进行态势标绘，实现应急物资调配态势可视化。

（3）物资补给管理

应急指挥信息系统通过数据接口，将调配的物资种类、数量等数据实时传输到物资管理系统。物资管理系统根据电力企业的应急物资储备定额（阈值），结合现有应急物资储备情况和当前需要被调配的应急物资进行实时监控，自动生成应急物资补给储备计划，提醒电力企业提前做好应急物资补给工作。

应急指挥信息系统也可实现应急物资补给管理，包括：应急物资储备定额查询功能，涉及物资类型、规格、定额数量、计量单位；根据物资出库数量、物资储备定额标准，与当前物资库存数量比对分析，自动生成应急物资补给储备计划，提醒电力企业提前做好应急物资采购、补给工作；可根据实际情况对自动生成的补给计划进行调整补给数量，以达到合理化配置；应急物资补给计划下发，应急物资补给计划调整好后，根据物资所属单位进行下发，物资所属单位根据补给计划进行物资补给。

7.2.5.7 应急装备调配

应急装备调配包括应急装备调配管理、装备调度监控两个子功能模块，实现应急装备调度、情况跟踪、反馈、监控等功能。各相关负责装备调度的单位，在执行过程中随时把执行情况通过系统反馈到应急指挥信息系统，应急指挥部可对应急装备调度到位情况进行实时统计分析。

（1）装备调配管理

专项应急办（即管理员账号）在应急资源需求申请单中，应用“装备查询”功能，可调用 GIS 平台直观展现相应需求类型的应急装备在各区域的分布情况、抢修地点附近区域内满足需求的应急装备以及装备详细信息，可以在抢修过程中及时地征调到最合适的装备，提高抢修工作效率。光标经过装备图标时显示装备信息悬浮框，悬浮框中的信息包含装备名称、装备类型、所属单位、联系人、联系人电话。

装备调配单管理包括对应急装备调配流程管理的功能。由专项应急办（即管理员账号）根据下级单位的应急装备需求及周边可用装备信息，在应急资源需求申请单页面，应用“装备调配”功能，提出装备调配申请，经电力企业领导批准，下发给相应专业的装备管理单位。装备管理单位收到待办提醒，由各专业装备管理单位统一联系需求单位联系人进行装备调配。在新建应急装备调配单页面，系统根据应急装备需求单自动显示需求单位、需求装备类型、每类装备数量、需求地点、需求说明、需求单位联系人、需求单位联系电话，需要填写的内容主要有装备类型、每类装备数量、所属单位、救援任务、备注，具体装备可在 GIS 地图上点选后自动填写装备类型、每类装备数量、所属单位，可对调配的每类装备数量进行调整。一个装备调配单中可填写多个不同类型应急装备的调配信息。在下发应急装备调配单时，可选择短信通知，系统利用通信录和短信平台，向装备所属单位有关的应急工作联系人发送短信通知。

(2) 装备调度监控

各装备所属单位在系统中可收到任务待办提醒，在“我的待办”模块可看到突出显示的新的待办任务，此时任务的处理状态为“未签收”。查看待办任务详情后填写签收意见，任务的签收状态显示为“已签收”。专项应急办 (即管理员账号) 可查看每个装备所属单位是否已签收、签收人、签收意见、签收时间。装备所属单位调配相应的装备及运输车辆，在应急装备调配单中填写、反馈应急装备调配情况及运输车辆信息。GIS 地图上显示从装备位置到需求地点的趋势箭头。

结合 GIS 平台，利用装备运输车辆定位装置，专项应急办 (即管理员账号) 在装备调配单中可查询抽取装备运输车辆各个时间点的地理坐标信息，在 GIS 地图上实时更新装备所在位置，实现对调配装备的实时跟踪，点击装备图标可查看装备详细信息和装备调配单详细信息。还可对各应急装备的当前状态进行实时统计，显示待命、在途、到位状态下的装备数量和空间分布，在应急处置中可对各类应急装备当前调配状态在 GIS 地图上进行态势标绘，实现应急装备调配态势可视化显示。

7.2.6 信息报送

7.2.6.1 业务介绍

电力企业在启动应急响应后，专项应急办要定时向上级单位专项应急办报告应急处置信息。应急处置信息在上报前应履行审批手续。

电力企业突发事件处置牵头负责部门 (专项应急办) 根据事态发展情况，按照有关规定通过安全应急办和办公室向政府部门报告。安全应急办和办公室在履行相关审批手续后，规定时限内向政府部门进行信息初报，并根据政府部门要求做好信息续报。

报告内容主要包括突发事件发生的时间、地点、性质、影响范围、严重程度、已采取的措施及效果和事件相关报表等，并根据事态发展和处置情况及时续报动态信息。

电力企业向上级单位和政府部门汇报信息，必须做到数据源唯一，数据准确、及时。

7.2.6.2 功能说明

应急响应专题页面信息报送功能按钮调出信息报送页面，实现应急处置信息的新建、修改、删除、上报、查询、提醒等功能。信息报送页面以两个页签分别显示本单位上报和下级单位上报的应急处置信息。

本单位上报页签默认以列表形式显示向上级单位 (政府部门) 报送的所有信息的标题、主送单位、上报人、上报日期和时间，上报的信息按照上报日期和时间进行排序。

新建信息报告页面自动关联突发事件名称，需要填写的信息主要有：标题、信息概况、主送单位、上报人、上报日期和时间、附件。主送单位从下拉框中选择相应的

上级单位或政府有关部门。上报日期和时间默认显示当前的日期和时间，可对日期和时间进行修改。上报的应急信息以附件形式上传至系统。信息报告内容填写完毕后可选择保存或上报。保存后，信息报告的上报状态显示为“未上报”；上报后的上报状态显示为“已上报”。

未上报状态的信息报告可进行修改和删除操作。修改和删除功能只能由创建该信息报告的用户进行操作，其他用户不能修改和删除。

专项应急办（即管理员账号）应用上报功能，将信息报告上报给上级单位。信息报告上报后不能删除，但可对信息报告进行修改，并重新上报。向上级单位的信息报送只适用于突发事件应急响应信息初报，后续处置信息在应急值班日报中填报，按照日报报送时间要求进行报送。

电力企业应急指挥信息系统在与政府部门未实现联网前，向政府部门进行信息报送需要以线下人工方式进行，线上只作为信息报送记录功能，不具备实际报送功能。

向政府部门报送后续处置信息可根据政府部门报送时限要求设置定时提醒功能，系统在设定的日期和时间自动提醒用户注意信息报送截止时限。

查询功能可根据信息报告的标题、主送单位、上报时间段等查询条件进行模糊查询，查询结果以列表形式显示。

若上级单位未启动应急响应，在信息报告上报后，上级单位可在事件监测预警模块看到新消息角标提醒，突出显示未读的下级单位上报信息；若上级单位已启动应急响应并与下级单位应急响应关联，则在信息报告上报后，上级单位可在本模块下级单位上报页签看到新消息角标提醒，突出显示未读的下级单位上报信息。

下级单位上报页签默认以列表形式显示下级单位报送的所有信息的标题、上报单位、上报人、上报日期和时间，上报的信息按照上报日期和时间进行排序。可按照信息名称查看信息详细内容。具备查询功能，可根据信息报告的标题、上报单位、上报时间段等查询条件进行模糊查询，查询结果以列表形式显示。

7.2.7 信息发布

7.2.7.1 业务介绍

应急响应期间，电力企业社会宣传部门组织开展社会舆论监测，及时确定应对策略，开展舆论引导工作。专项应急办协助社会宣传部门开展突发事件信息发布和舆论引导工作。

信息发布的主要内容包括突发事件基本情况、影响范围、事件原因、采取的应急措施、取得的进展、存在的困难、预计恢复时间以及下一步工作计划等信息。信息发布渠道包括电力企业官方网站、官方微博、官方微信、新闻发布会、当地主流媒体和当地政府信息发布平台等形式，可视情况采用其中一种或多种方式。信息发布和舆论引导工作应实事求是、及时主动、正确引导、严格把关。信息发布应结合应急响应阶段性特点，做好动态管理，及时更新。

7.2.7.2 功能说明

向社会公众进行信息发布需要以线下人工方式在相关媒体上进行发布，线上只作为对已发布的信息进行记录的功能，不具备实际发布功能。

应急响应专题页面使用信息发布功能按钮调出信息发布页面，实现电力应急处置和舆情引导信息的新建、修改、删除、查询等功能。该模块默认以列表形式显示向社会公众发布的所有应急处置和舆情引导信息的标题、发布内容、发布日期和时间，发布的信息按照发布日期和时间进行排序。

新建信息发布页面自动关联突发事件名称，需要填写的信息主要有标题、发布内容、发布日期和时间、附件。发布日期和时间默认显示当前的日期和时间，可对日期和时间进行修改。可将信息发布的页面截图作为附件上传至系统。保存后还可进行修改和删除操作。修改和删除功能只能由创建该信息发布的用户进行操作，其他用户不能修改和删除。查询功能可根据信息发布的标题、发布时间段等查询条件进行模糊查询，查询结果以列表形式显示。

7.2.8 应急响应调整

7.2.8.1 业务介绍

根据事态发展变化，经分析研判，由指挥长提出应急响应级别调整建议，经总指挥批准后，按照新的应急响应级别开展应急处置。按照“谁启动、谁结束”的原则，由应急响应启动通知的发布部门发布应急响应调整通知。

应急响应调整命令主要包括文件号、签发人、签发时间、主送部门（下级单位）、响应类型、调整说明、有关措施要求、抄报、应急预案等内容。应急响应调整不是应急响应流程的必要阶段，而是根据应急处置的需要对响应级别进行调整。

7.2.8.2 功能说明

应急响应专题页面响应调整功能按钮调出应急响应调整页面，实现应急响应级别变更、发布通知、签收统计、上报等功能。

应急响应调整页面需要填写的内容主要有调整后级别、调整说明、附件、是否短信通知。调整后级别从下拉框控件中选择Ⅰ、Ⅱ、Ⅲ、Ⅳ级。可选择与应急响应调整有关的多个资料（如应急响应调整命令正式文件、领导批示等）上传至系统。若选择短信通知，则在发布应急响应调整命令时，系统利用通信录和短信平台向主送部门（下级单位）有关的应急工作联系人发送短信通知，提醒其应急响应级别已经进行了调整，尽快按照新级别要求的措施开展应急处置工作。

应急响应调整命令发布后，各部门用户（下级单位管理员账号）收到待办提醒，处理状态为“未签收”，可查看应急响应调整命令的详细信息和相应的工作任务，并填写签收意见。在回复签收意见后，该应急响应调整命令的签收状态显示为“已签收”，并根据系统推送的新的工作任务开展应急处置工作。专项应急办（即管理员账号）可查看每个接收部门（下级单位）是否已签收、签收人、签收意见、签收时间。

可将应急响应调整命令执行上报操作，将应急响应调整情况向上级单位报告。上级单位在应急响应页面的下级单位上报页签可看到新消息角标提醒，并可查看下级单位上报的应急响应调整的详细信息。

7.2.9 应急响应结束

7.2.9.1 业务介绍

当事故灾害的影响得到有效控制，次生、衍生事故隐患消除后，指挥长提出结束应急响应建议，经总指挥批准后，宣布应急响应结束，转入恢复阶段。按照“谁启动、谁结束”的原则，由应急响应启动通知的发布部门发布应急响应结束通知。

应急响应结束命令主要包括文件号、签发人、签发时间、主送部门（下级单位）、响应类型、响应级别、结束说明、后期恢复阶段工作要求、抄报、应急预案等内容。

7.2.9.2 功能说明

应急响应专题页面响应结束功能按钮调出应急响应结束页面，实现应急响应结束命令的新建、发布、撤回、修改、删除、上报、签收统计等功能。

应急响应结束页面需要填写的内容主要有应急响应结束说明、附件、是否短信通知。可选择与应急响应结束有关的多个资料（如应急响应结束命令正式文件、领导批示等）上传至系统。若选择短信通知，则在发布应急响应结束命令时，系统利用通信录和短信平台，向主送部门（下级单位）有关的应急工作联系人发送短信通知，提醒其应急响应已经结束，可解除采取的应急处置措施。

应急响应结束命令发布后，突发事件状态变更为响应结束，仍可在应急响应专题页面进行值班日报填报上报、数据报表填报统计、应急资源调配情况查看、信息报送、信息发布等各项操作。

应急响应结束命令发布后，各部门用户（下级单位管理员账号）收到待办提醒，处理状态为“未签收”，可查看应急响应结束命令的详细信息和相应的工作任务，并填写签收意见。在回复签收意见后，该应急响应结束命令的签收状态显示为“已签收”，并根据系统推送的新的工作任务开展后续工作。专项应急办（即管理员账号）可查看每个接收部门（下级单位）是否已签收、签收人、签收意见及签收时间。

可将应急响应结束命令执行上报操作，将应急响应结束情况向上级单位报告。上级单位在应急响应页面的下级单位上报页签可看到新消息角标提醒，可查看下级单位上报的应急响应结束的详细信息。

7.3 辅助应急指挥

应急指挥决策是电力应急处置的关键环节。电力突发事件发生前后产生灾情、损失、处置等大量的异构数据，可应用大数据分析、人工智能等先进技术，从这些数据中获取、挖掘有价值的信息，在突发事件发生前实现事件发展趋势、物资需求、停电范围预测，在突发事件应急处置中实现电力设备设施损失实时分析统计及形成应急资源调配方案，快速提供科学的应急指挥决策参考，保证各类应急资源得到最优化的利用，充分发挥电力企业应急体系的作用，提高突发事件应急处置能力。

电力应急辅助分析研判是根据自然灾害、电网事故灾难等事件的预测分析结果，分析突发事件影响区域内的电力设施、重要用户的受影响情况，科学调配周边可用电力应急抢修队伍、可用应急物资、应急装备信息、其他社会应急救援力量等信息，并进行展示。

7.3.1 电力应急数据库

电力应急数据库系统分为空间信息库、应急预案库、应急资源库、典型案例库、事件相关信息库、专业模型库、应急知识库、文档库 8 个数据库，便于数据的管理和应用。

①空间信息库：包括电力基础地理数据、DEM 数字高程数据、遥感数据及地名数据等。

②应急预案库：包括各类电力突发事件应急预案。

③应急资源库：包括可调用的应急物资、应急装备、应急队伍、其他社会应急救援力量等信息。

④典型案例库：包括本单位历史应急处置案例及国内外电力突发事件典型案例。

⑤事件相关信息库：包括突发事件信息、预测预警信息、监测监控信息以及应急指挥过程信息等。

⑥专业模型库：包括各类突发事件信息识别模型、综合预测预警模型（灾害模型）、智能研判模型等。

⑦应急知识库：包括电力应急法律法规、标准规范、应急知识、专业知识等内容。

⑧文档库：包括日常应急管理工作中流转的各种通知、公告、专报、简报等资料文档。

7.3.2 电力突发事件预测

电力突发事件预测模型是通过在历史电力应急大数据基础上，综合运用数据挖掘技术，实现对相关类型的电力突发事件预测与分析，包括对事件发展趋势预测、电力设备设施损失及停电范围预测（变电站及线路停运预测、供电用户特别是重要用户停电范围预测）、灾害损失统计分析（准实时统计分析损失负荷、停运变电站、停运线路、停电重要用户、停电用户数等相关数据信息），得出预测分析结果并作为情景规则提取以及应急决策的依据。

在系统中构建突发事件预测模型并进行预测分析的操作步骤如下：

①抽取历年突发事件案例数据作为机器学习的训练集与测试集。以台风灾害为例，

将历年台风灾害的发生灾害年度、登陆时最大风级、登陆时最大风速、登陆地点人口、台风持续时间、台风路径影响区域数量、停运配电台区数量、停电用户数量、停运线路数量、停运变电站数量、倒杆（塔）数量、断线数量、电力恢复时间等8个数据库，以一定比例划分为训练数据集与测试数据集。台风灾害应急处置结束后，将本次灾害数据作为新增的训练数据或测试数据。

②从“人、机、物、法、环”五个角度设计相关典型电力突发事件诱因元素数据表结构，梳理出每个角度的诱因元素，形成相应电力突发事件发生前的事件诱因状态数据集与输出结果数据集。

③在相应训练集基础上，通过BP神经网络模型和随机森林模型开展监督学习下的电力突发事件分类与预测模型构建。

④用测试集对分类与预测模型进行评估；用支持度和可信度对相关性分析模型进行评估。

⑤对通过评估的模型进行业务逻辑解析，再给出电力突发事件预测模型及事件诱发因素之间的关联关系结果。

⑥适用于某类灾害的电力突发事件预测模型构建完成后，将该模型加入电力突发事件预测模型库中。

⑦电力突发事件发生时，系统从模型库中自动筛选出适用的预测模型，确认后，可利用该预测模型开展电力设备停运、用户停电范围等损失预测。

⑧损失预测结果在电力GIS地图上以不同颜色进行突出显示，还可以柱状图、折线图、饼图等图表形式展示。

7.3.3 电力应急情景规则库

以专家经验和以往同类电力事故处置案例，构建具有一定逻辑关系和时间关系的情景要素序列，形成电力应急情景规则库，为电力应急辅助决策提供支撑。

在系统中构建电力应急情景规则库的操作步骤如下：

①基于电力应急法规制度及电力事故处置案例，确立电力应急业务规则。

②设计完善电力应急情景规则库结构。

③开展不同灾害类型的应急业务使用场景设计（输入条件、处理过程、输出结果）。

④制定系统展示页面与应急情景规则库对接的接口业务逻辑。

⑤利用规则库接口，实现从“典型电力突发事件类型”到“相关情景规则”的自动提取。

⑥在系统展示页面实现不同灾害类型的电力应急情景规则的可视化显示。

7.3.4 电力应急辅助决策

在电力突发事件预测模型及电力应急情景规则库的基础上，电力突发事件用“情景–任务–能力”数据表示。在台风、雨雪冰冻、地震、洪涝等灾害应急处置过程中，对电力设备设施损失进行实时滚动分析统计，利用应急队伍、应急物资、应急装备等应急资源分配决策模型，自动生成应急资源调配方案，将各类应急资源合理调配到各个受灾现场，为电力企业应对自然灾害提供智能化的决策支持服务。

在系统中构建电力应急辅助决策模型的操作步骤如下：

①基于电力企业应急预案、应急资源以及电力事故处置案例，梳理“情景—任务—能力”数据，形成“情景库—任务库—能力库”。

②基于“情景库—任务库—能力库”，设计完善电力应急业务使用场景（输入条件、处理过程、输出结果）。

③制定系统展示页面与“情景库—任务库—能力库”对接的接口业务逻辑。

④利用数据库接口，实现从“相关情景规则”到“相关任务”和“相关能力”的自动提取。

⑤系统依据“突发事件—事件情景—情景任务—任务所应具备能力”主线，自动生成不同灾害类型的电力应急辅助决策模型。

电力应急指挥信息系统利用电力应急辅助决策模型，查询应急车辆、应急队伍、应急专家、应急物资、应急装备等应急资源的可用状态，自动计算各类应急资源需求预测结果，结合事态发展、现场救援情况以及可能引发次生事件等因素的变化，对预测结果进行修正，在系统中制定最终应急指挥方案，并进行各类应急资源的指挥调配管理。

7.4 重大活动保电

7.4.1 业务介绍

重大活动是指在电力企业经营区域内举办的由政府组织或认定的具有重大影响和特定规模的政治、经济、外交、科技、文化、体育等活动。

重大活动保电工作目标是确保重大活动期间电力系统安全稳定运行，确保重点用户的用电安全，杜绝造成严重社会影响的停电事件，实现保电范围内电力设备无故障，供电服务无投诉。

执行保电的电力企业要加强与重大活动举办方、政府部门、重点用户等的联系沟通，确定保电重点用户名单和重要等级，明确涉及保电的相关厂站线范围，制定安全防护标准，并建立顺畅的工作机制，共同做好保电工作。

电力企业要严格贯彻执行政府部门和上级单位的要求，保证保电工作所需的人力、物力和资金投入；重大活动保电工作分为准备、实施、总结三个阶段：

准备阶段主要包括保电工作组织机构建立、工作方案制订、保电方式确定、风险评估和隐患治理、网络安全保障、电力设施安全保卫和反恐防范措施、配套电力工程

建设、临时电源保障、用电设施改造、合理调整电力设备检修计划、关联用户专项检查、做好应急准备、开展应急演练，以及安全检查、督查等工作。

实施阶段主要包括落实保障工作方案、人员到岗到位、优化电力运行方式、加强电力运行调控、重要电力设施及用电设施、关键信息基础设施的巡视检查和现场保障、治理电力设备缺陷隐患、落实电力设备保卫和反恐措施、明确供用电安全责任、协助开展用电安全检查、加强网络安全监控、开展维稳保密管理、做好后勤保障、协调跨区支援、突发事件应急处置、即时信息报告、值班值守、保电日报等工作，不同级别的保电时段采取不同的保电措施。

总结阶段主要包括保障工作评估总结、经验交流、表彰奖励等工作。

7.4.2 功能说明

应用重大活动保电专题图，可加强电力企业对重大保电工作全过程管控能力，提高重大活动保电指挥水平，保障重大活动期间电力安全稳定运行和重点用户供电安全，完成重大保电工作任务。

该专题图融合集成保电准备、实施和总结各阶段信息，围绕电力设备、重点用户、应急资源等保电场景，横向集成电力调度控制、电力设备管理、电力营销服务等相关业务系统，纵向实现电力设备及重点用户低压设备上下贯通，开展全业务采集、全环节监督、全流程管控，具备保电信息汇聚整合、统计分析和全景展示功能。

该专题图包括保电准备管理、电力安全管控、重点用户安全监督、保障资源管理四个子模块，以GIS地图为支撑，将保电业务数据与功能直观地在地图上进行展示。

7.4.2.1 保电准备管理

(1) 活动信息管理

针对重大活动基本情况进行维护、展示管理，包括活动概况、开幕时间、总体日程安排、活动新闻、重点用户名称等。以图文形式滚动显示活动或保电新闻，点击查看新闻详细信息。点击重点用户名称，在GIS地图上定位该用户并跳转至用户页面，显示相应用户的详细介绍、活动日程安排、重点区域电力接线图等信息。

(2) 保电方案管理

专业部门上传各类保电方案、预案及标准，可由公司领导审批后发布。根据文档类型、上传时间等开展多维度分析展示，并对文档更新情况进行提示记录。实现对保电原则、保电重点任务、保电责任单位、保电支持单位、保电方案、保电预案、保电制度、保电标准等相关信息的查询及展示，点击查看各类保电方案的详细信息。

(3) 工作计划管理

创建各项筹备工作计划，具备任务下发、签收、反馈、变更提醒等功能，实现工作任务的多维分析统计及实时展示。上级单位将工作计划下发给下级保电责任单位。由下级保电责任单位向上级单位反馈执行进度，上传佐证材料，对于临期或超期任务自动发出提醒。上级单位可查看筹备工作进度、佐证材料，并进行审核批阅。系统根据各项工作任务的完成情况，以百分数形式展示准备阶段的当前进度。

(4) 指挥体系管理

调取应急组织机构数据和值班排班数据，实现各级指挥部体系架构、相关领导值守督导及保电值班人员信息统计及查询展示功能。指挥体系包括本单位、下级保电责任单位、下级保电支持单位的应急领导小组及保电指挥部组织架构。保电值班展示内容包括本单位、下级保电责任单位、下级保电支持单位的当前值班人员、值班计划和值班日报，值班人员包括值班领导、值班主任、值班专职。

(5) 保障厂站线管理

梳理录入与重点用户相关的保障厂站线信息，具备厂站清单自动汇总、重点用户上级电源追溯、按照电压等级和保电对象等维度进行统计分析等功能，并根据重点用户调整情况对保障厂站线进行自动更新。可在电力 GIS 地图上按名次搜索厂站线，查看厂站线详情及相关电力设备信息。以柱状图形式展示相关电厂的总数及各装机规模的电厂数量，点击数量显示发电厂详情列表。以柱状图形式展示保电变电站的总数及各电压等级（如特高压、500kV、220kV、110kV、35kV）的变电站数量，点击数量显示变电站详情列表。以柱状图形式展示保电线路的总数及各电压等级（如特高压、500kV、220kV、110kV、35kV、10kV）的线路数量，点击数量显示线路详情列表。点击厂站线名称，在电力 GIS 地图上定位，可通过厂站线的摄像头播放实时监控视频。

(6) 隐患风险管理

接入安全监督管理系统、电力设备管理系统、电力 GIS 地图等业务系统数据，在电力 GIS 地图上定位风险、缺陷、隐患，对电力设备缺陷隐患排查治理、安全风险管控等情况进行汇总统计，对治理进度和管控措施进行实时监督。分别展示安全风险总数及已管控数量、缺陷总数及已治理数量、隐患总数及已治理数量，点击数量可查看风险、缺陷隐患的详细信息。

(7) 配套工程管理

接入电厂、主网、配网、重点用户等配套电力工程信息，对各级、各类（电厂、主网、配网、重点用户）保电配套工程的计划安排、执行进度、责任单位、工程资料等进行汇总管控。展示配套工程总数、已完工数量、完工率，展示各类工程数量、已完工数量、完工率。若有多个下级保电责任单位，可分别显示每个责任单位的工程进度。可按照工程名称查看工程的详细信息。

7.4.2.2 电力安全管控

(1) 天气情况实时跟踪

调取气象监测及灾害预警监测信息，专题图上方显示当前日期和时间，以及实时天气情况、气象预警标题，点击预警标题显示预警详情，还可查看未来一周天气预报。天气预报以折线图、天气现象图标及文字结合的形式，实现不同时段天气信息的可视化展示。在 GIS 地图上以不同颜色突出展示台风、洪涝、雨雪冰冻、地震等灾害影响区域。

(2) 电力负荷信息监督

实时获取调度自动化、配电自动化等系统电力负荷信息，可从电力负荷、区域负荷、历史负荷等多个维度统计展示。基于水力、风力、光伏等的发、受、用电量，对保电清洁能源使用情况进行分析评估，展示向重点用户供应的水电、风电、光伏、核能电量，清洁能源总量及占总能源供应量的比率。以24h折线图形式展示保电责任单位的今日总负荷和昨日总负荷，用不同颜色区分；若有多个责任单位，点击各单位按钮进行切换相应单位的负荷曲线。

(3) 电力故障信息监督

基于电力GIS拓扑关系、营配基础档案、停电计划、故障报修等业务数据，结合调度自动化、配电自动化、用电信息采集系统相关停电事件，实现对保障厂站线故障类型、故障原因、影响范围等信息的实时研判和追溯。

(4) 保障线路信息查询

通过电力设备管理系统、调度自动化、配电自动化、统一视频平台等业务系统，查询监控保障相关线路台账、通道视频以及检修试验、状态检测、巡视记录等运行信息，对于超期未检修试验、运行状态、负载不满足保障要求的进行自动预警提示。

(5) 保障站室信息查询

通过电力设备管理系统、调度自动化、配电自动化、统一视频平台等业务系统，查询监控保障相关站室台账、站室视频以及检修试验、状态检测、站室巡视记录等设备运行信息，对于超期未检修试验、运行状态、负载不满足保障要求的进行自动预警提示。

7.4.2.3 重点用户安全监督

(1) 重点用户基础信息查询

整合电力营销业务系统及重点用户信息，建立重点用户档案，具备用户资料、用电检查记录上传、展示功能。可实时查询重点用户地理位置、类型、保障等级等信息。对于具备平面图纸的重点用户，可展示其内部布局、查询设备情况。

(2) 重点用户负荷监测

接入调度自动化、配电自动化等系统，实现重点用户负荷情况的实时监测及分析查询，实现临时负荷信息查询及展示功能。以24h折线图形式展示重点用户的今日负荷和昨日负荷，用不同颜色区分。

(3) 重点用户内部设备监测

接入配电自动化、用电信息采集系统等，展示重点用户内部接线图、自备电源、总配电室、分配电室、负荷类型监测等信息，对用户内部设备信息及运行信息进行实时监控。对于具备内部视频信息接入条件的重点用户进行视频监督。

(4) 重点用户关联用户分析

智能分析保电期间无法导出的同母线用户，以及与重点用户同线路、同通（沟）道用户，并进行预警提示。

(5) 重大活动电视直播

点击重大活动相关电视频道链接，观看重大活动在线直播视频。

7.4.2.4 保障资源管理

(1) 人员政审综合管理

录入保电人员背景审查及政审审查信息，建立保障人员信息库。具备各类安全协议、保密协议统计录入和预警分析功能。可查看每个保电人员的详细信息（如姓名、性别、身份证号、政治面貌、联系电话、所属单位、所属队伍、所属专业、背景审查情况、政审情况、保密协议等），确保保电人员政治素质合格。

(2) 电力保障队伍管理

从保障区域、专业类别、所属单位等多个维度，对保障队伍、人员信息进行统计展示。结合电力 GIS 地图和移动作业终端等装备，实现对现场保障人员的工作状态、工单执行情况、位置信息等的远程监督。

(3) 重点用户保障团队管理

在保障人员信息库内创建重点用户保障团队，结合移动作业终端等装备，对重点用户保障团队的方案预案、站位分布、工单执行情况、位置信息等进行远程监督。

(4) 发电车发电机管理

调配发电车、发电机对重点用户进行支援待命，展示发电车总数、发电车容量、发电机总数、发电机容量、总发电容量、累计保电次数、累计发电时长，以及每台发电车详细信息（包括车牌号、类型、发电容量、所属单位、出厂日期、联系人、联系电话、车辆状况、所处位置等）、每台发电机详细信息（包括发电容量、型号、所属单位、所处位置等）。

(5) 应急装备特种装备管理

调取应急（特种）装备数据，对应急（特种）装备类型、数量等情况进行统计展示，可查看每个应急（特种）装备的详细信息（包括装备名称、类别、所属单位、健康状况、联系人、联系电话、所处位置等）。

(6) 应急物资管理

接入物资管理系统、电力 GIS 地图等系统，汇总保障工作相关应急仓储信息，实现应急仓库和应急物资的种类、数量等信息的定位展示与统计分析功能，为应急物资调拨提供决策依据。

8　后期恢复功能模块

8.1　事件损失分析

8.1.1　业务介绍

在发生紧急突发事件并完成应急救援工作，进行后期的恢复与重建工作时，为充分了解事故起因和危害，优化应急整体工作，进行更及时的应急响应和救援，包括各类应急资源的全面统筹调配、形成优质应急预案，需要做前期基础工作，即全面摸清紧急突发事件给用电企业带来的损失，这就是事件损失分析业务的目的。

根据《企业职工伤亡事故调查分析规则》GB 6442—1986，事故的调查程序必须首先成立事故调查小组。针对突发事件的类型，事故调查小组组织开展事故灾害的损失统计和综合分析，向应急办提报损失及影响情况报告。事故调查小组和应急办应依据相关专业部门开展突发事件的损失统计和综合分析，及时开展保险理赔及费用结算，完成损失的认定，损失包括物证、人证或事故材料及现场影像资料等。对有异议的损失统计，须进行损失的再次取证。

8.1.2　功能介绍

事故损失分析模块的主要功能包括事故损失分析文档的上传、查看、编辑、保存、删除、查询、上报和导出等。

上传功能主要将事故损失文档从本地上传至应急指挥系统。在事件损失分析页面，点击上传按钮，在弹出窗口中，从本地浏览找到待上传文件并选中，点击确定完成上传。

查看功能负责在系统上在线查看事故损失文档。在事件损失页面选中待查看的事件损失分析文档，点击查看，可通过鼠标滚轮或键盘上下滚动查看。

编辑功能负责在线编辑更新事件损失分析文档的标题和详细内容信息。标题的编辑，可直接在事件损失分析页面选中待编辑的文档，选中文档标题，直接键入更新内容。详细内容的编辑，可选中待编辑的事件损失文档，点击编辑按钮，在跳转页面中对事件损失分析文档进行详细内容的编辑，最后点击确定完成编辑。

保存功能实现事件损失分析文档在系统中的保存操作。选中待保存事件损失分析文档，点击保存按钮，完成保存。

删除功能实现对于事件损失分析文档的删除操作。选中待删除的事件损失分析文档，点击删除按钮，完成删除操作。需要注意的是，为保证数据一致性和系统数据安全，删除操作是不可逆的，并且删除操作支持多项删除。

查询功能实现对于事件损失分析文档的按标题模糊查询。用户可以按照标题对事件损失分析文档进行模糊查询，例如，查询标题中的某两个或多个关键字。用户在查询输入框内输入查询标题，点击查询按钮，系统会显示查询筛选后符合条件的所有事件损失分析文档。用户可通过点击查询页面右上角的关闭按钮，返回事件损失分析界面。

上报功能支持各单位将本单位所产生的事件损失分析报告向上级单位汇报，并最终由省级单位汇总上报集团总部。选中待上报事件损失分析报告，点击上报，在弹出对话框中下拉选择上报单位，选择上报单位后，点击上报完成上报操作。

导出功能支持事件损失分析报告保存至本地存储并导出为统计表格的操作。在选中事件损失分析报告后，点击导出按钮，选择本地地址，将报告中的附件保存并导出在本地。

8.2 事件调查分析

8.2.1 业务介绍

对已发生的事故进行调查分析处理是极其重要的一环。根据事故的特性可知，事件是可以避免的，事故是不可避免的，但我们可以通过事故预防等手段减少其发生的概率或控制其产生的后果。事故预防是一种管理职能，而事故预防工作在很大程度上取决于事故调查。因为通过事故调查获得的相应的事故信息对于认识危险、抑制事故起着至关重要的作用。而且事故调查与处理，特别是重特大事故的调查与处理会在相当的范围内产生很大的影响。因此，事故调查是确认事故经过、查找事故原因的过程，是安全管理工作的一项关键内容，是制定最佳的事故预防对策的前提。

事故调查与分析是电力企业针对自身生产过程中出现的安全事故进行有组织、有计划、有条理的调查和分析，包括事故发生的经过和原因、事故责任认定、人员伤亡和经济损失等。它的重要性主要体现在以下四个方面：

①最有效的事故预防方法。事故的发生既有偶然性，也有必然性。即如果潜在的事故发生的条件（一般称为事故隐患）存在，什么时候发生事故是偶然的，但发生事故是必然的。因而，只有通过事故调查的方法，才能发现事故发生的潜在条件，包括事故的直接原因和间接原因，找出其发生发展的过程，防止类似事故的发生。

②为制定安全措施提供依据。事故的发生是有因果性和规律性的，事故调查是找

出这种因果关系和事故规律的最有效的方法。只有掌握了这种因果关系和规律性，我们就能有针对性地制定出相应的安全措施，包括技术手段和管理手段，达到最佳的事故控制效果。

③揭示新的或未被人注意的危险。任何系统，特别是具有新设备、新工艺、新产品、新材料、新技术的系统，都在一定程度上存在着某些我们尚未了解或掌握的、被我们所忽视的潜在危险。事故的发生给了我们认识这类危险的机会，事故调查是我们抓住这一机会最主要的途径。只有充分认识了这类危险，我们才有可能防止其产生。

④可以确认管理系统的缺陷。如前所述，事故是管理不佳的表现形式，而管理系统缺陷的存在也会直接影响到企业的经济效益。事故的发生给了我们将坏事变成好事的机会，即通过事故调查发现管理系统存在的问题，加以改进后，就可以一举多得，既控制事故，又改进管理水平，提高企业经济效益。

8.2.2　功能说明

事件调查分析模块的主要功能包含事件调查分析报告的上传、查看、编辑、保存、删除、查询、上报和保存附件等功能。

上传功能主要将事件调查分析文档从本地上传至应急指挥系统。在事件调查分析页面，点击上传按钮，在弹出窗口中，从本地浏览找到待上传的文件并选中，点击确定完成上传。

查看功能负责在系统上在线查看事故调查分析文档。在事件调查页面选中待查看事件调查分析文档，点击查看，可通过鼠标滚轮或键盘上下滚动查看。

编辑功能负责在线编辑更新事件调查分析文档的标题和详细内容信息。事件调查分析标题的编辑，可直接在事件损失分析页面选中待编辑的文档，选中文档标题，直接输入更新后的标题。详细内容的编辑，选中待编辑的事件调查分析文档，点击编辑按钮，在跳转页面中对事件调查分析文档的进展进行详细内容的编辑，可增 / 删文档、音频或视频附件等，点击确定完成编辑。

保存功能实现事件调查分析文档在系统中的保存操作。选中待保存事件调查分析文档，点击保存按钮，完成保存。

删除功能实现对于事件调查分析文档的删除操作。选中待删除的事件调查分析文档，点击删除按钮，完成删除操作。需要注意的是，为保证数据的一致性和系统数据的安全，删除操作是不可逆的。另外，删除操作支持多项删除。

查询功能实现对于事件调查分析文档的按标题模糊查询。用户可以按照标题对事件调查分析文档进行模糊查询，例如，查询标题中的某两个或多个关键字。用户在查询输入框内输入查询标题，点击查询按钮，系统会显示查询筛选后符合条件的所有事件调查分析文档。用户可通过点击查询页面右上角的关闭按钮返回事件调查分析界面。

上报功能支持各单位将所产生的事件调查分析报告向上级单位汇报，并最终由省级单位汇总上报集团总部。选中待上报事件调查分析报告，点击上报，在弹出对话框中下拉选择上报单位，点击上报完成上报操作。

保存附件功能支持事件调查分析报告的附件下载至本地存储的操作。在选中事件调查分析报告后，点击保存附件按钮，选择本地地址，将报告中的附件保存在本地。

8.3 应急处置总结评估

8.3.1 业务介绍

8.3.1.1 预警启动评估调查

事发单位在每次预警解除后，在规定时间内完成的自行评估调查。完成评估调查报告，做出总体评价，分析各环节应急处置的优与劣，指出存在问题，提出整改建议。评估的内容主要包括：灾害（灾难）概况，电网影响情况，预警启动及行动情况，取得的经验、存在的问题和不足，改进措施。评估报告应经专家审核，通过后及时上报上级相关主管部门。针对总结评估提出的问题，制定整改措施，对需长时间才能完成的要列入工作计划，并由安质部门监督落实。

8.3.1.2 应急响应评估调查

事发单位在每次应急响应解除后，在规定时间内完成自行评估调查。完成评估调查报告，评估报告的内容主要包括：灾害（灾难）概况，电网影响情况，应急启动及响应情况，应急处置及电网抢修恢复情况，取得的经验、存在的问题和不足，改进措施。评估报告应经专家审核，通过后及时上报上级相关主管部门。评估报告应重点对应急处置过程中发现的薄弱环节进行评估；对应急响应各阶段应急处置的正确性、预案的科学合理性及相关防范措施落实情况进行评估。

8.3.1.3 落实整改

根据总结评估提出的整改措施进行落实，短期内不能完成的整改内容应列入整改计划。

8.3.2 功能说明

应急处置总结评估的主要功能包括应急处置总结评估文档的上传、查看、编辑、保存、删除、查询、上报等功能。

其中上传功能将应急处置总结评估文档，从本地上传至应急指挥系统。在应急处置总结评估页面，点击上传按钮，在弹出窗口中，从本地浏览找到待上传文件并选中，点击确定完成上传。

查看功能实现在系统上在线查看应急处置总结评估文档。首先在应急处置总结评估页面选中待查看应急处置总结评估文档，点击查看，可通过鼠标滚轮或键盘上下滚动查看。

编辑功能负责在线编辑更新应急处置总结评估文档的详细内容信息。选中待编辑的应急处置总结评估文档，点击编辑按钮，在跳转页面中对应急处置总结评估文档进行详细内容的编辑，点击确定完成编辑。

保存功能实现应急处置总结评估文档在系统中的保存操作。选中待保存应急处置总结评估文档，点击保存按钮，完成保存。

删除功能实现对于应急处置总结评估文档的删除操作。选中待删除的应急处置总结评估文档，点击删除按钮，完成删除操作。需要注意的是，为保证数据一致性和系统数据安全，删除操作是不可逆的。另外，删除操作支持多项删除。

查询功能实现对于应急处置总结评估文档的按标题模糊查询。用户可以按照标题对应急处置总结评估文档进行模糊查询，如查询标题中的某两个或多个关键字。用户在查询输入框内输入查询标题，点击查询按钮，系统会显示查询筛选后符合条件的所有应急处置总结评估文档。用户可通过点击查询页面右上角的关闭按钮，返回应急处置总结评估界面。

上报功能支持各单位将产生的应急处置总结评估报告向上级单位汇报，并最终由省级单位汇总上报集团总部。选中待上报应急处置总结评估报告，点击上报，在弹出对话框中下拉选择上报单位，点击上报完成上报操作。

8.4 恢复重建

8.4.1 业务介绍

突发事件事态得到有效控制后，应急管理从抢险救灾为主的阶段转变为以恢复重建为主的阶段。建立健全突发事件的恢复重建机制，不仅要尽快恢复灾害损毁设施、实现社会生产与生活的复原，还要贯彻可持续发展的理念，将恢复重建作为增强社会防止灾害、减少灾害能力的契机，整体提升全社会抵御风险的水平。

首先应当明确的是，恢复重建目的是消除突发事件短期、中期、长期影响的过程。主要包括两类活动：一是恢复，即使社会生产活动恢复正常状态；二是重建，即对于因为灾害或灾难影响而不能恢复的设施等进行重新建设。

恢复重建是一项十分艰巨的工作。面对自然条件复杂、电力设备和设施损毁严重的困难局面，灾后恢复重建任务异常繁重，工作充满挑战。灾后恢复重建关系到各地区电力企业及单位的切身利益和长远发展，必须充分依靠灾区及周边电力单位应急部门，举八方之力，有效利用各种资源。通过精心规划、精心组织、精心实施，重建电力设备、设施和场站，恢复正常运转的电力“发、输、变、配、用”环节，使电力企业各级单位在恢复重建中赢得新的发展机遇。

因此，恢复重建要以消除电力突发事件影响为基础，以谋求未来发展为导向。从总体上来看，电力突发事件的影响主要分为社会影响和经济影响。

(1) 社会影响

电力突发事件的发生会影响停电区域内的民众正常生活，影响重大的甚至会导致人民生命的损失。例如，2017年台湾省“8·15”大停电，波及台湾省17个县市，超500万人的生活受到影响，还造成了3起火警、1人死亡。恢复重建需要恢复电力场站、设备和设施，为社会公众和工业提供基本用电保障，使整个社会呈现常态运转状态，消除电力突发事件的社会影响，是电力恢复重建需要考虑社会面核心因素。

(2) 经济影响

电力突发事件对经济的直接影响非常大，间接影响难以估计。例如，2022年台湾省“3·03”大停电，造成了48座工业区受波及，导致半导体、光电等高新电力电子产品生产和供应受重创，设备和生产机器受损伤，甚至有的工厂从恢复电力供应再到复产需花费3天，该次停电事件造成的损失达上百亿台币。这次停电严重影响了台湾省高新电子工厂的形象，部分高新技术企业产生心理恐慌，使原订的供应链产品订单受到影响，部分投资者对在灾区的投资项目重新评估，甚至考虑取消或者推迟注资建厂。

8.4.2 功能说明

恢复重建模块主要包含恢复与重建区域管理，恢复与重建物资管理和恢复与重建进度管理等功能。

恢复与重建区域管理主要关注各单位所负责辖区内的电力生产环境的恢复与重建，包括重建区域新增、删除、查询和上报等功能。区域管理的新增子功能实现了电力生产环境的待重建区域的新增。在恢复与重建页面，选择区域管理，点击新增按钮，选择本单位内待重建区域，点击确定完成新增。区域管理的删除子功能实现了已重建区域在重建区域系统中的删除操作。在恢复与重建页面，选择区域管理，选中待删除重建区域，点击删除，点击确定完成删除操作。区域管理的查询子功能实现了重建区域管理按名称筛选的查询功能。在恢复与重建页面，选择区域管理，在查询输入框输入标题，点击查询，即可查看符合筛选条件的查询结果。区域管理的上报子功能实现了各单位将本单位内负责待重建区域的信息逐级向上级单位传递，在省级单位汇总上报至集团总部的过程。选中区域管理表，点击上报按钮，在对话框中选择上报单位，点击确定完成上报。

恢复重建的物资管理功能主要实现了各单位进行恢复与重建物资的使用情况维护，包括物资上传、删除、导出和查询子功能。物资管理的上传子功能实现了将本地恢复重建新增物资表格，导入并上传至恢复与重建物资管理表格的操作。在恢复与重建页面，选择物资管理，点击上传按钮，在弹出的本地浏览文件中选择要导入上传的新增物资表格，点击确定按钮完成上传。物资管理的删除子功能实现了恢复重建物资的删除操作。在恢复与重建页面，选择物资管理，选中待删除的恢复重建物资，点击删除，完成相应删除操作。物资管理的导出子功能实现将现有恢复重建物资表格导出并保存至本地的功能。在恢复与重建页面，选择物资管理表，点击导出按钮，选择本地保存地址，完成回复物资表的本地存储。物资管理的查询子功能实现了对于恢复重建物资的在线查询。在恢复与重建页面，选择物资管理，在查询输入框内输入关键字，点击查询，即可在跳转页面滚动下拉查看查询结果，点击该页面右上角的关闭按钮，返回物资管理页面。

恢复重建的进度管理功能实现了各单位所负责恢复重建区域的恢复重建进度新增、删除、编辑和查询等子功能。其中进度管理的新增子功能完成某特定恢复重建区域的恢复进度新增。在恢复与重建页面，选择进度管理表，点击新增按钮，在弹出的对话框中，选取区域管理表中的关联重建区域，然后填写进度详细内容，点击确定。完成进度和区域的关联。值得注意的是，重建进度的标题，即关联的重建区域为进度管理中的关键字唯一标识。同一重建区域只能关联一条重建进度数据。进度管理的删除子功能实现了进度管理表中的重建进度删除。在恢复与重建页面，选择进度管理表，选中待删除进度，点击删除，点击确定完成删除。重建区域在区域管理表中被删除时，同时删除进度管理中的关联进度。进度管理的编辑子功能实现了进度管理表中的标记功能。在恢复与重建页面，选择进度管理表，选中待编辑的进度，点击编辑，在弹出对话框中完成详细内容的更新，点击确定，完成编辑保存。进度管理的查询子功能实现了按照重建区域标题查找的进度在线查询。在恢复与重建页面，选择进度管理表，在查询文本框中输入带查询区域进度的标题，点击查询按钮，点击确定，即可在跳转页面滚动下拉查看查询结果，点击该页面右上角的关闭按钮，返回进度管理页面。

8.5 资料归档

8.5.1 业务介绍

应急资料归档是指用电企业应急保障单位或部门在其职能活动中形成的、办理完毕、应作为文书档案保存的各种纸质文件材料，经系统整理，交档案室或档案馆保存的过程。应急资料的归档是用电企业应该规范的一项制度，应急资料归档是紧急突发事件在应急过程中形成的文件向档案转化的标志，是文书处理的终点和档案管理的起点。

8.5.2 功能说明

应急资料归档模块主要包含应急资料建档、存档、借阅、撤档和销毁和档案日志管理功能。

其中应急资料建档的主要功能为在资料系统中指定一份存储空间，将本次应急事件的应急管理档案进行存储归档，并设置档案保管期限为永久、长期或定期，同时根据此次应急事件命名该档案，同时在系统中为该档案创建档案日志。当建档操作完成时，该档案日志自动为建档操作进行时间戳记录，以及操作是否成功。

存档操作的主要功能是指在建档功能完成后，单位应急管理部门将应急管理方面的文字、图像、影像等资料进行归档的操作。它包括文件上传、更新和覆盖，在该应急档案的存储空间中完成资料的文件资料存储操作。存档的范围是应急管理活动中形成的具有保存价值的文件材料，包括：具有保存价值的本单位正式收文、发文，除文件的正件外，还应包括它的附件；本单位在应急管理活动中产生的与上级领导部门间的往来文件，包括请示、报告、项目立项、重要函件、应急救援合同等；本单位在应急救援活动中产生的各种文件材料（即内部文件），如规章制度、调研材料、计划、总结、条例、会议纪要、机构调整、人事任免、部门管理职能性文件、部门岗位职责等。

借阅功能的主要功能包括借阅申请、借阅登记和归还日期提醒。由于应急资料的归档工作的性质，当其他有关单位或部门想访问部分应急资料档案时，必须向应急资料管理部门在系统中进行借阅申请，步骤为：其他单位或部门在线点击借阅申请，同时完成借阅申请表格的填写和相关批准批示等附件上传，等待应急资料管理部门进行申请的审核和批准；当借阅申请得到批准完成后，借阅登记功能完成相应申请的登记，在系统中留下借阅的记录，便于相应应急资料泄露后的追查工作。归还日期提醒功能为在系统中完成了借阅申请和登记的其他单位或部门，在借阅时会被告知借阅的规定时间和节约权限的截止日期。归还日期登记提醒功能会根据系统时间，自借阅单位接收到借阅申请同意批准的系统回执后，开始计算借阅归还时间，利用系统时钟完成借阅归还时间的显示和提醒。

撤档和销毁功能指负责应急资料归档的专职档案员有责任对保管期满的档案，经相关手续和批示后，进行销毁，并建立文书档案销毁清册。撤销和销毁功能，在执行时，会在系统上先覆盖原有的应急资料档案的存储空间，再将该应急资料档案指向该存储空间的索引删除。该操作的目的是，防止系统损坏及系统遭受到恶意攻击后，黑客可以通过复原索引找回被销毁的应急资料档案。

应急档案日志管理功能在系统存储空间内建立一个总的应急档案日志，总应急档案日志下可进行新增日志、日志查询、日志回滚和日志删除。新增日志只作为应急资料建档的同时自动执行，在总日志表内建立一个以该应急档案为索引的空日志。日志查询指在系统发生错误或相关借阅单位部门提出某些故障时，应急档案管理专责可以通过应急档案日志管理功能的日志查询子功能，进行故障线索的排查。日志回滚指将应急资料档案按照应急日志的操作，回滚到应急日志出现报错之前的档案版本。日志回滚和日志查询子功能通常在出现应急档案故障时配合使用。日志删除子功能，只在撤档和销毁功能执行时自动执行，它在应急档案日志的总表内删除该应急档案日志的子表，并释放其存储空间。

9 移动应用

移动应用可辅助进行监测预警、应急指挥等工作，集成灾害预警与应急指挥支撑平台，进行实时的气象、内部监测预警；有突发事件发生时，应急处置人员可随时随地了解突发事件当前情况、查询应急预案、接收根据应急预案自动生成的工作建议、依据应急预案创建并发布工作任务、辅助应急指挥、进行工作交流、实时信息报送、相关资讯展示等，同时还能查阅应急处置所需的应急知识。

①监测预警：实时同步外部气象灾害预警，并进行预警提醒，可通过外部气象预警直接转化发布内部预警，内部预警发布后提示应急工作人员进行预警行动。

②应急响应：在启动应急响应后，根据专项应急预案对各部门人员的工作任务进行精准推送，同时实现对应急处置全流程管控，实时了解应急响应处置进程。

③平战结合：平时可以通过智慧应急 App 进行学习，查看各类应急预案，进行应急知识检索，观看学习应急演练；当有应急事件或重要保电活动时，可通过智慧应急 App 进行应急事件处置和重要活动保电工作安排，还可以进行应急会商，辅助应急处置工作。

电力应急移动应用平台主要是实现在监测预警、应急响应、应急处置及日常应急等各项工作中，各级单位间的预警信息、响应行动、信息报送、通知公告等信息的实时交互，主要包括的应用模块有：预测预报功能模块，预警发布功能模块，预警信息功能模块，应急响应功能模块，应急会商功能模块，工作交流功能模块，应急处置功能模块，信息报送功能模块，定位导航功能模块，通知公告功能模块，应急预案功能模块，应急知识功能模块，短视频功能模块等。移动应用的主要功能是实现事件现场与应急指挥部之间、现场应急工作人员之间即时消息、语音对讲、音视频通话及视频会议等信息的实时、双向交互。

电力应急移动平台包括移动应急应用系统和移动应急管理系统。移动应急终端通过移动互联网（如 4G、5G、WiFi 等）与移动应急管理系统进行实时数据交互。现场领导通过移动应急应用可与电力公司应急指挥中心、各地市应急指挥中心的各级领导进行文字信息、图像信息和命令的互联互通，还可实现实时的多方无线视频会商、高效沟通及命令的快速准确上传下达，为快速应对突发事件和自然灾害提供更为直观、全面、及时的信息和决策依据；该平台支持文字短信息编辑及本地文件选择并发送到应急指挥信息系统、聊天群组或个人手机功能，同时实现相对应的接收功能，实现信息即时交互。

9.1　移动应急应用

移动应急应用主要是基于高效可靠的智能终端，通过各个应用模块，实现各项业务需求，满足日常应急工作与突发事件应急处置的应用需求，主要的功能模块包括：监测预警阶段的预测预报、预警发布、预警信息和信息报送；应急响应阶段的应急响应、应急会商、工作交流、定位导航、应急处置、通知公告等模块；日常应急阶段的应急预案、应急知识和短视频等功能模块（图 9-1）。

图 9-1　移动应用业务架构图

9.1.1　监测预警阶段

监测预警阶段主要是从事前预防的角度出发，通过移动应用，便于信息的发布和传递，实现及时获取外部预警相关信息、气象专报信息、地震信息以及电力系统内部的预警信息，通过对各类内外部预警信息的分析研判，分析出各类预警信息对电力设施的可能影响，以及有可能造成的损坏，然后通过信息报送功能实现本单位各类信息的信息快报，在突发事件发生后，能够通过事件日报将事件详细信息及时反馈到上级单位，使上级单位能够实时了解各单位的事件发展情况；应急工作日报是各单位按照要求模块，按照上报时间，进行定时的应急工作日报报送。

9.1.1.1 预测预报功能

预测预报功能主要包括天气公报、电力气象专报、监测中心公报。

①天气公报：主要是从中央气象台获取天气公报信息，对接中央气象台相关服务，通过移动应用可以实现随时随地查看当日气象信息。

②电力气象专报：通过应急技术中心获取每日电力气象专报，对过去12h的电力气象数据进行汇总，并对未来的电力气象数据进行预测，提示各单位重点关注的区域和相关自然灾害类型，满足电力应急业务需求。

③监测中心公报：通过国网灾害监测中心获取监测中心公报，对典型的自然灾害如山火、线路覆冰、雷电等进行实时的监测信息推送，通过移动应用能够满足对各单位进行实时通知各类自然灾害的目的。

9.1.1.2 预警信息功能

预警信息功能主要包括气象预警信息、地震信息速递、内部预警信息。

①气象预警信息：对接中央气象台气象预警信息，按预警级别分为红色、橙色、黄色、蓝色，分别统计不同级别的预警数量，按行政级别分为国家级、省级、地市级、县级，分别统计不同级别的预警数量，可进行关键词搜索；可根据不同时间筛选和订阅天气情况，如常在地天气、登录地天气、24h预报、多天预报，实现天气图、雷达图、风流场图、云图、降水图等各类气象图的24h轮播。

②地震信息速递：对接中国地震台网数据信息，实时获取地震信息，按照不同地震等级进行分类展示，将地震等级分为4.0级及以下地震，4.0—6.0级地震，6.0级及以上地震，进行关键词搜索；可根据地点、级别等查询，通过移动应用实现7天内的地震信息在地图的查询展示。

③内部预警信息：对接应急指挥系统，实现内部预警信息的实时获取，按行政级别，分为总部、分部、省级、地市、县级。分别统计不同级别预警数量，按预警级别分为红色、橙色、黄色、蓝色。分别统计不同级别的预警数量，比如筛选某个时间段内省公司有多少红色预警（显示个数及列表详情），发布预警后，可以对受影响单位的人员进行短信通知，受影响单位负责人员收到短信后，能够快速获取上级单位发布的预警信息。

9.1.1.3 预警发布功能

预警发布功能主要包括创建预警、预警发布、预警调整/解除。

①创建预警：具有预警创建权限的人员，可以通过移动应用进行预警的创建操作，新建本层级预警，根据预警通知单填写相关信息，如预警名称（手动输入），信息来源（勾选），险情类别（勾选），关联预案（默认匹配），预警等级（勾选），事件概要（输入，可复制粘贴），签发日期（选择），主送单位（勾选），影响范围（根据主送单位默认带出），影响开始时间（选择），预计结束时间（选择），有关措施（根据险情类别默认匹配，也可

以输入或复制粘贴)，抄报(默认带出，可以修改)，抄送(默认带出，可以修改)，签发人(输入)，审核(输入)，起草(默认带出登录账号，可修改)。

②预警发布：具有权限的工作人员可以通过移动应用实现预警的发布功能，展示本层级未发布、已发布、已解除的所有预警，按时间进行排序展示，可进行编辑、删除、发布等操作，对未发布的预警可进行编辑操作，对已发布的预警可查看预警详情，对已解除的预警可查看详细信息。

③预警调整/解除：只有本层级单位有权限的人员才能对预警进行调整或解除，其他层级单位人员无权限对非本层级的预警进行相关操作，通过权限控制可以实现相关的权限分配功能，如总部可查看所有公司预警；分部可查看总部、本分部、本分部所辖省、地市、县的所有预警；省公司可查看总部、直属分部、本省及本省所辖地市和县的所有预警；地市公司可查看总部、直属分部、直属省公司、本地市及本地市所辖县的预警；县公司可查看总部、直属分部、直属省公司、直属地市公司及本县的预警。根据上述从属关系，上级可查看下级的预警详情、预警行动等内容；下级只能查看上级的预警信息。

9.1.1.4 信息报送功能

信息报送功能主要包括应急日报、事件日报、信息快报。

①应急日报：新建数据报送任务；任务名称(手动输入)，报送类型(选择)，任务类型(选择)，报送频率(选择，系统会根据不同频率按照时间自动下发任务)，报送模板(选择)，开始日期(选择)，开始时间(选择，根据开始时间和报送频率进行任务下发时间的设置)，截止日期(选择)，截止时间(选择，根据截止日期、截止时间和报送频率进行任务下发终止时间的设置)，任务单位(选择)。对于模板的选择：下发任务始终以最新的模板为准，当调整任务模板时，需要后台更换模板，然后下发工作任务取最新的模板；根据上级指派任务，直接转发下级直属单位，进行任务下发；任务下发时，任务名称、报送类型、任务类型、报送频率、报送模板、开始日期、开始时间、截止日期、截止时间这些选项都是默认按照上级要求；任务单位可进行选择；数据报送频率分为只报一次、每天一次、每天两次、每天三次。根据不同的上报频率，系统自动下发上报任务：只报一次，下发一次任务；每天一次，上报时间设置当日19：00，每天0：00自动下发报送任务，直至报送截止；每天两次，上报时间设置，早上7：00，晚上19：00，每天0：00和中午12：00自动下发下次报送任务；进行数据填报时，下级单位填报内容可以直接求和汇总到上级单位的填报内容中；求和汇总以最后一次提交的数据为准，上级单位可实时刷新获取最新的数据；上级单位在获取到直属下级单位的汇总数据后，填报自己本级必须填报的内容，可以直接提交上报；也可以对下级汇总的数据进行修改，然后进行提交，系统以最后提交的数据为准。查看各项任务每天的报送详情，并能够进行分享，具体包含总体上报单位、已上报单位、未上报单位、按时上报单位、延时上报单位、汇总数据和各类分项表格数据。

②事件日报：根据突发事件类型，进行事件日报的报送设置，事件日报的报送频

率一般规定为每日三次，上报时间设置为早上7：00、下午14：00、晚上21：00。当次报送截止后两小时（即早上9：00，下午16：00，晚上0：00）自动下发下次报送任务，直至相关事件处理完成或者要求停止事件日报的报送。

③信息快报：新建险情报送内容，包括险情类别（选择），险情地址（可以手动输入，也可以自动定位），险情描述（手动输入），上报部门（垂直上报，下级安监部对应上级安监部，在垂直上报的同时，抄送给本级分管领导），上传资料（包含图片、视频、文档等）；将新建的报送内容进行保存，可进行编辑、删除、提交；按时间列表展示报送信息及被上级驳回的信息；按时间列表展示下级直属单位报送的内容，可对报送内容进行处理（通过或者驳回），对于审核通过的内容，自动归到险情列表；对于驳回的内容，返回到下级报送人；无论是通过或者驳回，处理之后都要求下级报送人进行信息反馈；按时间展示审核通过的报送内容，可根据内容详情进行预警信息的创建或者应急响应的启动；创建预警时要求跟“新建预警”一样，能够带出的信息默认带出；启动响应时跟“新建响应”一样，能够带出的信息默认带出。

9.1.2 应急响应阶段

应急响应阶段主要是在事件发生后，从进行应急响应和应急处置的角度出发，通过移动应用，将应急响应过程中的不同工作内容实现各个工作人员的分配及实现，总体把控事件处置的整体过程，及时将上级单位的通知下发到下级单位，将下级单位对通知的阅览状态进行跟踪，实现应急处置过程的总体把控。应急响应模块主要包括应急响应、应急处置、应急会商、工作交流、定位导航、通知公告等功能。

9.1.2.1 应急响应功能

应急响应功能主要包括创建应急响应、应急响应跟踪、应急响应关联。

①创建应急响应：新建本层级应急响应，根据响应通知单填写相关信息，包括响应名称（手动输入），信息来源（勾选），响应类别（勾选），关联预案（默认匹配），响应等级（勾选），事件概要（输入，可复制粘贴），签发日期（选择），主送单位（勾选），有关措施，抄报（默认带出，可以修改），抄送（默认带出，可以修改），签发人（输入），审核（输入），起草（默认带出登录账号，可修改）。

②应急响应跟踪：总部可查看所有公司响应；分部可查看总部、本分部、本分部所辖省、地市、县的所有响应；省公司可查看总部、直属分部、本省及本省所辖地市、县的所有响应；地市公司可查看总部、直属分部、直属省公司、本地市及本地市所辖县的响应；县公司可查看总部、直属分部、直属省公司、直属地市公司及本县的响应；根据上述从属关系，上级可查看下级的响应详情、响应行动等内容；下级只能查看上级的响应信息。

③应急响应关联：根据总部、省公司、地市公司、县公司的上下级关系，在启动应急响应后，上级单位可以跟踪查看下级单位的应急响应进展情况，下级单位可以查看上级单位的应急响应部分信息，同时上下级直属的单位之间还能够根据各自启动的

应急响应进行应急响应关系的关联。应急响应关联后，在查看信息权限方面，功能如上所述。

9.1.2.2 应急处置功能

应急处置功能主要包括事件专题、地图展示、指挥体系、总体进展、我的任务、相关资料、响应结束、事件设置等。

①事件专题：以时间轴展现当前应急事件的发展状况，统计各项工作任务的完成情况；展现事件动态是对事件的创建、预警及响应等进行实时的跟踪，将事件相关的短视频进行展示滚动播放；滚动新闻是将与事件相关的新闻资讯进行展示；应急值班是展示应急值班信息；应急科普是将与事件相关的应急科普知识进行展示。

②地图展示：地图展示相关事件的动态发展，以台风为例：实时获取台风路径，对台风经过的省份或地区进行相关预警、响应的查看，可以查看相关单位的应急预案，上级单位可以查看下级单位的预警及响应情况，下级单位可以查看上级单位的事件概览。在地图上可以展示重要场所、人员定位、电力公司，根据不同的图层可实现叠加展示，实现对重要场所的检索、对应急人员的定位、对电力公司相关预案和应急处置的查看。

③指挥体系：根据不同的应急事件，自动生成相应的应急指挥体系和响应流程图，自动推送给应急处置工作人员。

④总体进展：根据专项应急预案，结合部门处置方案和现场处置方案，将应急响应阶段拆分为若干环节，如信息报告先期处置、响应建议、建议审核、发布响应指令、信息初报、响应行动，再将每个环节中各个部门对应的工作任务（干什么）和相关建议（怎么干）进行精准化推送，使工作任务能够精准推送到相关责任人，并能够实时跟踪各项工作任务的相关状态，如未查看、已查看、进行中、已完成。在相应环节的各部门的工作任务中，可以筛选查看自己的工作任务。同时可通过短信通知其相关工作任务。根据实际需要，能够对应急响应进行响应级别调整，此时需要实现对整个流程的重新发起并重新推送相关工作任务，重新发起的流程应该是从应急响应阶段开始。可以查看不同响应等级下的各环节工作任务，若某一环节的各项工作任务，所有人员都“已查看”，整个流程可自动进行到下一环节。进行到哪一环节，哪一环节可以高亮闪烁显示。

⑤我的任务：根据各环节中推送的相应的工作任务，可以实时对工作任务进行处理，并能够在此项工作任务的基础上进行任务新建。将新建的工作任务指派给下级单位的相关人员，下级单位的人员对此项任务的完成情况归属到任务分配人的任务中。任务新建人可以实时查看对分配任务的完成情况，也可以对工作任务直接进行分享，将任务分享给指定人员，指定人员完成后系统默认该项任务已完成。对于具体的工作任务，可以上传图片、文件等相关资料。

⑥相关资料：展现跟应急事件相关的各类资料，包括应急预案、预警通知、调查报告等。

⑦响应结束：将响应结束阶段拆分为若干环节，如响应结束、建议审核、发布信息，再将每个环节中各个部门对应的工作任务（干什么）和相关建议（怎么干）进行精准化推送，使工作任务能够精准推送到相关责任人，并能够实时跟踪各项工作任务的相关状态，如未查看、已查看、进行中、已完成。在相应环节各部门的工作任务中，可以筛选查看自己的工作任务，同时可通过短信通知知道相关工作任务。若某一环节的各项工作任务，所有人员都已查看，整个流程可自动进行到下一环节，进行到哪一环节，哪一环节可以高亮闪烁显示，直至响应结束。

⑧事件设置：基本信息功能可对事件的基本信息进行修改，包括事件名称、预警来源、险情类别、影响范围、事件概要、主送单位、抄送部门等信息。图片信息功能设置事件专题的各类展示图片信息。值班信息功能通过系统录入值班人员信息，可实现对值班人员提前发送短信通知。相关新闻功能用来录入相关新闻资讯。相关视频功能用来录入相关应急视频。

9.1.2.3 应急会商功能

应急会商功能主要包括即时会商会议、预约会商会议、实时加入会议。

①即时会商会议：通过即时会议功能，可以实时进行应急会商，创建会议人员将会议名称、会议时间、会议密码等信息进行设置好后，其他人员可以通过移动应用输入会议号和会议密码进行即时会商会议。

②预约会商会议：预约会商会议可实现会议预约功能，会议预约人员设置好预约会议开始时间、预约会议时长、预约会议密码等信息后，可以向预定的参会人员发送相关信息，并提醒参会人员按时参加会商会议。

③实时加入会议：应急会商会议进行时，当需要邀请其他专家或者应急工作人员进行参会时，可以将会商会议号和密码直接转发给相关人员，相关人员通过移动应用输入会议号和密码后，可以直接参与应急会商。

9.1.2.4 工作交流功能

工作交流功能主要包括文字语音交流、实时视频通信、自动创建群组。

①文字语音交流：能够实现应急工作人员之间的文字交流功能，各应急工作人员之间也可以通过语音进行交流，同时能够实现文件的传输和预览功能。

②实时视频通信：可以实现应急指挥中心与现场应急人员之间的实时视频通信功能，使应急指挥中心指挥人员能够实时了解现场信息，辅助应急指挥人员进行应急指挥决策，提高应急指挥处置能力。

③自动创建群组：当应急事件发生后，可根据预设的工作群组进行应急处置工作，也可以通过新建的专题事件自动创建群组进行应急处置工作，自动创建的应急处置工作群组可以将应急处置相关的工作人员一同组建到相应的群组中，便于应急处置工作的进行。

9.1.2.5 定位导航功能

定位导航功能主要包括人员实时定位和路径规划导航。

①人员实时定位：应急工作人员在进行应急处置工作时，可以通过移动应用实时获取人员位置，并通过地图直接进行展示，有助于应急指挥人员在进行人员调配时合理进行人员调配分工。

②路径规划导航：在应急抢修工作进行中，各个抢修队伍在赶往抢修现场时，可以通过路径规划导航功能实现路径规划，同时可以通过路径规划功能实现应急抢修现场各个抢修队伍之间的路径规划导航，便于各个应急队伍之间的相互协作。

9.1.2.6 通知公告功能

通知公告功能主要包括通知发布、通知阅览、状态跟踪。

①通知发布：上级单位可以创建相关通知公告，选择该通知公告的接收单位进行定向发布，实现通知公告的定向发布。

②通知阅览：下级单位在收到上级单位的通知公告后，可以对该通知公告进行阅览，下级单位在阅览上级单位的通知公告信息后，可以进行本层级单位的通知公告编写工作，同时进行接收单位的制定选择，实现对下级单位的定向发布。

③状态跟踪：在上级单位发布通知公告，下级单位收到信息后，上级单位需要实时了解下级单位是否对收到的信息进行查看，状态跟踪功能能够实现对相关信息的阅览状态进行跟踪展示。

9.1.3 日常应急阶段

日常应急阶段主要是针对电力应急的日常应急工作状态进行重要工作的督办、展示、跟踪、协助，主要从应急预案、应急知识和短视频几个方面进行主要功能设计，协助日常应急工作的开展和保障，应对电力突发事件及进行重要保电活动的工作顺利进行。

9.1.3.1 应急预案功能

应急预案功能主要包括应急预案统计、应急预案查询、应急预案预览。

①应急预案统计：总部层级统计图展示“总部、分部、省公司、市公司、县公司”预案个数；统计图展示“自然灾害类、事故灾难类、公共卫生类、社会安全类”预案个数；列表展示总部层级的应急预案。分部层级统计图展示“总部、本分部、本分部下属省公司、地市公司、县公司”的预案个数；统计图展示本分部“自然灾害类、事故灾难类、公共卫生类、社会安全类”预案个数；列表展示本分部的应急预案。省公司层级统计图展示“总部、所属分部、本省、省所辖地市、县”的预案个数；统计图展示各类应急预案的数量(展示规则同上)；列表展示本省公司的应急预案。地市层级统计图展示“总部、所属分部、所属省、本地市、下属县”的预案个数；统计图展示各类应急预案的数量(展示规则同上)；列表展示本地市公司的应急预案。县级公司统计图展示“总部、所属分部、所属省、地市及本县”的预案个数；统计图展示各类应急预案数量(展示规则同上)；列表展示本县级应急预案。

②应急预案查询：多条件精准查询应急预案，查询权限遵从“权限控制”要求，查询到预案之后可进行预览、下载等。

③应急预案预览：根据查询到的应急预案信息，可以查看不同层级的应急预案，同时可以查阅历史版本的应急预案。

9.1.3.2　应急知识功能

应急知识功能主要包括应急知识检索、应急知识问答、应急知识推荐。

①应急知识检索：包含应急相关的法律法规、规章制度、标准规范等相关文件资料，实现应急领域的垂直知识检索功能，方便应急工作人员在应急处置工作时进行应急知识的检索工作。

②应急知识问答：通过人工智能技术，实现移动应用应急知识的智能问答功能，主要是辅助现场工作人员进行相关的应急处置工作。

③应急知识推荐：通过移动应用，对电力应急相关的科普知识进行自动推送，根据应急人员平时工作内容对应推荐相关的应急知识，辅助应急工作人员日常学习。

9.1.3.3　短视频功能

短视频功能主要包括视频拍摄、视频审核、视频播放。

①视频拍摄：应急工作人员可以通过移动应用进行短视频拍摄，主要是对现场情况进行拍摄，便于指挥人员了解现场信息；在平时的应急演练中也可以拍摄短视频，方便应急工作人员进行相互学习。

②视频审核：对于拍摄上传的短视频，需要经过相关人员的审核才能进行展示，各单位应设立专门的视频审核工作人员进行短视频的审核。

③视频播放：经过审核的短视频，可以通过移动应用进行播放，各层级工作人员都可以进行查看和学习。

9.2　移动应急管理系统

移动应急管理系统部署在电力信息外网的移动应急服务器上，移动应急管理系统用于提供数据存储与数据处理、提供与部署在电力信息内网中的应急指挥系统进行数据交互的接口模块，应急指挥系统通过调用接口模块，实现与移动应急管理系统间的数据交互，并最终实现与移动应急终端之间数据的互联互通。为保证数据的安全性，在移动应急管理系统与应急指挥系统之间采用正反向安全隔离装置，以确保互联网中的数据安全接入电力信息内网。

移动应急管理系统采用B/S架构（图9-2），包括：

①调配监控模块：用于提供对移动应急的通信调配和监控，对各移动应急客户端的在线状态和通信状态进行在线监控，同时实现与移动应急终端的电话拨打、音视频通话、即时消息发送等功能，支持通话话路控制功能，包括挂断、强插、强拆、监听、三方通话、转接、静音和禁话；

②组管理模块：用于提供移动应急终端的注册管理和组管理功能；所有的移动应

急客户端均须在组管理模块注册，包括终端类型、分配号码和所属组；组管理创建应急组或接收应急指挥系统推送的组，并将组及成员信息自动推送至移动应急终端；

③通信配置模块：用于提供移动应急通信相关参数的配置工作；

④移动应急服务模块：用于提供对数据的处理功能；

⑤通信历史管理模块：用于提供对全部通信内容进行管理的功能，用户可在该模块中查看聊天记录和音视频通信记录历史信息；

⑥会议管理模块：用于提供视频会议管理机制，支持多达16路音视频。

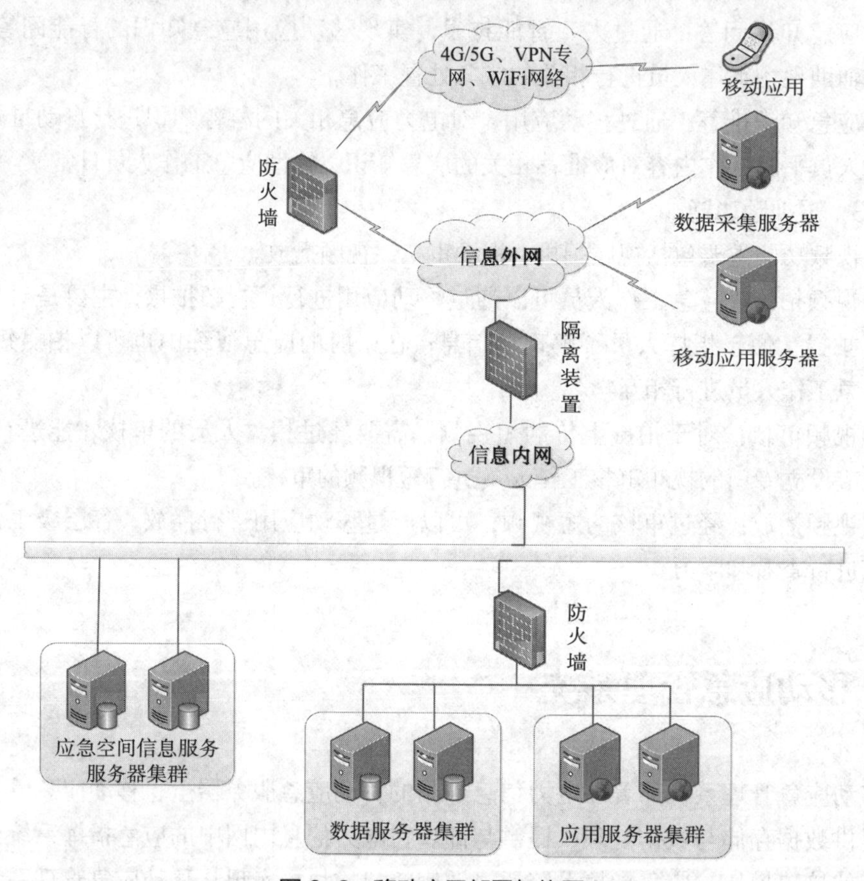

图9-2　移动应用部署架构图

移动应急服务模块包括数据收发接口子模块、数据处理子模块和多媒体处理子模块。数据收发子模块实现与移动应急终端及应急指挥系统间接口模块的通信，同时实现数据的接收与转发；数据处理子模块负责对数据进行解压和解密处理；多媒体处理子模块负责对接收到的数据进行解析并还原。

电力移动应急平台支持最大并发用户数200；登录平均响应时间≤2s；语音通话延迟平均时间≤1s；网络状态无丢包，网络延迟≤10ms时，音视频平均延时≤1s；网络状态丢包率≤5%，网络延迟≤100ms时，音视频平均延时≤3s；网络状态丢包率≤20%，网络延迟<500ms时，音视频平均延时≤5s。

10　基础支撑

10.1　感知设备

感知设备主要以布控球、多种电力检测传感器、巡检机器人、电力直升机、无人机、移动终端等多种现代感知设备为代表，实现对电力应急指挥信息系统所需的基础数据信息进行采集与支撑。

10.1.1　布控球

布控球是一种支持高清视频采集、无线视频图传、中心调度对讲、实时定位监控、远程云台控制等高集成度的产品，广泛应用于电力行业各单位，如图 10-1 所示。

（a）常见布控球

（b）布控球快速部署

图 10-1　布控球

通常电力突发事件中存在不确定性因素，需要以最快的速度掌握了解现场的情况并快速做出响应，单独依靠传统摄像头无法解决，首先监控摄像头安装的密度有限，其次并不能做到监控无死角，导致采集的证据残缺或者对现场情况了解不全面。随着高速网络的普及，现场临时快速布控作为有线视频监控的延伸，是一种可在特殊场景应用灵活、安全且操作方便的设备。

布控球采用强力磁性材料作为设备底盘，可快速吸附现场铁质物体表面，以满足快速安装的需要。在现场临时架设布控球，用于跟踪拍摄事件关键点和采集目标特征信息、记录事件发生的整体行为过程，通过无线4G或5G网络将视频信号无线回传到远程应急指挥中心，实现现场取证及远程指挥等功能，广泛应用于紧急应急指挥领域。其主要作用是实时采集现场图像，获取真实、可靠的现场资源，提高指挥调度工作效率。

一般的视频监控系统中同轴电缆、电话线、双绞线等有线视频信号传输方式不同程度存在着监控点固定、布线困难、传输距离有限、传输信号易被干扰破坏以及传输的画面不清晰等缺点，布控球终端集4G/5G全网通、WiFi、GPS功能于一体，通常采用大于30倍数字高清摄像机进行拍摄取证，与指挥平台无缝对接，能够实时远程传输高清音视频图像，可根据GPS实时按速度预览画面进行视频动态调整，使工作人员观看监控画面时能保持较舒适的视觉感。布控球还可应用于对突发事件现场的快速视频通信多点应急布控，使现场移动指挥中心与后台应急指挥中心能够完成实时高清互动通信，辅助指挥中心根据现场情况完成指挥调度。

随着科技的发展，部分先进的布控球还可以基于前端边缘AI计算及后端云平台计算，集成人脸识别、安全帽识别等的AI视频图像分析算法，通过计算机视觉技术对图像、人脸、场景、视频等进行深度学习，识别并标示图像、场景、视频内容，并对自定义的行为、意图进行识别并预警。如着装检测是针对施工区域的人员是否戴安全帽，人脸检测是针对施工区域的人员是否是陌生人（黑名单），行为检测是针对施工区域内人员是否吸烟，区域检测是针对规定的区域划线后检测是否在区域内或区域外等。

10.1.2 电力监测传感器

传感器技术可以实现模拟信号向数字信号的转换，以支持计算机完成数据信息的处理。传感器技术对于电力检测的作用，就如同五官之于人体，是一种感知系统。

(1) 电力监测传感器技术的应用

①液位传感器。液位传感器的主要原理为流体静力学，属于压力传感器的一种，适用于电力设备的液体监测。

②速度传感器。速度传感器可以实现非电量变化向电量变化的转化，从而实现以速度为对象进行监测。除此之外，速度传感器还包括加速度传感器，这是一种测量加速力的电子设备，主要用于电力环境的监测。

③湿度传感器。湿度传感器的作用主要是通过在基片处涂抹的感湿材料以形成的感湿膜。当空气中的水分子与感湿材料发生吸附作用后，会使阻抗、介质常数等元件性能发生变化，从而产生湿敏，适用于电力设备所处环境的湿度监测。现阶段湿度传感器主要分为电阻和电容两种形制。

④气敏传感器。气敏传感器的监测对象为特定气体，适用于变压器等部件的一氧化碳监测。

⑤红外传感器。红外传感器主要是利用红外线的物理性质，实现无接触式监测，

监测对象为温度、气体成分等。

⑥视觉传感器。视觉传感器适用于高像素捕捉，在工业领域多适用于测量定向及瑕疵检测，在电力设备管理当中可以帮助进行防盗、防杆塔倾斜、防微风振动，以及故障定位及诊断等工作。

(2) 常见电力监测传感器概述

①输电线路三跨视频监控装置。输电线路三跨视频监控装置是安装在高压输电线路杆塔上的现场数据采集装置，如图 10-2 所示。装置主要由摄像机、太阳能板和主机箱组成。摄像机负责实时视频、主控负责现场通信，通过无线实时传送到统一视频平台，以便管理员实时掌握被监测杆塔周边情况，有效地保证了线路的安全。

（a）设备组成

（b）设备安装

图 10-2　输电线路三跨视频监控装置

②分布式故障诊断装置。分布式故障诊断装置采用了分布式行波测量技术，监测终端分布式安装在输电线路导线上，如图 10-3 所示。高电位采集线路故障时刻点附近的工频故障信号和行波故障信号经数据中心综合分析，可实现故障区间定位、故障精确定位、故障原因辨识和雷击特性监测。

（a）设备组成

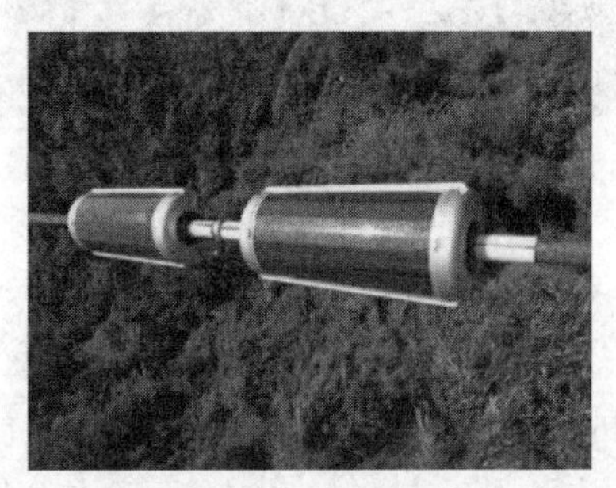

（b）设备安装

图 10-3　分布式故障诊断装置

③覆冰在线监测装置

输电线路覆冰在线监测装置主要用于监测输电线路现场的导线、杆塔、绝缘子串等的覆冰情况，如图 10-4 所示。本装置所采用的监测手段包括微气象监测、图像监测以及导线等值覆冰厚度监测。对导线等值覆冰厚度的监测是通过监测绝缘子串风偏角、倾斜角及轴向张力等参数实现的。装置可根据预设时间采集现场绝缘子串风偏角、倾斜角及轴向张力数据，经计算后将导线等值覆冰厚度、不平衡张力等数据通过电力物联网传回后台服务器，实现导线等值覆冰厚度监测。

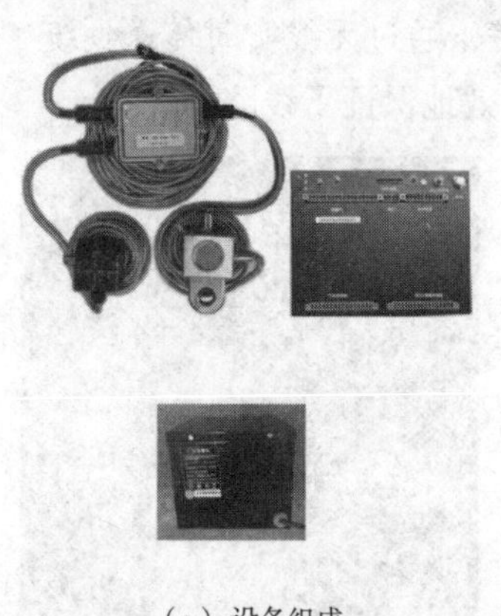

（a）设备组成

（b）设备安装

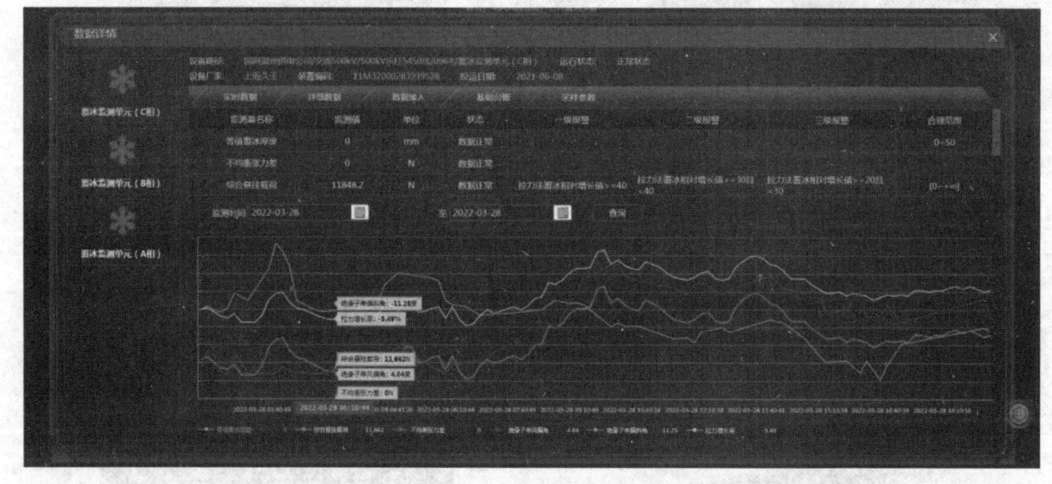

（c）使用效果展示

图 10-4　覆冰在线监测装置

④视频监拍装置。视频监拍装置可对输电线廊区域、塔基区域等周边环境实现全面的掌握，可根据需要进行预置位定时抓拍监控并实时调取视频数据，支持水平 360° 旋转，垂直 180° 旋转，目前主要安装在山火隐患易发点，如图 10-5 所示。

（a）设备组成

（b）设备安装

（c）使用效果展示

图 10-5 视频监拍装置

⑤微气象在线装置。微气象在线装置可对输电线路区域的气象数据（温度、湿度、风速、风向、雨量、气压、光辐射等）及其变化状况进行测量，并通过 GPRS/4G 网络实时传送至监控中心主站系统，由主站系统进行精确分析，若出现异常情况，系统立即以多种方式发出预警信息，管理人员依据预警信息对预警地域提前做出决策，以便进行重点维护，装置如图 10-6 所示。

（a）设备组成

（b）设备安装

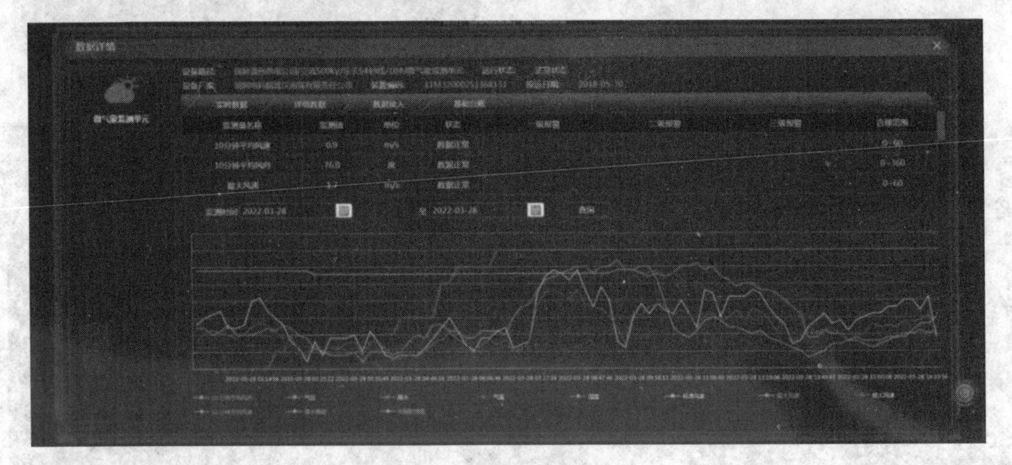

（c）使用效果展示

图 10-6　微气象在线装置

⑥输电线路融合型智能终端。输电线路融合型智能终端是应用安装于杆塔上的图像监拍装置，通过 4G 无线通信技术实时获取监控点信息，应用图像智能分析对采集图像进行分析，第一时间通过平台告警方式推送给全景智慧监控中心人员，如图 10-7 所示。

（a）设备组成

（b）设备安装

图 10-7

（c）使用效果展示

图 10-7 输电线路融合型智能终端

(3) 电力监测传感器技术在电力设备在线监测中的应用

电力监测传感器技术在电力中的应用主要体现在对于输电设备和变电设备的监测应用管理，具体分析如下：

①对于输电设备的在线监测应用。对于输电设备的在线监测应用，是电力物联网传感器技术在电力设备在线监测中应用的重点内容，主要监测内容以输电设备运行状况及运行环境为主，有效提升了对输电线路发生覆冰、杆塔倾斜、导线风偏垂弧等情况时的感知及预警能力，对于实现输电设备运行状态的动态全时监测有重要推动作用。

②对于变电设备的在线监测应用。变电设备的在线监测应用主要包括变压器铁芯电流、油色谱、GIS 局放和避雷器绝缘等内容。以电力物联网传感器技术为基础的在线监测一方面可以实现设备运行信息的高敏采集，另一方面可以实现变电设备预试项目的在线化管理，从而进行设备运行状态的在线诊断与评估，对于推动变电站向智能化方向发展，提升变电站安全性能监测能力有重要意义。

10.1.3 电力巡检机器人

电力巡检机器人是集多传感器融合技术、机器人运动控制技术、嵌入式（计算机）综合处理技术等于一体的智能机器人，如图 10-8 所示。它可以无视地理环境、特殊天气等情况限制，大范围、无遗漏、高频次地执行巡检任务；利用多传感器，可实时采集电力设备的运行状态数据，并将数据实时传输到监管平台，以此监测诊断电力系统的运行情况；搭载智能识别模块、摄像头等，还支持智能识别指数字、颜色等，以及实时图像 / 视频采集、传输和存储，方便平台对巡检数据进行对比和分析；提高电力巡检效率和质量。

机器人电力巡检已成为国内电力行业发展的重要方向和趋势。为了确保电力巡检机器人系统的安全、可靠运行，相关企业在研发制造中，多采用更高品质、更高性能的嵌入式计算机产品作为其关键硬件载体。巡检机器人系统，搭载了红外热像仪及高清摄像机，采用激光制导及视觉识别技术，定时自动从充电点出发，按照设定的路线行走。机器人能实时自动监测运行设备工作状态，在各个监控点采集表计读数、设备表面温度，将监测数据实时处理分析后反馈至客户端软件，按预先设定的预警值发出报警信号通知运行人员，提高运行人员对设备缺陷识别的准确性和及时性，同时能对机器人自身状态进行实时监测和反馈。

电力巡检机器人整合机器人技术、电力设备非接触检测技术、多传感器融合技术、模式识别技术、导航定位技术以及物联网技术等，能够实现变电站全天候、全方位、全自主智能巡检和监控，有效降低劳动强度，降低变电站运维成本，提高正常巡检作业和管理的自动化和智能化水平，为智能变电站和无人值守变电站提供创新型的技术检测手段和全方位的安全保障，更快速推进变电站无人值守的进程。采用机器人技术进行变电站巡检，既具有人工巡检的灵活性、智能性，同时也克服和弥补了人工巡检存在的一些缺陷和不足，更适应智能变电站和无人值守变电站发展的实际需求，具有巨大的优越性，是智能变电站和无人值守变电站巡检技术的发展方向，同时也是电力应急指挥信息系统基础数据的一个主要来源。

图 10-8　电力巡检机器人

10.1.4　电力直升机

随着通用航空的普级和发展以及低空飞行管制的开放，电力直升机巡线作业得到了迅速发展。目前，直升机巡线已经十分普及，电力直升机在输电线路上可进行零距离巡视和测量。当代直升机巡线的先进水平可实现目测、仪器观察和仪器自动检测相结合，采用计算机进行数据处理，生成设备缺陷清单和缺陷处理意见；能判断通道、铁塔、金具、导地线、绝缘子等缺陷；能进行接点过热、异常电晕、导地线内部损伤、接触电阻、绝缘距离等测量和零劣质绝缘子判断。目前电力直升机已适用于多种状态，如图 10-9 所示。

图 10-9 电力直升机

(1) 电力直升机巡检高压输电线路三维空间扫描

电力直升机巡检高压输电线路具有效率高、不受地域影响等优势，利用直升机平台搭载三维激光雷达扫描系统，快速获取输电线路走廊的精确三维坐标，结合输电线路相关运行规程对线路通道内树障、交跨等缺陷进行分析，为输电线路安全运行和检修服务提供数据支撑，直升机激光雷达巡检现已成为电力巡线的主要手段。通过对通道 GPS 定位激光三维空间扫描，直升机能生成有定位尺寸的数字立体走向图，可用于线路勘测、老线路新立体走向图的绘制和线路对地安全距离的监测，达到选线、建立线路微机台账、制订树木砍伐计划和防止树枝近线闪络等目的。

(2) 电力直升机带电水冲洗

随着输电电压的升高和远距离输电的发展，直升机带电水冲洗将得到广泛应用。它尤其适用于特高压交直流输电线路绝缘子的清洗，降低了污秽造成的工频闪络，提高了电网的绝缘水平和运行可靠性，已在实践中大量应用。

(3) 电力直升机等电位带电作业

直升机等电位带电作业不仅能承担常规的带电作业，而且能胜任常规带电作业无法进行的工作。直升机通过工作平台直接悬停在导地线上，能及时进行带电检修，最大限度减少停电时间。由于直升机带电作业无须在导地线上增加垂直荷载，可以用来处理单导地线或两分裂导线中部的缺陷，如防振锤滑移复位、导地线损伤和棒式支柱绝缘子两侧防振锤的更换，并可在带电的情况下将导地线补强或开端重压，进行单导地线或双分裂导线档内中部缺陷的处理和金具更换等。由于直升机带电作业不需要使用进入电位的绝缘工具或绝缘支撑工具，只要求组合间隙满足电气绝缘要求，因此在小雨天气时仍能进行等电位带电作业。

(4) 电力直升机电力施工吊装放线

目前电力直升机已广泛用于电力施工，从运载工具逐步发展到今天的直升机自动定位吊装铁塔，展放牵引导地线的导引绳，安装金具和架设以及更换复合光缆地线等作业，有的甚至在带电的情况下进行施工。

10.1.5 无人机

无人机主要由飞控系统和图像收集与处理组件构成。

(1) 飞控系统

应用飞控系统可实现对飞行速度、高度及航线的设定，并且可控制无人机实现自动化起飞、盘旋，并依据航线来实现降落，在飞行阶段还可对飞行任务随时做出调整，并自主控制相机进行拍摄，对照片拍摄地点信息也可进行记录。飞控系统的构成主要包括了卫星导航模块、飞行控制模块、电源模块、速度控制模块、通信模块、地面站软件系统等，通过将这些系统组合并予以应用来实现无人机自动驾驶。

地面遥控系统主要是基于PC设备、监控台、引导设备、外部接口设备的支持之下，来实现针对无人机目标的追踪与遥控指令的执行。遥控指令与数据产生在具体执行控制前大都需提前制定，遥控计划在无人机上经由地面站上空，前往与之所对应的监控站，在无人机进到地面站所覆盖区域时，须向内地向人员发出控制指令并予以执行，使其能够完成各项动作并实现对既定任务的达成，最终达到预期目标。这一系统的构成主要就包括了指令编码器、载波调制器、监控台、发射天线、副载波调制器以及地面检测接收设备等。

具备电子地图功能的地面站软件能够实现在无人机执行任务的过程中临时改变任务目标及航线，能够及时做出半自助式遥控，同时实现对飞行数据与离线回放的精准记录，其中就包括了自动驾驶仪供电电压监测、电动飞机动力电压监测及电流监测、卫星定位精度监测、自动驾驶温度控制检测等。须先进行巡视地图的制作，并将之加载到地面站软件当中，而后仅需在屏幕当中拖拽一个矩形，将卫星导航点输入其中便可自主生成无人机飞行航线。地面站能够将无人机的飞行速度、姿态、高度、所在坐标等信息予以详细地显示，以便技术人员及时掌握其飞行状况。同时还可借助于地面站来对其实施具体操控，如自动返航、盘旋、一键开伞等。

(2) 图像收集与处理

无人机可搭载高分辨率相机，并可在低空条件下取得高分辨率影像，在阴天云下取得光学影像，在高位环境下进行飞行探测，可实现长距离飞行。对无人机增添空速管，有助于实现对飞行速度的精确控制，使无人机在航行阶段实现中等距离图像摄影，促使所拍摄图像的重叠率超过40%。并且应用飞控系统还能够给予图片新增POS信息，把所搜集到的图片实施加工处理便可发现线路中存在着的外破隐患。应用计算机软件系统来实施图片拼接处理便可获得完整的线路图像，更易于管理。

在电力行业使用的无人机主要包括固定翼无人机、多旋翼无人机两种类型，如图10-10和图10-11所示。

固定翼无人机本身具有滞空时间长、载重量大、飞行速度快且半径大的优点，适合远距离连续工作。其主要可被应用于以下几方面的线路巡视工作中：

①基础建设线路位置选取可取代人工实地勘察，有助于促进线路选址效率的全面提高。

②在开展灾后应急评估时，能够为抢险救灾工作提供详实的现场信息，促使指挥人员在做出决策部署安排时能够更加符合实际情况。

③输电杆塔、线路机械发生故障问题时，针对局部放电及热缺陷等情况予以监测。

④对输电线路走廊实施全面核查，可及时发现线路走廊当中所存在的违规建筑与大型树木。

通过确定固定翼无人机巡检系统的功能定位，使之与有人直升机巡视达到功能互补，从而更好地实现对多种现场功能的充分满足，这同时也体现了输电领域的智能化发展。

图 10-10 固定翼无人机

多旋翼无人机在电力巡线应用方面具有卓越的性能：采用照相机进行巡线，能够发现地面人员难以发现的隐蔽性缺陷，得到清晰照片，为设备的安全稳定运行提供技术支撑；多旋翼无人机进行特殊环境以及灾害天气后的巡视，能够节省人力登山的时间以及降低人工登塔的风险，并得到优于人工巡视的巡线结果；无人机进行缺陷判定，简单精确，降低了人工登塔的危险性，保障了作业人员的安全；进行红外巡视，也能够得到令人满意的巡视结果（图 10-11）。

以多旋翼无人机为基本平台，加载高清照相机或者红外检测设备，通过通信链路与地面站数据传输系统、图像传输系统相连接；由操作人员操作无人机飞行至杆塔相应位置悬停，从地面站图像传输系统寻找疑似缺陷部位，操作云台照相机进行拍照或者红外检测。通过拍摄的照片、视频传输至应急指挥中心，进行缺陷确认或分析，从而发现相应的缺陷，制订检修计划，保障线路正常运行。

图 10-11　多旋翼无人机

通过两种无人机对比可知，固定翼无人机飞行速度快，速度可达 100 ~ 200 km/h，而且续航时间长，一般用于大航程，能满足高度的需求；缺点是不能悬停，只能沿着线路进行单方向快速巡检；首次购买成本较高，操作相对比较难，不如多旋翼无人机好上手。多旋翼无人机重量小，结构简单，能够定点起飞、降落和空中悬停，购买成本较低，操作简单易上手；缺点是飞行速度较慢，续航能力比较差，相比之下载重较小，抗风能力弱，无法在恶劣气象条件下使用。

10.1.6　智能移动终端

智能移动终端是用于个人保护智能移动操作系统和维护系统的前端设备，主要执行信息控制功能，例如，变电站继电保护装置的账户信息，故障信息的收集，各种操作和维护操作的注册和查询。(图 11-12) 在智能移动设备上提供智能操作和维护应用程序时，软件界面的样式将人性化设计考虑在内，并力求实现简单和用户友好的效果。该软件由三部分组成：设备组装管理模块、设备缺陷管理模块和信息交互模块。设备账户管理模块在业务管理模块中实现设备账户的统计分析和前端管理。使用智能移动

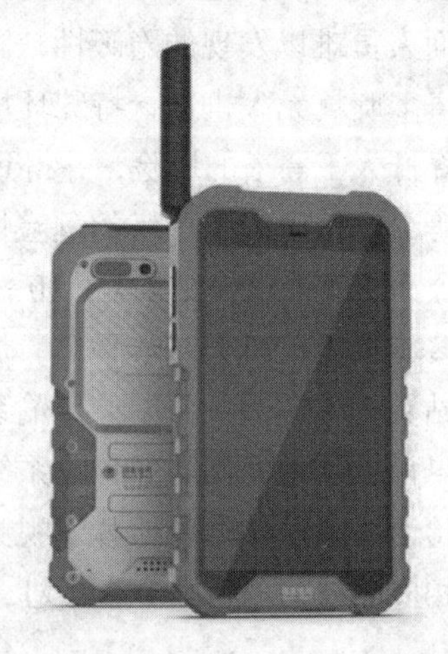

图 10-12　移动终端

终端，可以通过直接搜索变电站设备账户信息，并将其与统计分析模块账户信息和实时操作管理进行比较。设备缺陷管理模块收集有关变电站继电保护设备缺陷的信息。设备缺陷管理模块将收集到的信息实时传输到主站系统，并将收集到的信息以电子文件的形式推送到统计分析和数据管理模块中进行数据共享，解决了一端多用途的维护问题，使用业务数据进行操作和维护。

(1) 智能移动设备使自动化管理更有效

在电力企业的电网和信息系统的构建过程中，使用智能移动设备可以更有效地执行自动化管理，并提高实时和高性能操作的效率。当前，电力系统处于信息通信网络的管理中，通过网络设备及其管理平台来监视、控制和管理电网的运行。信息和通信维护的工作主要集中在对网络运行状态的实时监视，受监视的主要设备是计算机网络设备，包括路由器、交换机、服务器等。作为接收和处理数据的主要组件，计算机实时收集电网运行数据，然后形成数据报告以显示检测结果，帮助电网系统管理员管理电网并提供参考价值，与劳动力监测相比，这种系统大大降低了发生电网故障的可能性，并节省了大量的人工成本。当前有许多电力系统管理系统，它们可以执行24小时监控、控制和管理。移动终端技术的发展提供了一种更灵活的电力信息网络管理方式，也解决了计算机终端管理方式的局限性。通过某些智能终端的应用，可以实现实时无线办公，可以提高供电公司电网和信息系统的自动化水平，满足电力系统的应用需求。

在当前应用移动智能终端的过程中，首先需要将智能移动终端设备连接到有效的网络。有两种方法将设备连接到网络：一种是利用通信运营商提供的通信技术来实现互联网移动性，终端通过网络运营商提供的服务器输入并分析从服务器接收的数据；另一种方法是创建供电公司的内部网络并通过内部网络实时接收数据。

另外，也有必要开发供电公司的移动终端的智能软件系统，以实现移动终端中信息的接收和生产操作过程。在软件设计过程中，包括操作系统实现和终端访问、信息安全性和运行状况以及数据连接、电网数据的交换、信息的实时传输和用户安全性的验证等，信息系统的可视化和网络的访问也与电网的软件设计有着重要的联系。

(2) 智能移动设备助力电网信息系统运行和维护

使用智能移动终端可以完成对电网信息系统运行和维护的管理。在检查过程中，检查人员可以将检查工作的具体内容放到移动智能终端，方便检查，为工作做准备，准确了解检查工作的具体时间和地点，合理安排各项操作，提高工作效率。通过分析平台设备提供的电力设备网络的运行数据，可以更快地发现潜在的电网安全隐患，可以更快地及时维护连接的设备并消除安全隐患。另外，一旦检查工作完成，操作员就可以通过移动智能终端设备在设备维护后实时检索数据信息。

智能移动终端可以显著提高供电公司的运维效率。由于用电量的增加和电源线的长期维护不足，电网容易引发故障。发生故障时，传统的操作和维护方式是通过电话等与设备制造商的售后人员以及维护人员进行沟通。这种方式很难保证缺陷类型描述的准确性，难以解决由于复杂的环境而出现问题的设备和系统。而在移动运维终端平台上，管理员可以通过移动终端与设备制造商联系，选择适当的缺陷类型报告维修情况，并提供缺陷的位置和类型以及平台联系信息，这样就可以更加高效快速地获得技术与服务支持。

在电力企业计算机化建设中，智能移动终端的应用可以有效地在出现缺陷时进行智能维护，并具有有效解决问题的能力。与传统方法相比，智能维护方法节省了维护工作所需的时间，同时提高了维护效率和相关性，并且在电力公用事业信息的构建中使用智能移动终端具有更快、更准确地解决问题的优点。事后维护也采用智能维护方式，进一步降低了人力资源的流失。

在供电公司计算机化建设中实施智能移动终端，用于运维工作，加大供电公司运行发展和监控通信水平，促进网络通信发展水平的进一步发展管理。消除了由更改引起的问题，执行最完整的数据共享和交换。同时，可以在系统之间建立有效的连接，这在许多方面促进了电力企业之间计算机化建设效率的提高，更有效地减少了人力资源的流失，促进了更合理的资源分配，使发展需求更加多样化。

10.1.7 电力物联网

电力物联网是一种为电力应急指挥信息系统提供大规模广泛信息数据的感知平台，在电力应急指挥信息系统建设中有着举足轻重的地位。

1991 年美国麻省理工学院（MIT）的凯文·阿什顿 Kevin Ashton 教授首次提出物联网的概念，目的是在任何时间将物品和物品、物品和人、人和人相互连接起来。物联网以传感网络为基础，采集任何需要的信息，通过网络接入技术，实现大范围、全覆盖的连接，为平台管理和应用奠定基础。物联网的技术架构大致分为四个层级：感知层、网络层、平台层、应用层。如图 10-13 所示，感知层是物联网的基础，包括现场采集部件和智能终端等，对物联网的基础设备和环境进行感知，并接入网络层；网络层包括接入网、骨干网、业务网、支撑网，将感知层测得的信息传送给平台层作下一步的处理；平台层通过一体化的云平台，建立全业务统一的数据中心和物联管理中心，提高数据的处理效率，建设企业中台，实现统一管理；应用层通过平台层，实现

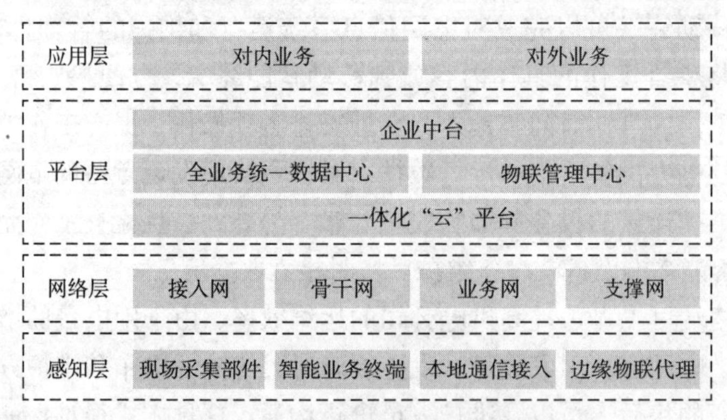

图 10-13 电力物联网的总体架构

对内和对外业务的承接和办理，提供最终的服务。而电力物联网就是围绕电力系统的各个环节，如发输配电网络、家用电器、电力设备等，通过不同连接方式，实现全面感知和数据的高效处理。

电力物联网作为物联网的一种具体形态，从不同学科视角具有以下三方面的含义：

①“物联网+”电力（自动化科学视角），即物联网技术，如低功耗广域网络（LPWAN）、5G等，在电力行业的应用是作为传统电力信息化、自动化的延伸，其主要作用是获取传统信息化、自动化系统未覆盖的边缘数据，并应用于电力系统规划、运行与控制。

②“电力+”物联网（数据科学视角），即以用电数据为中心，基于数据科学方法对各类电力用户的用电行为进行分析。由于电力用户几乎涵盖全社会的所有行业，通过数据科学方法可以处理用电数据中所包含的大量有价值的社会经济信息，并为各行各业提供决策支撑。

③“电网即物联网”（通信科学视角），即基于电力线通信的物联网技术。利用电力线作为通信介质（如宽带电力线载波HPLC），网随电通，可传输其他非电气量数据（如水、电、气、热四表合一集抄）。

(1) 通过电力物联网获取电力行业边缘数据

电力数据分别存在于电力行业的各个环节，包含有电力行业内部发输配电侧和大多非电力行业的用户侧。如图10-14所示，在发输配电侧，数据的种类繁多，涉及如湿温度等环境数据、设备状态数据。除此之外，在铁塔、变电站、电缆隧道附近的安全防范数据、建筑物的状态数据，地理环境、气象的附属设施数据都是电力物联网中可以运用各种传感、通信技术进行采集的电力行业边缘数据。这些电力行业内部的边缘数据，对电力设施规划建设、电力设备监视、用电安全防护、电力负荷预测、故障分析和智慧能源新业务有着重要的作用。

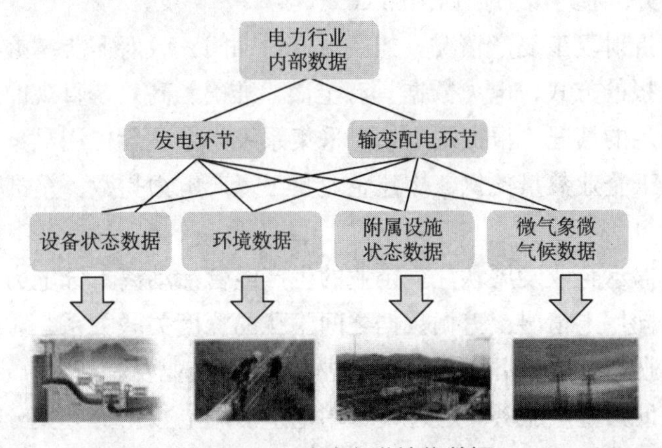

图10-14 电力行业边缘数据

(2) 通过电力物联网获取用电数据

电力行业内部的数据固然重要，但电力物联网用户侧的数据有更大的发掘和发展空间。如图 10-15 所示，用户侧主要涉及：居民家庭，包括各种家用电器、电箱和开关、内部线路和保护措施；农业工业，包括电动机械设备、车间照明；城市中心 CBD 的商业大厦群和其他各类建筑物，包括中央空调、电梯扶梯、楼宇系统；所有的公共基础设施，如电动公交车、城轨、地铁、城市照明和交通灯。用户侧电力小数据众多，各类电力用户的用电行为包含了大量社会经济信息。借助电力大数据平台，通过用户分类、用户用电行为影响因子（自我影响因子、自然环境影响因子、社会环境影响因子）的分析计算，区别不同种类用户的用电特征，分析其用电行为，寻找数据间的联系与规律，并与经济学、社会学等结合，挖掘其背后的社会信息，为电力应急指挥信息系统提供辅助信息以供决策。

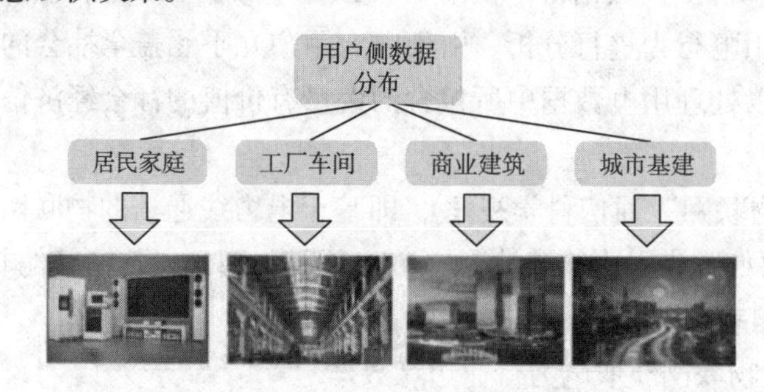

图 10-15　多样化用户侧用电数据

(3) 通过电力物联网反映社会经济信息

①电力数据反映经济发展状况。电能作为一种应用最广泛和最方便的二次能源，一方面可以准确计量消费情况，相对于其他行业具有一定的先行性，可为修正宏观经济数据提供重要参考，能够准确反映现代工业和市场主体经济的产出能力。另一方面，从电力大数据出发，挖掘电力数据和经济之间的关系，构建经济预测指数，可以预测经济周期及其走势，通过电力数据预测 GDP。

②电力数据折射复工复产情况。如新冠疫情期间，政府需要掌握各地情况，相比各级政府逐级上报的方式，电力数据具有全面、准确、高效、直观的优势，可以有效克服工作人员不足的情况。根据用电信息采集系统中企业历史用电量情况和当日用电量情况，参考复工企业数量比例，构建企业复工复产电力指数，精准分析企业复工复产情况。

③电力数据揭示企业发展状况。企业的生产经营活动离不开电力，记录每一家企业不同时段的不同用电情况，挖掘数据之间隐藏的深度关联关系，对企业进行状态评估，推断中小企业的生命周期阶段和发展规模，预测企业发展潜力。

④电力数据助力金融服务。通过对含用电量的用电数据的分类分析，重点推荐信用评价高、发展前景好的优质融资客户。对高能耗用户、高价值的企业进行深度分析，建立企业经营情况指标体系，尽早识别高风险企业，辅助银行进行预防，提高风险防范。构建城市 CBD 的“电力热点图”，使电力数据可视化。

⑤电力数据评估中小企业信用风险。通过长期用电规律、缴费情况、基本信息判断企业的信用可靠情况，对中小企业进行筛选，信用好的企业推荐给银行，形成信用信息的共享。

⑥电力数据审查开发商偷税漏税。重点关注用电账户开户时间久但用电量极低的记录，再实地取证，稽查偷税漏税。

⑦电力数据估计家庭情况。合理地从智能电表中调取家庭每种电器的用电信息，结合房屋面积，可以估算出一个家庭的收入情况和居住人口。商家和政府可根据用电信息，提供针对性的服务和产品，或采取政策上的调整。美国加州大学洛杉矶分校的研究者利用人口信息和电力公司提供的信息，设计出可展示当下用电量的“电力地图”，以分析社会群体的用电行为习惯。

⑧电力数据反映医疗健康状况。同一季度中，医疗机构的用电量与患者的数量或重症比例呈明显的正相关关系，患者增多或重症患者比例变大，需要启用的医疗设备也越多，耗电量也趋升。对于单个用电用户来说，越少运动且越长时间待在家里，或越晚睡觉，用电量也会越多，健康程度也会普遍下降。哈佛大学曾经做了一个个人健康状况和用电量之间的调查，调查表明，得克萨斯地区糖尿病人、肥胖症病人、空闲时间缺乏运动的人数与平均每天用电量呈正相关关系。

⑨基于电力数据合理安排电动汽车充电服务。通过大数据平台收集电动汽车充电站、充电桩等电动汽车充电基础设施的数据，以及电池资产信息的管理数据，可推算出最佳的充电时间和充电地点。

⑩电力数据协助缉毒及其他公共服务。针对有异常用电现象的地点进行排查筛选，可以协助公安机关确定犯罪分子的制毒窝点。也可助力电气安全、消防安全等公共服务。

电能的使用遍及社会的各个领域，电力用户是电力系统的终端，电力数据反映一系列的社会信息，如何结合社会科学知识挖掘出用电数据背后的规律，将是电力物联网下一步的重要发展方向。

(4) 电力物联网在电力应急指挥信息系统中的优势

电力应急指挥信息系统离不开电力物联网的信息数据融合技术。电力物联网目前的基础数据信息众多，来源各异，差异化大，单数据价值密度低，集合后成大数据特征，蕴含潜在价值高，但传统的数据分析技术不能直接应用于电力物联网。而且，电力系统的阶段性、实时性将导致物联网平台上积累大量控制、监测、计量等历史和实时数据。

传统的信息 / 数据处理集中式算法由于只有一个处理中心，可能存在计算负荷重而且安全性不够的问题，如果计算中心发生故障，会使整个系统瘫痪。而分布式信号处理由于处理节点互相独立，不依赖处理中心，只对迭代计算的结果进行交互，鲁棒性更强，更能适应电力物联网数据信息融合的要求。

5G 技术出现后其低时延大带宽的优势，给电力系统数据处理带来新的契机。一方面，可建立分布式感知网络，提高对重点区域的覆盖率，减少冗余感知节点的投放。通过5G边缘计算，在采集到用户侧数据时，可采用边缘计算方式把数据增值计算下沉至数据源头，对用电行为进行实时分析，将使整体网络服务响应更快、效率更高。另一方面，可建立云计算平台，在能量约束、有限通信带宽的限制下，通过云边协同计算降低数据处理复杂度、保证处理的实时性以及通信系统的鲁棒性，寻求全局估计与局部估计在功能上的平衡和优化，并根据需求变化进行动态调整。

在理想的信息融合架构下，每个传感节点将估计结果传输至相邻传感节点并对估计结果进行修正，将大幅度降低计算量，减小通信代价，缩短响应时间，提高实时性、可扩展性和鲁棒性。

在信息采集节点，针对稀疏信号，融入压缩感知技术，可以有效解决传统奈奎斯特采样定理因采样频率高产生海量采样数据而造成的资源浪费，并加重数据存储和传输负担的问题。此方法不仅能重构原始信号，还能去除信号中的大部分噪声，抗干扰能力强，无需解压缩即可进行信号的特征提取，减少检测的复杂度，可以由远低于采样定理要求的采样点进行重建恢复，一边采样一边压缩，减小数据采集、存储与传输的压力。

10.2 融合通信

融合通信技术是一种结合了计算机技术和传统通信技术的一种新型通信方式，其具备在网络平台上开展相应的电话、短信、传真和实时通信及多媒体会议等各种形式的网络通信功能。而随着我国电力行业的不断发展，其在业务上对通信技术的要求也越来越高。融合通信技术能够灵活地构建一个网络信息平台，实现在企业和客户之间直接进行网络交流的全新效果，大大简化了通信方式并提高了通信效率，在未来的电力行业中将得到广泛应用。

融合通信结合应急预案及公司应急组织体系，融合收发传真、短信群发、电话呼入、群呼出、音视频会商、长时录音等即时通信管理功能，实现电话 / 短信 / 传真与应急系统融合、视频会议系统与应急系统融合、指挥中心控制系统与应急系统融合等子功能模块，实现应急指挥中心数字化、智能化。

10.2.1 现场语音接入

现场语音接入包括应急指挥中心实时对各区域内的塔杆、线路、变压器、电容器等设备状况进行实时动态监控，即时掌握各地区的电力设备情况。通过 IP 网络支持移动应急客户端间实现点对点语音、三方通话、语音会议、群组呼叫、一键呼叫、语音留言功能，并自动录音，形成历史记录，供后期查询使用。

点对点语音：可选择应急群组人员之一呼叫，对方响铃，接听后可双向通话。

三方通话：在与非调控人员通话时，调控人员可插入该会话，实现三方通话。

语音会议：在调控人员建立语音会议时，可接受会议邀请加入语音会议，参加语音会议，也可自行挂断离开语音会议。

群组呼叫：选择指定区域范围内的工作人员，平台显示该区域内的所有工作人员，此时中心调度人员可进行相应的筛选后建立临时的呼叫对讲群组，直接与该部分群组进行对讲通话。移动应急客户端可作为群组的一员在调控人员进行群组呼叫时接听呼叫内容。

一键呼叫：移动应急客户端可设定一键呼叫号码(组)，在拨叫该号码(组)时实现一键呼叫，在前一个号码未接通时继续呼叫下一个号码，直至接通为止。

语音留言：如果要呼叫的终端不在线，可先录音，然后以语音留言发送给对方，对方在线后可实现及时接收留言并播放。

选择群组或人员作为对讲对象进行呼叫，接通后进行对话，系统自动录制通话录音，并在对讲结束后形成通话记录，录音文件以链接方式供调用。

10.2.2 现场视频接入

现场视频接入包括应急指挥中心实时对各区域内的塔杆、线路、变压器、电容器等设备状况进行实时动态监控，即时掌握各地区的电力设备情况。实现点对点视频对讲、视频留言功能；支持选择人员进行单人视频对讲，并在对方离线时支持视频离线留言功能。

10.2.3 音视频会商

音视频会商包括在应急指挥过程中，面对重大事件的指挥决策，召集多个部门领导专家进行会商。在应急指挥中心双向高速通信网络的基础上，实现视频、音频和数据传输合一的综合应用，具有快速、高效的特点。充分实现了总部—分部—省—地市—县五级使用音视频会议会商、远程培训演练等功能的需求。

10.2.4 现场人员管理

现场人员管理主要包括人员定位跟踪与检测、紧急呼救与报警、电子地图等多媒体数据的无线传输，可利用图形等方式下达各种命令，对整个行动进行数据记录与存储，以及信息传送时的高度加密。

10.2.5 应急指挥通信车

应急指挥通信车满足应急通信指挥和突发事件应急处置的通信指挥要求，还满足在不同环境及条件下对通信车本身道路通过能力的需求。应急指挥通信车配备卫星通信功能模块、海事卫星功能模块、集群通信功能模块、数据网络功能模块、语音电话功能模块、卫星导航功能模块、视频会议功能模块、广播及电视功能模块、录播功能模块、集中控制功能模块、单兵无线图传功能模块、车辆外接功能模块、短波通信功能模块。

应急指挥通信车与指挥中心的呼叫对讲包括应急指挥中心与应急指挥通信车发出呼叫，建立对讲，查看当前所处的地图定位位置等；同时，应急指挥通信车可向应急指挥中心直接发起呼叫，支持文字短信息编辑及本地文件选择并发送到应急指挥信息系统、聊天群组或个人手机功能，同时实现相对应的接收功能，实现信息即时交互。

10.2.6　单兵通信

电力应急单兵通信装备满足地震、强降雨、台风、雨雪冰冻、火灾等各类电力灾害现场应急救援人员的实时通信，后台指挥人员可随时与一线人员进行音视频通信，使指挥人员准确掌握一线人员的动态位置和事件现场实时情况，一线人员能够及时获取调度指令，应急单兵之间也可进行音视频通信。

单兵与指挥中心的呼叫对讲包括应急指挥中心通过选择指定人员查看当前所处的地图定位位置，同时，向该工作人员的终端发出呼叫，建立对讲；当现场工作人员需要向应急指挥中心请求协助时，可向应急指挥中心直接发起呼叫，支持文字短信息编辑及本地文件选择并发送到应急指挥信息系统、聊天群组或个人手机功能，同时实现相对应的接收功能，实现信息即时交互。

电力应急单兵通信装备具有数字集群通信功能、公共移动网络功能、卫星定位功能、语音电话功能、视频会议功能、录播功能、WiFi 功能，宜具有卫星通信功能、单兵无线图传等功能。

数字集群通信：支持 PTT，具备群呼、组呼、单呼功能。选择指定区域范围内的工作人员，显示该区域内的所有工作人员，此时中心调度人员可进行相应的筛选后建立临时的呼叫对讲群组，直接与该部分群组进行对讲通话。

公共移动网络：在公共移动网络恢复后，可自动开启公共移动网络功能，实现与公共电话网（固定网、移动网）之间的语音通信，并实现与应急指挥通信车（应急指挥中心）进行视频会议、图像传输等。

卫星定位：利用卫星实现电力应急单兵准确定位，并将其所在位置以无线方式实时或定时传输至应急指挥通信车（或应急指挥中心）。

语音电话：利用公共移动网络、WiFi、数字集群、卫星等通信方式，电力应急单兵应能够与应急指挥通信车（或应急指挥中心）或其他应急单兵进行双向语音通话。

视频会议：利用公共移动网络，电力应急单兵应能够与应急指挥通信车（或应急指挥中心）进行双向视频会议。利用单兵无线图传电台，电力应急单兵能够与应急指挥通信车（或应急指挥中心）进行单 / 双向视频会议。

录播：实现对电力应急救援现场音频 / 音视频信号的录制和播放，并可将录制的音频 / 音视频传输至其他设备。

卫星通信：在公共移动网络、数字集群通信等地面通信缺失的情况下，可开启卫星通信功能，满足电力应急救援现场无线单兵与应急指挥通信车（或应急指挥中心）的语音、数据实时通信需求。

单兵无线图传：支持应急指挥通信车配备的单兵无线图传系统，将电力应急救援单兵拍摄视频 / 图像 / 音频，以实时、定时或手动方式快速传输至应急指挥通信车，并且能够在人员移动过程中传输高清图像。

10.2.7 电话 / 短信 / 传真与应急系统融合

电话 / 短信 / 传真与应急系统融合包括应急指挥信息系统与传真机通信方式整合功能，各类电话及移动应急客户端间语音通话和短信息的互联互通，各连接点传真信息的快捷发送和接收等功能。包括普通电话、手机、IP 电话、移动应急客户端在同一网络中的语音交互，实现普通电话、IP 电话、移动应急客户端视频、文字、图像的交互，实现传真信息在传真、PC 间的传送和接收。

短信群发：建立并维护通讯录，与短信平台相结合，实现一条短信发送至多人的功能。

电话呼入：充分利用交互式语音流程应答（IVR）、自动呼叫分配（ACD）等现代通信与计算机技术，自动处理大量各种不同的电话呼入业务和服务。

群呼出：实现群呼出即群外呼功能，可切换网络外呼、PSTN、实体外呼等多种外呼方式，降低应急值班人员的工作量。

10.2.8 视频会议系统与应急系统融合

视频会议系统与应急系统融合包括语音呼叫、视频呼叫、短信收发、数据收发的 WEBSERVICE 接口，供应急指挥信息系统调用功能，为应急指挥提供高效率通信支持，能够将视频会议系统与应急指挥信息系统完美无缝衔接。遵从 ITU-H.323v4 标准，兼容市场上所有的主流视频会议终端，在兼容性、系统稳定性、操作方便性、会议安排调度灵活性等方面都有很好的表现，能够最大限度地满足用户的应用需求。

被叫号码通过语音呼叫和视频呼叫接口：实现与被叫方的实时通话，通话结束后对通话信息进行保存，为查询统计提供数据来源；提供录音录像功能，供进行通话浏览。

短信内容和被叫号码：通过短信收发接口可实现短信发送，同时接收发到本预设号码的短信息，收发短信自动保存供查询统计。

数据和被叫：对象通过数据收发接口可实现信息收发，收发信息自动保存供查询统计。

10.2.9 指挥中心控制系统与应急系统融合

指挥中心控制系统与应急系统融合包括指挥中心控制系统操作软件嵌入应急指挥信息系统，通过登录应急指挥信息系统控制音频扩声系统、视频系统、信号切换系统、会议系统、摄像系统、桌面升降机械系统、窗帘、环境效果等进行智能化场景布置，为应急指挥提供简洁方便的操作，实现指挥中心控制系统与应急指挥信息系统完美无缝衔接。

10.2.10 融合通信的应用效益

融合通信是发挥电力应急指挥信息系统的重要基础，主要在以下四方面产生实际应用效益：

(1) 优化人员及业务流程效率

①提高人员工作效率。融合通信技术可以帮助应急工作人员更加高效合作，通过使用创新、安全、可靠的通信手段使他们能够开拓更丰富、更有价值的交互关系。

②按需通信。分布式的企业通信可以将所有通信对象无缝集成到统一通信环境中，获得前所未有的通信效率。融合通信技术可以帮助应急工作人员无论身处何地，都可以高效协作。

③应急业务处理更加智能化。融合通信引领整合通信应用和业务应用与业务流程之路，并促使这种全新的统一通信功能成为现实。

(2) 充分利用现有资源，拓展系统价值

融合通信技术可以充分利用应急指挥中心现有的资源设备，进行有效利用并创造新的价值。例如从传统通信(模拟电话)迁移到IP电话，用户现有的设备能实现保留迭代，同时将通过扩展现有资源的能力，充分发挥现有资源的性能，使系统的价值最大化，最终按照应急工作的需求实现应急指挥中心多厂商设备的协同工作、无缝迁移及统一集成。

(3) 在信息软件应用上的价值

融合通信可以为应急指挥中心提供全面的多厂商协作统一通信服务，使应急指挥中心的价值最大化，并能够将更多的资源集中到应急的核心业务上。

(4) 创造新的应急工作模式

融合通信可以为不同应急工作人员提供差异化的服务，通过通信驱动流程或其他解决方案，使应急工作业务流程更智能，并且可以有效提高信息系统价值，增强电力行业应急领域的竞争优势。

11　系统建设方案

11.1　系统实施

电力应急指挥信息系统的建设根据企业单位的需求支持多级部署、应用的模式，针对小型企业单位应采用一级部署模式，大型企业单位涉及多层级单位结构的应采用二级部署多级应用的模式。

11.1.1　小型企业单位

11.1.1.1　组织及分工（图 11-1）

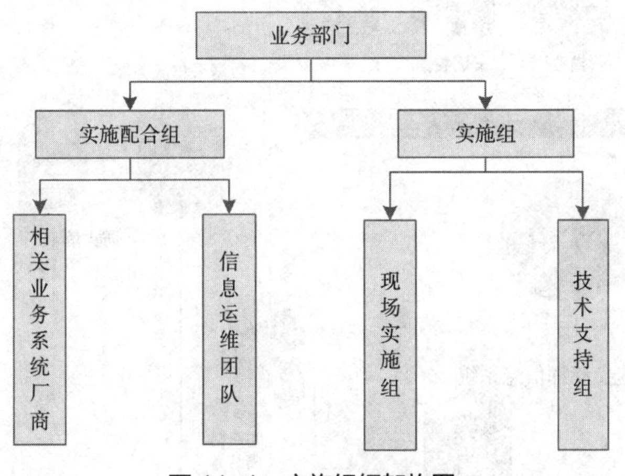

图 11-1　实施组织架构图

业务部门：为了保障电力应急指挥信息系统实施的各个环节顺利执行和有效监督，业务部门对系统实施工作进行总体协调及监控；负责项目实施的总体进度管控，监督和检查落实项目实施各阶段的工作情况，对项目实施过程进行工作指导，组织项目实施工程的验收协调；协调组织其他相关业务部门配合项目建设。

信息运维团队：信息运维团队主要由信息系统运维部门的运维人员构成，负责电力应急指挥信息系统的软硬件、系统网络、系统运维环境的保障工作。

相关业务系统厂商：相关业务系统厂商主要由相关业务系统的承建厂商工程师组成，负责与电力应急指挥信息系统接口联调测试，并开展数据核查及数据维护。

现场实施组：现场实施组是项目实施能否达到预期目标的关键执行者，必须熟练掌握系统业务及功能应用，要有高度的责任心和较强的沟通协调能力。现场实施组负责项目实施前期交流沟通，参与评估制定项目实施方案及详细工作计划，负责系统功能模块部署安装、用户培训、用户确认、项目验收等工作，定期向业务实施配合组提交工作周报、月报，反馈实施进度、存在问题及建议。

技术支持组：在应急指挥信息系统实施和试运行阶段，安排有经验的技术人员负责系统的运行维护，提供技术支持人员的名单和联系方式，用户可以通过 OA 邮件或电话联系技术人员寻求技术支持。

11.1.1.2 系统部署方式

电力应急指挥信息系统采用一级部署模式，信息内网、信息外网之间通过安全隔离装置进行内外网数据的交互共享，信息外网、互联网之间通过安全交互平台、专业数据接口等方式进行数据的交互。企业单位用户通过浏览器登录本单位系统，开展应急管理工作（图 11-2）。

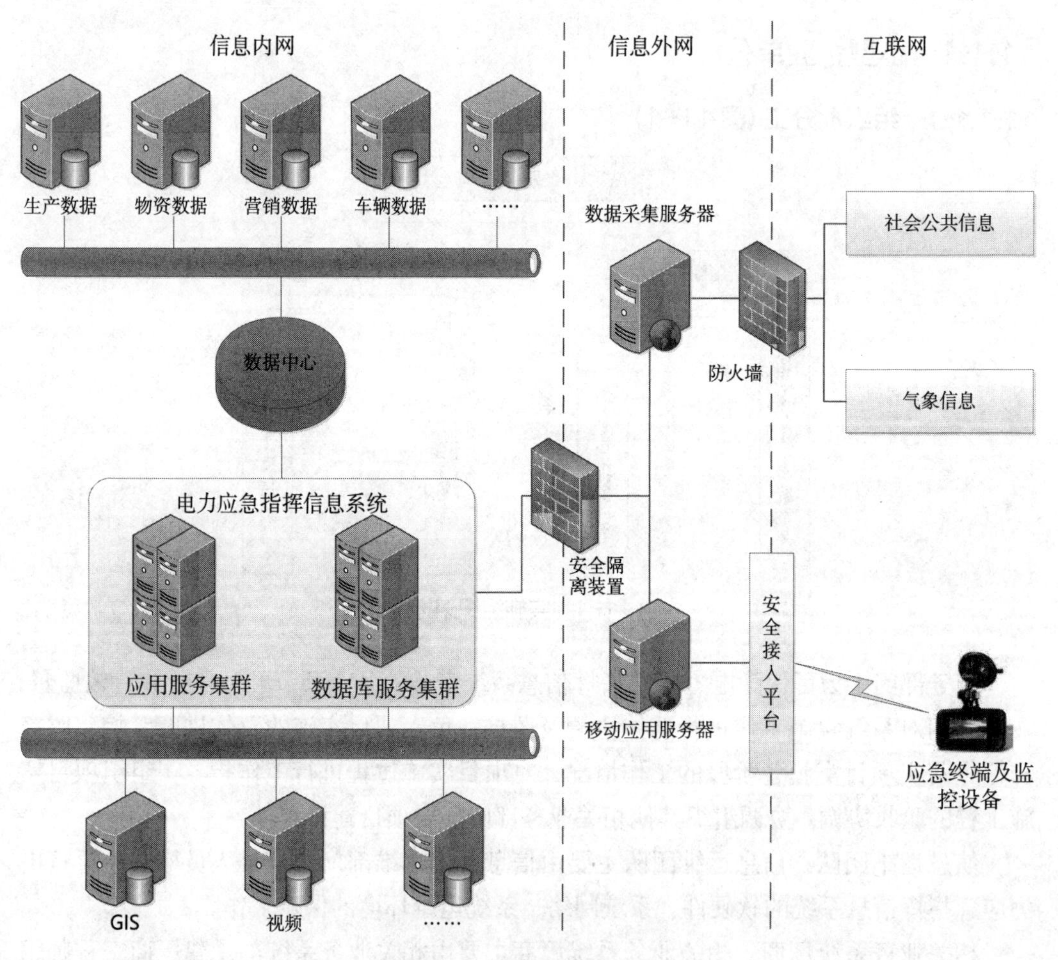

图 11-2 系统部署方式图

11.1.1.3 实施环境准备

电力应急指挥信息系统的运行离不开软件、硬件环境的支撑，其中软件环境包括服务器操作系统、中间件、微服务组件等软件；硬件环境包括应用服务器、数据库服务器、负载均衡设备、网络设备等硬件。在信息内网软件、硬件配置的基础上，还需要在信息外网配置一套应用服务器，用于电力应急指挥信息系统外网数据采集、移动终端设备数据的交互。

(1) 硬件环境

①数据库服务器。

数据库服务器用于承载数据库，为应用服务器上运行的服务提供数据，数据库服务器承载的数据库与应用服务器、其他业务数据库存在数据接口、数据传输和数据连接。数据库服务器的主要功能是维持电力应急数据库的正常运行，同时满足应急指挥信息系统后台服务的并发连接。

本方案采用 TPC-C（联机事务处理能力基准程序）对数据库服务器能力进行估算，单位为 TPM 值（Transaction Per Minute），即每分钟处理的交易笔数。采用如下计算公式进行 CPU 处理能力的估算：

$$TPM=N\times F/\ (T/60\times C)$$

式中：

N——并发用户数量；

F——每笔业务的复杂度；

T——每笔业务处理时间上限；

C——主机 CPU 处理利用率。

设定电力应急指挥信息系统的最大并发用户数不低于 50，设定 N=50。

应急指挥信息系统在实际操作中包含了大量的数据分析处理，估算应急指挥信息系统相对 TPC-C 指标测试基准的复杂度较高，设定 F=90。

根据系统响应时间小于 3s 的要求及对于采用 B/S 模式的数据传输和客户端刷新时间，每笔业务处理时间上限应以 1.5s 为宜，设定 T=1.5。

实际应用经验表明，一台主机的 CPU 利用率若高于 80%，则表明 CPU 的利用率过高，会产生系统瓶颈。而利用率处于 60% ~ 70% 时，是处于利用率最佳状态，设定 C=60%。

将上述参数代入公式进行估算：

$$TPM=N\times F/\ (T/60\times C)=300000\text{tpmC}$$

考虑高可用性建议采用双机 RAC 方式部署数据库服务器，无须考虑集群对效率的影响，按照以上测算建议数据库服务器配备 300000tpmC 左右的服务器。参考事务处理性能委员会（TPC）网站上公布的数据，建议数据库服务器采用 PC 服务器，处理器核心数≥ 4 核，内存容量和 CPU 核心数的比例按照 2∶1 配置。数据库服务器选型配置如表 11−1 所示：

表 11-1　数据库服务器选型配置

类别	设备类型	主要配置	数量
数据库服务器	2 路 PC 服务器	12C/32G，500GB，2*1000M 以太网卡	2

②应用服务器。

用于承载电力应急指挥信息系统的应用，在集团总部层面，采用集团总部部署分部统一应用；在省公司层面，采用全省集中部署统一应用，提供应急处置要处理大量的事务。电力应急指挥信息系统应用服务器具备以下特点：

a. 承载的业务包含应急信息报送、应急资源调配、GIS 高级应用分析、培训演练、应急预案管理、应急队伍管理、融合通信等，对数据的实时性、交互性要求比较高，操作频繁，并且由于计算量大，同时需要大量内存进行数据缓存；

b. 需要作为媒体服务器为各基层单位提供应急演练情况、突发事件处置情况等视频点播服务。

基于以上特点，应用服务器不适合采用资源池方案，建议采用物理 PC 服务器做集群。

本方案采用针对 Java 应用的 SPECjAppServer2004 对应用服务器处理能力进行估算，单位为 JOPS（jApp Server Operations Per Second），即 Java 服务每秒交易量。jAppServer2004 值的计算公式如下：

$$\text{jAppServer2004 值} = TASK \times S \times F / (T \times C)$$

式中：

TASK——每日的业务总量；

S——应用操作相对于标准 SPECjAppServer2004 测试基准环境交易的复杂程度比例；

F——平台未来 3 年的业务量发展冗余预留；

T——每日的业务时段的时长，单位是 s；每日业务量集中在 2h 内完成，即 $T=2\times3600=7200$s；

C——CPU 利用率。

由于并非所有用户都同等频度地使用系统，根据用户对应用服务的访问频率，将用户分为三种：低频、中频、高频。访问量指用户向应用系统发出的请求的总计，如静态页面的一次刷新或动态页面的一次异步调用都是一次访问。根据经验，平均每小时在系统上处理的访问量在 50 次以内的为“低”用户，在 150 次左右的为“中”用户，在 300 次左右的为“高”用户，并按照低、中、高比例 3：5：2 进行分配。

由于电力应急指挥信息系统业务应用的复杂程度与 SPECjAppServer2004 标准测试中的交易存在较大差异，须设定一个合理的对应值。根据系统业务的特点，可以设定复杂度比例为 90，即 $S=90$；

电力应急指挥信息系统设计预留 20% 的处理能力，即 F=120%。

设定最佳 CPU 利用率为 60%。

将上述参数代入公式进行估算：

$$\text{jAppServer2004 值} = TASK \times S \times F / (T \times C) = 1500$$

考虑高可用性建议采用 2 台应用服务器进行集群，按以上测算 SPECjAppServer 2004 值，参照 SPEC（The Standard Performance Evaluation Corporation，标准性能评估机构）网站公布的资料，建议应用服务器采用 PC 服务器，处理器核心数≥ 4 核，内存容量和 CPU 核心数的比例按照 2∶1 配置。应用服务器造型配置如表 11-2 所示：

表 11-2　应用服务器造型配置

序号	硬件	配置	位置	备注
1	应用服务器	12C/32G，300GB，2*1000M 以太网卡	内、外网各两台	4 台
2	负载均衡	F5 BIGIP-6800	内、外网各一台	2 台

（2）软件环境（如表 11-3 所示）

表 11-3　软件清单

序号	类别	软件名称	数量	备注
1	数据库软件	Oracle 11g	2	信息内网
2	数据库服务器操作系统	Linux 8.0 及以上	2	信息内网
3	微服务依赖软件	Nacos Redis Jdk 1.8 以上	4	内网、外网各两台
4	应用服务器操作系统	Linux 8.0 及以上	4	内网、外网各两台

11.1.2　大型企业单位

11.1.2.1　组织及分工（图 11-3）

集团总部管控组：为了保障应急指挥信息系统推广实施的各个环节顺利执行和有效监督，需要建立集团总部管控组，对推广实施工作进行总体协调及监控。负责项目实施的总体进度管控，监督和检查落实项目实施各阶段的工作情况，对项目实施过程进行工作指导，组织项目实施工程的验收。

省级业务部门：负责本单位项目实施的项目管控和资源统筹协调工作；协调组织其他相关业务部门配合项目建设。

信息运维团队：信息运维团队主要由信息运维部门系统运维人员构成，负责应急指挥信息系统集成模块的软硬件、网络环境、系统运维环境保障和运维知识传递工作。

相关业务系统厂商：相关业务系统厂商主要由相关业务系统的承建厂商工程师构

成，负责与电力应急指挥信息系统接口联调测试，并开展数据核查及数据维护。

现场实施组：现场实施组是项目实施能否达到预期目标的关键执行者，必须熟练掌握系统业务及功能应用，要有高度的责任心和较强的沟通协调能力。负责项目实施前期交流沟通，参与评估制定项目实施方案及详细工作计划，负责项目安装部署、系统联调、用户培训、用户确认、项目验收等工作，定期向省公司实施配合组提交工作周报、月报，反馈实施进度、存在问题及建议。

研发测试组：根据现场实施组与集团总部管控组确认后的需求差异报告，研发人员调整完善程序及负责解决程序缺陷，测试人员依据需求规格说明书，负责对版本升级包、升级补丁进行系统全面测试。

技术支持组：在电力应急指挥信息系统实施和试运行阶段，安排有经验技术人员负责系统的运行维护，提供技术支持人员的名单和联系方式，用户可以通过 OA 邮件或电话联系技术人员寻求技术支持。

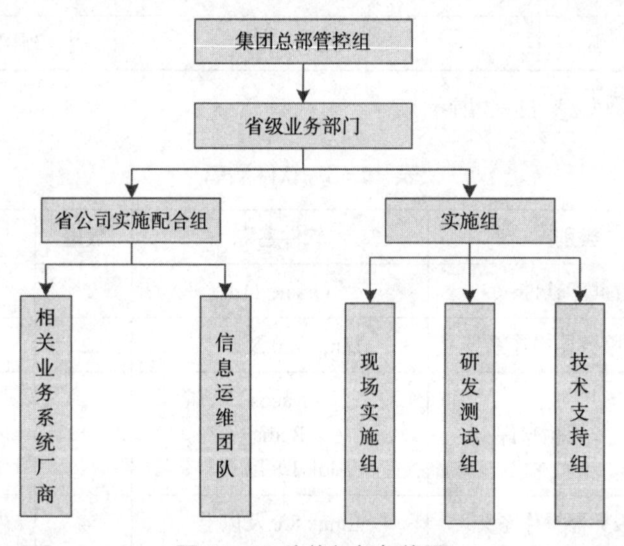

图 11-3　实施组织架构图

11.1.2.2　系统部署方式

电力应急指挥信息系统采用两级部署、四级应用的方式，在集团公司总部 / 分部，各省级公司进行两级部署，集团公司总部 / 分部、各省级公司、各地市级公司、各县级公司四级应用（图 11-4）。电力应急指挥信息系统在信息内网、信息外网之间通过安全隔离装置进行内外网数据的交互共享；信息外网、互联网之间通过安全交互平台、专业数据接口等方式进行数据的交互。

电力应急指挥信息系统采用两级部署、四级应用的方式，集团公司总部 / 各分部、各省级公司均需要完整地部署一套电力应急指挥信息系统；集团公司总部 / 各分部通过浏览器登录本单位系统，开展应急管理工作；各省级公司、各地市级公司、各县级公司通过浏览器访问省级公司系统，通过一体化平台和非结构化数据管理平台进行数据的交互和纵向的贯通。

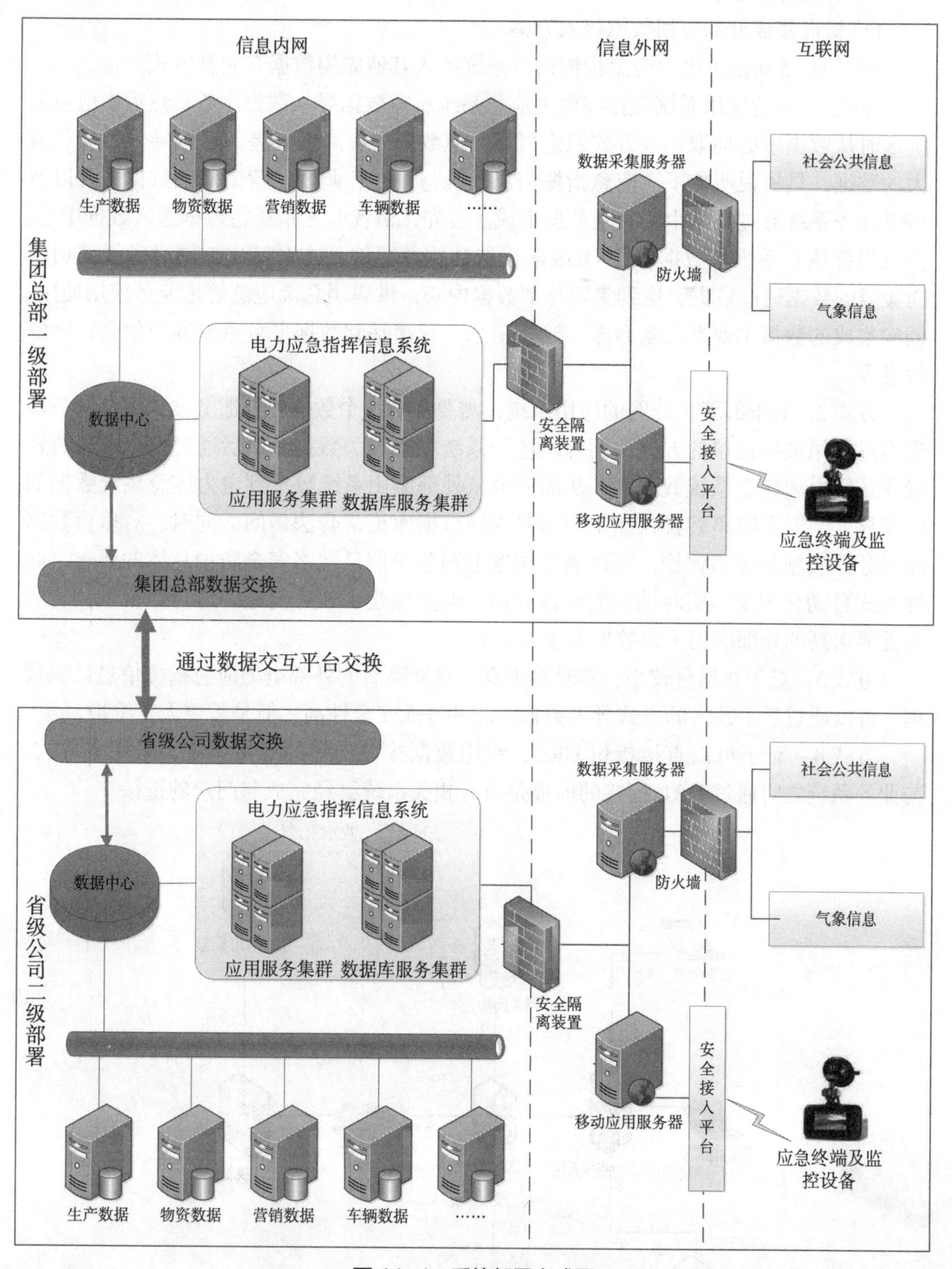

图 11-4 系统部署方式图

11.1.2.3　横向集成

(1) 横向集成外部应用数据接入方案

如图 11-5 所示，电力应急指挥信息系统接入其他应用数据有四种方式。

方式 1：其他应用系统直接将电力应急系统所需数据导入数据中心，然后由应急系统定时从数据中心抽取；该方式稳定可靠，但数据的实时性较差，适合导入数据量较大的数据，具体说明如下：应急指挥信息系统与生产、调度、营销基础数据平台以及 ERP 业务系统通过数据中心实现数据集成。首先，由各业务系统将数据送入数据中心，应急指挥信息系统从数据中心 ODS 区读取数据并存储到本系统中，同时省级公司横向集成的数据通过数据交换到集团总部数据中心，供集团总部应急管理业务应用使用。横向集成的数据主要有设备台账、运行信息、营销基础数据平台重要客户信息、物资信息等。

方式 2：对于部署在外网的应用系统，需要部署一个数据转换服务器，由该服务器先通过专用数据接口的方式访问外网应用系统取得相关数据，然后通过安全隔离装置操作访问电力应急系统数据库，从而完成从外部应用系统数据到电力应急系统数据的转换导入。安全隔离装置在满足应用对内网数据库正常合法访问的同时，对后台数据库服务器实施强隔离保护，可以满足国家电网公司信息网络安全防护总体的要求。此种方式自动化程度、实时性及安全性较高，但实施起来较为复杂，适合数据量大、实时性要求高的外部应用系统数据的接入。

方式 3：对于数据量较小，实时性不高，双网隔离的外部电力应急指挥信息系统数据，可以通过手工录入的方式导入数据。此种方式安全性高，但是需要人工维护。

方式 4：对于可以直接提供 URL、专用数据接口访问的应用系统，采用本方式。与业务系统之间通过 URL 衔接的前提是所有相关系统已经完成与门户的链接。

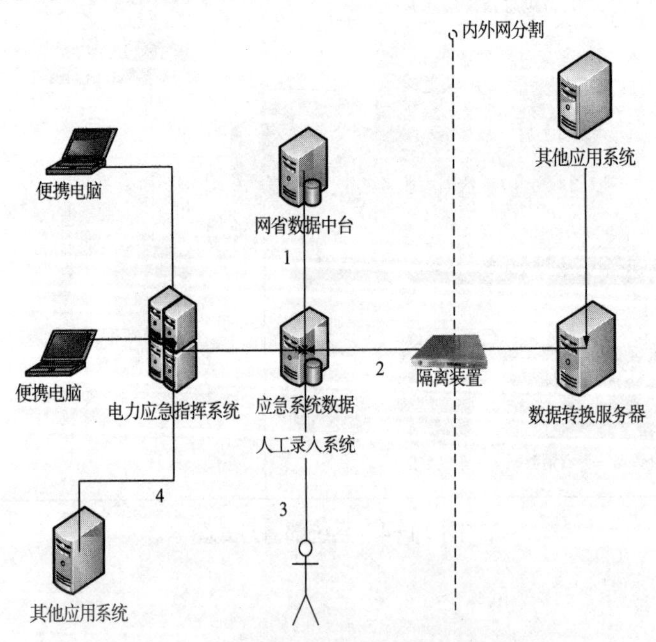

图 11-5　横向集成外部应用数据接入方案

(2) 横向集成数据模型

横向集成数据模型是指生产、调度、营销、ERP 业务系统信息，并且电力应急指挥信息系统只需要横向从数据中心读取数据，包括设备台账、运行信息、营销信息、物资信息等。此部分为结构化数据，需要在省级公司、集团总部数据中心建立相应的数据模型，并由各业务系统将数据送入数据中心，省级公司应急指挥信息系统横向从数据中心 ODS 区读取数据存储到本系统中；省级公司通过两级数据中心级联方式将数据送到集团总部数据中心，集团总部应急指挥信息系统从集团总部数据中心 ODS 读取数据存储到本系统中。

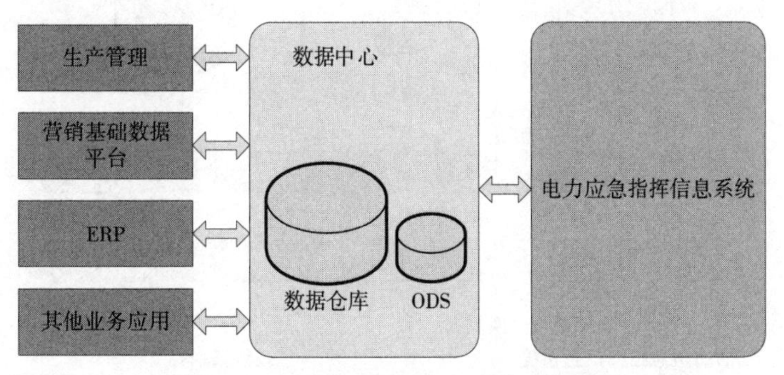

图 11-6　基于数据中心的横向集成

11.1.2.4　纵向贯通

(1) 基于数据中心纵向贯通 (如图 11-7 所示)

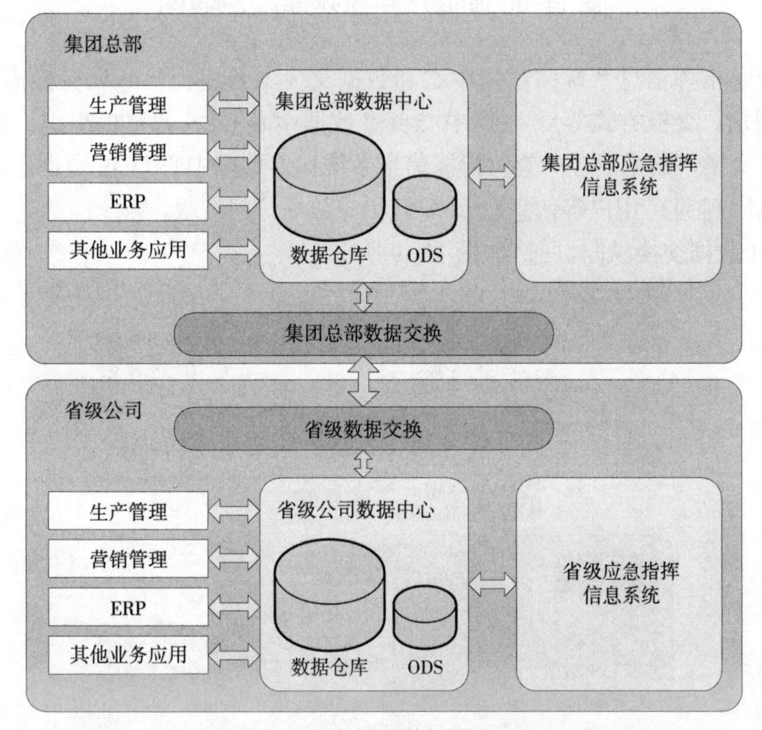

图 11-7　基于数据中心纵向贯通

省级公司电力应急指挥信息系统与总部应急指挥信息系统结构化的数据，通过数据中心与数据交换相结合的方式来完成省级公司与集团总部数据的纵向贯通要求：

省级公司数据交换从省级公司数据中心 ODS 获取到电力应急指挥信息系统需交换数据后，发送到集团总部数据交换，集团总部数据交换将数据写入到集团总部数据中心 ODS，集团总部电力应急指挥信息系统从集团总部数据中心 ODS 获取数据。具体交换过程如图 11-8 所示：

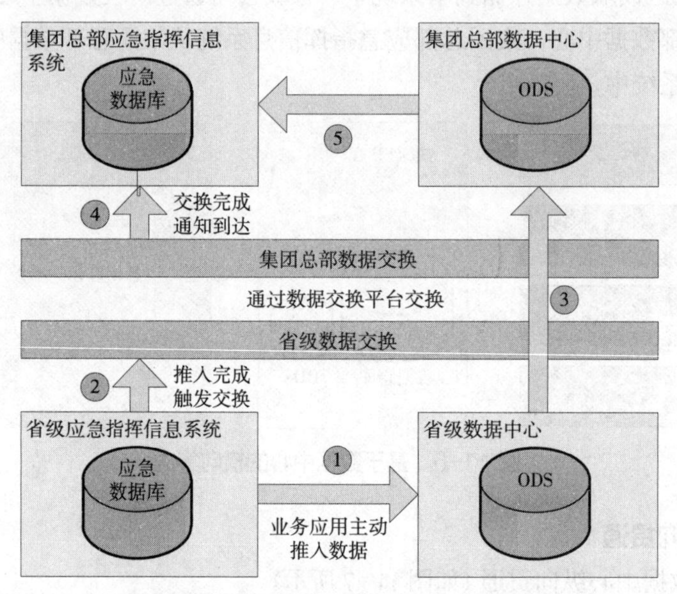

图 11-8　通过数据中心纵向贯通交换过程

电力应急指挥信息系统向数据中心和数据交换项目组提出数据交换需求（数据结构、交换周期、交换方式等），数据中心负责数据中心 ODS 的数据组织，数据交换负责数据上下交换。数据中心向应急指挥信息系统提供数据中心 ODS 数据库的连接信息（数据库类型、地址、用户等信息），并配置相应数据访问权限。

（2）基于数据交换纵向贯通（如图 11-9 所示）

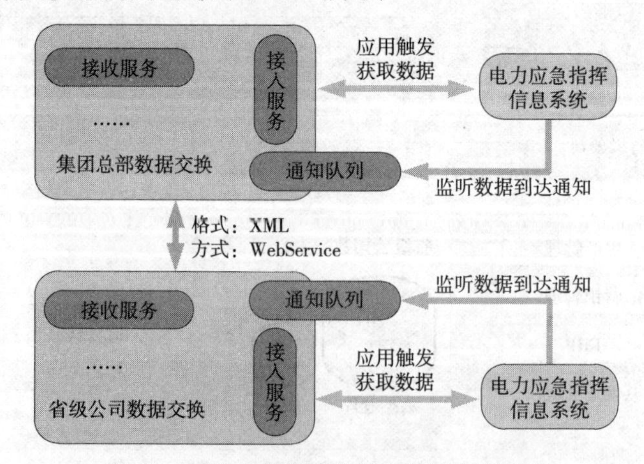

图 11-9　基于数据交换纵向贯通交换过程

通过数据交换直接交换集团总部与省级公司电力应急指挥信息系统非结构化及结构动态变化的数据，主要包括数据库 BLOB 字段以及经常动态变化的报表信息，具体交换过程。

(3) 纵向贯通数据模型

纵向贯通数据模型是指电力应急指挥信息系统内部信息，并且电力应急指挥信息系统需要参与数据的纵向传送和接收两个过程。此部分既有结构化，也有非结构化数据。传输方式既有基于数据中心纵向贯通，也有基于数据交换平台纵向贯通。

11.1.2.5 实施环境准备

电力应急指挥信息系统的运行离不开软件、硬件环境的支撑，其中软件环境包括服务器操作系统、中间件、微服务组件等软件；硬件环境包括应用服务器、数据库服务器、负载均衡设备、网络设备等硬件。在信息内网软件、硬件配置的基础上，还需要在信息外网配置一套应用服务器，用于电力应急指挥信息系统外网数据采集、移动终端设备数据的交互。

(1) 硬件环境

①数据库服务器。

采用 TPC-C（联机事务处理能力基准程序）对数据库服务器能力进行估算，预估集团总部一级部署系统的最大并发用户数不低于 50，设定 N=50。考虑高可用性建议采用双机 RAC 方式部署数据库服务器，按照上面测算建议数据库服务器配备 300000tpmC 左右的服务器。参考事务处理性能委员会（TPC）网站公布的数据，建议数据库服务器采用 PC 服务器，处理器核心数≥ 4 核，内存容量和 CPU 核心数的比例按照 2∶1 配置。数据库服务器选型配置如表 11-4 所示：

表 11-4　集团总部数据库服务器选型配置

类别	设备类型	主要配置	数量
数据库服务器	2 路 PC 服务器	12C/32G，500GB，2*1000M 以太网卡	2

采用 TPC-C（联机事务处理能力基准程序）对数据库服务器能力进行估算，预估省级公司二级部署系统的最大并发用户数不低于 200，设定 N=200。考虑高可用性建议采用双机 RAC 方式部署数据库服务器，按照上面测算建议数据库服务器配备 1200000tpmC 左右的服务器。参考事务处理性能委员会（TPC）网站公布的数据，建议数据库服务器采用 PC 服务器，处理器核心数≥ 4 核，内存容量和 CPU 核心数的比例按照 2∶1 配置。数据库服务器选型配置如表 11-5 所示：

表 11-5　省政公司数据库服务器选型配置

类别	设备类型	主要配置	数量
数据库服务器	2 路 PC 服务器	12C/32G，500GB，2*1000M 以太网卡	4

②应用服务器

应用服务器用于承载电力应急指挥信息系统的应用，在集团总部层面，采用集团总部部署分部统一应用；在省公司层面，采用全省集中部署统一应用，提供应急处置要处理大量的事务。

根据经验，集团总部一级部署系统在线用户数一般大于 100，则每日的业务总量约为 30000，即 *TASK*=30000。考虑高可用性建议采用 2 台应用服务器进行集群，按以上测算 SPECjAppServer2004 值为 1500，参照 SPEC（The Standard Performance Evaluation Corporation，标准性能评估机构）网站公布的资料，建议应用服务器采用 PC 服务器，处理器核心数 ≥ 4 核，内存容量和 CPU 核心数的比例按照 2∶1 配置。应用服务器选型配置如表 11-6 所示：

表 11-6　集团总部应用服务器选型配置

序号	硬件	配置	位置	备注
1	应用服务器	12C/32G，300GB，2*1000M 以太网卡	内、外网各两台	4 台
2	负载均衡	F5 BIGIP-6800	内、外网各一台	2 台

根据经验，省级公司二级部署系统在线用户数一般大于 300，则每日的业务总量约为 90000，即 *TASK*=90000。考虑高可用性建议采用 2 台应用服务器进行集群，按以上测算 SPECjAppServer2004 值为 3500，参照 SPEC（The Standard Performance Evaluation Corporation，标准性能评估机构）网站公布的资料，建议应用服务器采用 PC 服务器，处理器核心数 ≥ 4 核，内存容量和 CPU 核心数的比例按照 2∶1 配置。应用服务器选型配置如表 11-7 所示：

表 11-7　省政公司应用服务器选型配置

序号	硬件	配置	位置	备注
1	应用服务器	12C/32G，300GB，2*1000M 以太网卡	内、外网各两台	12 台
2	负载均衡	F5 BIGIP-6800	内、外网各一台	2 台

(2) 软件环境

①集团总部一级部署系统软件需求（表 11-8）。

表 11-8 集团总部系统软件清单

序号	类别	软件名称	数量	备注
1	数据库软件	Oracle 11g	2	信息内网
2	数据库服务器操作系统	Linux 8.0 及以上	2	信息内网
3	微服务依赖软件	Nacos Redis Jdk 1.8 以上	4	内网、外网各 2 台
4	应用服务器操作系统	Linux 8.0 及以上	4	内网、外网各 2 台

②省级公司二级部署系统软件需求（表 11-9）。

表 11-9 省级公司系统软件清单

序号	类别	软件名称	数量	备注
1	数据库软件	Oracle 11g	4	信息内网
2	数据库服务器操作系统	Linux 8.0 及以上	4	信息内网
3	微服务依赖软件	Nacos Redis Jdk 1.8 以上	12	内网、外网各 4 台
4	应用服务器操作系统	Linux 8.0 及以上	12	内网、外网各 4 台

11.2 项目管控方案

11.2.1 项目组织

为保障项目调研、设计、开发、测试的顺利开展，需要建立科学的、高效的、严谨的实施工作组织，建立各级组织之间的汇报、交流和沟通机制，从而在组织管理上确保项目整个实施的有序化进行，并最终确保项目实施的成功。项目组织包括领导协调组、业务专家组、项目管控组、调研组、系统设计组、系统开发组（包含应用开发和接口开发）、系统测试组和质量控制组（图 11-10）。

(1) 领导协调组

为了保障项目在需求调研和设计、开发、实施过程中的交流协调、边界控制、实施范围和初期目标的统一、推广实施计划的顺利执行和监督，建立项目领导协调组，对项目开展工作进行总控。领导协调组的工作包括：

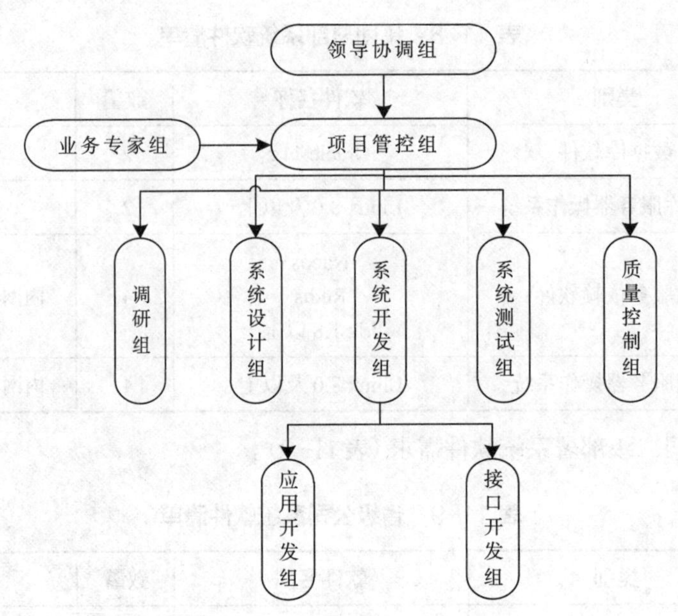

图 11-10　项目组织结构图（设计开发阶段）

①负责项目的总体控制；

②负责实施单位、应急项目组之间的组织协调；

③负责评审项目的详细计划；

④负责监督和检查落实项目各阶段的工作情况；

⑤负责项目调研、设计、开发、实施过程中的指导工作；

⑥负责组织项目推广实施工程的验收。

(2) 业务专家组

业务专家组负责对整个项目建设时期各阶段的成果进行评审和指导。业务专家组的工作包括：

①对调研期间的成果（调研报告、需求分析报告）进行评审；

②对设计开发阶段的成果（原型设计）进行评审和复核；

③解决系统建设期间遇到的业务需求方面的问题；

④指导系统的设计和开发。

(3) 项目管控组

项目管控组负责对整个项目建设时期进行管控。项目管控组的工作包括：

①负责制定项目管控的管理办法和规章制度，建立考核机制；

②负责制定总体计划，包括系统设计计划、系统实现计划、实施推广计划等；

③负责向领导协调组请示项目实施过程中的重大事项；

④负责协调解决项目实施过程的问题；

⑤负责应急管理应用系统在省级公司实施的总体控制；

⑥负责建设单位、项目组之间的交流协调；

⑦组织项目实施工程的验收。

(4) 调研组

为全面掌握电力企业应急业务需求，保证应急指挥信息系统有效支持电力企业应急业务，成立调研组，负责系统的需求调研分析和相关评审工作。调研组的工作包括：

①调研电力企业系统内外各单位；

②编写调研报告和需求分析报告；

③参与设计成果的详审工作。

(5) 系统设计组

为实现应急指挥信息系统在各省级公司的统一，保证系统横向集成和纵向贯通的顺利实现，成立系统设计组，负责系统的设计工作。

①负责完成业务需求调研、差异分析，编写需求规格说明书；

②负责完成技术分析与系统架构设计；

③负责完成应用功能设计、数据模型设计和系统界面设计；

④参与系统开发和系统实施的技术支持工作。

(6) 系统开发组

为将设计成果转化为可执行应用系统，成立系统开发组，负责系统的开发工作，实现系统的应用功能、应用系统接入、视频接入、外部信息接入等，并承担系统实施的技术支持工作。系统开发组下设应用功能小组和集成接口小组。

①应用开发组。应用开发组的工作包括：

a. 按照设计成果，负责系统的程序开发工作；

b. 负责完成系统的单元测试工作；

c. 负责及时解决程序中的缺陷；

d. 负责编制使用说明书和系统部署手册。

②接口开发组。接口开发组的工作包括：

a. 负责完成视频、业务应用等集成接口设计；

b. 负责编制实施方法建议，参与制定项目计划，参与确定项目组织；

c. 参与系统开发和系统实施的技术支持工作。

(7) 系统测试组

应急指挥信息系统开发及实施阶段，应用程序需要进行反复、严格的测试。测试组的工作包括：

①负责对系统开发组提供的程序进行系统集成测试；

②负责编制系统测试计划、系统测试方案、系统测试报告；

③配合开展第三方测试。

(8) 质量控制组

质量控制组的工作包括：

①负责项目的配置管理工作，做到集中控制、统一管理、统一发布；

②负责软件代码的安全、保密工作，防止代码外泄；

③负责制定编码规范，监督每日代码提交情况，检查代码编写的规范性；

④负责检查应用程序的正确性、稳定性和业务吻合度。

11.2.2 项目沟通机制

良好的沟通是项目成功的必要条件，过多的沟通和无准备的沟通会影响项目进度(例如过多的会议)。为保证成功的沟通，应当遵循计划性、及时高效、规范统一、积极主动的原则，并建立双向的沟通渠道，不断加强和完善项目的沟通管理。

11.2.2.1 项目组与领导协调组的沟通

(1) 项目周报

项目组与领导协调组之间沟通采用项目周报机制，项目组以周报形式，每周五下班前向领导协调组汇报项目进展、下周计划和存在的重大问题。

(2) 项目月报及月度会议

项目组与领导协调组之间沟通采用项目月报和月度会议机制，项目组以正式书面报告和会议形式，每月定期向领导协调组汇报项目进展状况，并就项目中的重大问题和变更进行决策。

11.2.2.2 项目组与业务专家组的沟通

(1) 业务讨论会

当项目进行到关键节点或需要对系统进行关键变更时，项目管控组与业务专家组联系，协调召开业务讨论会，业务讨论会必须形成书面会议纪要。

(2) 电子函件

项目进行过程中，若需要对系统进行不影响整体架构的微小变更，以项目管控组为唯一出口与业务专家通过电子函件进行沟通解决。

11.2.2.3 项目组与其他项目组的沟通

(1) 不定期会议

项目组需要与其他项目组进行业务沟通、确认接口等工作时，项目组与其他项目组召开业务碰头会，共同推进项目进行。

11.2.2.4 项目组内部沟通

(1) 项目日报

项目小组长每日向项目组长提交本项目小组的项目日报。

(2) 项目周报

项目小组每周向项目组长提交项目周报。

(3) 项目早会

每日由项目管控组、各项目小组长参加，讨论各项目前一天的遗留问题和当天计划。

(4) 项目周例会

项目例会每周召开一次，项目组成员参加，各项目小组长汇报本周工作、下周计划以及需协调的问题，每次会议必须形成会议纪要。

(5) 其他会议

按照需要召开，每次会议必须形成会议纪要。

11.2.3 质量管理

11.2.3.1 项目过程控制

严格制定项目控制计划，规定何人、何时完成，并在不同的阶段进行评审、验证、确认并形成文件。针对每项设计，确定一名负责人，及时掌握并协调各环节间的配合衔接以符合用户项目要求，对过程进行策划，制定系统开发的各种文档规范，以上过程均作记录并保存。

11.2.3.2 程序代码管理

所有程序代码(包含产品程序代码与测试程序代码)应有版本管理，包含每次的程序代码变更应记录其原因及结果。

程序代码的软件储存必须存放在专属计算机中，且要以子目录来分类，如服务器程序、客户端程序等。

11.2.3.3 工作管理制度

根据项目进展和项目计划提出阶段任务和要求，制订工作计划，组织人员，明确分工。在开发过程制定完善的工作制度，主要包括工作计划、分工计划、分阶段工作汇报(如项目日报、项目周报等)、阶段工作检查评审(如系统调用、系统设计、系统开发、系统测试、系统实施、项目验收等)、项目协调会制度等。

11.2.3.4 沟通管理制度

为保证项目的顺利实施，在项目实施过程中，将采用提交各种报告材料(如日报、周报等)和召开项目协调会等沟通管理制度。通过提交各种报告材料，落实项目计划的执行情况，及时把握项目的进展。通过定期和不定期地召开项目协调会(如周例会、月例会等)，进行项目进展检查、质量检查、问题沟通、多方配合协调，实现资源配置优化。

11.2.3.5 评审与检查核实

评审与检查的目的是确保在软件开发工作的各阶段和各方面都认真采取各项措施保证与提高软件的质量。

各阶段的评审会议，应在项目到达相应的里程碑时由项目经理组织召开，质量管理组与相关技术人员应参与审议。质量管理经理将负责所有评审程序的监督。

11.2.4 风险管理

11.2.4.1 风险识别

(1) 需求风险

项目进行过程中，在需求方面可能会产生如下风险：

①若需求已经成为项目基准，但需求还在继续变化；

②若需求已经成为项目基准，添加额外的需求；

③在做需求时最终用户参与不够；

④缺少有效的需求变化管理过程。

(2) 人员风险

项目进行过程中，在人员方面可能会产生如下风险：

①作为先决条件的任务(如培训及其他项目)不能按时完成；

②缺乏激励措施，士气低下，降低了生产能力；

③某些人员需要更多的时间适应还不熟悉的软件工具和环境；

④项目后期加入新的开发人员，需进行培训并逐渐与现有成员沟通，从而使现有成员的工作效率降低；

⑤由于项目组成员之间发生冲突，导致沟通不畅、设计欠佳、接口出现错误和额外的重复工作；

⑥不适应工作的成员没有调离项目组，影响了项目组其他成员的积极性；

(3) 开发环境风险

项目进行过程中，在开发环境方面可能会产生如下风险：

①设施未及时到位；

②设施虽到位，但不配套，如没有电话、网线、办公用品等；

③设施拥挤、杂乱或者破损；

④新的开发工具的学习期比预期的长，内容繁多。

(4) 设计和实现风险

项目进行过程中，在设计和实现方面可能会产生如下风险：

①设计质量低下，导致重复设计；

②代码和库质量低下，导致需要进行额外的测试，修正错误，或重新制作；

11.2.4.2 应对措施和跟踪监控方法

(1) 需求风险应对

针对需求方面可能产生的风险，应对措施如下：

①积极地、反复地与最终用户确认需求，使最终用户尽可能多地参与到需求确认中来，直至需求最终确认；

②将最终确认的需求形成文字性的材料，与用户共同确认生效；

③建立需求变更管理机制，当最终用户需求发生变化或产生新需求时，在与用户

沟通确认的基础上，通过已有的需求变更机制进行变更，使需求变更对项目时间的影响降到最低。

(2) 人员风险应对

针对人员方面可能产生的风险，应对措施如下：

①在项目开始前对所有参与项目的人员进行集中培训，培训内容包括开发工具的使用、开发环境的了解、应急业务的理解等；

②将培训内容装订成册，供项目中后期加入项目组的同事学习；

③建立员工奖惩机制，根据员工在项目中的表现对员工进行奖惩；

④建立内部沟通机制，采用定期与不定期相结合的方式，召开项目组内部会议，及时发现员工的直接矛盾并予以调解。

(3) 开发环境风险应对

针对开发环境方面可能产生的风险，应对措施如下：

①提供干净、整洁、设施齐全的统一办公环境；

②开展针对开发工具、所用技术的学习与讨论，力争让所有开发人员在最短的时间内达到系统开发的技术要求。

(4) 设计和实现风险应对

针对设计和实现方面可能产生的风险，应对措施如下：

①制定统一的设计规范及编码规范，所有设计、研发人员必须根据相应规范进行工作；

②成立质量管控组，将根据开发规范不定期对设计成果及开发成果进行质量检查。

参考文献

[1] 范维澄，闪淳昌. 公共安全与应急管理 [M]. 北京：科学出版社，2017.

[2] 赵林度，孔强. 基于知识管理的城际应急管理协同机制研究 [J]. 软科学，2009(6):33-37.

[3] 李春娟. 面向应急流程的应急知识管理体系构建 [J]. 图书情报工作，2011(2):46-49.

[4] 许超. 公共安全管理的历史变迁考察 [J]. 暨南学报 (哲学社会科学版)，2020(12):90-101.

[5] 王东杰，谢川豫，王旭东. 韧性治理：城市社区应急管理新向度 [J]. 江淮论坛，2020(6):33-38.

[6] 孙斌. 公共安全应急管理 [M]. 北京：气象出版社，2007.

[7] 赖业宁，薛禹胜，王海风. 电力市场稳定性及其风险管理电力系统自动化 [J]. 电力系统自动化，2003,27(12):18-23.

[8] 祝瑞金，李莉华，郑淮，等. 北美历次重大停电事故的比较分析及启示 [J]. 华东电力，2004,32(1):18-23.

[9] 刘立新. 风险管理北京 [M]. 北京：北京大学出版社，2006.

[10] 郭仲伟. 风险分析与决策 [M]. 北京：机械工业出版社，1987.

[11] 陆金华. 城市突发事件现场应急指挥通用模式研究 [D]. 北京：首都经济贸易大学，2009.

[12] 樊博，詹华. 基于利益相关者理论的应急响应协同研究 [J]. 理论探讨，2013，(5):150-153.

[13] 邵昳灵. 利益相关者博弈视角下应急响应策略研究 [D]. 上海：上海交通大学，2013.

[14] 李汉卿. 协同治理理论探析 [J]. 理论月刊，2014(1):138-142.

[15] 王春晨. 电网企业自然灾害突发事件应急能力评估 [D]. 保定：华北电力大学，2017.

[16] 李慧婷. 日本近现代灾害应对管理体系变迁研究 [D]. 焦作：河南理工大学，2017.

[17] 俞慰刚. 日本灾害处置的应急机制与常态管理 [J]. 上海城市管理职业技术学院学报，2008,5:26-29.

[18] 纪家琪，曾君. 建立健全统一高效的突发事件现场应急指挥机制——《广东省突

发事件现场指挥官制度实施办法(试行)解读》[J]. 中国应急管理，2014,6:57-58.
[19] 佘廉，王大勇，郭景涛. 基于业务持续的电网应急指挥系统研究 [J]. 工程研究——跨学科视野中的工程，2011,3(1):75-81.
[20] 马奔，王郅强. 突发事件应急现场指挥系统研究 [J]. 山东社会科学，2011,5:48-52,27.
[21] 杨攀，刘喜成，甘宁，等. 电网应急指挥系统设计 [J]. 电力科学与技术学报，2017，32(4):17-23.
[22] 程正刚. 电力应急体系的脆弱性研究 [D]. 上海：上海交通大学，2010.
[23] 陈安，赵晶，张睿，等. 应急管理中的可恢复性评价 [J]. 宜昌：三峡大学学报(人文社会科学版)，2009,2:36-39.
[24] 迟菲. 灾后恢复的特征与可恢复性评价的研究 [J]. 成都：电子科技大学学报(社科版)，2012,14(1):28-31.
[25] 希斯，王成，宋炳辉. 危机管理 [M]. 金璞，译. 北京：中信出版社，2001.
[26] 弗里曼. 战略管理：利益相关者方法 [M]. 上海：上海译文出版社. 2006.
[27] 高凯，杨志勇，高希超，等. 城市洪涝损失评估方法综述 [J]. 水利水电技术(中英文)，2021,52(4):57-68.
[28] 周媛. 地震动速度与位移对大跨斜拉桥地震反应影响的研究 [D]. 北京：中国地震局地球物理研究所，2006.
[29] 丁建辉. 地震降雨型滑坡形成机理与动态模型研究 [D]. 福州：福州大学，2013.
[30] 鲍叶静，高孟潭，姜慧. 地震诱发滑坡的概率分析 [J]. 岩石力学与工程学报，2005(1):66-70.
[31] 李凯平，石崇，王如宾，等. 地震诱发滑坡风险概率模型及其应用 [J]. 宜昌：三峡大学学报(自然科学版)，2016,38(3):23-27,40.
[32] 舒荣星. 电网地震安全性与地震可恢复性评价理论研究 [D]. 北京：中国地震局工程力学研究所，2018.
[33] 蒋彦翃. 电网覆冰灾害风险评估方法及应对措施研究 [D]. 武汉：华中科技大学，2018.
[34] 程炳岩，丁裕国，张金铃，等. 广义帕雷托分布在重庆暴雨强降水研究中的应用 [J]. 高原气象，2008(5):1004-1009.
[35] 汪小康，李哲，杨浩，等. 河南强降水分布特征及其电网灾害风险区划研究 [J]. 暴雨灾害，2018,37(6):534-542.
[36] 王兆坤. 洪涝灾害下电力损失及停电经济影响的综合评估研究 [D]. 长沙：湖南大学，2012.
[37] 韩波. 滑坡灾害下电网易损性评估模型研究 [D]. 重庆：重庆大学，2016.
[38] 符洪恩，高艺桔，冯莹莹，等. 基于 GA-SVR-C 的城市暴雨洪涝灾害危险性预

测——以深圳市为例 [J]. 人民长江，2021,52(8):16-21.
[39] 汪涛，叶丽梅. 基于 GIS 淹没模型的汉北河流域暴雨洪涝淹没模拟与检验 [J]. 暴雨灾害，2018,37(2):158-163.
[40] 林高聪，潘书华，叶振南. 基于 Newmark 法的设定地震滑坡危险性评估 [J]. 桂林：桂林理工大学学报，2021,41(3):525-532.
[41] 翟成林，司鹄，胡凌，等. 基于滑坡灾害输电网的预警模型 [J]. 安全与环境学报，2018,18(1):223-229.
[42] 李娜. 基于权重和概率联合分析的滑坡危险性评价 [D]. 兰州：中国地震局兰州地震研究所，2017.
[43] 熊小伏，王伟，王建，等. 基于天气雷达数据的强对流天气下输电线风偏放电预警方法 [J]. 电力自动化设备，2018,38(4):36-43.
[44] 赵小伟，李永坤，张岑，等. 基于中长期降雨预测的北京市城区洪涝风险分析 [J]. 中国防汛抗旱，2021,31(7):1-6.
[45] 谢今范，石大明，胡轶鑫，等. 吉林电网的暴雨灾害风险等级区划与评估研究 [J]. 灾害学，2013,28(3):48-53.
[46] 张恒旭，刘玉田. 极端冰雪灾害对电力系统运行影响的综合评估 [J]. 中国电机工程学报，2011,31(10):52-58.
[47] 谭洋洋，杨洪耕，徐方维，刘友波. 降雨型滑坡诱发电网连锁故障风险评估模型研究 [J]. 科学技术与工程，2016,16(33):8-13,28.
[48] 邓创，刘友波，刘俊勇，等. 考虑降雨诱发次生地质灾害的电网风险评估方法 [J]. 电网技术，2016,40(12):3825-3834.
[49] 白慧慧. 勉县暴雨强度公式推求及研究 [D]. 西安：长安大学，2017.
[50] 王珊. 拟合地震动峰值速度和峰值位移的人工地震动合成方法 [D]. 北京：中国地震局地球物理研究所，2017.
[51] 郭志民，王伟，李哲，等. 强对流天气下输电线路多因素风险动态评估方法 [J]. 电网技术，2017,41(11):3598-3608.
[52] 杨静. 输电线覆冰时间序列的混沌特性分析与预测研究 [D]. 昆明：昆明理工大学，2019.
[53] 李瑞红. 输电线路覆冰预测及融冰技术研究 [D]. 太原：太原科技大学，2020.
[54] 王建. 输电线路气象灾害风险分析与预警方法研究 [D]. 重庆：重庆大学，2016.
[55] 耿浩. 台风灾害下电网损失预测评估技术研究 [D]. 武汉：武汉理工大学，2020.
[56] 沈一平，王昕，徐硕，等. 台州临海电网暴雨风险评估模型研究 [J]. 科技创新导报，2016,13(36):75-76.
[57] 刘浪. 汶川地震地震动衰减特性分析 [D]. 北京：中国地震局工程力学研究所，2010.

[58] 陈强，王建，熊小伏，等．一种降雨诱发滑坡灾害下输电杆塔的监测与预警方法 [J]．电力系统保护与控制，2020,48(3):147-155.

[59] 黄璐．直觉模糊熵法的改进及其在突发事件应急决策中的应用研究 [D]．秦皇岛：燕山大学，2018.

[60] 邓云峰，郑双忠，刘铁民．突发灾害应急能力评估及应急特点 [J]．中国安全生产科学技术，2015,1(5):56-58.

[61] 赵玲，唐敏康．城市灾害应急能力评价指标体系的研究 [J]．职业卫生与应急救援，2018,26(1):62-65.

[62] 刘新建，陈晓君．国内外应急管理能力评价的理论与实践综述 [J]．燕山大学学报，2019,33(5):271-275.

[63] 郑双忠，邓云峰，江田汉．城市应急能力评估指标体系核心项处理方法研究 [J]．中国安全生产科学技术，2016,10:20-23.

[64] 杨青，田依林，宋英华．基于过程管理的城市灾害应急管理综合能力评价体系研究 [J]．中国行政管理，2017,3:103-106.

[65] 赵玲，聂锦砚．模糊模式识别模型在城市灾害应急能力评价中的应用 [J]．中国公共安全，学术版，2018,13(9):2-3.

[66] 张薇．基于模糊综合评价法的城市应急能力评估 [J]．电力科学与工程，2019,25(4):70-78.

[67] 牛东晓，刘达，邢棉．应对灾害电网危机管理 [M]．北京：中国电力出版社，2010.

[68] 李晓军，熊海星，严福章，等．电网规划设计覆冰观测研究需求与经济分析．能源技术经济，2021,23(7): 14-18.

[69] 李成榕，吕玉珍，崔翔，等．冰雪灾害条件下我国电网安全运行面临的问题电网技术 [J]．2018,32(4):14-21.

[70] 姚建国，赖业宁．智能电网的本质动因和技术需求 [J]．电力系统自动化，2010,34(2):1-5.

[71] 金培权，郝行军，岳丽华．面向新型存储的大数据存储架构与核心算法综述 [J]．计算机工程与科学，2018,35(10):12-24.

[72] 薛禹胜，赖业宁．大能源思维与大数据思维的融合 [J]．电力系统自动化，2016,40(1):1-8.

[73] 王小海，齐军，候佑华．内蒙古电网大规模风电并网运行分析和发展思路 [J]．电力系统自动化，2017,35(20):90-96.

[74] 赵江河，陈新，林涛，等．基于智能电网的配电自动化建设 [J]．电力系统自动化，2018,36 (18):33-36.

[75] 王成山，李鹏．DG、微网与智能电网的发展与挑战 [J]．电力系统自动化，2020,34:10-14.

[76] 马其燕，秦立军．智能配电网关键技术 [J]．现代电力，2010,2 (27) :39-44.
[77] 陈星莺，陈楷，刘健．配电网智能调度模式及其关键技术 [J]．电力系统自动化，2016,36(18):22-26.
[78] 曲朝阳，陈帅，杨帆，等．基于云计算技术的电力灾害大数据预处理属性约简方法 [J]．电力系统自动化，2016,38 (8):67-71.
[79] 陈超，张顺仕，尚守卫，等．大数据背景下电力行业数据应用研究 [J]．现代电子技术，2016, 36(24):8-11,14.
[80] 蔡广林，韦化．网格计算及电力系统应用研究 [J]．继电器，2015,33(19):70-74.
[81] 王超，张东来，张斌，等．电力系统二维重组法数据压缩算法 [J]．电工技术学报，2020,25 (11):177-182.
[82] 闰常友，杨奇逊，刘万顺．基于提升格式的实时数据压缩和重构算法 [J]．中国电机工程学报，2015,25(9):6-10.
[83] 赵俊华，文福拴，薛禹胜．云计算：构建未来电力系统的核心计算平台 [J]．电力系统自动化，2020,15(34):1-7.
[84] 王德文，宋亚奇，朱永利．基于云计算的智能电网信息平台 [J]．电力系统自动化，2020,34(22):7-12.
[85] 马智．电力输电设备状态监测系统的设计与实现 [D]．厦门：厦门大学，2014.
[86] 刘军，杨治田，李旭，等．基于稳态特征的输电设备全维度状态监测系统 [J]．电网与清洁能源，2020,36(7):24-29.
[87] 刘子全．发输电设备控制系统对电网振荡特性的影响分析及监测 [D]．武汉：华中科技大学，2017.
[88] 孙彤彤，徐鹏鹏，朱芸婷．配电设备的关键状态监测与评价技术 [J]．技术与市场，2019,26(8):160.
[89] 曹毅．关于电力配电网配电设备故障监测系统的应用探讨 [J]．低碳世界，2018 (10):72-73.
[90] 郑召兴．探讨变电设备的常见故障及在线监测技术应用 [J]．科技视界，2017(27):142-143.
[91] 李玮，刘勃，张莉，等．基于数据驱动的电网用户侧故障主动研判技术研究与应用 [J]．电子设计工程，2022,30(6):33-37.
[92] 王志奎．灾害天气下电力系统应急规划的优化方法 [D]．杭州：浙江大学，2018.
[93] 周刚．电力突发事件综合风险定量分析技术研究 [J]．安全，2020,41(3):40-43.
[94] 周景． 电网自然灾害预警管理模型及决策支持系统研究 [D]．北京：华北电力大学，2016.
[95] 徐希源，唐诗洋，于振，等．电力应急资源优化调配技术及其在电力企业的应用 [J]．中国安全生产科学技术，2020,16(9):154-159.

[96] 周宇．电力应急物资调配模式研究与信息管理系统设计 [D]．广州：华南理工大学，2019.
[97] 陈亚辉，林仁，刘彦妮．基于大数据的城市电力突发事件应急监测研究 [J]．现代盐化工，2018,45(2):104-105.
[98] 吴加强，桂鹏飞，潘效文，等．电网应急一张图在台风灾害中的应用 [J]．数字通信世界，2021(6):25-26.
[99] 李炳聪．基于变分自编码的多普勒气象雷达图估计与预测研究 [D]．广州：广东工业大学，2019.
[100] 陈希．电网应急平台研究与建设 [M]．北京：中国电力出版社，2011.
[101] 洪洋，周科平，梁志鹏，等．基于 VR 技术的非煤矿山火灾应急培训系统的开发 [J]．黄金科学技术，2019，27(4):629-636.
[102] 邹佳斌．SVG 型直流融冰装置拓扑结构及其控制策略研究 [D]．长沙：长沙理工大学，2020.
[103] 曹梦龙．混合能源移动发电系统优化配置研究 [D]．长沙：湖南大学，2017.
[104] 冯弢．供电企业防灾减突应急能力评估体系研究 [D]．西安：西安科技大学，2019.
[105] 和敬涵，罗国敏，程梦晓，等．新一代人工智能在电力系统故障分析及定位中的研究综述 [J]．中国电机工程学报，2020,40(17):5506-5510.
[106] 蒲天骄，乔骥，韩笑，等．人工智能技术在电力设备运维检修中的研究及应用 [J]．高电压技术，2020,46(2):369-383.
[107] 张年鹏．无人机通信技术的应用与发展 [J]．数字通信世界，2018(3):157.
[108] 刘青龙，董家山．物联网无人机应用关键技术研究 [J]．电子技术应用，2017,11:22-26.
[109] 马青岷．无人机电力巡检及三维模型重建技术研究 [D]．济南：山东大学，2017.
[110] 宁柏锋．无人机技术在电力行业中的应用前景 [J]．计算机产品与流通，2018,4:158.
[111] 汤明，郑婧，黄文婷，等．基于 ZigBee 的无线振动传感器设计与实现 [J]．传感技术学报，2018,31(2):312-318.
[112] 刘羽霄，张宁，康重庆．数据驱动的电力网络分析与优化研究综述 [J]．电力系统自动化，2018,42(6):157-167.
[113] 刘威，张东霞，王新迎，等．基于深度强化学习的电网紧急控制策略研究 [J]．中国电机工程学报，2018,37(22):6445-6462.
[114] 别朝红，王旭，胡源．能源互联网规划研究综述及展望 [J]．中国电机工程学报，2017,38(1):109-119.
[115] 彭小圣，邓迪元，程时杰，等．面向智能电网应用的电力大数据关键技术 [J].

中国电机工程学报，2015,35(3):503-511.

[116] 陈兰杰，杨睿. 国内应急信息采集研究进展及发展趋势研究 [J]. 河北科技图苑，2020,33(1):28-34.

[117] MOSS H, MALONE L,. Brenkert Vulnerability to climate change: a quantitative approach. Prepared for the UDepartment of Energy, 2002.

[118] ROBERT H. Crisis management for managers and executives[J]. Financial Times Professional Limited, 1997:134-157.

[119] TIMMERMAN P. Vulnerability, residence and the callapse of society:A review of models snd possible climatics applications [M]. Toronto: University of Toronto Press, 1981.

[120] MCCARTHY N. Linking social and ecological systems: Management practices and social mechanisms for building resilience[J]. Agricultural Economics, 2001, 24（2）:230-233.

[121] KLEIN R J T, NICHOLLS R J, THOMALLA F. Resilience to natural hazards: How useful is this concept[J]. Global environmental change. Part B: Environmental hazards, 2003,5(1):1-45.

[122] JHA A K, MINER T W, etal. Building urban resilience: principle, tools, and practice[M]. World Bank Publications Books, 2013.

[123] BERKES F, FOLKE C. Linking social and ecological systems for resilience and sustainability[M]. Cambridge: Cambridge University Press, 1998.

[124] HOLLING C S. Panarchy: understanding transformations in human and natural systems[J]. Ecological Economics, 2004,49(4):488-491.

[125] WALKER B, HOLLING C S, CARPENTER S R, et al. Resilience, adaptability and transformability in social-ecological systems[J]. Ecology and Society, 2004,9(2):5.

[126] MITCHELL R, AGLE B, WOOD D. Toward a theory of stakeholder identification and salience: defining the principle of who and what really counts[J].Academy of Management Review, 1997, 22(4):853-886.